高等医学院校系列教材

有机化学

第 2 版

主　编　付彩霞　王春华

副主编　姜吉刚　王晓艳　王学东　李银涛

编　委　（按姓氏笔画排序）

王江云（潍坊医学院）

王学东（潍坊医学院）

王春华（滨州医学院）

王晓艳（滨州医学院）

付彩霞（滨州医学院）

刘为忠（滨州医学院）

李银涛（长治医学院）

张怀斌（滨州医学院）

张丽平（潍坊医学院）

姜吉刚（滨州医学院）

科 学 出 版 社

北 京

内 容 简 介

本书以官能团为主线，介绍了与医学相关的有机化学基本概念、基本理论和基本反应。全书共十六章，内容包括烷烃和环烷烃，烯烃，炔烃，芳香烃，卤代烃，醇，酚和醚，醛，酮和醌，羧酸及其衍生物，羟基酸和酮酸，含氮化合物，芳香杂环化合物，糖类，脂类，氨基酸，多肽和蛋白质，核酸。章后附有阅读材料，涉及有机化学在医学、药学和生命科学领域中主要应用等内容，利于开阔学生视野，激发学习兴趣，培养创新意识。

本教材可供临床医学、全科医学、医学影像学、麻醉学、口腔医学、护理学、预防医学、中医学、眼视光学等专业使用，也可供与化学有关专业使用和参考。

图书在版编目（CIP）数据

有机化学 / 付彩霞，王春华主编. —2 版. —北京：科学出版社，2020.1
ISBN 978-7-03-063781-9

Ⅰ. ①有… Ⅱ. ①付… ②王… Ⅲ. ①有机化学–医学院校–教材 Ⅳ. ①O62

中国版本图书馆 CIP 数据核字（2019）第 281199 号

责任编辑：王镭韫　胡治国 / 责任校对：郭瑞芝
责任印制：李　彤 / 封面设计：陈　敬

科 学 出 版 社 出版
北京东黄城根北街 16 号
邮政编码：100717
http://www.sciencep.com

涿州市般润文化传播有限公司 印刷
科学出版社发行　各地新华书店经销
*
2016 年 1 月第 一 版　开本：787×1092　1/16
2020 年 1 月第 二 版　印张：19
2023 年 1 月第八次印刷　字数：437 000

定价：69.80 元
（如有印装质量问题，我社负责调换）

前　言

为适应我国高等医学教育改革和发展的需要，我们根据教育部对临床医学专业有机化学课程教学的要求和医学专业人才培养方案，以思想性、科学性、先进性、启发性和适用性为教材编写的基本原则，以提高医学教学质量、培养创新型人才为教材编写的指导思想，编写了供临床医学、全科医学、医学影像学、麻醉学、口腔医学、护理学、预防医学、中医学、眼视光学等专业使用的新版教材。

《有机化学》（第 2 版）的编写，主要进行了以下改进。

1. 始终以有机化合物结构和性质的关系为主线，突出了结构决定性质，以官能团分章的方式编排。

2. 为了突出医学特色，"芳香杂环化合物"新增加了与医学有关的内容。

3. 更新了阅读资料，便于扩大知识面，增强学生的阅读能力。

4. 针对医学生的特点，根据医学生对有机化学知识掌握的程度，对习题进行了更新。

本书的第一章、第七章、第八章由滨州医学院付彩霞编写，第十章由滨州医学院王春华编写，第五章、第十五章由滨州医学院姜吉刚编写，第三章、第十二章由滨州医学院王晓艳编写，第六章、第九章由潍坊医学院王学东编写，第四章、第十三章由长治医学院李银涛编写，第二章由潍坊医学院张丽平编写，第十一章由潍坊医学院王江云编写，第十四章由滨州医学院刘为忠编写，第十六章由滨州医学院张怀斌编写。这些编者多年来一直从事有机化学的教学及研究工作，有丰富的教学经验，对教材都有深刻的理解和把握。

本书在编写过程中得到了有关各校领导和药学院领导的关心和大力支持，各位编委为保证本书的质量亦做出了诸多努力，在此，一并表示衷心感谢。

由于本书作者编写水平有限，书中难免存在不足之处，恳请各位读者批评指正。

编　者

2019 年 5 月

目　　录

第一章 绪 论

🎓 学习要求

1. 掌握有机化合物和有机化学的概念，杂化轨道理论，有机反应基本类型和条件。
2. 熟悉有机化合物的结构特点。
3. 了解有机化合物的分类和表示方法。

第一节 有机化合物和有机化学

有机化合物(organic compound)狭义上是含碳元素的化合物，其品种繁多、结构复杂，与人类的生产和生活密切相关。有机化合物中主要元素是碳元素和氢元素，其次是氧、氮、卤素、磷、硫等元素，所以更确切地说有机化合物是指碳氢化合物及其衍生物(compound of hydrocarbon and its derivatives)。有机化学是研究有机化合物的组成、结构、性质、反应、合成、反应机制及有关理论与方法的科学。

有机化合物与人们的衣食住行、生老病死都有着密切关系，人体本身的变化就是一连串非常复杂、彼此制约和彼此协调的有机化合物的变化过程。人们对有机化合物的认识过程是由浅入深、由表及里，并在此基础上逐渐发展成一门学科的。人们在生活和生产实践活动中，早已使用各种有机化合物，后来逐渐从动、植物中提取和加工得到各种有用的物质，如酒、糖、染料和药物。但是这些有机化合物还不是纯净的有机化合物。直到 18 世纪末随着工业技术的发展，人类才从动植物中取得一系列较纯净的有机物，如 1773 年罗勒(Roulle)首次从哺乳动物的尿液中取得尿素。随后人们又从葡萄中得到酒石酸、从酸牛奶中得到乳酸等。但在相当长的历史时期内，人类获得的物质来源于无生命的矿物质或有生命的动植物体，因而根据来源将物质分为无机化合物和有机化合物。当时人们认为只有具有"生命力"的动物、植物体才能制造有机化合物。1828 年德国化学家沃勒(F. Wohler)在实验室中将无机化合物氰酸铵转化为有机化合物——尿素(哺乳动物的代谢产物)、1845 年德国化学家柯尔柏(H. Kolber)合成了乙酸、1854 年法国人柏赛罗(M. Berthelot)合成了油脂，这一切都证明了人工合成有机物是完全可能的，从而打破了只能从生命体中得到有机物的禁区，"生命力"论彻底被否定了，而有机化合物这一名词因习惯一直沿用至今。

$$NH_4^+CNO^- \xrightarrow{\triangle} H_2N-\overset{\overset{\displaystyle O}{\|}}{C}-NH_2$$

氰酸铵　　　　　　　　尿素

有机化学是医学课程中的一门重要基础课，它为相关的后续课程奠定理论基础。研究医学的主要目的是为了防病、治病，研究的对象是人体。人体的组成成分除了水分子和一些无机离子外，绝大部分是有机化合物。例如，构成人体组织的蛋白质，与体内代谢有密切关系的酶、激素和维生素，人体储藏的养分——糖原、脂肪等。这些有机化合物在体内的代谢过程，同样遵循有机反应的基本规律，以维持体内新陈代谢作用的平衡。为了防治疾病，除了研究病因以外，还要了解药物在体内的变化，其结构与药效、毒性的关系，这些都与有机化学密切相关。因此只有掌握了有机化合物的相关知识，才能认识生命物质的结构和功能，才能探测生命的奥秘。

有机化合物数目众多，性质各异，具有一些共同的特性。

(1)绝大多数有机化合物可以燃烧，完全燃烧时放出大量的热，同时生成 CO_2 和 H_2O，而多数无机化合物则不能燃烧，因此灼烧实验可以初步区别有机物和无机物。

(2)有机化合物的熔沸点较低，常温下通常以气体、液体或低熔点的固体形式存在。

(3)难溶于水，易溶于有机溶剂。

(4)反应慢，副反应多，产物复杂。

(5)普遍存在同分异构现象。例如，乙醇和甲醚的分子式都是 C_2H_6O，但理化性质完全不同，是两种不同类型的化合物。两者的不同在于分子中的原子相互连接的顺序不同。具有相同的分子组成而结构不同的化合物，称为同分异构体(isomer)，这种现象称为同分异构现象。

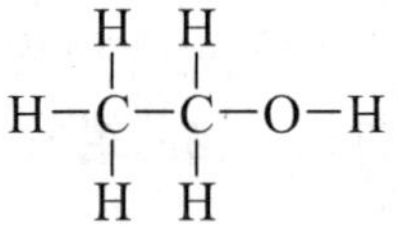

乙醇 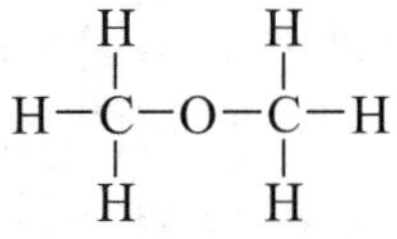   甲醚

化合物中的原子或基团相互连接的顺序和方式称构造(constitution)。乙醇和甲醚的分子式相同，只是构造不同，称这种异构为构造异构(constitutional isomerism)。构造异构是同分异构中的一种，以后还会介绍其他类型的同分异构。同分异构现象是造成有机化合物数目众多的原因之一。

第二节　有机化合物分子中的化学键——共价键

有机化合物是含碳元素的化合物，碳原子最外层有四个价电子，通常通过其外层四个电子与其他原子的外层电子共用电子对，形成稳定的惰性气体的外层电子构型，生成稳定的分子。碳原子能够与碳原子通过单键、双键或三键相互结合形成各种链状或环状结构，碳原子还能与氢、氧、氮、硫、磷、卤素等其他元素的原子通过共价键相结合。共价键是有机分子中最典型的化学键。

一、路易斯共价键理论

1916 年化学家路易斯(G. N. Lewis)提出了经典的共价键理论：他认为元素的原子进行化学反应时，通过共用电子对的方式使每个原子周围都达到一个惰性气体结构，即最外层八个电子或两个电子，原子间的共用电子对即共价键。路易斯共价键理论又称为八隅体规则。有机化合物中各原子的结合都遵循八隅体规则，例如

路易斯结构式　　　　　凯库勒结构式

$H\cdot + \cdot H \longrightarrow H\!:\!H$　　　　　$H-H$

$\cdot\overset{\cdot\cdot}{\underset{\cdot\cdot}{C}}\cdot + 4H \longrightarrow H\!:\!\overset{\cdot\cdot}{\underset{\cdot\cdot}{C}}\!:\!H$　　　　　$H-\overset{\displaystyle H}{\underset{\displaystyle H}{C}}-H$

$2\cdot\overset{\cdot\cdot}{\underset{\cdot\cdot}{C}}\cdot + 4H\cdot \longrightarrow \overset{H}{\underset{H}{C}}\!:\!:\!\overset{H}{\underset{H}{C}}$　　　　　$\overset{H}{\underset{H}{}}C=C\overset{H}{\underset{H}{}}$

用电子对表示共价键的构造式称为路易斯式，路易斯式中的一对电子在凯库勒结构式中用短线表示。两个原子共用两对或三对电子，就形成双键或三键。

如形成共价键的一对电子是由一个原子提供的，称为配位键。例如，氨分子与氢离子结合生成铵离子时，由氨分子中的氮原子提供一对电子形成 $N-H$ 共价键。

$H\!:\!\overset{H}{\underset{H}{N}}\!: + H^+ \longrightarrow \left[H\!:\!\overset{H}{\underset{H}{N}}\!:\!H \right]^+$　　　　即　$H-\overset{\displaystyle H}{\underset{\displaystyle H}{\overset{|}{\underset{|}{N^+}}}}-H$

路易斯理论虽然有助于理解有机化合物的结构与性质的关系，但仍为一种静态理论，没有揭示共价键的本质，无法解释为什么共用一对电子就可以使两个原子结合在一起，无法解释单键、双键、三键的区别及分子的立体结构。

二、现代共价键理论

1927 年海特勒(W. Heitler)和伦敦(F. London)首先用量子力学的近似方法处理化学键的问题，计算氢分子中共价键形成时体系能量的变化。它成功地解释了为什么相互排斥的电子在成键后会集中在两个原子核之间，阐明了共价键的本质。其基本要点如下。①自旋方向相反的单电子配对形成共价键后，就不能再与其他原子中的单电子配对。因此，每个原子形成共价键的数目取决于该原子的单电子数。这就是共价键的饱和性。②成键原子的原子轨道相互重叠得越多，核间电子云密度越大，形成的共价键越稳定。这就是原子轨道的最大重叠原理。③共价键的形成必须尽可能地沿着原子轨道最大程度重叠的方向进行，这就是共价键的方向性。

共价键的饱和性和方向性决定了有机化合物的分子是由一定数目的原子按一定的方式结合而成，因此有机物的分子具有特定的大小和立体形状。例如，甲烷分子中的一个碳原子和四个氢原子构成的空间结构为正四面体型。

根据形成共价键时电子云重叠方式可以把共价键分成两种类型：σ 键和 π 键。

σ 键：由两个成键原子轨道沿着两个原子核间的键轴方向发生最大重叠形成的共价键叫 σ 键。σ 键的特征是其电子云集中于两核之间围绕键轴呈圆柱形对称分布。

π 键：由两个相互平行的 p 轨道从侧面重叠形成的键称为 π 键。π 键的电子云分布在键轴参考平面(节面)的上、下方，在节面上电子云密度几乎等于零。σ 键和 π 键的主要特点见表 1-1。

表1-1　σ键和π键主要特点

	σ 键	π 键
存在	可以单独存在	不能单独存在，必须与 σ 键共存
生成	成键轨道沿键轴"头碰头"重叠，重叠程度大	成键轨道"肩并肩"平行重叠，重叠程度较小
性质	电子云受核约束力大，键能较大，较稳定，不易极化；成键的两个原子可以沿着键轴自由旋转	电子云受核约束力小，键能小，不稳定，易被极化；成键的两个原子不能沿着键轴自由旋转

三、碳原子的杂化轨道理论

碳原子基态电子排布式是 $1s^2 2s^2 2p_x^1 2p_y^1$，最外层有两个未成对电子，根据价键理论碳原子应当是二价，可以与两个原子形成两个共价键，与有机化合物中碳原子四价和甲烷分子四面体结构等事实不符。1931 年，鲍林(Pauling)提出杂化轨道理论。杂化轨道理论认为，原子在形成分子时，形成分子的各原子相互影响，使得同一个原子内不同类型能量相近的原子轨道重新组合，形成能量、形状和空间方向与原来轨道不同的新原子轨道。这种原子轨道重新组合的过程称为杂化。形成的新轨道称为杂化轨道，杂化轨道的数目等于参与杂化的原子轨道数目之和，并包含原原子轨道的成分，杂化轨道的方向性更强，可以形成更稳定的共价键。

有机化合物中碳原子的杂化方式有以下三种。

(一)sp³ 杂化

碳原子在基态时的电子排布式是 $1s^2 2s^2 2p_x^1 2p_y^1$，成键时，碳原子 2s 轨道上的一个电子激发到 $2p_z$ 空轨道上，形成 $1s^2 2s^1 2p_x^1 2p_y^1 2p_z^1$，然后 3 个 p 轨道与 1 个 s 轨道重新组合杂化，形成 4 个能量完全相同的 sp³ 杂化轨道。

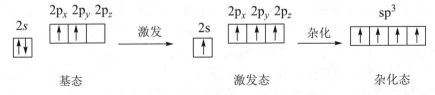

基态　　　　　　　　　激发态　　　　　　　　杂化态

图 1-1　碳原子的 sp³ 杂化

(a) 单个 sp³ 杂化轨道；(b) 四个 sp³ 杂化轨道的空间分布

每个 sp³ 杂化轨道中有 1/4 的 s 轨道和 3/4 的 p 轨道成分，其形状是一头大、一头小[图 1-1(a)]，sp³ 杂化轨道的形状为正四面体形。四个 sp³ 杂化轨道在空间的取向是指向四面体的顶点，杂化轨道对称轴间夹角为 $109°28'$[图 1-1(b)]。

当一个碳原子与其他四个原子直接键合时，该碳原子为 sp³ 杂化。烷烃和其他有机化合物中的饱和碳原子都是 sp³ 杂化。例如，甲烷、丙烷、异丁烷和氯仿分子中的碳原子均为 sp³ 杂化。

(二)sp² 杂化轨道

碳原子激发态中的一个 2s 轨道和两个 2p 轨道重新组合，形成三个能量相同的 sp² 杂化轨道，还剩余一个 p 轨道未参与杂化。

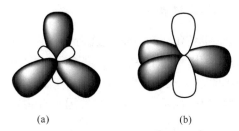

每个 sp^2 杂化轨道由 1/3 的 s 轨道和 2/3 的 p 轨道杂化组成，这三个 sp^2 杂化轨道在同一平面上，轨道间的夹角为 120°，构成平面正三角形[图 1-2(a)]。碳原子余下一个未参与杂化的 2p 轨道，垂直于 sp^2 杂化轨道所处的平面 [图 1-2(b)]。

当一个碳原子与其他三个原子直接键合时，该碳原子为 sp^2 杂化。一般双键碳原子均为 sp^2 杂化。例如，乙烯、丙烯和甲醛分子中的双键碳原子均为 sp^2 杂化。

(a)　　　　　　　(b)

图 1-2　碳原子的 sp^2 杂化
(a) sp^2 杂化轨道；(b) sp^2 杂化轨道和未杂化的 p 轨道

(三) sp 杂化轨道

碳原子激发态中的一个 2s 轨道与一个 2p 轨道重新组合形成二个能量相同的 sp 杂化轨道，余下两个未参与杂化的 2p 轨道。

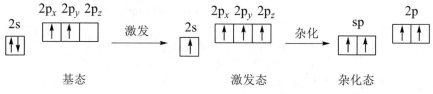

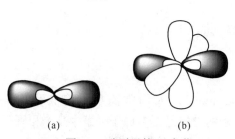

(a)　　　　　　　(b)

图 1-3　碳原子的 sp 杂化
(a) sp^2 杂化轨道；(b) sp 杂化轨道和未杂化的两个 p 轨道

每个 sp 杂化轨道均由 1/2 的 s 轨道和 1/2 的 p 轨道杂化组成，这两个 sp 杂化轨道呈直线形，轨道间的夹角为 180° [图 1-3(a)]。碳原子余下两个相互垂直的 2p 轨道都与 sp 杂化轨道所在的直线垂直 [图 1-3(b)]。

当一个碳原子与其他两个原子直接键合时，该碳原子为 sp 杂化。一般三键碳原子均为 sp 杂化。例如，乙炔和其他炔烃分子中碳碳三键的碳原子均为 sp 杂化。

四、共价键的属性

共价键的键能、键长、键角和键的极性等统称为共价键的"键参数"，是描述有机化合物结构和性质的基础。

(一) 键长

键长(bond length)是指形成共价键的两个原子核间的平均距离。键长的单位常用 pm 表示。共价键的键长主要取决于两个原子的成键类型，而受邻近原子或基团的影响较小。一般来说两个原子之间所形成的键越短表明键越牢固。用 X 射线衍射等物理方法，可以测定键长。一些键的键长见表 1-2。同一种键在不同化合物中，其键长的差别是很小的，如 C—C 键一般为 154pm，在乙烷中为 154pm，在环己烷中为 153pm。

(二) 键角

键角 (bond angle) 是指分子中两个相邻化学键之间的夹角。例如，甲烷分子中两个 C—H 键的键角为 109°28′，乙烯分子中两个 C—H 键的键角为 118°，乙炔分子中一个 C—H 键与一个 C≡C 的键角为 180°。键角是反映分子空间几何结构的重要因素。键角除了跟成键原子性质、结合方式等因素有关外，还跟原子所连基团大小等空间因素有关。

(三) 键能

键能 (bond energy) 是指原子形成共价键所释放的能量或共价键断裂所吸收的能量。其单位为 $kJ \cdot mol^{-1}$。将分子中某一特定共价键断裂所需要的能量称为共价键的离解能 (dissociation energy)。对于双原子分子，其键能就是离解能。例如，将一摩尔氢气分解成氢原子需要吸收 436kJ 热量，这个数值就是氢分子的键能，即离解能。但是对于多原子分子来说，键能与离解能是不同的。例如，一摩尔甲烷分子中的四个碳氢键依次断裂时，所需吸收热量是不同的。

离解能 $(kJ \cdot mol^{-1})$

$$CH_4 \longrightarrow \cdot CH_3 + H\cdot \qquad 435.1$$

$$\cdot CH_3 \longrightarrow \cdot \overset{..}{C}H_2 + H\cdot \qquad 443.5$$

$$\cdot \overset{..}{C}H_2 \longrightarrow \cdot \overset{..}{C}H + H\cdot \qquad 443.5$$

$$\cdot \overset{..}{C}H \longrightarrow \cdot \overset{..}{C} \cdot + H\cdot \qquad 338.9$$

四个碳氢键分解所吸收的总热量为 1661.0kJ·mol^{-1}，人们常简单的将其平均值 415.2kJ · mol^{-1} 称为 C—H 键的键能。因此多原子分子的键能是指多原子分子中几个相同类型共价键均裂时，这些键的离解能的平均值。表 1-2 为常见共价键的平均键能。

表1-2　一些常见共价键的键长和平均键能

共价键	键长(pm)	键能 $(kJ \cdot mol^{-1})$	共价键	键长(pm)	键能 $(kJ \cdot mol^{-1})$	共价键	键长(pm)	键能 $(kJ \cdot mol^{-1})$
C—H	109	414.4	C—F	141	485.6	C—O	143	360.0
C—C	154	347.4	C—Cl	177	339.1	C—N	147	305.6
C=C	134	611.2	C—Br	191	284.6	C≡N	128	615.3
C≡C	120	837.2	C—I	212	217.8	C≡N	116	891.6
N—H	103	389.3	O—H	96	464.7	C=O	122	736.7(醛)
								749.3(酮)

键能是表示共价键稳定程度的一种物理量。键能越大，该键的强度越大，断裂时所需能量也越大。

(四)共价键的极性和极化度

键的极性(polarity of bond)是由成键的两个原子之间的电负性差异而引起的。两个相同原子组成的共价键，成键的电子云对称地分布在两核周围，称为非极性共价键，如 H—H、Cl—Cl 键等。当两个电负性不同的原子形成共价键时，共用电子对会靠近成键原子中电负性较大的一方，正负电荷中心不重合，这种键具有极性，称为极性共价键。例如，$H_3C—Cl$ 分子，氯原子的电负性大于碳原子，电子云偏向氯原子一端，因此氯带部分负电荷，常用 δ^- 表示，碳带部分正电荷，用 δ^+ 表示。

$$\overset{\delta^+}{H_3C} \longrightarrow \overset{\delta^-}{Cl}$$

键的极性大小可用偶极矩(键矩)μ 来表示。偶极矩是指正负电荷中心间的距离 d 与正电荷中心或负电荷中心电荷值 q 的乘积。

$$\mu = q \times d \qquad \text{单位为库仑·米}(C \cdot m)$$

有机物分子中一些常见的共价键的偶极矩一般在 $(1.334 \sim 1.167) \times 10^{-30} C \cdot m$ 之间。偶极矩具有方向性，用 ⟼ 表示，箭头指向负电荷一端。分子的极性由分子的偶极矩度量。双原子分子的偶极矩就是键的偶极矩。多原子分子的偶极矩是组成分子的所有共价键偶极矩的向量之和。例如

$\mu=0$ $\qquad\qquad$ $\mu=6.24\times10^{-30}C \cdot m$

在外界电场作用下，共价键电子云的分布发生改变，即分子的极性状态发生变化。这种在外界电场影响下，共价键的极性发生改变的现象，称为共价键的极化。不同的共价键受外界电场影响极化的难易程度是不同的，这种键的极化难易程度称为极化度(polarizability)。键的极化度除了与成键原子的结构和键的种类有关，还与外界电场强度有关。成键原子的体积越大，电负性越小，核对成键电子的束缚越小，键的极化度就越大；成键原子的电子云流动性越大，则键的极化度也越大。例如，碳卤键的极化度顺序为 C—I＞C—Br＞C—Cl＞C—F。

在碳碳共价键中，π 键的极化度比 σ 键的大，无极性的乙烯分子易与试剂作用发生加成反应，就是因为乙烯分子中含有 π 键的缘故。

键的极化是在外电场的影响下产生的，是一种暂时现象，当去掉外界电场时，共价键及分子的极性状态又恢复原状。

共价键的极性和极化性是共价键的重要性质之一，是有机化合物具有各种性质的内在因素。

第三节 有机化学反应基本类型及条件

有机化合物中连接各原子的化学键几乎都是共价键,当发生反应时,必然存在旧键的断裂和新键的形成。共价键的断裂方式有两种:均裂和异裂。按共价键断裂方式的不同,有机反应又分为自由基反应和离子型反应。

一、自由基反应

共价键断裂时,成键的两个电子平均分给键合的两个原子或原子团的断裂方式,称共价键的均裂。

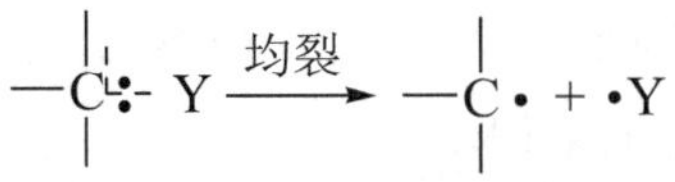

$$-\overset{|}{\underset{|}{C}}\!:\!Y \xrightarrow{\text{均裂}} -\overset{|}{\underset{|}{C}}\cdot + \cdot Y$$
碳自由基

带有单电子的原子或基团称为自由基(或游离基),自由基是电中性的。多数自由基的寿命都很短,是活性中间体的一种。按共价键均裂进行的反应叫作自由基反应(free radical reaction),也叫游离基反应。这类反应一般在光、热或过氧化物(ROOR)存在下进行。自由基反应又分为自由基取代反应和自由基加成反应。

二、离子型反应

共价键断裂时,成键的一对电子保留在一个原子或原子团上,从而产生正离子和负离子,这种键的断裂方式称为异裂。

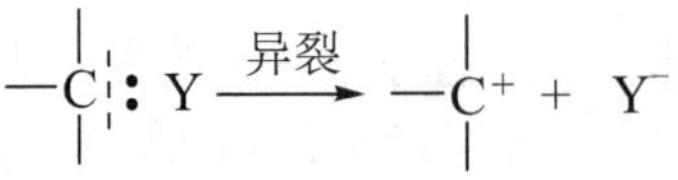

$$-\overset{|}{\underset{|}{C}}\!:\!Y \xrightarrow{\text{异裂}} -\overset{|}{\underset{|}{C}}^+ + Y^-$$
碳正离子

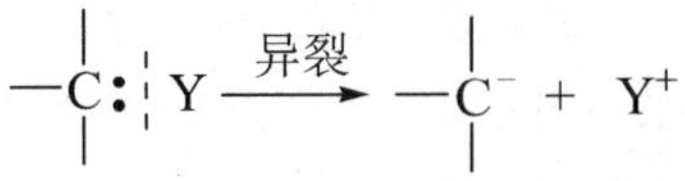

$$-\overset{|}{\underset{|}{C}}\!:\!Y \xrightarrow{\text{异裂}} -\overset{|}{\underset{|}{C}}^- + Y^+$$
碳负离子

多数由异裂产生的正离子或负离子寿命都很短,也是反应活性中间体。按共价键异裂进行的反应称为离子型反应(ionic reaction)。它与无机化合物瞬间完成的离子反应不同。有机离子型反应一般发生在极性分子之间,通过共价键的异裂,形成正或负离子中间体而逐步完成反应。有机离子型反应又可以根据进攻试剂性质不同,分为亲核和亲电两种类型反应。

亲核反应(nucleophilic reaction)是由电负性低的亲核基团向反应底物中带正电的部分进攻所发生的反应。亲核试剂包括负离子或带有孤对电子的分子(如 NH_3、H_2O、ROH、

RNH$_2$、OH$^-$、CN$^-$等），亲核反应又分为亲核取代反应和亲核加成反应。

亲电反应(electrophilic reaction)是由亲电试剂进攻反应物分子中电子云密度高的原子而引起的反应。亲电试剂包括正离子或能接受孤对电子的分子(如 FeCl$_3$、AlCl$_3$、SO$_3$、BF$_3$、H$^+$、Cl$^-$、NO$_2^+$等)，亲电反应又分为亲电取代反应和亲电加成反应。

综上所述，有机反应的类型归纳如下。

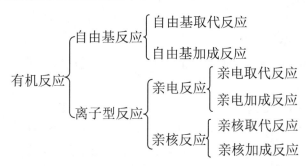

第四节 有机化合物的分类和表示方法

一、有机化合物的分类

有机化合物从结构上可以分两类：一是按照构成有机化合物分子的碳骨架来分类；二是按反映有机化合物特性的特定官能团或功能基来分类。

(一)按碳骨架分类

根据碳的骨架可以将有机化合物分成以下三类。

1. 开链化合物(chain compound)　分子中，碳原子相互连接成链状结构。由于长链的化合物最初是在油脂中发现的，所以链状化合物又称为脂肪族化合物(aliphatic compound)。例如

$$H_3C-CH_2-CH_2-CH_3 \qquad \begin{array}{c} H_3C-CH-CH_3 \\ | \\ CH_3 \end{array}$$

　　　　　　　丁烷　　　　　　　　　　　　　　　异丁烷

2. 碳环化合物　碳环化合物(carbocyclic compound)分子中含有由碳原子组成的环，根据碳环的结构特点，它们又分为以下两类。

(1)脂环化合物(alicyclic compound)：从结构上看是环状化合物，但是性质与脂肪族化合物性质相似，故称为脂环化合物。例如

$$\begin{array}{c} H_2C-CH_2 \\ | \quad\quad | \\ H_2C-CH_2 \end{array} \qquad\qquad \begin{array}{c} H_2 \\ C \\ H_2C \quad CH_2 \\ | \quad\quad\quad | \\ H_2C \quad CH_2 \\ C \\ H_2 \end{array}$$

　　　　　　　环丁烷　　　　　　　　　　　　　　　环己烷

(2)芳香化合物(aromatic compound)：结构特点是分子中都有一个或多个苯环，性质上与脂肪族化合物有较大区别。例如

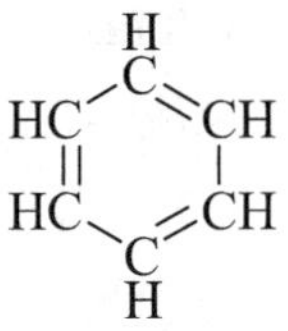

苯 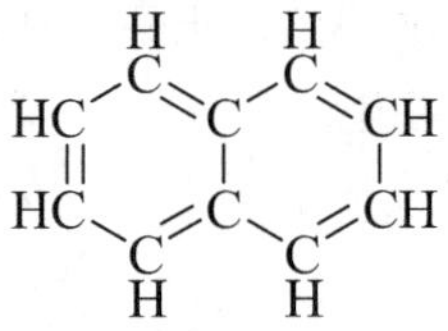　　　　　　　　　　　萘

3. 杂环化合物(heterocyclic compound)　分子中的环是由碳原子和其他元素的原子(如O，N，S)组成。例如

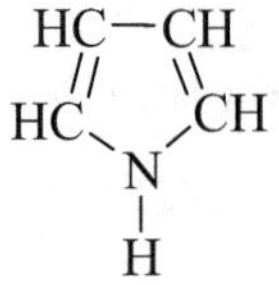

吡咯 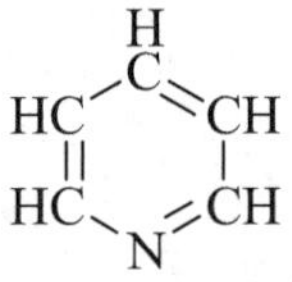　　　　　　　　　　吡啶

(二)按官能团分类

官能团(functional group)是指有机化合物分子中能代表该类化合物性质的原子或基团，主要化学反应与它有关。一般来说，含有同样官能团的化合物化学性质基本相同，因此将含有相同官能团的化合物归为一类。现将一些主要官能团的类别列于表 1-3 中。

表1-3　常见的一些官能团

化合物类别	官能团	名称	化合物举例	化合物名称
烯烃	C=C	碳碳双键	$H_2C=CH_2$	乙烯
炔烃	C≡C	碳碳三键	$HC≡CH$	乙炔
卤代烃	—X(F、Cl、Br、I)	卤素	CH_3CH_2Br	溴乙烷
醇	—OH	醇羟基	C_2H_5OH	乙醇
酚	—OH	酚羟基	C_6H_5OH	苯酚
醚	—C—O—C—	醚键	$C_2H_5OC_2H_5$	乙醚
醛	—C—H（O)	醛基	CH_3CHO	乙醛
酮	—C—（O)	羰基	CH_3COCH_3	丙酮
羧酸	—COOH	羧基	CH_3COOH	乙酸
酯	—C—O—C—（O)	酯键	$H_3C—C—O—C_2H_5（O)$	乙酸乙酯
酰胺	—C—N—（O)（H)	酰胺键(肽键)	$H_3C—C—N—C_6H_5（O)（H)$	乙酰苯胺
硝基化合物	—NO₂	硝基	$C_6H_5NO_2$	硝基苯
胺	—NH₂	氨基	$C_6H_5NH_2$	苯胺
硫醇	—SH	巯基	C_2H_5SH	乙硫醇
磺酸	—SO₃H	磺酸基	$C_6H_5SO_3H$	苯磺酸
磺酰胺	—SO₂NH₂	磺酰胺基	$C_6H_5SO_2NH_2$	苯磺酰胺

二、有机化合物构造的表示方法

表示有机化合物构造的式子有蛛网式、缩写式、键线式。例如

| | 蛛网式 | | 缩写式 | 键线式 |

戊烷

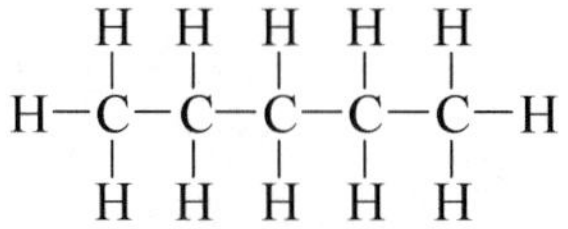

蛛网式 或

$$CH_3-CH_2-CH_2-CH_2-CH_3$$

或

$$CH_3CH_2CH_2CH_2CH_3$$

3-甲基戊烷

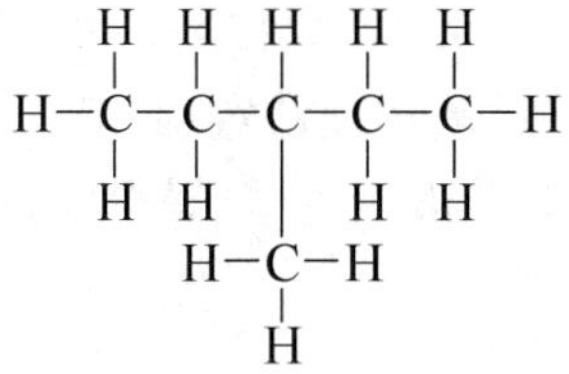

蛛网式 或

$$CH_3-CH_2-CH-CH_2-CH_3$$
$$|$$
$$CH_3$$

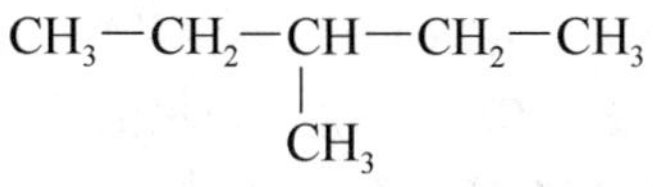

或

$$CH_3CH_2CH(CH_3)CH_2CH_3$$

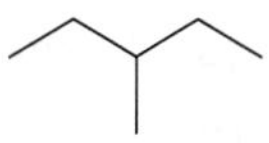

2-戊烯

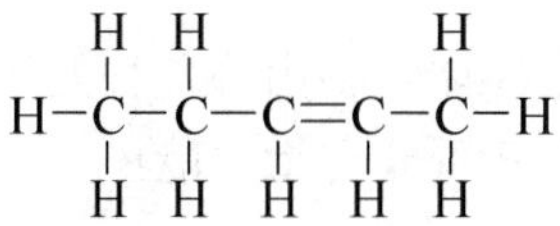

蛛网式 或

$$CH_3-CH_2-CH=CH-CH_3$$

或

$$CH_3CH_2CH=CHCH_3$$

2-戊炔

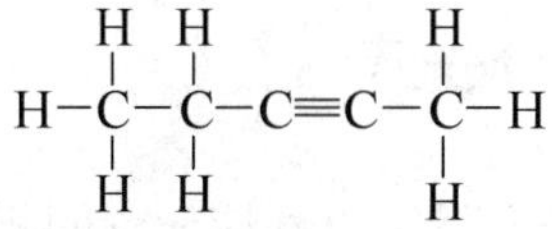

蛛网式 或

$$CH_3-CH_2-C\equiv C-CH_3$$

或

$$CH_3CH_2C\equiv CCH_3$$

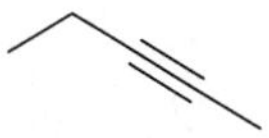

对于有机化合物用键线式最简单，它只表示出碳链或碳环(统称为碳架)，碳原子和氢原子的符号在式中不写出，只写出与碳原子相连的杂原子或原子团，碳上两个键的夹角与键角相近。例如

| | 缩写式 | 键线式 |

3-甲基-2-氯戊烷

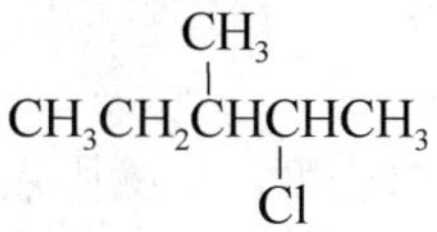

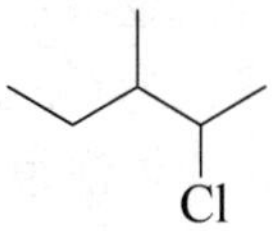

$$CH_3$$
$$|$$
$$CH_3CH_2CHCHCH_3$$
$$|$$
$$Cl$$

环己基甲醛

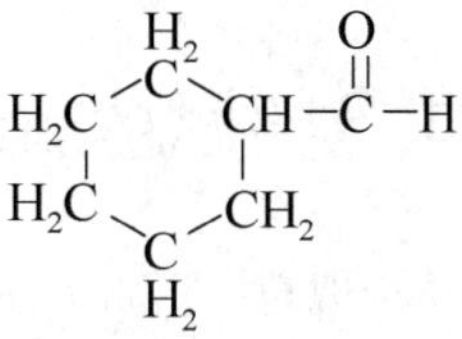

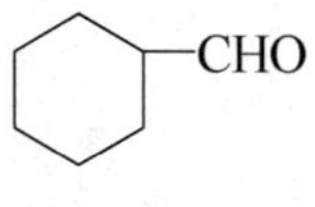

邻硝基苯酚

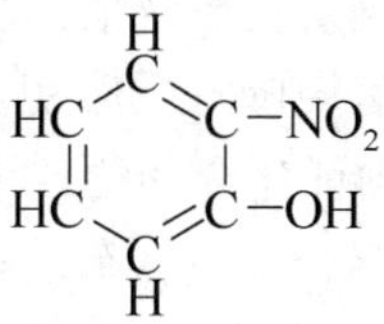

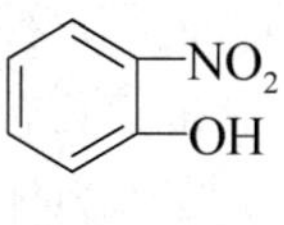

3-吡啶甲酸

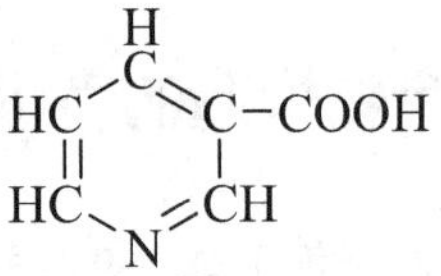

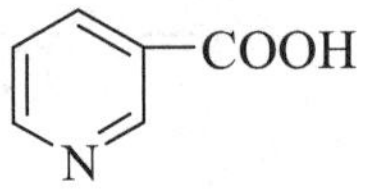

第五节 研究有机化合物结构的一般步骤和方法

一、分 离 纯 化

从天然产物分离和合成的有机化合物中通常含有杂质，需要提纯，常用的方法有蒸馏、重结晶、升华和色谱法等。有机化合物的纯度可以通过测物理常数(如熔点、沸点)和色谱法(如薄层色谱、纸层色谱、柱层色谱、气相色谱和高效液相色谱)等得以验证。

二、元 素 分 析

通过分离提纯得到纯化合物后，需进一步确定这种化合物由哪几种元素组成，各元素的百分含量又是多少。只有确定了分子的元素组成及其百分含量才能进一步确定未知化合物的实验式和分子式。

三、确定实验式和分子式

化合物实验式的计算方法是将各元素的重量百分含量除以相应元素的相对原子质量，得出该化合物中各元素间原子的最小个数比例，即可得出该化合物的实验式。例如，某化合物 C、H、N、O 元素的百分含量分别为 49.3%、9.6%、19.6%、22.7%，碳、氢、氮、氧原子数目的最小比值为：$C：H：N：O=3：7：1：1$，由此推断该化合物的实验式为 C_3H_7NO。实验式仅说明该分子中各元素原子数目的比例，不能确定各种原子的具体数目。只有先测定其分子量，才能确定分子式。该化合物的分子量为 146，C_3H_7NO 的式量为 73，该化合物的分子式为 $C_6H_{14}N_2O_2$。

分子量的测定方法很多，如蒸气密度法、凝固点下降法等，现在采用质谱仪来测定，更为准确、迅速。

四、结构式的测定

有机化合物分子普遍存在同分异构现象。因此，确定了分子式后，还必须测定其结构式。过去，通常是用经典的化学方法确定化合物的结构式：首先用有机化学反应证实化合物分子中存在的官能团；然后在实验室用降解反应初步确定化合物的结构；最后用有机合成方法在实验室合成该化合物，以此确证化合物的结构。这种方法，准确率低，而且费时，有时需花费几年，甚至几十年才能确定一个较复杂的化合物的结构。近二三十年，随着科学技术的发展，化合物结构的测定方法，也发生了质的变化。目前，主要是用红外光谱、紫外光谱、磁共振谱和质谱等波谱技术测定有机化合物的结构。其特点是样品的用量少、快捷和准确率高。红外光谱可以确定化合物分子中存在什么官能团；紫外光谱可揭示化合物中是否存在共轭体系；磁共振谱可以提供分子中氢原子与碳原子及其他原子的结合方式，它是测定有机化合物结构最主要的方法。另外，X 射线衍射可以揭示化合物结晶体中各原子的几何形状，对确定复杂分子的空间构型非常有用。

本 章 小 结

1. 有机化合物与有机化学 有机化合物是指碳氢化合物及其衍生物。有机化学是研究有机化合物的组成、结构、性质、反应、合成、反应机制及有关理论与方法的科学。

2. 有机化合物分子中的化学键 主要是共价键，共价键分为 σ 键和 π 键。σ 键是由碳原子的 sp^3、sp^2 和 sp 杂化轨道之间或杂化轨道与其他原子的 s 轨道或 p 轨道沿键轴方向重叠而成；π 键是由碳原子的 p 轨道之间或与其他原子的 p 轨道彼此平行侧面重叠而成。

共价键重要的参数包括键长、键能、键角和键的极化性。

3. 有机化学反应类型 按共价键断裂方式(均裂和异裂)的不同分为两类。总结如下。

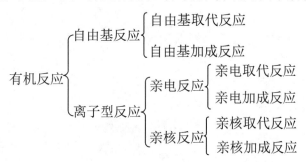

4. 有机化合物的分类 按其骨架可分为链状化合物、碳环化合物(含脂环化合物、芳香化合物)和杂环化合物。按官能团可分为烷、烯、炔、醇、酚、醚、醛、酮、醌和羧酸及其衍生物等。

习 题

1. 什么是有机化合物和有机化学？
2. 什么是 σ 键和 π 键？
3. 键的极性和极化性有什么区别？
4. 单项选择题
(1) sp^2 杂化轨道的空间构型是
A. 直线型 　　　　　 B. 正四面体型 　　　　　 C. 三角锥形 　　　　　 D. 平面正三角形
(2)(　　)是有机物分子中最典型的化学键
A. 离子键 　　　　　 B. 共价键 　　　　　 C. 氢键 　　　　　 D. 配位键
(3) 简单地说有机化合物应该是
A. 含碳的化合物 　　　 B. 含氮的化合物 　　　 C. 含硫的化合物 　　　 D. 含氧的化合物
(4) 共价键均裂产生
A. 正离子 　　　　　 B. 负离子 　　　　　 C. 自由基 　　　　　 D. 中性分子
(5)下列分子或离子属于亲电试剂的是

A. NH_3 B. H_2O C. Br^+ D. OH^-

5. 指出下列各化合物分子中碳原子的杂化轨道类型

(1) $CH_3CH_2OCH_3$ (2) $CH_3CH\!=\!CH_2$ (3) $CH_3C\!\equiv\!CH$

(4) CH_3CHO (5) CH_3COOH

6. 磺胺嘧啶的结构如下。

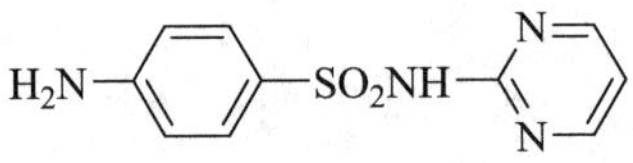

(1) 指出结构式中两个环状结构部分在分类上的不同。

(2) 含有哪种官能团，其名称是什么？

（付彩霞）

第二章 对 映 异 构

1. 掌握手性、对映异构体、外消旋体、内消旋体等概念，对映异构体的表示方法，次序规则，*R/S* 构型命名。

2. 熟悉 *D/L* 构型命名，含两个手性碳原子的对映异构，不含手性碳原子的对映异构。

3. 了解对映异构体在医药上的应用。

分子式相同而结构不同的分子互为同分异构体，这种现象称为同分异构现象(isomerism)。同分异构现象在有机化合物中普遍存在，这是构成有机化合物种类繁多、结构复杂的原因之一。有机化合物的同分异构现象可分为构造异构(constitutional isomerism)和立体异构(stereo isomerism)。构造异构是指分子中原子或原子团间的连接顺序或方式不同引起的异构现象，主要包括碳链异构、位置异构、官能团异构等。立体异构是指分子构造(即分子中原子或原子团间相互连接的顺序和方式)相同，但原子或原子团在空间的排列方式不同而引起的异构现象，可分为构型异构和构象异构。其中构象异构将在第三章烷烃和环烷烃中学习，构型异构包括顺反异构和对映异构(enantiomerism)，其中顺反异构将在第四章烯烃和炔烃中学习，本章重点讨论对映异构现象。

有机化合物的同分异构可归纳如下。

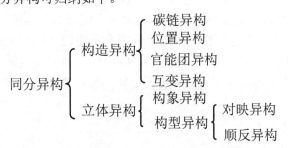

自然界中特别是生物体内的很多物质，都存在对映异构现象，许多天然药物及合成药物也存在着对映异构现象。因此对映异构在有机合成化学、分子生物化学、分子药理学、分子生物学等的研究方面，都有着十分重要的意义。

第一节 物质的旋光性

一、偏振光和旋光性

光是一种电磁波，其振动方向与前进方向垂直。普通光在所有与其前进方向垂直的平面上振动。若使单色光通过一种由冰晶石制成的尼科尔(Nicol)棱晶，只有振动平面与棱镜晶轴平行的光才能通过，通过棱晶后的光波只在一个平面上振动，这种只在一个平面上振动的光称为平面偏振光（plane polarized light），简称偏振光或偏光，偏振光振动的平面称为偏振面（图 2-1）。

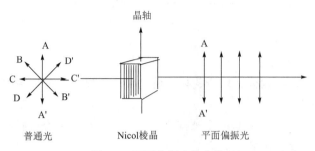

图 2-1　平面偏振光的产生

偏振光通过水、乙醇等介质时，偏振光的偏振面不发生偏转，偏振光通过乳酸、苹果酸、葡萄糖等溶液时，偏振光的偏振面偏转了一定的角度，这种能使偏振光的偏振面发生偏转的性质称为旋光性或光学活性（optical activity），这种物质称为旋光性物质或光学活性物质。使偏振光的振动面按顺时针方向旋转的分子，称为右旋（dextrorotatory）物质，用符号"+"表示；使偏振光的振动面按逆时针方向旋转的分子，称为左旋（levorotatory）物质，用符号"−"表示。

二、旋光度与比旋光度

测定化合物旋光度的仪器是旋光仪，旋光仪主要由一个光源、两个尼科尔棱镜和一个盛测试液的旋光管组成。光源发出的光经过第一个棱镜（起偏镜）变成平面偏振光，再经过盛有旋光性物质溶液的旋光管时，平面偏振光不能通过第二个棱镜（检偏镜），必须将检偏镜旋转一定的角度才能通过，通过连在检偏镜上的刻度盘就可读出偏振光旋转的角度（图 2-2）。旋光性物质使偏振光的偏振面旋转的角度称为旋光度（optical rotation），用"α"表示。

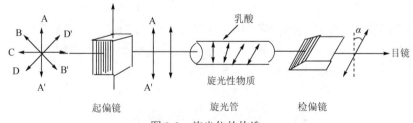

图 2-2　旋光仪的构造

旋光度除与分子的结构有关外，还与测定时溶液的浓度、厚度（旋光管的长度）、温度及光源的波长等因素有关。为了比较物质的旋光性能，常采用比旋光度（specific rotation）$[\alpha]_D^t$。比旋光度的定义是：在一定温度下，一定波长的偏振光通过 1dm 厚度含 $1g \cdot ml^{-1}$ 旋光性物质的溶液时偏转的角度。旋光度和比旋光度之间的关系式如下。

$$[\alpha]_D^t = \frac{\alpha}{lc}$$

$[\alpha]_D^t$ 为比旋光度，α 为实测旋光度，c 为浓度$(g \cdot ml^{-1})$，l 为溶液厚度(即旋光管的长度，单位为 dm)，D 为光源波长(通常为钠光源，波长为 589nm，用 D 表示)，t 为测量时的温度(℃)。在表示比旋光度时，应指明溶剂。例如

葡萄糖：$[\alpha]_D^{20} = +52.5°$（水）

氯霉素：$[\alpha]_D^{25} = +17\sim20.0°$（无水乙醇），$[\alpha]_D^{25} = -25.5°$（乙酸乙酯）

从氯霉素的比旋光度可以看出溶剂对旋光度也有影响。比旋光度与熔点、沸点及相对密度一样是旋光性物质的特征物理常数，可通过理化手册查到。

测定旋光度，可用于鉴定物质的旋光性及测定旋光性物质的纯度和含量。例如，测得一个葡萄糖溶液的旋光度为+3.4°，葡萄糖的比旋光度为+52.5°，若旋光管长度为 1dm，则可计算出葡萄糖的浓度为

$$c = \frac{\alpha}{[\alpha]_D^t \times l} = \frac{+3.4}{+52.5 \times 1} = 0.0646(g \cdot ml^{-1})$$

在制糖工业上常用测定旋光度的方法来控制糖液的浓度。

第二节 旋光性与分子结构的关系

为什么有些物质具有旋光性，而有些物质没有旋光性？物质的旋光性与分子的结构又有什么样的关系呢？

一、手性和手性分子

1848 年，巴斯德(L. Pasteur)在研究酒石酸盐结晶时发现：酒石酸钠铵在一定条件下结晶时，生成外形不同的两种晶体，它们之间的关系相当于左手与右手或实物与镜像关系，外形相似，但不能相互重合，巴斯德仔细地用镊子将两种晶体分开，分别溶于水，再用旋光仪检查，发现一种是右旋的，另一种是左旋的。巴斯德仔细观察酒石酸钠铵晶体，发现酒石酸钠铵晶体具有不对称性，巴斯德提出物质的旋光性是由于分子的不对称结构所引起。

到了 1874 年随着碳原子四面体学说的提出，范托夫(van't Hoff)指出，当一个碳原子上连有四个不同基团时，这种结构具有不对称性，这四个基团在空间有两种不同的排列方式，它们互为镜像关系，但不能重叠，就像人的左手与右手之间的关系一样(图 2-3)。

我们把这种互为镜像关系但不能重叠的性质称为手性(chirality)，具有手性的分子称为手性分子(chiral molecule)，互为镜像关系但不能重叠的两个分子互为对映异构体(enantiomer)，简称对映体。连有四个不同原子或基团的碳原子称为手性碳原子(chiral carbon)，通常用星号标出(C^*)，含有一个手性碳原子的分子一定是手性分子，有一对对映体，凡是手性分子一定具有旋光性。

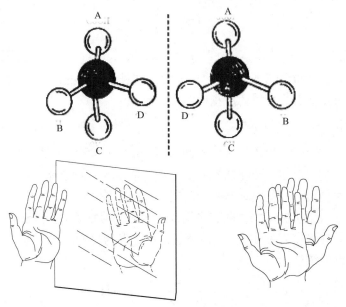

图 2-3　手性关系

　　一般来说，有机化合物分子具有手性的最普遍的因素就是分子中含有手性碳原子。但是，这个条件并不是分子具有手性的必要条件，有些分子并不具有手性碳原子，却具有手性；而有些分子虽然具有手性碳原子，却没有手性。因此，我们在判断分子是否具有手性，还要考虑更加可靠的因素，那就是对称因素。

二、分子的手性与对称性

　　实物与其镜像不能重合是手性分子的特征。分子是否具有手性，与分子的对称性有直接的关系。要判断分子有无手性，必需考察分子是否存在对称因素。对称因素主要有以下两种。

(一)对称面

　　假如一个平面可以把分子分割成互为实物与镜像关系的两部分，此平面即称为对称面（symmetric plane），用"σ"表示。如顺-1,2-二氯乙烯具有两个对称面，一个是 6 个原子所在的平面，另一个是通过双键垂直于分子平面的平面。顺-1,2-二甲基环丙烷有一个通过亚甲基垂直于环平面的对称面。凡是有对称面的分子其镜像与实物可以重叠，一定不是手性分子，没有对映异构现象，没有旋光性。

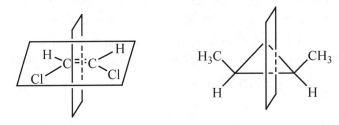

(二)对称中心

假如分子中存在一点,从分子中的任一个原子或基团出发向该点作一直线,再从该点将直线延长,在等距离处遇到相同的原子或基团,该点就称为对称中心(symmetric center),用"i"表示。例如,下列两个化合物都存在对称中心,凡是有对称中心的分子其镜像与实物可以重叠,一定不是手性分子,没有对映异构现象,没有旋光性。

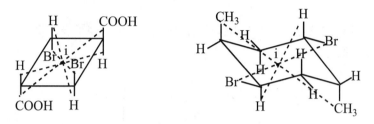

第三节 含一个手性碳原子化合物的对映异构

一、对映体和外消旋体

(一)对映体

含有一个手性碳原子的化合物一定是手性化合物,有一对对映体。例如,乳酸(2-羟基丙酸),分子中含有一个手性碳原子,它分别连接 CH_3、OH、$COOH$ 和 H 四个不同的原子或基团,这些原子或基团在空间有两种不同的排列方式(图 2-4),这两种排列方式互为镜像关系,但不能重叠,是一对对映异构体。

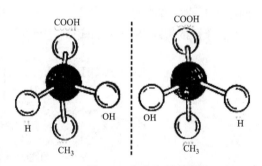

图 2-4 乳酸的分子模型

对映体的旋光度相同但旋光方向相反,其他的物理性质和化学性质在一般条件下都相同,如(+)-乳酸和(−)-乳酸的熔点都是 53℃,pK_a 都是 3.79。但在手性条件下会表现出某些不同的性质。与手性试剂反应时,两种对映体的反应活性不同,生理活性亦有不同,如右旋葡萄糖在动物代谢中能起独特的作用,具有营养价值,而其对映体左旋葡萄糖则不能被动物代谢。

(二)外消旋体

人们研究乳酸时,发现不同来源的乳酸旋光性不同。例如,从肌肉组织中分离得到的乳酸为右旋乳酸,比旋光度为+3.82°;由乳酸杆菌发酵葡萄糖得到的乳酸为左旋乳酸,比旋光度为−3.82°。而通过还原丙酮酸得到的产品无旋光性,是等量的左旋体和右旋体的混合物。这种由等量的左旋体和右旋体组成的混合物称为外消旋体(racemic mixture 或

racemate），常用"±"或"DL"表示。由于两种组分的旋光度相同，旋光方向相反，旋光性恰好互相抵消，所以外消旋体没有旋光性。外消旋体的性质除了与左旋体或右旋体的旋光能力不同外，其他物理性质也有差异。例如，外消旋体乳酸的熔点是18℃，而左旋乳酸和右旋乳酸的熔点是53℃。

二、费歇尔投影式

对映异构体的构造式相同，但在空间的排列方式不同，为了表示其构型可用球棍模型（图2-4）或立体透视式。

立体透视式如下。

球棍模型和立体透视式虽然可以非常清晰地看出化合物的构型，但是书写起来却相当麻烦。1891年，德国化学家费歇尔(Fischer)提出将四面体碳投影到平面上的方法，即费歇尔投影式，费歇尔投影式一经提出就很快被采用，并且成为描写手性碳原子立体化学的一种标准方法。

费歇尔投影式的投影方法如下。

（1）画一个十字，十字交叉点代表手性碳原子。

（2）与手性碳原子相连的横键代表朝向纸平面前方的键，与手性碳原子相连的竖键代表朝向纸平面的后方的键。

按照上面的规则，将乳酸的模型投影到纸平面，便得到相应的乳酸的费歇尔投影式（图2-5）。

图 2-5 乳酸对映体的费歇尔投影式

根据费歇尔投影式，一个化合物可以写出数个投影式。但一般习惯把含有手性碳原子的主链直立，编号最小的基团放在上端。

在使用费歇尔投影式的时候应该遵循下列规则。

（1）将投影式在纸平面上旋转180°或其整数倍，构型不变，若旋转90°或其奇数倍，得到其对映异构体。

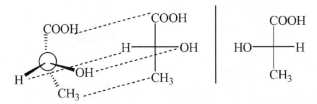

(2)固定任意一个基团不动，依次顺时针或逆时针调换另三个基团的位置，构型不变。

$$
\begin{array}{ccccccc}
& CH_3 & & H & & C_2H_5 & & C_2H_5 \\
H\!-\!\!&\!\!|\!\!&\!\!-OH & = & C_2H_5\!-\!\!|\!\!-OH & = & HO\!-\!\!|\!\!-H & = & H_3C\!-\!\!|\!\!-OH \\
& C_2H_5 & & CH_3 & & CH_3 & & H
\end{array}
$$

(3)任意两个基团的位置对调偶数次构型不变，对调奇数次构型改变。

$$
\begin{array}{c}
CHO \\
HO\!-\!\!|\!\!-H \\
CH_2OH
\end{array}
\longrightarrow
\begin{array}{c}
CH_2OH \\
H\!-\!\!|\!\!-OH \\
CHO
\end{array}
$$

OH 与 H 对调一次

CHO 与 CH₂OH 对调一次

同一构型

$$
\begin{array}{c}
CHO \\
HO\!-\!\!|\!\!-H \\
CH_2OH
\end{array}
\longrightarrow
\begin{array}{c}
CHO \\
H\!-\!\!|\!\!-OH \\
CH_2OH
\end{array}
$$

OH 与 H 对调一次

对映体

三、对映异构体构型的命名

(一)*D/L* 构型命名法

在 X 射线衍射法尚未问世以前，为了研究方便，M. A. Rosanoff 于 1906 年首次建议以甘油醛作为标准，人为规定甘油醛具有如下两种构型。

$$
\begin{array}{c}
CHO \\
H\!-\!\!|\!\!-OH \\
CH_2OH
\end{array}
\qquad\qquad
\begin{array}{c}
CHO \\
HO\!-\!\!|\!\!-H \\
CH_2OH
\end{array}
$$

D-（+）-甘油醛   *L*-（−）-甘油醛

D-（+）-glyceraldehyde   *L*-（−）-glyceraldehyde

规定在费歇尔投影式中，手性碳原子上的—OH 在右边的为 *D* 构型；手性碳原子上的—OH 在左边的为 *L* 构型。这种构型是人为规定的，而并非实际测出，所以称为相对构型（relative configuration）。

某些旋光性化合物的构型用化学方法将其与甘油醛联系而确定。例如，右旋甘油酸的构型是用如下的方法确定的。

$$
\begin{array}{c}
CHO \\
HO\!-\!\!|\!\!-H \\
CH_2OH
\end{array}
\xrightarrow{\;Br_2/H_2O\;}
\begin{array}{c}
COOH \\
HO\!-\!\!|\!\!-H \\
CH_2OH
\end{array}
$$

L-（−）-甘油醛   *L*-（+）-甘油酸

L-（−）-glyceraldehyde   *L*-（+）-glyceric acid

右旋甘油酸可通过 L-$(-)$-甘油醛用溴水氧化制得。在该反应中手性碳上的键未断裂，可认为其几个键的空间排列(构型)未变，因此推知$(+)$-甘油酸的构型和 L-$(-)$-甘油醛是一样，是 L 型。从这个例子可看出旋光方向与构型间没有必然的联系。

D/L 构型标记法目前主要用于糖类和氨基酸类化合物中，对一些较复杂的有机化合物，常采用 R/S 构型标记法。

(二) R/S 构型命名法

1970 年国际上根据国际纯粹和应用化学联合会(International Union of Pure and Applied Chemistry，IUPAC)的建议，构型的命名采用 R、S 构型标记法，这种命名法根据化合物的实际构型或投影式都可命名。

R、S 命名规则如下。

(1)将手性碳原子上的四个原子或基团(a、b、c、d)按照次序规则排序，假设 a>b>c>d。

(2)把排序最小的基团 d 放在离观察者眼睛最远的位置，观察其余三个基团由 a→b→c 的顺序，若是顺时针方向，则其构型为 R(R 是拉丁文 *Rectus* 的字头，是右的意思)，若是逆时针方向，则构型为 S(S 是拉丁文 *Sinister* 的字头，左的意思)(图 2-6)。

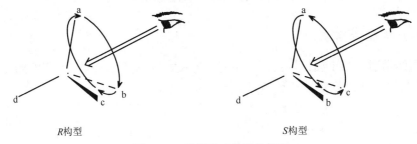

R构型　　　　　　　　　S构型

图 2-6　R 构型及 S 构型的标记

确定原子或基团排列先后的次序规则如下。

1)按原子序数比较与手性碳原子相连的原子，原子序数较大的原子次序优先(或称较优基团)。如果两个原子为同位素，则相对原子质量较大的次序优先。例如

$$I>Br>Cl>S>P>F>O>N>C>D>H$$

2)若与手性碳原子直接相连的第一个原子相同时，则比较与该原子所连的其他原子的原子序数来确定基团的优先次序，如果第二个原子仍然相同，再依次顺延逐级比较，直到比较出较优基团为止。例如，—CH₂OH 和—CH₂Cl，第一个原子都是 C，再接着比较与 C 所连接的原子，—CH₂OH 中与 C 所连原子为 O、H、H，而—CH₂Cl 中与 C 所连原子为 Cl、H、H，因 Cl 的原子序数大于 O，故—CH₂Cl 次序优于—CH₂OH。

3)当取代基中有双键或三键时，可分别看作与两个或三个相同的原子连接。例如，—CHO 可看作 C 原子与两个 O 原子和一个 H 原子相连；—C≡N 可看作 C 原子与三个 N 原子相连，如下图所示。

$$\begin{matrix} & O \\ -C & -O \\ & H \end{matrix} \qquad \begin{matrix} & N \\ -C & -N \\ & N \end{matrix}$$

根据上述规则，常见基团的优先次序可排列如下。

$-C(CH_3)_3 > -CH(CH_3)_2 > -CH_2CH_2CH_3 > -CH_3 > -H$

$-COOR > -COOH > -COR > -CHO > -C\equiv N > -C\equiv CH > -CH=CH_2$

例如，甘油醛分子中 C* 所连四个基团的优先顺序是 $-OH > -CHO > -CH_2OH > -H$，其构型的标记如图 2-7 所示。

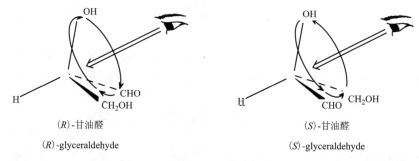

(R)-甘油醛　　　　　　　　　　　(S)-甘油醛

(R)-glyceraldehyde　　　　　　　(S)-glyceraldehyde

图 2-7　甘油醛的构型

如何由费歇尔投影式确定手性碳的构型？

（1）首先按照次序规则确定与手性碳原子相连的四个原子或基团的优先顺序。

（2）若排序最小的基团在竖键上，其余三个基团排序由大→中→小为顺时针方向，则此投影式的构型为 R，反之为 S。

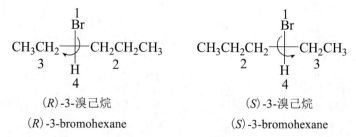

(R)-3-溴己烷　　　　　　　　　　(S)-3-溴己烷

(R)-3-bromohexane　　　　　　　(S)-3-bromohexane

（3）若排序最小的基团在横键上，其余三个基团排序由大→中→小为顺时针方向，则此投影式的构型为 S，反之为 R。

$$\begin{matrix} & 3 \\ & CH_3 \\ 4\,H & | & OH\,1 \\ & CH_2CH_3 \\ & 2 \end{matrix} \qquad \begin{matrix} & 3 \\ & CH_3 \\ 1\,HO & | & H\,4 \\ & CH_2CH_3 \\ & 2 \end{matrix}$$

(S)-2-丁醇　　　　　　　　　　　(R)-2-丁醇

(S)-2-butanol　　　　　　　　　(R)-2-butanol

（4）含有两个手性碳的费歇尔投影式的构型判断规则同上，只需把手性碳原子连接的另一个手性碳原子看成一个整体。

$$
\begin{array}{c}
\text{COOH} \\
\text{H} \overset{2}{-} \text{OH} \\
\text{H} \overset{3}{-} \text{Br} \\
\text{CH}_3
\end{array}
\qquad
\begin{array}{c}
\text{COOH} \\
\text{HO} \overset{2}{-} \text{H} \\
\text{Br} \overset{3}{-} \text{H} \\
\text{CH}_3
\end{array}
$$

（2S,3R）-2-羟基-3-溴丁酸   （2R,3S）-2-羟基-3-溴丁酸

（2S,3R）-3-bromo-2-hydroxybutyric acid   （2R,3S）-3-bromo-2-hydroxybutyric acid

第四节　含两个手性碳原子化合物的对映异构

在有机化合物分子中，随着手性碳原子数目的增加，其立体异构现象也越复杂。当分子中含有两个手性碳原子时，根据他们所连四个原子或基团是否相同，可以分为以下两类。

一、含两个不同手性碳原子的化合物

这类化合物中两个手性碳原子所连的四个原子或基团不完全相同。例如，2-羟基-3-氯-丁二酸（氯代苹果酸）

$$
\begin{array}{c}
\text{OH} \quad \text{Cl} \\
\text{HOOC} - \overset{*}{\text{C}} - \overset{*}{\text{C}} - \text{COOH} \\
\text{H} \quad\ \text{H}
\end{array}
$$

，分子中有两个手性碳原子，C_2 和 C_3；C_2 上连的是 $-H$，$-OH$，$-COOH$ 和 $-CH(Cl)COOH$；C_3 上连的是 $-H$，$-Cl$，$-COOH$ 和 $-CH(OH)COOH$，两个手性碳原子上所连原子或基团不完全相同，存在四个立体异构体，用费歇尔投影式表示如下。

$$
\begin{array}{cccc}
\text{COOH} & \text{COOH} & \text{COOH} & \text{COOH} \\
\text{H}-\text{OH} & \text{HO}-\text{H} & \text{H}-\text{OH} & \text{HO}-\text{H} \\
\text{H}-\text{Cl} & \text{Cl}-\text{H} & \text{Cl}-\text{H} & \text{H}-\text{Cl} \\
\text{COOH} & \text{COOH} & \text{COOH} & \text{COOH} \\
2S,3S & 2R,3R & 2S,3R & 2R,3S \\
（\text{I}） & （\text{II}） & （\text{III}） & （\text{IV}）
\end{array}
$$

上述四个异构体中，（Ⅰ）和（Ⅱ）是对映体，（Ⅲ）和（Ⅳ）是对映体，而（Ⅰ）与（Ⅲ）和（Ⅳ），（Ⅱ）与（Ⅲ）和（Ⅳ）之间不存在实物与镜像关系。这种不具有实物与镜像关系的旋光异构体称为非对映体。非对映体之间旋光度不同，其他物理性质也不相同。在化学性质上，它们虽然有相似的反应，但反应速度、反应条件都不相同，在生理作用上也是不相同的。

含一个手性碳原子的化合物，存在两个对映异构体（一对对映体），含两个不同手性碳原子的化合物，存在四个对映异构体（两对对映体），含三个不同手性碳原子的化合物，存在八个对映异构体（四对对映体）……依此类推，含 n 个不同手性碳原子的化合物，存在 2^n 个对映异构体（2^{n-1} 对对映体）。由此可知，随着分子中不同手性碳原子数目的增加，对映异构体的数目也会增加。

二、含有两个相同手性碳原子的化合物

这种类型的化合物中最典型的是 2,3-二羟基丁二酸（酒石酸），在酒石酸分子中 C_2 和 C_3 为手性碳原子，它们上边所连的原子或基团完全相同，都是—H，—OH，—COOH，—CH(OH)COOH。酒石酸可以写出如下四种费歇尔投影式。

$2R,3R$　　　$2S,3S$　　　　　　　$2R,3S$

（Ⅰ）　　　　　（Ⅱ）　　　　　　（Ⅲ）　　　　　　　（Ⅳ）

其中（Ⅰ）和（Ⅱ）是一对对映体，（Ⅲ）和（Ⅳ）为同一种化合物，即（Ⅳ）在水平面内旋转 180°则得到（Ⅲ），虽然（Ⅲ）和（Ⅳ）中存在两个手性碳原子，但是在（Ⅲ）和（Ⅳ）中存在一个对称面，所以为非手性物质，没有旋光性。（Ⅰ）、（Ⅱ）与（Ⅲ）互为非对映异构体。

化合物（Ⅲ）或（Ⅳ）没有旋光性的原因是 C_2 和 C_3 上所连的原子和基团完全相同，但构型相反，使分子内部的旋光性相互抵消，故不显旋光性。我们把这种含有手性碳原子的非手性分子称为内消旋体（mesomer），以"*meso*"表示。*meso*-酒石酸与左旋酒石酸或右旋酒石酸互为非对映体，物理和化学性质都不相同（表 2-1）。

表2-1　酒石酸的理化性质

名称	熔点/℃	$[a]_D^{20}$（20%水溶液）	pK_{a_1}	pK_{a_2}	溶解度/$[g \cdot (100gH_2O)^{-1}]$
(+)-酒石酸	170	+12°	2.93	4.23	139
(−)-酒石酸	170	−12°	2.93	4.23	139
(±)-酒石酸	206	0°	2.96	4.24	20.6
meso-酒石酸	140	0°	3.20	4.68	125

酒石酸只有三个对映异构体，因此，含有相同手性碳原子的化合物的对映异构体的数目少于 2^n 个。

三、对映异构体在医药上的应用

对映异构体之间最为重要的区别是它们的生理作用不同。对于药物来说，异构体之间的药效也存在着很大的差异。

(1) 对映异构体中，仅有一种异构体具有药效。例如，氯霉素（chloramphenicol）的四个对映异构体中，具有抗菌作用的只是其中的一种，为左旋体。其右旋体无抗菌作用。其外消旋体称为合霉素，其疗效仅为氯霉素的一半。

(2) 对映异构体中，各异构体的作用强度不同，药效也不同。

例如，麻黄碱（ephedrine）有四种对映异构体。

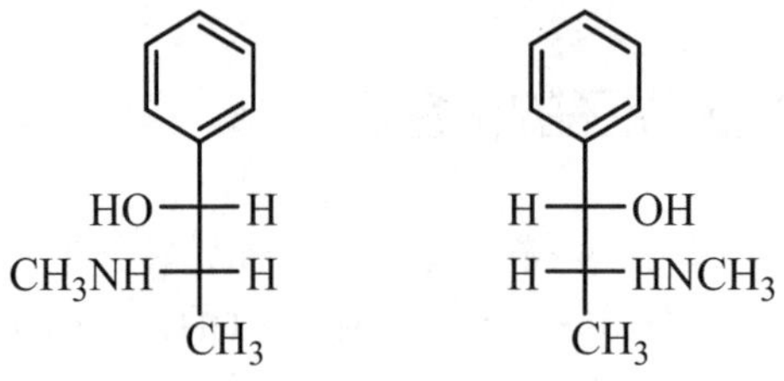

(−)-麻黄碱   (+)-麻黄碱   (−)-伪麻黄碱   (+)-伪麻黄碱

它们的主要作用是使心脏兴奋，血管收缩，引起血压上升。但麻黄碱的作用强，可用于治疗休克；而伪麻黄碱的作用弱，用于一般感冒，使鼻腔黏膜血管收缩，缓解鼻塞症状。

(3)对映异构体中，两者的作用不同，有的甚至对人体有害。例如，四环素类抗生素具有抗菌作用，但如果 C_4 上的二甲氨基构型发生改变，原有的抗菌作用消失，而且对人体具有毒性。

第五节　不含手性碳原子化合物的对映异构

大部分的手性化合物都含有手性碳原子，但也有一些手性化合物并不含有手性碳原子，但它们的镜像与实物不能重合，具有手性，存在一对对映体，如丙二烯型化合物、联苯型化合物。

一、丙二烯型化合物

丙二烯分子本身没有手性，但是当分子中两端的碳原子上各连有不同的原子或基团时，则具有手性。

例如，1,3-二氯丙二烯分子中的两个 π 键相互垂直，则所连的四个取代基分别在相互垂直的两个平面上，分子中既无对称面又无对称中心。(1)和(2)互为实物与镜像关系但不能重合，因而显示手性。

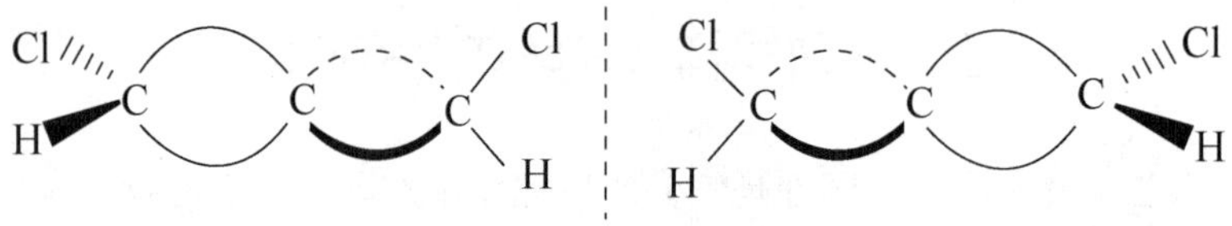

(1)   (2)

如果丙二烯分子中任何一端的碳原子上连有相同的取代基，则分子因存在对称面而不具有手性。例如，下列两个分子都存在经过中间碳原子的对称面。

二、联苯型化合物

联苯分子中的两个苯环通过中间单键的旋转而呈现不同的构象，在常温下，构象之间可通过碳碳 σ 键的旋转相互转化。如果在苯环的邻位上引入较大的基团，两个苯环之间单键的旋转就会受到阻碍而被固定在最稳定的交叉式构象中，这些构象因为没有对称面或对称中心而显示手性，因此存在对映异构体。例如，6,6'-二硝基-2,2'-联苯二甲酸的两个交叉式构象（Ⅰ）和（Ⅱ）互为镜像，但不能重合，也不能相互转化，能被分离为两个纯净物。

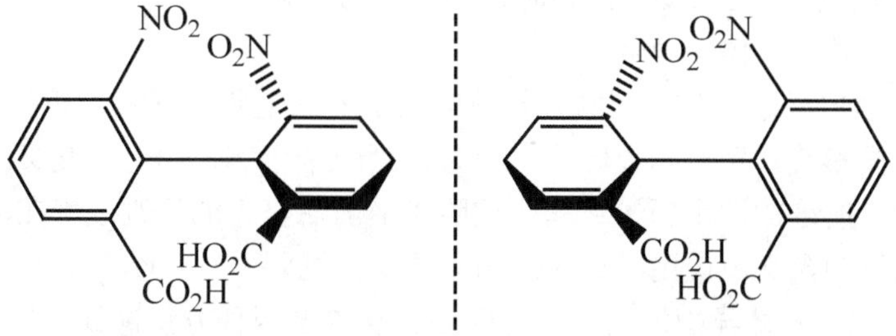

交叉式构象（Ⅰ）　　　　　　交叉式构象（Ⅱ）

阅读资料

旋光异构体的药效学差异

旋光异构体的药效学差异可归纳为四类：①治疗作用完全依赖一种异构体，如 α-甲基多巴。②药理作用的差异不大，定性、定量都相近，如异丙嗪。③药理作用的特性相似，但反应强度有明显差别。大部分的旋光异构体药物属于这一类，如华法林、维拉帕米、普萘洛尔等。④药理或毒理作用存在"质"的区别。如柳胺苄心定（拉贝洛尔），氯胺酮、反应停等。旋光异构体的药效学差别，将对合理用药与新药开发产生重要影响。

药效学的差异与药物体内过程的差异有密切联系。在体内转运方面，因转运机理可区别为简单扩散及特殊转运两类，前者的转运动力主要靠浓度差，很少涉及立体化学问题，后者的因有转运酶或转运载体参与，与立体化学选择性密切相关。奎宁与奎尼丁是一对旋光异构体，它们的血清游离药物清除率与肌酐的清除率之比分别约为 1.5 及 6.1，说明后者大部分通过肾小管排泌，即肾小管碱性药物转运载体对奎尼丁具有立体化学选择性。

旋光异构体在体内的生物转化也遵循不同的代谢途径。如甲妥英（美芬妥英）左旋体在正常人体内苯环对位迅速发生羟化，而右旋体则缓慢进行 N-脱甲基，生成 5-苯基-5-乙基乙内酰脲（PEH），PEH 表现较高的立体化学选择性，R 型以原形经尿排出，而 S 型的消除也靠苯环的对位羟化，与甲妥英相似。总之，旋光异构体药物在体内的代谢是一个复杂的过程，受到多种因素的影响，在人体内还可能发生构型的转化、受遗传基因影响、异构体之间发生交互反应等。

本 章 小 结

1. 本章重要概念 旋光性、旋光度和比旋光度、手性、手性分子、手性碳原子；立体异构、对映体、非对映体、外消旋体。

2. 手性分子和对映异构 含有一个手性碳原子的化合物一定是手性化合物，存在一对对映异构体；含有手性碳的化合物不一定是手性化合物，如内消旋酒石酸，含有两个或多个手性碳原子的化合物除存在对映异构体外，还有非对映异构体或内消旋体，不含手性碳的化合物也不一定不是手性化合物，如丙二烯型和联苯型化合物。

3. 手性物质的旋光性 手性化合物具有旋光性，即能够使平面偏振光的振动平面发生偏转，偏转的角度称为旋光度，有些物质使偏振光的振动平面顺时针旋转称为右旋，用(+)表示，有些物质使偏振光的振动平面逆时针旋转称为左旋，用(−)表示，一对对映体等量混合的混合物称之为外消旋体。

4. 对映异构体的表示方法 对映异构体的表示方法主要有透视式和费歇尔投影式。最重要的是费歇尔投影式，费歇尔投影式书写时，画一个十字，用十字交叉点表示手性碳原子，将手性碳原子所连的四个原子或基团按照"横前后竖"的规则投影在纸平面上。费歇尔投影式具有立体的含义，使用时要注意相应的操作规则。

5. 构型的标记 立体异构体的构型可用 D/L 和 R/S 两种方法进行标记。D/L 构型标记法使用甘油醛作为标准化合物，羟基在费歇尔投影式的右侧称为 D 型，羟基在费歇尔投影式的左侧称为 L 型；R/S 构型标记法根据手性碳原子上所连接的四个原子或基团的优先顺序，把排序最小的基团放在最远端，剩下的三个按照次序规则，排序从大到小如果按顺时针排列为 R 构型，如果按逆时针排列则为 S 构型。

习 题

1. 名词解释
(1) 偏振光　　(2) 旋光性　　(3) 手性碳原子　　(4) 手性分子
(5) 对映体　　(6) 非对映体　　(7) 内消旋体　　(8) 外消旋体

2. 单项选择题
(1) 下列费歇尔投影式中，属于 R 构型的是

A. $HO \overset{COOH}{\underset{CH_2OH}{\rule{0pt}{0pt}}}\!\!\!\!-\!\!\!H$ 　　B. $H_2N\overset{CH_3}{\underset{Br}{\rule{0pt}{0pt}}}\!\!\!\!-\!\!\!H$ 　　C. $C_2H_5\overset{CH_3}{\underset{COOH}{\rule{0pt}{0pt}}}\!\!\!\!-\!\!\!H$ 　　D. $Cl\overset{CH_2OH}{\underset{COOH}{\rule{0pt}{0pt}}}\!\!\!\!-\!\!\!H$

(2) 下列化合物中具有手性的是
A. 3-氯戊烷　　　　B. 1-甲基-1-溴环己烷　　　　C. 2-氯丁烷　　　　D. 丙酸

(3) 下列哪一对是相同化合物

A. $C_2H_5\overset{CH_2OH}{\underset{C_6H_5}{\rule{0pt}{0pt}}}\!\!\!\!-\!\!\!H$ 和 $C_2H_5\overset{H}{\underset{C_6H_5}{\rule{0pt}{0pt}}}\!\!\!\!-\!\!\!CH_2OH$ 　　B. $C_2H_5\overset{CH=CH_2}{\underset{Cl}{\rule{0pt}{0pt}}}\!\!\!\!-\!\!\!H$ 和 $Cl\overset{CH=CH_2}{\underset{C_2H_5}{\rule{0pt}{0pt}}}\!\!\!\!-\!\!\!H$

C. H_2N—|—H 和 C_2H_5—|—H (with C_2H_5 top, C_6H_5 bottom / NH_2 top, C_6H_5 bottom)

D. Br—|—H 和 C_3H_7—|—Br (with CN top, C_3H_7 bottom / CN top, H bottom)

(4) 下列性质中，(+)和(−)丙氨酸不同的是

A. 密度　　　　　　　B. 折光率　　　　　　C. 熔点　　　　　　D. 旋光性

(5) 下列化合物中可能存在内消旋体的是

A. 2,3-二溴丁烷　　　B. 2,3-二溴戊烷　　　C. 2,3-二溴己烷　　　D. 1,2-二溴丁烷

3. 是非判断题(对的打√错的打×)

(1) 镜像与实物不能重叠的化合物一定是手性化合物。

(2) 含有手性碳的化合物一定是手性化合物。

(3) 不含手性碳的化合物一定不是手性化合物。

(4) 有对称面和对称中心的化合物一定不是手性化合物。

(5) 外消旋体是没有旋光性的化合物。

(6) 书写费歇尔投影式的时候，竖键上的两个基团朝向前方。

(7) 费歇尔投影式在纸面上旋转90°，其构型不变。

(8) 费歇尔投影式中的基团两两交换偶数次，其构型不变。

(9) L 构型的化合物一定是左旋化合物。

(10) 含有三个手性碳原子的化合物有八个光学异构体。

4. 判断下列化合物分子中有无手性碳原子。若存在手性碳原子，请用*标出。

(1) (环戊烷，带 OH 和 CH_3)

(2) CH_2=CH—CH_2CH_3

(3) Cl—(环己烯)—OH

(4) (环己烷，带 Cl 和 CH_3、CH_3)

(5) 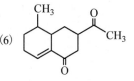 (十氢萘结构，带 OH、COOH、H_3C、H_3C—CH—CH_3)

(6) (十氢萘酮结构，带 CH_3、CH_3、O)

5. 根据次序规则排列下列基团的优先顺序

(1) —$CH(CH_3)_2$, —$CH_2CH_2CH_2CH_3$, —$CHClCH_3$, —NH_2, —OH, —CH=CH_2

(2) —$COOH$, —CH_2Cl, —CHO, —CN, —$CONH_2$, —Cl

6. 用 R/S 命名法命名下列化合物

(1) CH_3 顶; H—|—Cl; C_2H_5 底

(2) $COOH$ 顶; H_3C—|—NH_2; H 底

(3) CH_2OH 顶; H—|—Br; C_2H_5 底

(4) CHO 顶; H—|—OH; C_2H_5 底

(5) CH_2OH 顶; H—|—Cl; H—|—Cl; C_2H_5 底

(6) CH_3 顶; Br—|—H; H—|—Br; C_3H_7 底

7. 将胆固醇样品 260mg 溶于 5ml 氯仿中，然后将其装满 10cm 的旋光管，在室温(20℃)通过钠光测得旋光度为−5.0°，计算胆固醇的比旋光度。

8. 2-甲基丁烷进行氯化，列出所有可能的一氯代产物，写出其中手性分子的投影式，并用 R、S 标记。

9. 判断下列化合物的 R,S 构型，并指出化合物(1)与其他各式的关系：相同化合物、对映体、非对映体。

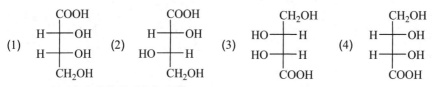

(1)　(2)　(3)　(4)

10. 写出下列化合物的费歇尔投影式。

(1) (R)-3-溴-1-丁烯

(2) (S)-2-羟基丙酸

(3) (R)-3-氯丁醛

(4) (2S,3S)-酒石酸

（张丽平）

第三章 烷烃和环烷烃

1. 掌握烷烃和环烷烃的结构、命名，烷烃的自由基取代反应，环烷烃的开环反应。
2. 熟悉自由基反应机制，构象异构。
3. 了解烷烃的来源和在医学上的应用。

　　由碳和氢两种元素组成的化合物称为烃(hydrocarbon)。它是组成最简单的有机化合物，是其他有机化合物的母体。

　　按照烃分子的骨架可将烃分为链烃和环烃两大类。

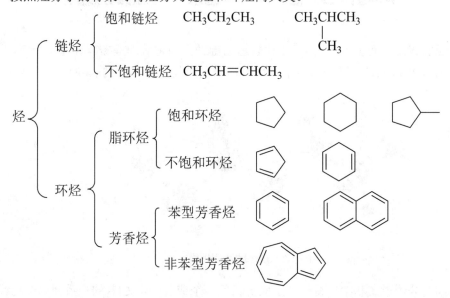

　　烷烃广泛存在于自然界，石油和天然气是烷烃的主要工业来源。烷烃可作为燃料，更是化工、医药产品的原料。医药中常用的液状石蜡、固体石蜡及凡士林都是烷烃的混合物。脂环烃及其衍生物也广泛地分布在自然界中。

第一节 烷　　烃

一、烷烃的结构

　　碳碳间、碳氢间均以单键相连的链烃称为烷烃(alkane)，通式为 C_nH_{2n+2}，又称饱和烃(saturated hydrocarbon)。

烷烃分子中的碳原子均为 sp³ 杂化，各原子间都以单键(σ 键)相连，键角接近于 109° 28′。

甲烷是最简单的烷烃，碳原子位于正四面体的中心，四个氢原子在正四面体的顶点上，碳原子的四个 sp³ 杂化轨道分别与四个氢原子的 1s 轨道沿键轴方向重叠，形成四个碳氢 σ 键(图 3-1)。

乙烷分子中两个碳原子各以 sp³ 杂化轨道重叠形成碳碳 σ 键，余下的杂化轨道分别和六个氢原子的 1s 轨道沿键轴方向重叠形成六个碳氢 σ 键(图 3-2)。

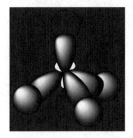 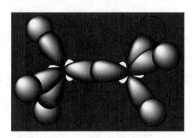

图 3-1　甲烷分子的形成　　　　图 3-2　乙烷分子的形成

其他烷烃的碳原子间也是通过 sp³ 杂化轨道沿键轴方向重叠形成碳碳 σ 键，余下的 sp³ 杂化轨道与氢原子 1s 轨道重叠形成碳氢 σ 键，碳链的结构呈锯齿状(图 3-3)。

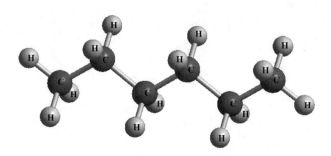

图 3-3　烷烃碳链的结构

具有相同的分子通式和结构特征，组成上相差一个或若干个 CH_2 的一系列化合物称为同系列(homologous series)，同系列中的各化合物互称为同系物(homolog)(表 3-1)。有机化合物中除了烷烃同系列之外，还有其他的同系列，同系列是有机化学的普遍现象。同系物的结构相似，化学性质也相似，物理性质则随着碳原子数的增加而有规律性的变化。只要掌握几个典型的或有代表性的化合物的性质后，便可以了解这一系列化合物的基本性质。

烷烃分子中的碳原子按照与它直接相连的其他碳原子的数目不同，可分为伯、仲、叔、季四种类型碳原子。在分子中只与一个碳原子直接相连的碳原子以及甲烷中的碳原子称为伯碳原子，也称为一级碳原子(primary carbon)，以 1° 表示；与两个碳原子直接相连的碳原子称为仲碳原子，也称为二级碳原子(secondary carbon)，以 2° 表示；与三个碳原子直接相连的碳原子称为叔碳原子，也称为三级碳原子(tertiary carbon)，以 3° 表示；与四个碳原子直接相连的碳原子称为季碳原子，也称为四级碳原子(quaternary carbon)，以 4° 表示。例如

$$
\begin{array}{c}
1° \\
CH_3 \\
\underset{4°}{CH_3-}\overset{\overset{1°}{|}}{\underset{\underset{1°}{|}}{\underset{CH_2}{C}}}\underset{2°}{-}\overset{3°}{CH_2}-\overset{2°}{\underset{\underset{1°}{|}}{\underset{CH_3}{CH}}}-\overset{2°}{CH_2}-\overset{1°}{CH_3}
\end{array}
$$

与伯、仲和叔碳原子直接相连的氢原子，分别称为伯氢原子（1°H）、仲氢原子（2°H）、叔氢原子（3°H）。

表3-1 烷烃的同系列

中文名	英文名	结构式	熔点/℃	沸点/℃	密度（g·ml⁻¹）
甲烷	methane	CH_4	−182.6	−161.6	0.424（−160℃）
乙烷	ethane	CH_3CH_3	−183.0	−88.5	0.546（−88℃）
丙烷	propane	$CH_3CH_2CH_3$	−187.1	−42.1	0.582（−42℃）
丁烷	butane	$CH_3(CH_2)_2CH_3$	−138.0	−0.5	0.597（0℃）
戊烷	pentane	$CH_3(CH_2)_3CH_3$	−129.7	36.1	0.626（20℃）
己烷	hexane	$CH_3(CH_2)_4CH_3$	−95.0	68.8	0.659（20℃）
庚烷	heptane	$CH_3(CH_2)_5CH_3$	−90.5	98.4	0.684（20℃）
辛烷	octane	$CH_3(CH_2)_6CH_3$	−56.8	125.7	0.703（20℃）
壬烷	nonane	$CH_3(CH_2)_7CH_3$	−53.7	150.7	0.718（20℃）
癸烷	decane	$CH_3(CH_2)_8CH_3$	−29.7	174.1	0.730（20℃）
十一烷	undecane	$CH_3(CH_2)_9CH_3$	−25.6	195.9	0.740（20℃）
十二烷	dodecane	$CH_3(CH_2)_{10}CH_3$	−9.7	216.3	0.749（20℃）

二、烷烃的构造异构和命名

（一）烷烃的碳链异构

甲烷、乙烷和丙烷分子中的碳原子只有一种连接方式，因而无异构体。含有多个碳原子的烷烃分子，碳原子有多种连接方式，则会产生同分异构现象。分子式相同，分子中原子或基团的连接顺序或方式不同而引起的异构现象称为构造异构（constitutional isomerism）。分子式相同的不同化合物互称为同分异构体，简称异构体（isomer）。烷烃的构造异构实质上是由于碳链结构不同而产生的，又称为碳链异构。例如，丁烷的分子式为C_4H_{10}，有两个不同的结构，是两种不同的化合物。

C_4H_{10} $CH_3CH_2CH_2CH_3$ $CH_3\underset{\underset{CH_3}{|}}{CH}CH_3$

	正丁烷	异丁烷
熔点	−138.0℃	−159.4℃
沸点	−0.5℃	−11.7℃

戊烷C_5H_{12}有三种异构体：

C_5H_{12} CH₃CH₂CH₂CH₂CH₃ CH₃CHCH₂CH₃ (结构式)

$$CH_3CH_2CH_2CH_2CH_3 \qquad CH_3\underset{\underset{CH_3}{|}}{C}HCH_2CH_3 \qquad CH_3\overset{\overset{CH_3}{|}}{\underset{\underset{CH_3}{|}}{C}}CH_3$$

	正戊烷	异戊烷	新戊烷
熔点	-129.7℃	-159.4℃	-16.6℃
沸点	36.1℃	27.9℃	9.5℃

随着分子中碳原子数目的增多, 烷烃的同分异构体的数目迅速增加 (表3-2)。

表3-2 烷烃的同分异构体数目

碳原子数	异构体数	碳原子数	异构体数
4	2	10	75
5	3	12	355
6	5	15	4 347
7	9	20	366 319
8	18	30	4 111 646 763
9	35		

(二) 烷烃的命名

有机化合物数目众多, 结构复杂, 须有完善的命名法才能区分各个化合物。烷烃的命名规则是各类有机化合物命名的基础。烷烃常用的命名法有普通命名法和系统命名法。

1. 普通命名法 通常把烷烃泛称为"某烷","某"是指烷烃中碳原子的数目。含 1～10 个碳原子的直链烷烃分别用甲、乙、丙、丁、戊、己、庚、辛、壬、癸表示碳原子个数。含 10 个以上碳原子的直链烷烃用中文数字表示碳原子的个数。如 CH_4(甲烷)、C_3H_8(丙烷)、C_6H_{14}(己烷)、$C_{11}H_{24}$(十一烷)、$C_{20}H_{42}$(二十烷)。

烷烃的异构体用正(n-)、异(iso-)、新(neo-)来区分。"正"表示直链烷烃;"异"和"新"

分别表示碳链一端具有 CH_3CH- , $\overset{CH_3}{|}$ 和 $CH_3-\overset{\overset{CH_3}{|}}{C}-$, 此外再无其他取代基的烷烃, 如

$$CH_3CH_2CH_2CH_2CH_3 \qquad CH_3\underset{\underset{CH_3}{|}}{C}HCH_2CH_3 \qquad CH_3\overset{\overset{CH_3}{|}}{\underset{\underset{CH_3}{|}}{C}}CH_3$$

正戊烷   异戊烷   新戊烷

pentane   isopentane   neopentane

普通命名法只适用于结构较简单的烷烃, 对于结构比较复杂的烷烃, 必须采用系统命名法。

2. 系统命名法 国际纯粹和应用化学联合会(International Union of Pure and Applied Chemistry, IUPAC)制定了有机化合物系统命名原则, 简称为 IUPAC 命名法。我国根据这

个原则，结合汉字的特点，制定出有机化合物的系统命名法，即有机化合物命名原则。

直链烷烃的系统命名法和普通命名法基本相同，只是省略"正"字。含支链的烷烃可看作直链烷烃的取代衍生物，把支链作为取代基(即烷基)，命名时取代基部分放在前，直链烷烃作为母体放在后。

$$CH_3CH_2CH_2CHCH_2CH_3 \quad 母体$$
$$| \atop CH_3 \quad 取代基 \quad 3-甲基己烷$$

(1) 常见的烷基：烷烃分子中去掉一个氢原子后剩余的部分称为烷基，常用 R— 表示。烷烃命名中的"烷"字改为"基"字即为相应的烷基的名称。常见的烷基的名称如表 3-3 所示。

表3-3　常见的烷基的名称

烷基的结构	中文名称	英文名称	简写
CH_3—	甲基	methyl	Me
CH_3CH_2—	乙基	ethyl	Et
$CH_3CH_2CH_2$—	正丙基	n-propyl	n-Pr
CH_3CHCH_3	异丙基	iso-propyl	i-Pr
$CH_3CH_2CH_2CH_2$—	正丁基	n-butyl	n-Bu
$CH_3CH_2CHCH_3$	仲丁基	sec-butyl	s-Bu
$(CH_3)_2CHCH_2$—	异丁基	iso-butyl	i-Bu
$(CH_3)_3C$—	叔丁基	$tert$-butyl	t-Bu

(2) 支链烷烃的系统命名

1) 选主链(母体)：选择最长的连续碳链作为主链，按主链碳原子数命名为某烷。

$$CH_3CH_2CH_2CH_2CHCH_3$$
$$| \atop CH_2CH_3$$

最长的碳链含有七个碳，故母体为庚烷，甲基则作为取代基。

若有几条等长的碳链可选择时，应选取代基最多的最长的碳链作为主链。

$$\underset{CH_3}{\overset{CH_2CH_3}{CH_3CH_2CH_2CHCHCH_3}} \quad 不是 \quad \underset{CH_3}{\overset{CH_2CH_3}{CH_3CH_2CH_2CHCHCH_3}}$$

2) 编号：从靠近取代基一端开始，用阿拉伯数字对主链碳原子依次编号。若两个取代基位于相同的位次时，次序不优先的取代基具有小编号。当两个相同的取代基位于相同的位次时，应使第三个取代基的位次尽可能的小。例如

$$\overset{1}{C}H_3\overset{2}{C}H_2\overset{3}{C}H\overset{4}{C}H_2\overset{5}{C}H_2\overset{6}{C}H_2\overset{7}{C}H\overset{8}{C}H_2\overset{9}{C}H_3$$

$$\overset{8}{C}H_3\overset{7}{C}H_2\overset{6}{C}H\overset{5}{C}H_2\overset{4}{C}H\overset{3}{C}H\overset{2}{C}H_2\overset{1}{C}H_3$$

3)命名：书写名称时取代基在前，母体在后；取代基的位次用阿拉伯数字表示，写在取代基的名称前面；主链上连有不同取代基时，应按次序规则，不优先的基团先列出，较优先的基团后列出；连有相同的取代基时，应进行合并，并用二、三、四等表明其个数；数字和数字之间用"，"隔开；阿拉伯数字和汉字之间应用短线"—"隔开。

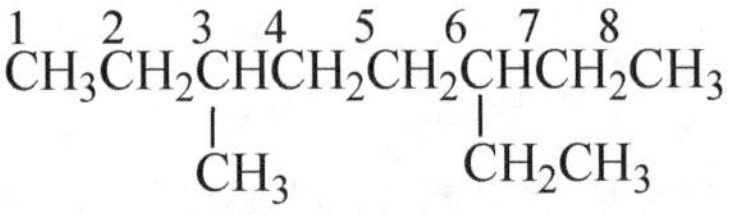

3-甲基-6-乙基辛烷

3-ethyl-6-methyloctane

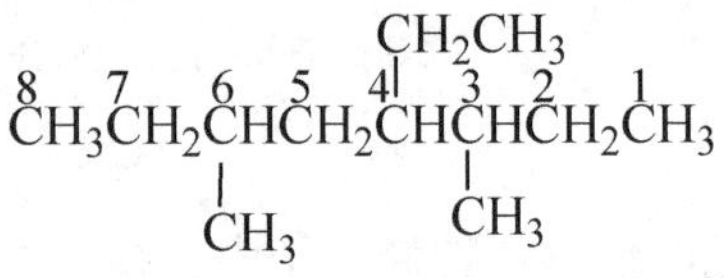

4-乙基-3,6-二甲基辛烷

4-ethyl-3,6-dimethyloctane

三、构 象 异 构

由于碳碳单键的旋转，使得分子中的原子或基团在空间的排列方式不同，由此产生的异构现象称为构象异构(conformational isomerism)，属于立体异构。

(一)乙烷的构象

乙烷分子中的两个碳原子绕着碳碳 σ 键自由旋转时，两个碳上的氢原子在空间有不同的排列方式，由此产生无数种构象异构体。在这些构象中，有两种典型的构象：重叠式(eclipsed)和交叉式(staggered)。常用的构象表示方法有锯木架形投影式(简称锯架式，sawhorse projection formula)和纽曼投影式(Newman projection formula)。

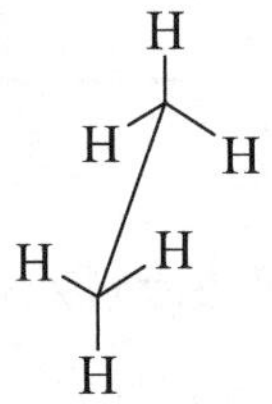

交叉式 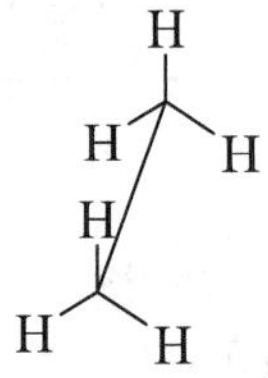　　　　重叠式 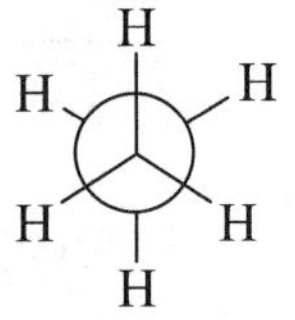　　　　　交叉式 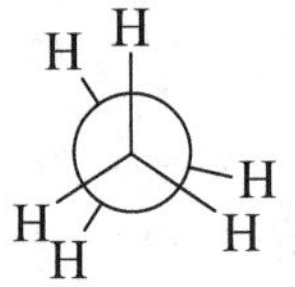　　　　重叠式

锯架式　　　　　　　　　　纽曼投影式

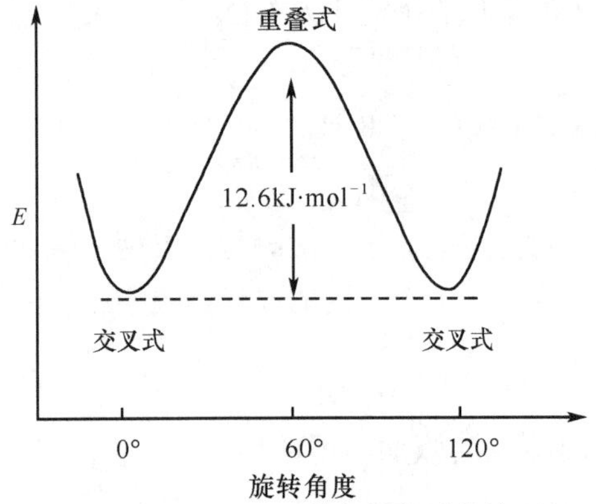

锯架式是从分子的侧面观察分子，能直接反映碳原子和氢原子在空间的排列情况。纽曼投影式是沿着碳碳 σ 键的方向观察分子，圆心引出的 3 条线代表离观察者近的碳原子上的价键，圆圈外引出的 3 条线代表离观察者远的碳原子上的价键。

乙烷分子的各个构象之间是可以相互转化的，其稳定性也是不同的。从乙烷分子构象的能量曲线图(图 3-4)可见，交叉式是最稳定的构象，原因是两个碳原子上的氢原子之间的距离最远，

图 3-4　乙烷分子构象的能量曲线

排斥力最小；重叠式是最不稳定的构象，原因是两个碳上的氢原子相距最近，排斥力最大。这两种构象的能量相差为 $12.6kJ \cdot mol^{-1}$，其他构象的稳定性介于这两者之间。室温下，由于分子间的碰撞即可产生 $83.8kJ \cdot mol^{-1}$ 的能量，远大于交叉式和重叠式之间的能量差。因此各构象间能够迅速互变，乙烷分子体系为无数个构象异构体的动态平衡混合物，无法分离出某一构象异构体，但是大部分乙烷分子是以最稳定的交叉式构象存在。

（二）正丁烷的构象

碳原子数多于两个的烷烃，其构象较为复杂，以正丁烷为例，正丁烷分子绕 C_2—C_3 键旋转时，会产生无数种构象，其中有四种典型的构象，分别是对位交叉式、邻位交叉式、部分重叠式和全重叠式。

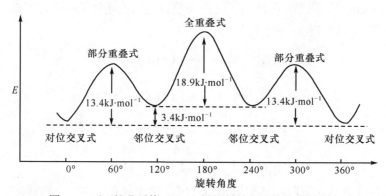

全重叠式中，两个体积较大的甲基距离最近，排斥力最大，因而最不稳定；对位交叉式中，两个体积较大的甲基相距最远，排斥力最小，故最稳定。其他形式的构象的稳定性介于两者之间。四种典型构象的稳定性顺序为：对位交叉式＞邻位交叉式＞部分重叠式＞全重叠式。

正丁烷分子绕 C_2—C_3 键旋转时各种构象能量曲线如图 3-5 所示。这四种构象中，对位交叉式和全重叠式间的能量差最大，在室温下各构象间相互转化，只是对位交叉式所占的比例最大。

图 3-5　正丁烷分子绕 C_2—C_3 键旋转时各种构象能量曲线

四、烷烃的物理性质

在室温和一个大气压下，$C_{1\sim4}$ 的直链烷烃是气体，$C_{5\sim16}$ 的直链烷烃是液体，C_{17} 以上的直链烷烃是固体。

直链烷烃随碳原子数的增加沸点逐渐升高，但并非简单的直线关系，每增加一个 CH_2

所引起的沸点升高数值不同，一般分子量越大增幅越小。在同分异构体中，支链越多，沸点越低。这是因为随支链增多，分子的形状趋于球形，减少了分子间有效接触程度，分子间的作用力减弱从而降低沸点。

直链烷烃的熔点也随着碳原子数的增加而升高，但偶数碳原子的烷烃比奇数碳原子数的烷烃升高的幅度大一些。在同分异构体中，对称性越好的异构体，其熔点越高，主要是因为熔点，不仅与分子间作用力有关，还与分子在晶格中排列的紧密度有关，分子对称性越好，在晶格中排列越紧密，熔点越高。如戊烷三个异构体中，新戊烷的对称性最好，熔点最高。

所有烷烃的密度都小于 $1g \cdot ml^{-1}$，是所有有机化合物中密度最小的一类化合物。烷烃是非极性分子，不溶于水，易溶于苯、氯仿、四氯化碳、石油醚等非极性或极性小的有机溶剂。

五、烷烃的化学性质

烷烃分子中的 C—C 键和 C—H 键都是 σ 键，键比较牢固，所以烷烃具有高度的化学稳定性。在室温下与强酸、强碱、强氧化剂和强还原剂都不反应，因而，常常将烷烃作为反应中的溶剂。医药上利用烷烃稳定性的例子也很多，如液状石蜡在体内不被吸收，常用作肠道润滑的缓泻剂成滴鼻剂的溶剂或基质；凡士林常用作软膏的基质；石蜡常用于蜡疗、中成药的密封材料和药丸的包衣等。

(一) 卤代反应

烷烃在适当的条件下，如光照、高温或在催化剂的作用下，和卤素能发生共价键均裂的自由基取代反应。由于在反应过程中烷烃的氢原子被卤素取代，也称为卤代反应（halogenation reaction）。例如，甲烷和氯气在光照或高温的条件下反应，生成一氯甲烷、二氯甲烷、三氯甲烷、四氯化碳和氯化氢的混合物。

$$CH_4 + Cl_2 \xrightarrow{\text{光}} CH_3Cl + HCl$$

$$CH_3Cl + Cl_2 \xrightarrow{\text{光}} CH_2Cl_2 + HCl$$

$$CH_2Cl_2 + Cl_2 \xrightarrow{\text{光}} CHCl_3 + HCl$$

$$CHCl_3 + Cl_2 \xrightarrow{\text{光}} CCl_4 + HCl$$

其他烷烃发生卤代反应时，同甲烷相似，但产物更复杂。例如，丙烷的一氯代反应可以得到两种产物。

$$CH_3CH_2CH_3 + Cl_2 \xrightarrow{\text{光}} CH_3CH_2CH_2Cl + CH_3\underset{\underset{Cl}{|}}{CH}CH_3$$

1-氯丙烷(43%)　　2-氯丙烷(57%)

许多卤代反应的实验结果表明：烷烃分子中不同类型氢原子的反应活性顺序为：3°H>2°H>1°H；卤素与烷烃的反应活性顺序为：$F_2>Cl_2>Br_2>I_2$。氟代反应非常剧烈，难以控制，强烈的放热反应很容易发生爆炸。碘最不活泼，碘代反应一般很难进行。因此，卤代反应一般指的是氯代反应和溴代反应。

(二) 卤代反应机制

卤代反应机制即自由基反应机制。反应机制是指反应所经历的途径或过程。大量的实验事实证明烷烃的卤代反应是以自由基取代反应机制进行的。自由基反应分为三个阶段：链引发、链增长和链终止。甲烷的氯代反应机制如下。

$$Cl-Cl \xrightarrow{\text{光或热}} Cl\cdot + Cl\cdot \qquad \text{链引发}$$

$$
\left.
\begin{aligned}
CH_3-H + Cl\cdot &\longrightarrow \cdot CH_3 + HCl \\
\cdot CH_3 + Cl_2 &\longrightarrow Cl\cdot + CH_3Cl \\
CH_3Cl + Cl\cdot &\longrightarrow \cdot CH_2Cl + HCl \\
\cdot CH_2Cl + Cl_2 &\longrightarrow Cl\cdot + CH_2Cl_2 \\
CH_2Cl_2 + Cl\cdot &\longrightarrow \cdot CHCl_2 + HCl \\
\cdot CHCl_2 + Cl_2 &\longrightarrow Cl\cdot + CHCl_3 \\
CHCl_3 + Cl\cdot &\longrightarrow \cdot CCl_3 + HCl \\
\cdot CCl_3 + Cl_2 &\longrightarrow Cl\cdot + CCl_4
\end{aligned}
\right\} \text{链增长}
$$

$$
\left.
\begin{aligned}
\cdot Cl + \cdot Cl &\longrightarrow Cl_2 \\
\cdot CH_3 + \cdot CH_3 &\longrightarrow CH_3CH_3 \\
\cdot CH_3 + \cdot Cl &\longrightarrow CH_3Cl
\end{aligned}
\right\} \text{链终止}
$$

在链引发阶段，分子吸收能量产生原子或自由基；在链增长阶段有一步或多步反应，每一步都要消耗一个自由基，并为下一步反应产生一个新的自由基；在链终止阶段，自由基和自由基碰撞生成稳定的分子，链增长过程被终止，整个反应结束。

不同结构的烷烃分子均裂一个 C—H 键生成相应的烷基自由基，其中甲基自由基是最简单的有机自由基。C—H 键发生均裂时，键的离解能越小，形成自由基时需要的能量越低，自由基越容易生成，生成的自由基也越稳定。

离解能(kJ·mol⁻¹)

$$CH_3-H \longrightarrow \cdot CH_3 + H\cdot \qquad 431$$

$$CH_3CH_2-H \longrightarrow \cdot CH_2CH_3 + H\cdot \qquad 410$$

$$(CH_3)_2CH-H \longrightarrow \cdot CH(CH_3)_2 + H\cdot \qquad 397$$

$$(CH_3)_3C-H \longrightarrow \cdot C(CH_3)_3 + H\cdot \qquad 385$$

烷烃自由基相对稳定性顺序为叔碳自由基＞仲碳自由基＞伯碳自由基＞甲基自由基：

$$\cdot C(CH_3)_3 > \cdot CH(CH_3)_2 > \cdot CH_2CH_3 > \cdot CH_3$$

第二节 环 烷 烃

一、环烷烃的分类和命名

(一)环烷烃的分类

具有环状结构的烷烃称为环烷烃(cycloalkane)。根据环烷烃分子中所含的碳环的数目分为单环环烷烃和多环环烷烃；根据成环的碳原子数目可分为小环(三元环、四元环)、常见环(五元环、六元环)、中环(七元环～十二元环)和大环(十二元环以上)环烷烃。

(二)环烷烃的命名

1. 单环环烷烃 根据环上碳原子总数称为环某烷。若环上有取代基，一般以环为母体，从优先次序较小的基团所连的碳原子开始编号，并使其他取代基具有较小的位次。

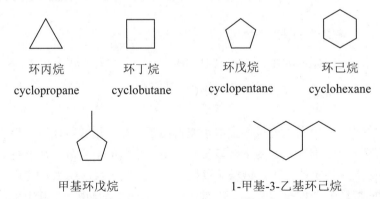

| 环丙烷 | 环丁烷 | 环戊烷 | 环己烷 |
| cyclopropane | cyclobutane | cyclopentane | cyclohexane |

甲基环戊烷
methylcyclopentane

1-甲基-3-乙基环己烷
1-ethyl-3-methylcyclohexane

若环上有复杂取代基时，将环作为取代基，按照烷烃的命名规则进行命名。

$$\triangleright\!-\!CH_2CH_2CH_2CH_2\!-\!\triangleleft \qquad CH_3CH_2CHCH_2CH_3$$

1,4-二环丙基丁烷　　　　　　　3-环丁基戊烷

1,4-dicyclopropylbutane　　　3-cyclobutylpentane

2. 多环脂环烃（螺环烃和桥环烃）　两个碳环共用一个碳原子的环烷烃称为螺环烃（spiro hydrocarbon），共用的碳原子为螺原子。螺环烃的命名是根据成环碳原子的总数称为螺某烷，在螺字后面的方括号中用阿拉伯数字标出两个碳环除了螺原子之外的碳原子数目，按照由小到大的顺序，数字之间用圆点隔开。编号是从小环中与螺原子相邻的碳原子开始，由小环经螺原子至大环，并使环上取代基的位次尽可能小。

4-甲基螺[2.5]辛烷

4-methylscrew[2.5]octane

两个碳环共用两个及两个以上碳原子的环烷烃称为双环桥环烃（bicyclic bridged hydrocarbon）。两个环共用的碳原子称为桥头碳原子，桥头碳原子之间的碳链称为"桥路"。双环桥环烃命名时，以碳环数"二环"作为词头，根据成环碳原子的总数称为某烷，在环字后面的方括号中用阿拉伯数字表示各桥路所含碳原子的数目（不包括桥头碳原子），按由大到小的顺序排列，数字间用下角圆点隔开。编号从一个桥头开始沿最长的桥路到另一桥头碳原子，再沿次长的桥路回到第一个桥头碳原子，最后给最短的桥路编号，并使取代基的位次尽可能小。

二环[4.4.0]癸烷　　　　　　　2-甲基二环[4.1.0]庚烷

bicyclo[4.4.0]decane　　　2-methylbicyclo[4.1.0]heptane

二、环烷烃的结构

现代价键理论认为：共价键的形成是原子轨道相互重叠的结果，重叠程度越大，形成的键越稳定。环烷烃分子中，所有的碳原子以 sp^3 杂化轨道成键，当键角为109°28′时，碳原子的 sp^3 杂化轨道才能达到最大程度的重叠，形成的键也最稳定。对于环丙烷，分子中只有三个碳原子，按照几何学要求，这三个碳原子只能在同一个平面上，碳碳键夹角为60°，因此，环丙烷中的碳碳键不能像开链烷烃那样沿键轴方向重叠，而是以弯曲方向进行部分重叠，形成的弯曲键比正常的 σ 键弱，同时产生很大的张力，导致分子不稳定，容易发生

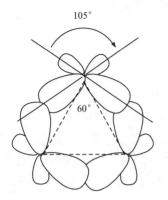

图 3-6　环丙烷分子中的"弯曲键"

C—C 键断裂的开环反应(图 3-6)。

在环丁烷的平面结构中,碳碳键的夹角为 90°,碳碳键的弯曲程度不如环丙烷大,因而稳定性比环丙烷大一些。普通环和中环的碳原子键角接近烷烃的键角,所以比较稳定。它们的稳定性顺序为:

$$\triangle < \square < \pentagon < \hexagon$$

为了减少角张力,组成脂环的碳原子除环丙烷中的 3 个碳原子共平面外,其他环烷烃的碳原子并不在同一个平面内,通过碳碳键的扭动改变环的几何形状(构象)以减少张力,增大环的稳定性。

三、环烷烃的化学性质

(一)加成反应

小环环烷烃不稳定,容易发生开环反应,生成相应的链状化合物。而在相同的条件下,环戊烷和环己烷等不发生开环反应。

$$\triangle + H_2 \xrightarrow[80℃]{Ni} CH_3CH_2CH_3$$

$$\square + H_2 \xrightarrow[120℃]{Ni} CH_3CH_2CH_2CH_3$$

$$\triangle + Br_2 \xrightarrow{CCl_4} BrCH_2CH_2CH_2Br$$

$$\triangle + HBr \longrightarrow CH_3CH_2CH_2Br$$

当环烷烃的烷基衍生物与氢卤酸作用时,碳环开环多发生在连氢最多和连氢最少的两个碳之间,氢卤酸中的氢加在连氢较多的碳原子上,而卤素则加在连氢较少的碳原子上。加成符合马氏规则。

$$H_3C-\triangleleft + HBr \longrightarrow \underset{\underset{Br}{|}}{CH_3CH_2CHCH_3}$$

环丁烷的反应活性比环丙烷低,在常温下与卤素或氢卤酸不发生加成反应。

(二)取代反应

一般环烷烃的化学性质与烷烃相似,在室温下与氧化剂(如高锰酸钾)不反应,而在光照或较高温度下可与卤素发生自由基取代反应。

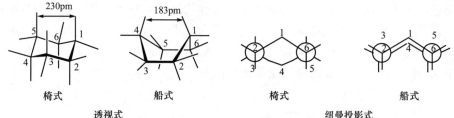

四、环烷烃的构象

(一) 环己烷的构象

1. 椅式和船式构象 环己烷分子中，碳原子都是 sp^3 杂化，六个碳原子不在同一个平面内，碳碳键之间的夹角能够保持 109° 28′，通过碳碳键的扭动可以得到一系列构象，其中两种典型的构象为椅式构象(chair conformation)和船式构象(boat conformation)。

<table>
<tr><td align="center">椅式</td><td align="center">船式</td><td align="center">椅式</td><td align="center">船式</td></tr>
<tr><td align="center" colspan="2">透视式</td><td align="center" colspan="2">纽曼投影式</td></tr>
</table>

在椅式构象中，相邻碳原子的键全处于交叉式，碳原子上的氢相距较远，斥力较小，因而是稳定构象。而在船式构象中，船头上的 C_1 和 C_4 两个碳原子相距很近，斥力较大，船底上的 C_2 与 C_3，C_5 与 C_6 上的键处于重叠式，是不稳定的构象。

在椅式构象中，六个碳原子分布于两个平面上，C_1、C_3、C_5 在一平面上，C_2、C_4、C_6 在另一平面上，这两个平面相互平行；12 条 C—H 键分为两组，垂直于碳原子所在平面的 6 条 C—H 键为竖键，用 a 表示，其中三条竖键相间分布在平面之上，另外三条相间分布于平面之下。其余六条 C—H 键与竖键的夹角约为 109° 28′ 伸向环的外侧，其伸展方面大致与上述平面平行，称之为横键，用 e 表示。因而环上每个碳原子有一个 a 键和一个 e 键。

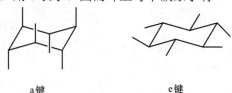

a键　　　　　e键

环己烷通过环上 C—C 键的扭动，能从一种椅式构象转化成另一种椅式构象，这种转化称为翻环作用。经过翻环后，原来的 a 键全部变成 e 键，而 e 键全部变成 a 键，但是键在空间(位于环上方或环下方)的取向不变。

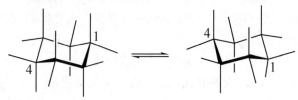

2. 取代环己烷的优势构象 环己烷的一元取代物中，处于 e 键的取代基能量较低，是

较稳定的优势构象。在甲基环己烷分子中，e 键上的甲基与环中 C_3 和 C_5 两个碳上 a 键的氢原子相距较远，相互间的排斥力较小而稳定。a 键上的甲基与 C_3 和 C_5 两个碳上 a 键的氢原子相距较近，相互间的排斥力较大而不稳定。这种因空间拥挤而产生的相互作用称为 1,3-二竖键作用。

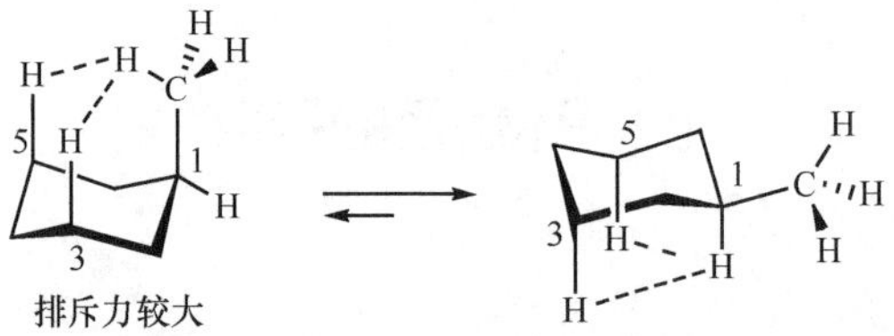

排斥力较大

甲基在 e 键上的构象比在 a 键上的构象能量低 7.5 kJ·mol^{-1}，因此在室温下，e 键取代的甲基环己烷在两种构象的平衡混合物中占 95%。取代基的体积越大，取代基在 e 键和 a 键的两种构象的能量差就越大，e 键取代的构象所占的比例就越高。

当环己烷分子中两个碳原子上的氢原子被其他的原子或基团取代，则会产生顺反异构体。两个取代基在环的同侧为顺式，在环的异侧为反式。如 1,2-二甲基环己烷有顺式和反式两种构型。反-1,2-二甲基环己烷有两种椅式构象，一种是两个甲基都处于 ee 键，另一种是都处于 aa 键，ee 构象与 aa 构象相比是优势构象。

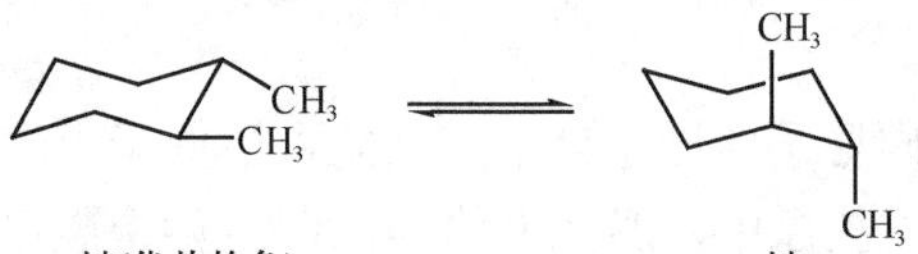

ee键(优势构象)　　　　　　　　　　　aa键

顺-1,2-二甲基环己烷的两种椅式构象中，均有一个甲基在 a 键，另一个甲基在 e 键（ea 键或 ae 键），两种构象的稳定性相同。

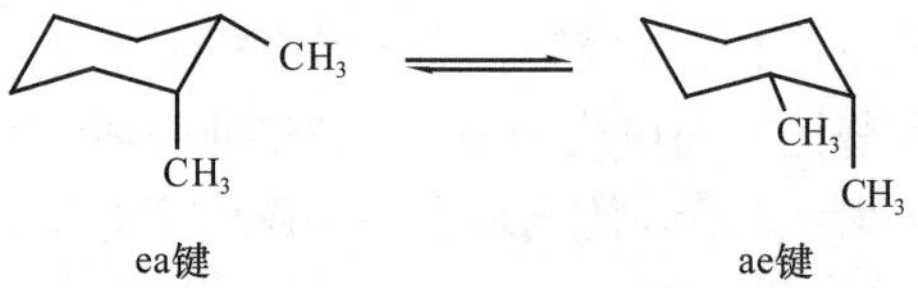

ea键　　　　　　　　　　　ae键

在 1-甲基-4-叔丁基环己烷中，叔丁基位于 e 键的构象为优势构象。由于体积较大的叔丁基具有很强的 1,3-二竖键作用，倾向于 e 键的位置。因此，1-甲基-4-叔丁基环己烷顺式和反式异构体的优势构象分别为：

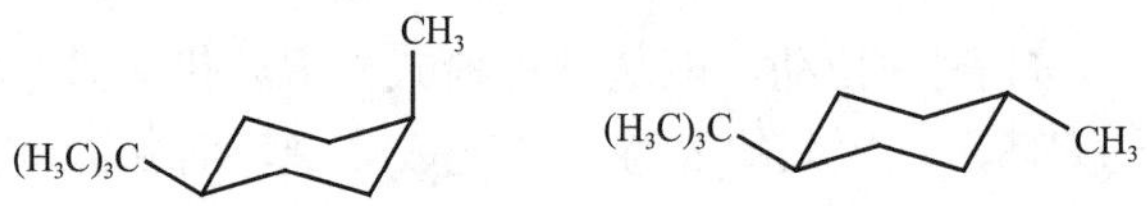

顺-1-甲基-4-叔丁基环己烷　　　　　　反-1-甲基-4-叔丁基环己烷

判断取代环己烷的优势构象，一般以下列几个方面作为分析的依据。

(1) 椅式构象是最稳定的构象。

(2) 多元取代物最稳定的构象是 e 键取代最多的构象。

(3) 环上有不同取代基时，大的取代基在 e 键的构象最稳定。

（二）十氢萘的构象

十氢萘可以看作是两个环己烷分子通过共用两个碳原子而形成的化合物。有两种顺反异构体，两个环己烷分子分别以顺式和反式稠合。由于环己烷的优势构象为椅式构象，其顺式和反式异构体都是通过两个椅式环稠合。

顺式　　　　　　　　　　　反式

阅读资料

分子构象与药物分子设计

1. 分子构象　分子构象的概念最早由英国化学家哈沃斯提出，是因单键旋转和扭曲而使分子中的原子和基团产生不同的空间排列状态。如果说不同的构型使"躺"在纸面上的分子"站立"起来，那么构象的概念就使站在纸面上的分子"动"起来，表现出不同的姿态。通常，每一个分子有无限个不同的构象，由于键旋转时扭转张力、角张力、立体张力的限制，以及未结合基团间的氢键、偶极、共轭等作用，各构象具有不同的势能。各构象异构体之间一般能量相差很小，可以相互转换，但分子大多以能量较低的优势构象而存在。找到分子在特定条件下的可能构象，分析原子或基团位置对构象分布的影响，对深入研究分子的生物活性非常重要。

2. 药物分子设计　分子的构象，不仅影响化合物的物理和化学性质，也会影响蛋白质、核酸、酶等生物大分子的结构与功能以及药物的构效。药物分子构象的变化与生物活性间有着极其重要的关系。药物与受体分子的作用是一种构象动态匹配过程，药物和受体分子都进行了一系列重要构象变化。能被受体识别并与受体结构互补的构象，才产生特定的药理效应，称为药效构象。

诺贝尔化学奖获得者 Barton 曾明确提出物质分子的物理和化学性质与分子的构象有关，并指出分子的化学、物理性质可以用一定的构象进行解释，建立了物质的分子构象分析方法。Barton 利用构象分析测定了许多其他天然产物分子的几何图像，并和哈塞尔因发展了分子构象理论。

在药物分子设计中，药物与受体相互作用的过程，首先是分子的识别过程。人们最早对分子识别的认识是锁匙假设（lock-key hypothesis），它形象地表明了药物-受体相互作用的专一性；实际上药物分子与受体分子不是刚性结构而是柔性结构，不像锁和钥匙的关系那样简单。1958 年，Koshland 提出了分子识别过程中的诱导契合假说（induced-fit hypothesis），指出当底物与受体接近时，底物诱导受体发生构象变化，使两者在有利的情况下互补契合，发生相互作用。尤其对柔性分子而言，由于它在同受体结合时受到超分子作用（包括氢键和非键）的影响，药物分子构象不一定处于最低能量的基态，而可能处于某种激发态的构象。通过构象搜索并结合 X 射线晶体结构或 2D-NMR 实验结果可推测配体或药物分子的活性构象，因此分子的空间构象分析是药物分子设计的关键。

本 章 小 结

烷烃和环烷烃分子中的碳原子均为 sp^3 杂化，各原子之间都以单键 σ 键相连，键角接近于 109°28′，形成的键较为稳定。因而具有高度的化学稳定性。

1. 烷烃的卤代反应 为自由基取代反应，反应分三个阶段：链引发、链增长和链终止。常见自由基的相对稳定性顺序为：叔碳自由基＞仲碳自由基＞伯碳自由基＞甲基自由基。

2. 环烷烃的化学性质

(1)常见环(五元环、六元环)的化学性质与烷烃相似，能与卤素发生自由基取代反应。

(2)小环(三元环、四元环)开环加成反应。

小环环烷烃不稳定，容易发生开环反应，生成相应的链状化合物。环丁烷的反应活性比环丙烷低，在常温下与卤素或氢卤酸不发生加成反应。

当环烷烃的烷基衍生物与氢卤酸作用时，碳环开环多发生在连氢最多和连氢最少的两个碳之间，加成符合马氏规则。

3. 构象异构 乙烷的优势构象是交叉式；正丁烷的优势构象是对位交叉式；环己烷的优势构象是椅式构象。

习 题

1. 命名下列化合物

(1) 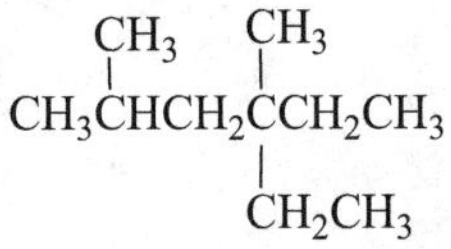
$$CH_3CHCH_2CCH_2CH_3$$

其中 CH₃ 在第2碳、CH₃及CH₂CH₃在第4碳（按图示）

(2)
$$CH_3CH_2CH_2CHCH(CH_3)_2$$ 带有 $CH(CH_3)_2$ 取代基

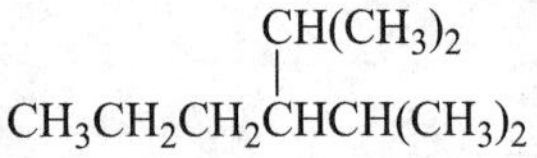

(3)

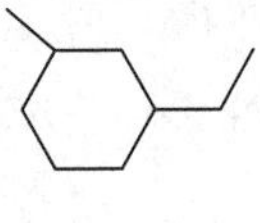

(4) 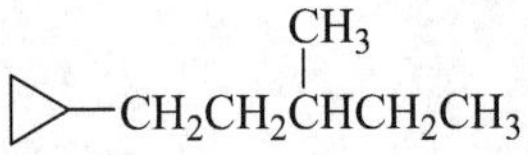 $\triangleright$—$CH_2CH_2CHCH_2CH_3$ （含 CH₃ 支链）

(5)

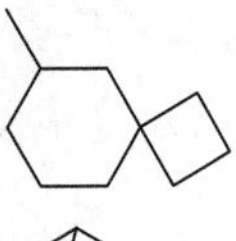

(6)

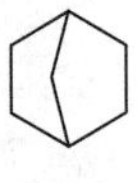

2. 写出下列化合物的结构式

(1)3-甲基戊烷

(2)2,2-二甲基-4-乙基辛烷

(3)甲基环戊烷

(4)1,4-二环丙基丁烷

(5)螺[2.4]庚烷　　　　　　　　　(6)二环[2.2.0]己烷

3. 单项选择题

(1)下列自由基最稳定的是

A. CH₃ĊCH₂CH₃　　B. ·CH(CH₃)₂　　C. ·CH₂CH₂CH₃　　D. ·CH₃
　　｜
　　CH₃

(2)下列化合物中含有伯、仲、叔、季碳原子的是

A. 2,2,3-三甲基丁烷　　　　　　B. 2,2,3-三甲基戊烷

C. 2,3,4-三甲基戊烷　　　　　　D. 3,3-二甲基戊烷

(3)甲烷与氯气在光照条件下的反应属于

A. 亲核取代　　　　　　　　　　B. 亲电加成

C. 亲核加成　　　　　　　　　　D. 自由基取代

(4)鉴别丙烷和环丙烷可以选用的试剂为

A. KMnO₄　　　　　　　　　　　B. Br₂/CCl₄

C. HBr　　　　　　　　　　　　D. H₂SO₄

4. 完成下列反应式(写主要产物)

(1)(CH₃)₂CH₂ $\xrightarrow{Br_2,\ hv}$

(2) 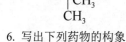 $\xrightarrow{HBr}$, $\xrightarrow{Br_2/CCl_4}$, $\xrightarrow[\triangle]{H_2/Ni}$

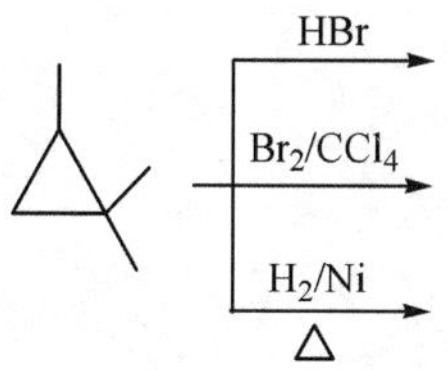

(3) ⬠ + Br₂ $\xrightarrow{300℃}$

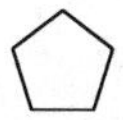

5. 写出下列化合物的优势构象

(1)异丙基环己烷　　　　　　　　(2)1,2,3-三甲基-4-叔丁基环己烷

(3)　　　　　　　　　　　　　　(4)

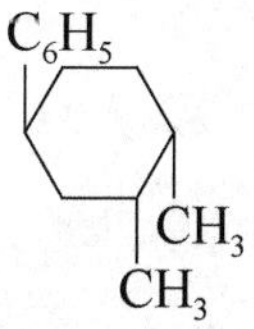

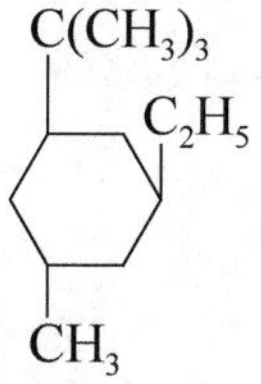

6. 写出下列药物的构象

(1)镇痛药度冷丁(dolantin，哌替啶)的主要代谢产物哌替啶酸的结构式为：

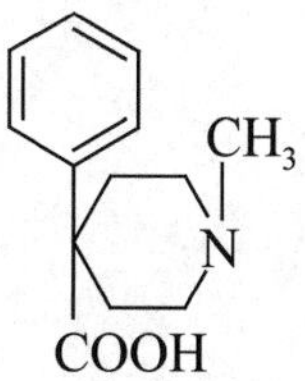

写出哌替啶酸的优势构象(—COOH 在 e 键的构象)

(2)促动力新药西沙必利(cisapride)的结构式为：

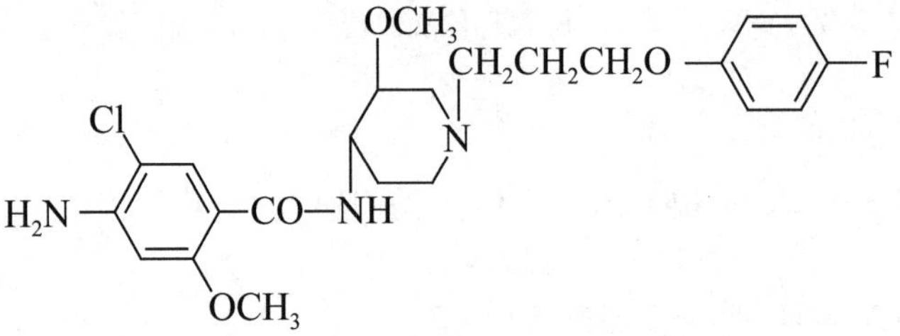

写出西沙必利的优势构象。

7. 为什么凡士林在医学上可作软膏的基质？

（王晓艳）

第四章　烯烃和炔烃

1. 掌握烯烃、炔烃的结构和命名，烯烃的顺反异构及其构型标记法，烯烃、炔烃的催化氢化、亲电加成反应、氧化反应、亲电加成反应机制、马氏规则，电子效应（诱导效应和共轭效应）。

2. 熟悉二烯烃的分类及共轭二烯烃的特殊反应（1,2-加成和1,4-加成）。

3. 了解烯烃、炔烃的物理性质，烯烃的聚合反应及超共轭现象。

烯烃和炔烃是分子中分别含有碳碳双键（C＝C）和碳碳三键（C≡C）的不饱和烃（unsaturated hydrocarbon）类化合物。碳碳双键和碳碳三键分别是烯烃（alkene）和炔烃（alkyne）的官能团。由于烯烃和炔烃分子中均含有不饱和键，所以烯烃和炔烃的化学性质比烷烃要活泼得多，且这两类化合物在性质方面也有很多相似之处。烯烃和炔烃广泛存在于自然界中，它们在现代化学工业和生命科学中占有十分重要的地位。

第一节　烯　　烃

一、烯烃的结构

分子中含有 C＝C 双键的碳氢化合物称为烯烃。含有一个 C＝C 双键的开链烯烃比同碳数的烷烃少两个氢原子，通式为 C_nH_{2n}。

最简单的烯烃是乙烯。近代物理学方法证明，乙烯分子是一个平面分子，分子中所有原子都在一个平面上，键角接近于 120°，碳碳双键的键长为 134pm，比碳碳单键的键长（154pm）短，碳氢键的键长为 110pm（图 4-1）。

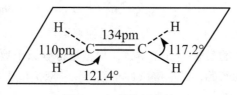

图 4-1　乙烯分子结构

乙烯分子中两个碳原子均为 sp^2 杂化，两个碳原子各用一个 sp^2 杂化轨道头碰头相互重叠形成碳碳 σ 键，每个碳上剩余的两个 sp^2 杂化轨道分别与氢原子的 1s 轨道头碰头重叠形成两个碳氢 σ 键，五个 σ 键在同一个平面上。每个碳原子未杂化的 p 轨道都垂直于五个 σ 键所在的平面，且相互平行，可从侧面（肩并肩）重叠形成 π 键。π 电子云分布在平面的上方和下方。因此烯烃中的碳碳双键是由一个 σ 键和一个 π 键组成。乙烯分子的结构如下图 4-2 所示。

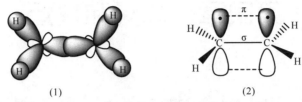

图 4-2 乙烯分子中的 σ 键和 π 键

(1) C—C 和 C—H σ 键的形成；(2) π 键的形成

二、烯烃的异构现象和命名

(一) 烯烃的碳链异构和位置异构

烯烃与同碳原子数的烷烃相比，其构造异构体的数目更多。例如，含四个碳原子的烷烃只有两种同分异构体，而含四个碳原子的烯烃则有以下三种同分异构体。

$$CH_3CH_2CH=CH_2 \qquad CH_3CH=CHCH_3 \qquad CH_3\overset{\overset{\displaystyle CH_3}{|}}{C}=CH_2$$

(a)   (b)   (c)

其中，(a)、(b) 与 (c) 碳骨架不同，属于碳链异构。而 (a) 与 (b) 之间虽然碳骨架相同，但双键的位置不同，这种异构现象叫作官能团位置异构简称位置异构，碳链异构与位置异构同属于构造异构。

(二) 烯烃的命名

1. 普通命名法 简单烯烃常用普通命名法命名，例如

$$CH_2=CH_2 \qquad\qquad CH_2=CHCH_3 \qquad\qquad CH_3\overset{\overset{\displaystyle CH_3}{|}}{C}=CH_2$$

乙烯   丙烯   异丁烯

ethylene   propylene   isobutylene

2. 系统命名法 结构复杂的烯烃一般采用系统命名法，其命名原则如下。

(1) 选择含有双键在内的最长碳链作主链，根据主链碳原子数称为 "某烯"。

(2) 从靠近双键的一端开始，对主链碳原子编号，若双键位于主碳链中间，编号时应从距取代基近的一端开始。例如

$$\underset{1}{CH_3}-\underset{2}{CH}=\underset{3}{CH}-\underset{4}{CH_2}-\underset{5}{CH_3} \qquad\qquad \underset{1}{CH_3}-\underset{2}{\overset{\overset{\displaystyle CH_3}{|}}{CH}}-\underset{3}{CH}=\underset{4}{CH}-\underset{5}{CH_2}-\underset{6}{CH_3}$$

(3) 在烯烃母体名称之前标明双键的位次并用 "-" 隔开，再将取代基的位次、数目及

名称根据次序规则依次写在双键位次之前。双键的位次以两个双键碳原子中编号较小的一个表示。例如

$$CH_2=CHCH_2CH_3 \qquad CH_3CH=CHCH_3 \qquad CH_3(CH_2)_6CH=CHCH_2CH_2CH_3$$

1-丁烯   2-丁烯   4-十二碳烯

1-butene   2-butene   4-dodecane

$$CH_3CH_2CH_2\underset{\underset{CH_2CH_2CH_2CH_3}{|}}{C}=CH_2$$

2-丙基-1-己烯
2-propyl-1-hexene

4-乙基-2-甲基-3-己烯
4-ethyl-2-methyl-3-hexene

3-甲基-4-丙基-3-庚烯
3-methyl-4-propyl-3-heptene

烯烃分子中去掉一个氢原子后剩余的基团，称为烯基。常见的烯基有：

$$CH_2=CH- \qquad CH_2=CH-CH_2- \qquad CH_3-CH=CH-$$

乙烯基   烯丙基（2-丙烯基）   丙烯基（1-丙烯基）
ethenyl(vinyl)   allyl(2-propenyl)   1-propenyl

3. 烯烃的顺反异构及命名

（1）顺反构型命名法：顺反异构属于立体异构中构型异构的一种，产生顺反异构必须具备两个条件：①分子中存在着限制原子自由旋转的因素，如双键或脂环等；②每个不能自由旋转的原子上均连有不同的原子或基团。例如，2-丁烯存在下列两种异构体。

顺-2-丁烯（cis-2-丁烯）   反-2-丁烯（trans-2-丁烯）
cis-2-butene   trans-2-butene

其中，相同原子或基团在双键同侧的异构体为顺式，在其名称前加上"顺"字或"cis"命名；相同原子或基团在双键异侧的异构体为反式，在其名称前加上"反"字或"trans"命名。

当分子中含有两个或两个以上双键时，随着双键数目的增多，顺反异构体的数目也随之增加。例如，2,4-庚二烯有四种顺反异构体。

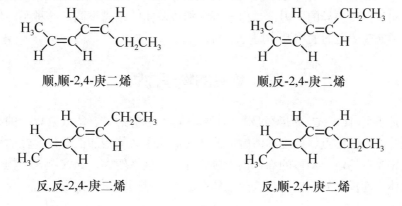

顺,顺-2,4-庚二烯   顺,反-2,4-庚二烯

反,反-2,4-庚二烯   反,顺-2,4-庚二烯

(2) Z/E 构型命名法：如果双键碳原子上连接的四个原子或基团各不相同，则无法简单地用顺反命名法来命名。而是采用 Z/E 命名法来表示其构型。Z/E 命名法首先按照"次序规则"分别确定每一个双键碳原子上所连接的两个原子或基团的优先次序，然后将较优的原子或基团位于双键同侧的异构体标记为 Z 构型(德文 Zusammen，意为"在一起"，指同侧)；较优的原子或基团位于双键的异侧的异构体标记为 E 构型(德文 Entgegen，意为"相反"，指异侧)。例如，下面结构式中，若 a>b，c>d，则：

Z构型   E构型

用 Z/E 构型标记法命名顺反异构体时，Z、E 写在烯烃名称之前，并用"一"相连。例如

(E)- 3-甲基-4-异丙基-3-庚烯   (Z)-2-氯-3-溴-2-戊烯
(E)-4-isopropyl-3-methyl-3-heptene   (Z)-3-bromo-2-chloro-2-pentene

Z/E 构型命名法适用于所有顺反异构体，它与顺反命名法相比，更具广泛性。需要注意的是这两种命名法之间没有必然的联系，顺式构型不一定是 Z 构型；反式构型也不一定是 E 构型。例如

(E)-2-溴-2-丁烯   (Z)-2-溴-2-丁烯
顺-2-溴-2-丁烯   反-2-溴-2-丁烯

顺反异构体不仅理化性质不同，在生理活性或药理作用上也往往表现出很大差异。例如，顺巴豆酸味辛辣，而反巴豆酸味甜；顺丁烯二酸有毒，而反丁烯二酸无毒；治疗贫血的药物富马酸亚铁(富血铁)就是反丁烯二酸铁；反式己烯雌酚生理活性大，顺式则很低；维生素 A 分子中的四个双键全部为反式，如果其中出现顺式构型则活性大大降低。

顺反异构体性质差异的原因，是由于两者相应基团的距离不同，这种不同使顺反异构体分子中原子或基团之间的相互作用力不同。

三、烯烃的物理性质

在常温常压下，$C_2 \sim C_4$ 的烯烃是气体，$C_5 \sim C_{18}$ 的烯烃是液体，C_{19} 以上的高级烯烃是固体。烯烃的熔点、沸点、密度和溶解度均随着碳原子数的增加而呈规律性的变化。直链烯烃的沸点比支链烯烃异构体的高；由于顺式异构体极性较大，通常顺式异构体的沸点高于反式异构体，而反式异构体比顺式异构体在晶格中排列得更为紧密，所以反式异构体的

熔点较高。烯烃的密度均小于 $1g \cdot cm^{-3}$，不溶于水，能溶于非极性有机溶剂中。一些烯烃的物理常数见表 4-1。

表4-1 一些烯烃的物理常数

名称	结构式	熔点/℃	沸点/℃	密度/(g·cm⁻³)
乙烯	$CH_2{=}CH_2$	−169.2	−103.7	0.519
丙烯	$CH_2{=}CHCH_3$	−185.3	−47.7	0.579
2-甲基丙烯	$CH_2{=}C(CH_3)_2$	−140.4	−6.9	0.590
1-丁烯	$CH_2{=}CHCH_2CH_3$	−183.4	−6.5	0.625
顺-2-丁烯	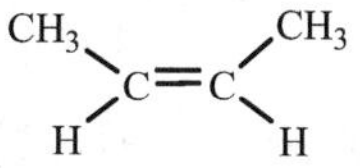 $\underset{H}{\overset{CH_3}{}}C{=}C\underset{H}{\overset{CH_3}{}}$	−138.9	3.5	0.621
反-2-丁烯	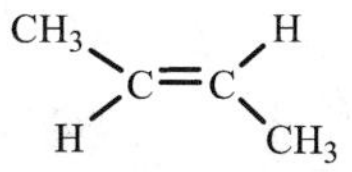 $\underset{H}{\overset{CH_3}{}}C{=}C\underset{CH_3}{\overset{H}{}}$	−105.6	0.88	0.604
1-戊烯	$CH_2{=}CH(CH_2)_2CH_3$	−165.2	30.1	0.643
1-己烯	$CH_2{=}CH(CH_2)_3CH_3$	−139.8	63.5	0.673
1-庚烯	$CH_2{=}CH(CH_2)_4CH_3$	−119.0	93.6	0.697

四、烯烃的化学性质

烯烃的化学性质很活泼，可以和很多试剂作用，其化学反应主要发生在碳碳双键上。碳碳双键是由一个 σ 键和一个 π 键组成，其中 π 键的键能较小，电子云分布于双键平面的上下方，受原子核的束缚力弱，流动性较大，容易受外界电场的影响而发生极化，导致 π 键断裂，因此烯烃典型的化学反应是加成反应(addition reaction)，此外还可以发生氧化反应、聚合反应等。

(一)加成反应

1. 催化氢化 加氢反应的活化能很大，即使在加热条件下也难发生，而在催化剂的作用下反应能顺利进行，故称催化氢化。

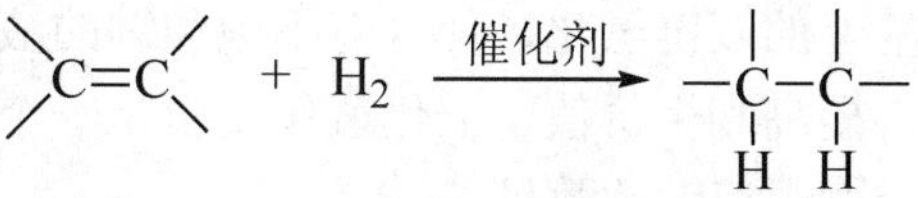

$$\underset{}{\overset{}{>}}C{=}C\underset{}{\overset{}{<} } + H_2 \xrightarrow{\text{催化剂}} \underset{H}{\overset{|}{-}}C\underset{H}{\overset{|}{-}}C\underset{}{\overset{|}{-}}$$

常用的催化剂为分散程度很高的 Pt、Pd、Ni 等金属细粉，催化剂可降低反应的活化能，使反应容易进行。催化氢化反应的历程尚不十分清楚，但一般公认属于游离基的顺式加成反应。首先是烯烃和氢分子被吸附在催化剂表面，高分散度的金属细粉有很高的表面活性，能使吸附在金属表面上的氢及烯烃分子活化，削弱 H—H σ 键和 π 键的键能，促使它们发生均裂，产生活泼的氢和烯烃游离基，然后两者相互结合得到加成产物(烷烃)，最后，烷烃快速离开催化剂表面完成反应。反应过程如图 4-3 所示。

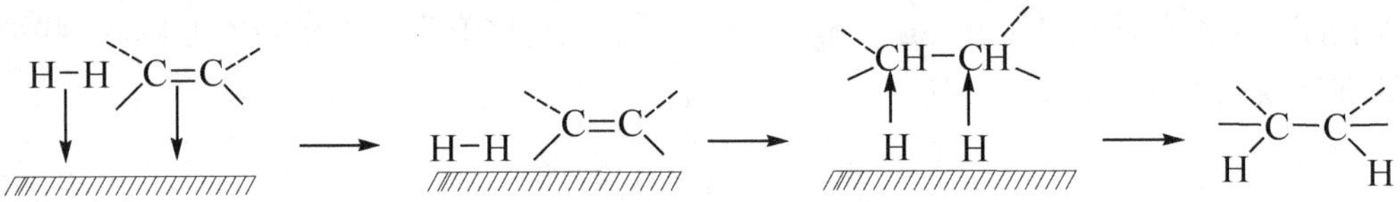

图 4-3 乙烯催化加氢过程

例如

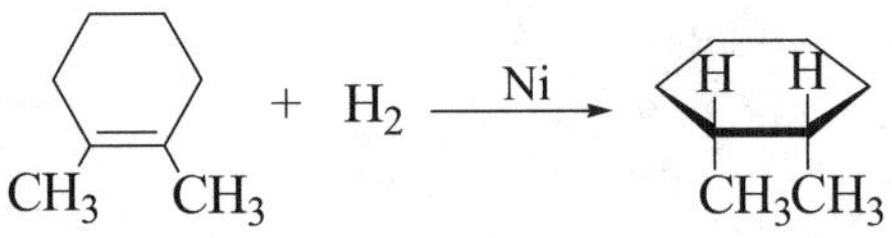

烯烃双键碳上的取代基越多,空间位阻越大,则烯烃越不容易吸附于催化剂表面上,加氢反应速率越慢。不同烯烃催化氢化的相对速率为

乙烯>一烷基取代乙烯>二烷基取代乙烯>三烷基取代乙烯>四烷基取代乙烯

烯烃的催化氢化是放热反应,一摩尔不饱和化合物氢化时放出的热量称为氢化热。表4-2 列举了一些烯烃的氢化热数据。

表4-2 一些烯烃的氢化热

烯烃	氢化热（kJ·mol^{-1}）	烯烃	氢化热（kJ·mol^{-1}）
乙烯	137.2	异丁烯	118.8
丙烯	125.1	2-甲基-1-丁烯	119.2
1-丁烯	126.8	2-甲基-2-丁烯	112.5
1-戊烯	125.9	顺-2-戊烯	119.7
顺-2-丁烯	119.7	反-2-戊烯	115.5
反-2-丁烯	115.5	2,3-二甲基-2-丁烯	111.3

氢化热的大小反映烯烃的相对稳定性,氢化热越小烯烃越稳定,从上述数据看出,连接在双键碳原子上的烷基数目越多的烯烃越稳定。

$$CH_2=CH_2<RCH=CH_2<RCH=CHR<R_2C=CHR<R_2C=CR_2$$

烯烃的催化氢化在有机合成和有机化合物结构鉴定中有着十分重要的意义。例如,在油脂工业中常常把油脂烃基上的双键氢化,使含有不饱和键的液态油变成固态的脂肪,改进油脂的性质,便于储存,提高利用价值。催化氢化反应是一个定量反应,可根据反应中所消耗氢气的体积推测化合物中双键的数目。

2. 亲电加成反应 由带正电荷或缺电子的原子或基团进攻不饱和键而引起的加成反应称为亲电加成反应(electrophilic addition reaction)。烯烃含有碳碳双键,碳碳双键周围电子云密度较高,容易受到带正电荷或缺电子的亲电试剂的进攻而发生亲电加成反应,烯烃的亲电加成反应主要有如下几种。

(1)加卤素:烯烃与卤素在常温下生成邻二卤代烃,其中,氟与烯烃的反应非常剧烈,反应过程中放出大量热,容易使烯烃分解;而碘不活泼,很难与烯烃发生加成反应。因此,常用氯或溴与烯烃发生加成反应。例如

$$CH_2{=}CH_2 + Br_2 \xrightarrow{CCl_4} \underset{\substack{| \\ Br}}{CH_2}-\underset{\substack{| \\ Br}}{CH_2}$$

　　烯烃与溴的四氯化碳溶液反应时，溴的红棕色很快褪去，生成无色的邻二溴代物。实验室中，常利用这个反应来检验烯烃。

　　研究发现，烯烃与卤素加成不需光照或自由基引发剂，但极性条件能使反应速度加快。当反应介质中有 NaCl 存在时，乙烯与溴水的反应产物中除了 1,2-二溴乙烷外，还有 1-氯-2-溴乙烷及 2-溴乙醇，说明在反应过程中 Cl^- 和 H_2O 参与了反应。

$$CH_2{=}CH_2 + Br_2 \xrightarrow[H_2O]{NaCl} \underset{\substack{| \\ Br}}{CH_2}-\underset{\substack{| \\ Br}}{CH_2} + \underset{\substack{| \\ Br}}{CH_2}-\underset{\substack{| \\ Cl}}{CH_2} + \underset{\substack{| \\ Br}}{CH_2}-\underset{\substack{| \\ OH}}{CH_2}$$

　　这个事实说明乙烯与溴加成时，两个溴原子不是同时加到双键上的，而是分步进行的离子型反应。烯烃与溴的加成反应中，第一步是溴分子在反应介质中的极性物质(如微量水或玻璃中的 SiO_2)作用下极化变成了瞬时偶极分子，溴分子中带正电荷的一端与烯烃分子中的 π 电子作用生成环状溴鎓离子(cyclic bromonium ion)；第二步是溴负离子从溴鎓离子的背面进攻碳原子，得到反式的加成产物。

例如

　　由于氯原子的电负性比溴大，体积比溴小，形成氯鎓离子的倾向比溴小，所以氯与烯烃加成时，有时形成环状的氯鎓离子中间体，有时形成碳正离子中间体，这与双键碳连接的基团、溶剂的极性等因素有关。

　　(2)加氢卤酸：卤化氢气体或发烟氢卤酸与烯烃发生亲电加成反应生成一卤代烷。

$$\underset{}{>}C{=}C\underset{}{<} + HX \longrightarrow -\underset{\substack{| \\ H}}{C}-\underset{\substack{| \\ X}}{C}-$$

　　氢卤酸与烯烃反应的活性顺序与其酸性大小顺序一致：HI＞HBr＞HCl。氟化氢也能与烯烃发生加成反应，同时使烯烃聚合。

　　1)区域选择性：结构不对称的烯烃(如丙烯)与氢卤酸加成时，可生成两种加成产物，例如

$$CH_3CH=CH_2 + HX \longrightarrow CH_3\overset{X}{\underset{|}{C}}HCH_3 + CH_3CH_2CH_2X$$

主要产物　　　次要产物

1869 年，俄国化学家马尔可夫尼可夫(V. V. Markovnikov)根据大量的实验事实总结出一条经验规则：当不对称烯烃和氢卤酸等不对称试剂发生加成反应时，试剂中带正电的部分加在含氢较多的双键碳原子上，带负电的部分加在含氢较少的双键碳原子上，这一规则称为马尔可夫尼可夫规则简称马氏规则。当反应有可能生成几种产物时，只生成或主要生成一种产物的性质称为区域选择性(regioselectivty)，这种反应称为区域选择性反应。

例如

$$(CH_3)_2C=CH_2 + HCl \longrightarrow (CH_3)_2\overset{Cl}{\underset{|}{C}}CH_3$$

2) 反应机制：由于氢离子体积较小，不能形成鎓离子，烯烃与氢卤酸的加成是分两步进行的，第一步氢卤酸中的质子作为亲电试剂进攻碳碳双键的 π 电子，生成碳正离子中间体，第二步卤素负离子快速与碳正离子中间体结合形成加成产物。

第一步反应速率慢，是整个加成反应速率的速控步骤。

3) 诱导效应：由于分子中成键原子或基团电负性不同，导致分子中电子云密度分布发生改变，这种变化不仅发生在直接相连的部分，而且通过 σ 键沿着分子链传递，这种通过静电诱导传递的电子效应称为诱导效应(inductive effect)，用 I 表示。

诱导效应是一种短程的电子效应，一般隔三个化学键影响就很小了。诱导效应只改变共价键内电子云密度分布，而不改变共价键的本性。

例如，1-氯丁烷分子中的诱导效应如下所示。

$$\overset{\delta\delta\delta^+}{CH_3CH_2}\to\overset{\delta\delta^+}{CH_2}\to\overset{\delta^+}{CH}\to\overset{\delta^-}{Cl}$$

电荷值　+0.002　+0.028　+0.681　−0.713

因为氯原子的电负性大于碳，诱导效应的结果使得氯原子带部分负电荷(δ^-)，C_1 上带部分正电荷(δ^+)，C_2 上带比 C_1 更少一些的正电荷($\delta\delta^+$)，C_3 上带的正电荷比 C_2 更少($\delta\delta\delta^+$)，

C_4 上带的正电荷可以忽略不计。

为了判断诱导效应的种类和强度，常以氢原子为标准。若 X 的电负性大于 H，当 H 被 X 取代后，则 C—X 键间的电子云偏向 X，则 X 称为吸电子基团，所引起的诱导效应称为吸电子诱导效应(–I 效应)；若 Y 的电负性小于 H，当 H 被 Y 取代后，则 C—Y 键间的电子云偏向 C，则 Y 称为斥电子基团，由 Y 所引起的诱导效应称为斥电子诱导效应(+I 效应)。通常用" —→ "表示 σ 电子云偏移的方向。

$$—\overset{|}{\underset{|}{C}}\overset{\delta^+}{\longrightarrow}\overset{\delta^-}{X} \qquad —\overset{|}{\underset{|}{C}}—H \qquad —\overset{|}{\underset{|}{C}}\overset{\delta^-}{\longleftarrow}\overset{\delta^+}{Y}$$

吸电子诱导效应（–I）　　　标准　　　斥电子诱导效应（+I）

具有–I 效应的原子或基团的相对强度如下。

吸电子基：—NO_2＞—F＞—Cl＞—Br＞—OCH_3＞—$NHCOCH_3$＞—C_6H_5＞—CH=CH_2＞—H

具有+I 效应的基团主要是烷基，其相对强度如下。

斥电子基：—$C(CH_3)_3$＞—$CH(CH_3)_2$＞—C_2H_5＞—CH_3

4) 碳正离子的结构和稳定性：碳正离子和自由基一样是化学反应过程中短暂存在的活性中间体(reactive intermediate)。根据带正电荷的碳原子所连烃基的数目，可分为甲基碳正离子、伯碳(1°)正离子、仲碳(2°)正离子和叔碳(3°)正离子。

$$H-\overset{\overset{\displaystyle H}{|}}{\underset{\underset{\displaystyle H}{|}}{C^+}} \qquad H-\overset{\overset{\displaystyle H}{|}}{\underset{\underset{\displaystyle R_1}{|}}{C^+}} \qquad R_2-\overset{\overset{\displaystyle H}{|}}{\underset{\underset{\displaystyle R_1}{|}}{C^+}} \qquad R_2-\overset{\overset{\displaystyle R_3}{|}}{\underset{\underset{\displaystyle R_1}{|}}{C^+}}$$

甲基碳正离子　　　伯碳(1°)正离子　　　仲碳(2°)正离子　　　叔碳(3°)正离子

碳正离子中带正电荷的碳原子是 sp^2 杂化，三个 sp^2 杂化轨道分别与其他原子形成三个 σ 键，且三个 σ 键共平面，键角为 120°，还有一个缺电子的空 p 轨道垂直于该平面。碳正离子的结构如图 4-4 所示。

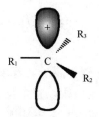

图 4-4　碳正离子的结构

根据物理学上的规律，一个带电体系的稳定性取决于所带电荷的分布情况，电荷越分散，体系越稳定。同理，碳正离子的稳定性也取决于正电荷的分布情况。碳正离子中带正电荷的碳连接的斥电子基团愈多，碳正离子的正电荷越分散，碳正离子的相对稳定性就愈大。对于烷基碳正离子来说，烷基是斥电子基团，能使正电荷分散，从而增加碳正离子的稳定性，所以碳连接的烷基越多，越稳定。烷基碳正离子的相对稳定性次序为

$$R_3\overset{+}{C} > R_2\overset{+}{C}H > R\overset{+}{C}H_2 > \overset{+}{C}H_3$$

5) 马氏规则的解释：马氏规则用于推测不对称烯烃和不对称试剂发生亲电加成反应的主要产物，这个规则可以用诱导效应和碳正离子的相对稳定性来解释。

以丙烯与氢卤酸的加成为例：由于双键中 π 电子云分布在平面的上下方，受原子核束缚力小，易极化，丙烯分子中甲基的斥电子诱导效应使 π 键电子云发生偏移，结果使含氢较多的双键碳原子带部分负电荷，含氢较少的双键碳原子带部分正电荷。当丙烯与 HX 发生反应时，HX 中带正电荷的 H^+ 首先进攻带部分负电荷的双键碳，形成碳正离子中间体，然后 X^- 再与带正电荷的碳结合得到加成产物。

$$CH_3 \longrightarrow \overset{\delta^+}{C}H \overset{\frown}{=} \overset{\delta^-}{C}H_2 + \overset{\delta^+}{H} \text{-} \overset{\delta^-}{X} \xrightarrow{\text{慢}} CH_3\overset{+}{C}HCH_3 + X^-$$

$$CH_3\overset{+}{C}HCH_3 + X^- \xrightarrow{\text{快}} CH_3\underset{\underset{X}{|}}{C}HCH_3$$

若双键碳上有吸电子基团($-CF_3$、$-CN$、$-COOH$、$-NO_2$ 等)时，得到反马氏的加成产物，但仍符合电性规律。例如

$$NO_2 \longleftarrow \overset{\delta^-}{C}H \overset{\frown}{=} \overset{\delta^+}{C}H_2 + \overset{\delta^+}{H} \text{-} \overset{\delta^-}{X} \longrightarrow NO_2\text{-}CH_2\overset{+}{C}H_2 + X^-$$

$$NO_2\text{-}CH_2\overset{+}{C}H_2 + X^- \longrightarrow NO_2\text{-}CH_2CH_2X$$

由于 $-NO_2$ 是强的吸电子基，受 $-NO_2$ 吸电子诱导效应的影响，双键电子云偏向 $-NO_2$，使得与 $-NO_2$ 直接相连的双键碳原子带部分负电荷，而另一个双键碳原子带部分正电荷。

马氏规则也可用碳正离子的稳定性来解释，如丙烯与氢卤酸的反应可能沿两种途径得到加成产物(I)和(II)。

$$\begin{array}{c} \overset{b}{\overset{\frown}{}} \\ CH_3CH{=}CH_2 + \overset{\delta^+}{H}\text{-}\overset{\delta^-}{X} \\ \underset{a}{\underset{\smile}{}} \end{array} \left\{ \begin{array}{l} \xrightarrow{a} CH_3\overset{+}{C}HCH_3 \xrightarrow{X^-} CH_3\underset{\underset{X}{|}}{C}HCH_3 \quad (\text{I}) \\ \\ \xrightarrow{b} CH_3CH_2\overset{+}{C}H_2 \xrightarrow{X^-} CH_3CH_2CH_2X \quad (\text{II}) \end{array} \right.$$

若按途径 a 进行，所得中间体为仲碳正离子，若按途径 b 进行，所得中间体为伯碳正离子。由于仲碳正离子比伯碳正离子稳定，所以整个反应的主要产物是(I)。

(3) 加硫酸：烯烃在 0℃左右就能与硫酸发生加成反应，生成酸式硫酸酯(硫酸氢烷酯)，硫酸氢烷酯易溶于硫酸，用水稀释后水解生成醇。工业上用这种方法合成醇，称为烯烃间接水合法(indirect hydration)，实验室中也常利用此反应除去化合物中少量的烯烃杂质。

$$H_2C{=}CH_2 \xrightarrow{98\%H_2SO_4} CH_3CH_2OSO_2OH \xrightarrow[\triangle]{H_2O} CH_3CH_2OH + H_2SO_4$$
$$\text{乙基硫酸氢乙酯}$$

烯烃与硫酸的加成也是通过碳正离子机制进行的，不对称烯烃与硫酸加成时遵循马氏

规则。例如

$$(CH_3)_2C=CH_2 \xrightarrow{60\% H_2SO_4} (CH_3)_2\underset{OSO_2OH}{C}-CH_3 \xrightarrow[\triangle]{H_2O} (CH_3)_2\underset{OH}{C}-CH_3 + H_2SO_4$$

$$(CH_3)_2C=CHCH_3 \xrightarrow{80\% H_2SO_4} (CH_3)_2\underset{OSO_2OH}{C}-CH_2CH_3 \xrightarrow[\triangle]{H_2O} (CH_3)_2\underset{OH}{C}-CH_2CH_3 + H_2SO_4$$

(4) 加水：在酸催化下(如硫酸、磷酸等)，烯烃也可直接水合转变成醇。例如，乙烯和水在磷酸催化，300℃和7MPa压力下水合生成乙醇。

$$H_2C=CH_2 \xrightarrow{H_3PO_4} CH_3\overset{+}{C}H_2 \xrightarrow{H_2O} CH_3CH_2\overset{+}{O}H_2 \xrightarrow{-H^+} CH_3CH_2OH$$

反应的第一步是乙烯与质子结合生成碳正离子，然后水分子中具有孤对电子的氧进攻碳正离子生成锌盐，再失去质子生成醇。这种制醇的方法称为烯烃的直接水合法(direct hydration)，是工业上制备乙醇的重要方法，除乙烯外，其他烯烃水合产物均为仲醇或叔醇。

3. 自由基加成反应 不对称烯烃与HBr加成，在光照或过氧化物存在时，主要得到反马氏加成产物。例如

$$CH_3CH=CH_2 \xrightarrow[HBr]{ROOR} CH_3CH_2CH_2Br$$

这种现象称为过氧化物效应(peroxide effect)，因为过氧化物很容易均裂生成自由基，这些活泼的自由基可以引发烯烃的自由基加成反应(free radical addition)。其反应机制为

$$ROOR \longrightarrow RO\cdot$$
$$RO\cdot + HBr \longrightarrow ROH + Br\cdot$$

由于自由基的相对稳定顺序是 $R_3\overset{\cdot}{C}>R_2\overset{\cdot}{C}H>R\overset{\cdot}{C}H_2>\overset{\cdot}{C}H_3$。溴自由基进攻双键时，主要按(a)式反应，优先生成仲碳自由基，仲碳自由基再与氢自由基结合生成反马氏的加成产物1-溴丙烷。

在卤化氢中，只有HBr有过氧化物效应，而HF、HCl和HI都没有过氧化物效应。这是因为HF和HCl键较牢固，难以形成自由基；HI键较弱，容易形成自由基，但碘自由基活性较低，又较易自相结合，很难与烯烃发生自由基加成反应。

(二)氧化反应

烯烃的活泼性还体现在双键容易被氧化，反应条件不同氧化产物也不相同。

1. 高锰酸钾氧化 烯烃与稀、冷的中性或碱性高锰酸钾溶液反应时，双键中的π键断裂，经过一环状的中间体(锰酸酯)后立即水解生成邻二醇，得到顺式加成产物。反应中高

锰酸钾的紫红色褪去，并生成棕褐色的二氧化锰沉淀，可用来鉴定烯烃，如下所示。

$$\ce{C=C} + KMnO_4 \longrightarrow \left[\begin{array}{c} \ce{C-C} \\ \ce{O \quad O} \\ \ce{Mn} \\ \ce{O \quad O^-} \end{array} \right] K^+ \xrightarrow{H_2O} \underset{HO \quad OH}{\ce{C-C}} + MnO_2 \downarrow$$

例如

$$\bigcirc\!\!=\!\! + KMnO_4 \xrightarrow{碱性} \underset{OH\ OH}{\bigcirc\!\!\!\! \overset{H\ H}{}}$$

如用热、浓的高锰酸钾溶液或酸性高锰酸钾溶液氧化烯烃，发生碳碳双键的断裂，可生成酮、羧酸和二氧化碳。

$$RCH=CH_2 \xrightarrow[H_3O^+]{KMnO_4} RCOOH + CO_2 + H_2O$$

$$RCH=CHR_1 \xrightarrow[H_3O^+]{KMnO_4} RCOOH + R_1COOH$$

$$\underset{R_2}{\overset{R_3}{C}}=CHR_1 \xrightarrow[H_3O^+]{KMnO_4} \underset{R_2}{\overset{R_3}{C}}=O + R_1COOH$$

不同的烯烃氧化得到不同的小分子氧化产物，因此可根据氧化产物来推测烯烃的结构。

2. 臭氧化反应　将含少量臭氧的氧气或空气通入液态烯烃或烯烃的非水溶液(如四氯化碳)中，臭氧能快速定量地与烯烃反应，生成黏糊状的臭氧化物，这个反应称为臭氧化反应。

$$\underset{R_2}{\overset{R_3}{C}}=CHR_1 + O_3 \longrightarrow \underset{R_2}{\overset{R_3}{C}}\underset{O-O}{\overset{O\quad H}{\underset{}{C}}}R_1 \xrightarrow{H_2O} \underset{R_2}{\overset{R_3}{C}}=O + R_1CHO + H_2O_2$$

臭氧化物在游离状态下很不稳定，容易发生爆炸。在一般情况下，不必从反应溶液中分离出来，可直接加水进行水解，产物为醛或酮，或者为醛和酮混合物，另外还有过氧化氢生成。为了避免生成的醛被过氧化氢继续氧化为羧酸，臭氧化物水解时需在还原剂存在的条件下进行，常用的还原剂为锌粉。例如

$$CH_3CH_2CH=CH_2 \xrightarrow[(2)Zn/C_2H_5COOH]{(1)O_3,C_2H_2Cl_2,-78℃} CH_3CH_2CHO + HCHO$$

不同的烯烃先经臭氧氧化，然后在还原剂存在下进行水解，可以得到不同的醛或酮。此反应也可用于烯烃的结构推测。对称烯烃臭氧氧化水解只得到一种氧化产物；端基烯烃的氧化产物之一是甲醛，另一产物是其他醛或酮；不对称烯烃(非端基烯烃)的氧化产物是不同的醛(酮)或醛和酮混合物；环烯烃的氧化产物是二醛(酮)或酮基醛化合物。

(三)聚合反应

烯烃在少量引发剂或催化剂作用下，双键断裂而互相加成，生成高分子化合物的反应称为聚合反应(polymerization)，例如

$$nCH_2=CH_2 \xrightarrow[\text{自由基引发剂}]{200℃,200MPa} +CH_2-CH_2+_n$$

乙烯   聚乙烯

（单体）   （高分子）

  聚合所得的产物称为高分子化合物或聚合物（polymer），参加聚合的小分子称为单体（monomer），n 称为高分子化合物的聚合度。聚合反应常在高温高压下进行。

  聚乙烯是一个电绝缘性能好，耐酸碱，抗腐蚀，用途广的高分子材料（塑料）。通过改变双键碳上的取代基，可以聚合成各种不同结构的聚合物，从而得到性质和功能各异的高分子材料，如聚丙烯、聚氯乙烯、聚四氟乙烯等。

五、二 烯 烃

  分子中含有两个碳碳双键的不饱和烃称为二烯烃（dienes），链状二烯烃与单炔烃具有相同的通式（C_nH_{2n-2}）。二烯烃的性质与单烯烃的性质大致相同，但由于结构的差别使二烯烃体现出一些特殊的性质。

（一）二烯烃的分类与命名

1. 二烯烃的分类 根据二烯烃中两个碳碳双键的相对位置，可以将其分为聚集二烯烃（cumulative diene）、共轭二烯烃（conjugated diene）和隔离二烯烃（isolated diene）三类。

聚集二烯烃   共轭二烯烃   隔离二烯烃

  （1）聚集二烯烃：两个双键共用一个碳原子，即双键聚集在一起的二烯烃，又称累积二烯烃，如丙二烯 $CH_2=C=CH_2$。在丙二烯分子中，中间碳原子为 sp 杂化，两端碳原子为 sp^2 杂化，三个碳原子所形成的两个 π 键相互垂直。

  （2）共轭二烯烃：两个双键之间间隔一个单键，即单、双键交替排列，如 1,3-丁二烯 $CH_2=CH-CH=CH_2$。

  （3）隔离二烯烃：两个双键之间间隔两个或两个以上单键的二烯烃，如 1,5-己二烯 $CH_2=CH-(CH_2)_2-CH=CH_2$。

  聚集二烯烃稳定性较差，制备困难，应用较少。隔离二烯烃中，两个碳碳双键距离较远，π 键之间的相互影响很小，其性质基本上与单烯烃相同。共轭二烯烃除具有单烯烃的性质外，分子中的两个双键相互影响，从而体现出一些特殊的性质。本部分重点讨论共轭二烯烃的结构特点和性质。

  2. 二烯烃的命名 与烯烃相似，选择两个双键在内的最长碳链为主链，从距离双键最近的一端编号，称为"某二烯"，两个双键的位置用阿拉伯数字标明。若有取代基时，则将取代基的位次和名称加在前面。若有顺反异构，用 $Z，E$（或顺、反）标明构型。例如

      $CH_3CH_2CH=C=CH_2$ $CH_2=CHCH=CH_2$

        1,2-戊二烯   1,3-丁二烯

        1,2-pentadiene   1,3-butadiene

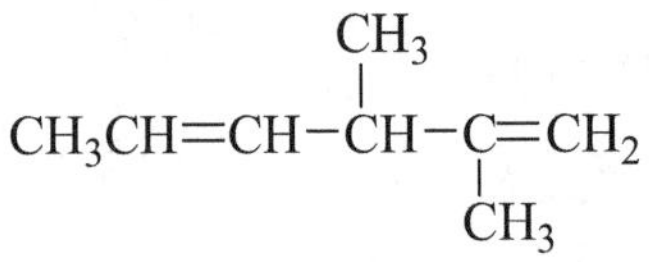

2,3-二甲基-1,4-己二烯

2,3-dimethyl-1,4-hexadiene

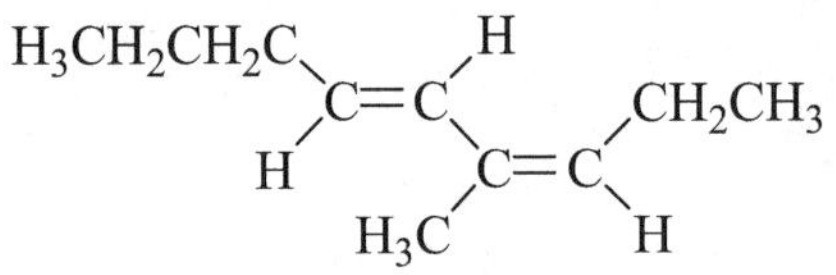

(3*Z*,5*E*) -4-甲基-3,5-壬二烯

(3*Z*,5*E*) -4-methyl-3,5-nonadiene

(二)共轭二烯烃

1. 共轭二烯烃的结构 最简单的共轭二烯烃是 1,3-丁二烯。在 1,3-丁二烯分子中，每个碳原子均是 sp^2 杂化，碳原子之间以 sp^2 杂化轨道形成碳碳 σ 键，余下的 sp^2 杂化轨道与氢原子的 1s 轨道形成六个碳氢 σ 键，分子中所有的 σ 键都在一个平面内。四个碳原子上的四个未杂化的 p 轨道均垂直于该平面，而且相互平行，侧面相互重叠形成 π 键(图 4-5)。由图 4-5 可见，在 1，3-丁二烯分子中不仅 C_1—C_2 及 C_3—C_4 之间的 p 轨道相互重叠形成 π 键，C_2—C_3 之间的 p 轨道也有一定程度的重叠，也具有 π 键的性质。这样重叠的结果使得分子中 π 电子的运动范围不再局限在某两个碳原子之间，而是扩展到四个碳原子之间，这种现象称为 π 电子的离域(delocalization)，这样的 π 键称为大 π 键或共轭 π 键。

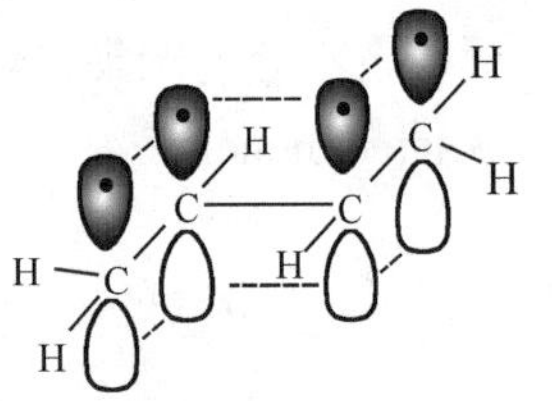

图 4-5 1,3-丁二烯分子中的大 π 键

2. 共轭体系与共轭效应

(1)共轭体系：有三个或三个以上相邻且互相平行的 p 轨道相互重叠形成大 π 键，这种体系称为共轭体系。常见的共轭体系主要如下。

1)π-π 共轭体系：是指由单、双键交替排列构成的共轭体系(conjugated system)。具有两个或两个以上的双键或三键通过一个单键相连的结构都具有 π-π 共轭体系，其中的双键或三键不仅仅是碳碳双键或三键，也可以是碳氧双键或者碳氮三键等。

2)p-π 共轭体系：是指 p 轨道与相邻 π 键的重叠形成的共轭体系。例如，氯乙烯、烯丙基碳正离子和烯丙基自由基分别代表不同类型的 p-π 共轭体系，结构如图 4-6 所示。

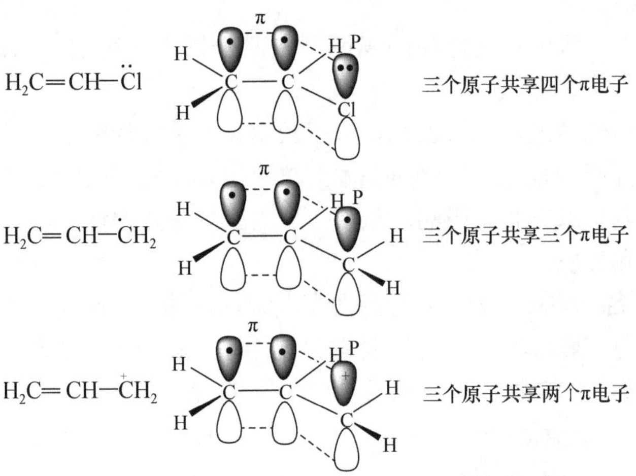

图 4-6 p-π 共轭体系

除了 π-π、p-π 共轭体系外还有 σ-π、σ-p 超共轭体系。

3)σ-π、σ-p 超共轭体系：由 C—H σ 键的轨道与相邻的 π 键轨道或 p 轨道之间相互重叠形成的共轭体系称为 σ-π、σ-p 超共轭体系。由于 σ 键与 π 键或 p 轨道并不平行，轨道之间重叠程度较小，因此将 σ-π 共轭体系、σ-p 共轭体系称为超共轭体系。例如，丙烯或乙基碳正离子中都存在超共轭现象，结构如图 4-7 所示。由于 C—C 单键可以自由旋转，甲基上的三个 C—H σ 键在分子结构中处于等同的地位，均有可能在其最佳位置上形成完全等同的超共轭。

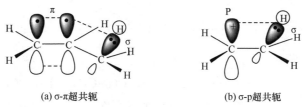

(a) σ-π超共轭　　　　　　(b) σ-p超共轭

图 4-7　超共轭体系

在共轭体系中，π 电子的离域使电子云密度分布发生变化，碳碳双键的键长大于单烯烃的双键键长，而连接两个双键的碳碳单键的键长小于烷烃碳碳单键的键长，键长平均化，如 1,3-丁二烯分子中的碳碳键长（图 4-8）。

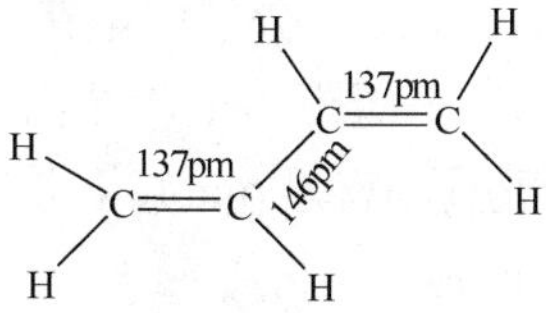

图 4-8　1,3-丁二烯分子中的碳碳键长

另外，π 电子的离域使分子内能降低，体系稳定，所以，共轭体系比相应的非共轭体系稳定，且共轭体系越大，π 电子的运动范围越大，体系越稳定。

(2)共轭效应：在共轭体系中，由于轨道之间的相互重叠，使共轭体系中电子云离域，键长趋于平均化，分子内能降低，体系更稳定的现象称为共轭效应(conjugative effect)，用 C 表示。例如，1,3-丁二烯分子中因 π-π 共轭产生的共轭效应称为 π-π 共轭效应，氯乙烯中因 p-π 共轭产生的共轭效应称为 p-π 共轭效应。

因原子(或基团)电负性的差别或外界电场的影响，共轭体系中的 π 电子将发生交替极化的现象，并可沿共轭碳链一直传递下去，其强度不因共轭碳链的增长而减弱，例如

$$H_2C=CH-CH=CH_2 \quad H^+ \qquad H_2C=CH-CH=O$$

(i)动态共轭效应　　　　　　　　(ii)静态共轭效应

其中(i)是共轭体系受外界电场(试剂)作用时的极化作用，称为动态共轭效应；(ii)是共轭体系分子内原子电负性的不同所产生的极化作用(分子内固有的效应)，称为静态共轭效应。根据电子偏移的方向，共轭效应可分为给电子共轭效应(+C)和吸电子共轭效应(-C)。

共轭效应是一类重要的电子效应，它和诱导效应在产生原因和作用方式上是不同的。诱导效应是建立在定域基础上，是短程作用，出现单向极化。而共轭效应是建立在离域的基础上，是远程作用，出现交替极化现象，但只能存在于共轭体系中。一个分子可同时存在这两种电子效应，分子的极化由这两种电子效应的总和决定。

3. 共轭二烯烃的主要反应 共轭二烯烃分子中的两个双键相互影响，从而体现出一些特殊的性质。例如，1,3-丁二烯与溴或氯化氢发生亲电加成反应时，可得到1,2-加成产物和1,4-加成产物。

$$H_2C=CH-CH=CH_2 \xrightarrow{HCl} CH_3-\overset{Cl}{CH}-CH=CH_2 + CH_3-CH=CH-\overset{Cl}{CH_2}$$

$$\xrightarrow{Br_2} H_2\overset{Br}{C}-\overset{Br}{CH}-CH=CH_2 + H_2\overset{Br}{C}-CH=CH-\overset{Br}{CH_2}$$

1,2-加成产物　　　　1,4-加成产物

1,2-加成是指亲电试剂的两部分分别加在共轭体系一个双键的两个碳原子上；1,4-加成是指亲电试剂的两部分分别加在共轭体系两端的碳原子上，原来的双键消失，而在 C_2 与 C_3 之间形成一个新的 π 键，这种加成通常又叫作共轭加成。

反应机制与单烯烃一样，也是分两步进行的。以 1,3-丁二烯与氯化氢的反应为例，第一步是氯化氢异裂产生的 H^+ 进攻 1,3-丁二烯分子中电荷呈偶极交替分布的负电中心，可形成两种碳正离子。碳正离子(I)为烯丙型碳正离子，结构中存在 p-π 共轭效应，可使体系中的正电荷得以分散而更稳定；碳正离子(II)无 p-π 共轭效应，稳定性差，因此反应第一步主要生成较稳定的烯丙型碳正离子中间体。

$$H_2C=CH-CH=CH_2 + H^+ \longrightarrow H_2C=CH-\overset{+}{C}H-CH_3 + H_2C=CH-CH_2-\overset{+}{C}H_2$$
　　　　　　　　　　　　　　　　　　（I）　　　　　　　　（II）

反应的第二步是氯离子快速与活性中间体反应。活性中间体为共轭体系，π 电子离域使其正电荷也呈交替极化分布，因此氯离子可进攻的正电中心为 C_2 和 C_4，进攻 C_2 时产物是1,2-加成产物，进攻 C_4 时产物是1,4-加成产物。

$$\overset{\delta^+}{\underset{4}{H_2C}}=\overset{}{\underset{3}{CH}}=\overset{\delta^+}{\underset{2}{CH}}-\underset{1}{CH_3} + Cl^- \longrightarrow$$

1,2-加成 $\quad H_2C-\overset{H}{\underset{}{C}}H-\overset{Cl}{CH}-CH=CH_2$

1,4-加成 $\quad \overset{Cl}{H_2C}-CH=CH-\overset{H}{CH_2}$

1,2-加成和 1,4-加成在反应中同时发生，两种产物的比例主要取决于共轭二烯烃的结构、试剂的性质、反应温度、产物的相对稳定性等因素。一般在较高的温度下以 1,4-加成产物为主，在较低的温度下以 1,2-加成产物为主。共轭加成是共轭烯烃的特征反应。

第二节 炔 烃

炔烃是指分子中含有碳碳三键的不饱和烃,其通式为 C_nH_{2n-2},碳碳三键是炔烃的官能团。

一、炔烃的结构

乙炔是最简单的炔烃,分子式为 C_2H_2,结构式为 H—C≡C—H。X 射线衍射和光谱实验数据已经证明,乙炔分子具有线性结构,键角为 180°。根据杂化轨道理论,乙炔分子中的两个碳原子均采用 sp 杂化。在形成乙炔分子时,两个碳原子各以一个 sp 杂化轨道沿键轴方向相互重叠形成一个碳碳 σ 键,每个碳原子的另一个 sp 杂化轨道分别与氢原子的 1s 轨道形成两个碳氢 σ 键,三个 σ 键在同一条直线上。每个碳原子上还各有两个未杂化的相互垂直的 p 轨道,从侧面重叠形成两个相互垂直的 π 键,所以碳碳三键是由两个 π 键和一个 σ 键组成。两个 π 键相互垂直,使 π 电子云呈圆柱状分布在碳碳 σ 键周围。乙炔分子的结构如图 4-9 所示。

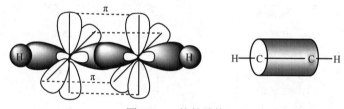

图 4-9 乙炔的结构

由于在 sp 杂化轨道中 s 轨道的成分增加,所以 sp 杂化轨道较 sp^2 和 sp^3 杂化轨道要短些,碳碳三键的键长(120pm)比碳碳双键和碳碳单键都短。另外碳碳二键中 π 键的两个 p 轨道重叠多,离原子核更近,受原子核的束缚力大,因此三键的键能($836kJ \cdot mol^{-1}$)大于碳碳双键和碳碳单键的键能,比双键更稳定。

二、炔烃的异构和命名

炔烃由于碳碳三键的限制,没有顺反异构体。另外,三键碳原子上不能出现支链,因此炔烃的同分异构体的数目比相应的烯烃要少。例如,戊炔有以下三个异构体。

$$HC≡CCH_2CH_2CH_3 \qquad CH_3C≡CCH_2CH_3 \qquad \overset{\displaystyle CH_3}{\underset{|}{HC≡CCHCH_3}}$$

炔烃的系统命名法与烯烃相似,只需将"烯"改为"炔"即可。例如

$$\overset{\displaystyle CH_3}{\underset{|}{CH_3CH_2C≡CCHCH_2CH_3}}$$

5-甲基-3-庚炔

5-methyl-3-heptyne

$$\overset{\displaystyle CH_2CH_3}{\underset{|}{CH_3C≡CCHCH_3}}$$

4-甲基-2-己炔

4-methyl-2-hexyne

分子中同时含有双键和三键时，应选择含有双键和三键在内的最长碳链作为主碳链，称为"某烯炔"。从靠近双键或三键的一端开始编号，若双键与三键位置相同时，应从靠近双键的一端开始编号。例如

$$CH_3CH_2CH{=}CHC{\equiv}CCH_3 \qquad CH_2{=}CHCH{=}CH_2$$

1,2-戊二烯 　　　　　　　　 1,3-丁二烯

1,2-pentadiene 　　　　　　　 1,3-butadiene

三、炔烃的物理性质

炔烃的物理性质与相应的烷烃和烯烃差别不大。它们和其他烃类一样都具有低密度和低溶解性的性质。与对应的烯烃相比，由于极性略强，所以沸点更高。同时，三键位于末端的炔烃比三键位于主链中间的炔烃沸点更低。一些炔烃的物理常数见表4-3。

表4-3 一些炔烃的物理常数

名称	结构式	熔点/℃	沸点/℃	密度/$(g \cdot cm^{-3})$
乙炔	$HC{\equiv}CH$	−81.8	−75.0	0.6179
丙炔	$HC{\equiv}CCH_3$	−102.5	−23.3	0.6714
1-丁炔	$HC{\equiv}CCH_2CH_3$	−122.5	8.6	0.6682
2-丁炔	$CH_3C{\equiv}CCH_3$	−24.0	27.0	0.6937
1-戊炔	$HC{\equiv}CCH_2CH_2CH_3$	−98.0	39.7	0.6950
2-戊炔	$CH_3C{\equiv}CCH_2CH_3$	−101.0	55.5	0.7127
1-己炔	$HC{\equiv}CCH_2CH_2CH_3$	−124.0	71.0	0.7195
2-己炔	$CH_3C{\equiv}CCH_2CH_2CH_3$	−88.0	84.0	0.7305
3-己炔	$CH_3CH_2C{\equiv}CCH_2CH_3$	−105.0	82.0	0.7255

四、炔烃的化学性质

与碳碳双键一样，碳碳三键具有很高的反应活性，许多能与烯烃发生反应的试剂也能与炔烃发生反应。但由于三键碳原子是 sp 杂化，因此炔烃也表现出一些独特的化学性质。

(一) 炔氢的酸性和金属炔化物的生成

三键碳是以 sp 杂化轨道与氢原子成键，在 sp 轨道中 s 成分占 1/2，比 sp^3 和 sp^2 轨道中的 s 成分都多，轨道的 s 成分越多，碳原子的电负性越强。因此乙炔碳氢键中的电子比在乙烯和乙烷中更靠近碳原子，这样就使三键碳中的碳氢键的极性增强(容易发生异裂)，使乙炔具有一定的酸性，三键中的氢原子可以被金属取代，生成金属炔化物。例如

$$HC{\equiv}CH \xrightarrow[NH_3(液)]{NaNH_2} HC{\equiv}CNa \xrightarrow[NH_3(液)]{NaNH_2} NaC{\equiv}CNa$$

$$RC{\equiv}CH \xrightarrow[NH_3(液)]{NaNH_2} RC{\equiv}CNa$$

炔化钠与水很快发生水解生成相应的炔烃和氢氧化钠，炔化钠也是一个很强的亲核试剂，是常用的有机合成中间体。

端基炔氢也能被一些重金属离子取代，如将乙炔通入硝酸银的氨溶液或氯化亚铜的氨溶液中，析出白色的乙炔银沉淀或红棕色的乙炔亚铜沉淀。

$$HC\equiv CH + 2[Ag(NH_3)_2]^+ \longrightarrow AgC\equiv CAg\downarrow + 2NH_4^+ + 2NH_3$$
乙炔银（白色）

$$HC\equiv CH + 2[Cu(NH_3)_2]^+ \longrightarrow CuC\equiv CCu\downarrow + 2NH_4^+ + 2NH_3$$
乙炔亚铜（砖红色）

此反应常用来鉴定 $HC\equiv CH$ 和 $RC\equiv CH$ 结构的炔烃，如三键碳原子上不连有氢原子（$RC\equiv CR$）则不能发生此反应。乙炔亚铜和乙炔银在潮湿状态及低温时比较稳定，干燥时遇热或受撞击即分解而爆炸，所以在实验结束后，应立即用稀硝酸使其分解。

（二）加成反应

炔烃和烯烃相似也可以发生亲电加成反应。但由于碳碳三键的键长较短，p 轨道间重叠的程度大，所以碳碳三键比碳碳双键更稳定，炔烃的亲电加成反应活性比烯烃要低。

1. 加氢　在金属催化剂（Ni、Pt、Pd 等）的作用下，炔烃加成先生成烯烃，再生成烷烃。

$$RC\equiv CH + H_2 \xrightarrow{Pt} RCH=CH_2$$

$$RCH=CH_2 + H_2 \xrightarrow{Pt} RCH_2CH_3$$

第二步加氢速度非常快，反应不能停留在第一步。若使用一些催化活性低的特殊催化剂，如 Lindlar（林德拉）催化剂（将金属钯的细粉沉淀在碳酸钙上，再用醋酸铅溶液处理），可使反应停留在烯烃阶段，并且可获得顺式加成产物。

$$R_1C\equiv CR_2 + H_2 \xrightarrow{Lindlar\ Pd} \begin{array}{c} R_1 \\ H \end{array} C=C \begin{array}{c} R_2 \\ H \end{array}$$

若用碱金属锂或钠在液氨中还原，则得到反式的还原产物。

$$R_1C\equiv CR_2 \xrightarrow{Na,\ NH_3(液)} \begin{array}{c} R_1 \\ H \end{array} C=C \begin{array}{c} H \\ R_2 \end{array}$$

这些反应具有高度的立体选择性，常用于合成具有一定构型的生物活性物质。

2. 加卤素　炔烃与卤素（Br_2 或 Cl_2）加成，首先生成邻二卤代烯，再进一步加成得到四卤代烷。例如

$$CH_3C\equiv CH \xrightarrow{Br_2} CH_3C(Br)CHBr \xrightarrow{Br_2} CH_3CBr_2CHBr_2$$

该反应能使溴的四氯化碳溶液退色，因此常用于鉴别炔烃，但是不能区别炔烃和烯烃。

当化合物中同时存在非共轭的碳碳三键和碳碳双键时，首先是碳碳双键与卤素发生反应。例如

$$CH_2{=}CHCH_2CH_2C{\equiv}CH \xrightarrow{1molBr_2} CH_2BrCHBrCH_2CH_2C{\equiv}CH$$

3. 加氢卤酸　炔烃与氢卤酸发生反应的速度也比烯烃慢，反应是分两步进行的，炔烃先与等摩尔数的氢卤酸加成生成卤代烯烃，卤代烯烃进一步加氢卤酸生成二卤代烷烃。不对称炔烃与氢卤酸的加成反应遵循马氏规则。例如

$$CH_3C{\equiv}CH \xrightarrow{HBr} CH_3\overset{Br}{\underset{}{C}}{=}CH_2 \xrightarrow{HBr} CH_3{-}\overset{Br}{\underset{Br}{C}}{-}CH_3$$

卤代烯烃中的卤原子降低了碳碳双键的反应活性，在适当的条件下可使反应停留在第一步，因此可用这个反应来制备卤代烯烃。

4. 加水　炔烃在汞盐和稀硫酸的催化下，先加成得到烯醇，然后烯醇异构化成羰基化合物，此反应也称为炔烃的水合反应。

$$RC{\equiv}CH + H_2O \xrightarrow[\text{稀}H_2SO_4]{HgSO_4} \left[RC{\underset{OH}{=}}CH_2 \right] \rightleftharpoons RC\overset{O}{\overset{\|}{C}}CH_3$$
甲基酮

炔烃的水合反应遵循马氏规则，乙炔的水合生成乙醛，这是工业上制备乙醛的方法之一，其他炔烃水合的产物是酮类化合物。

$$HC{\equiv}CH + H_2O \xrightarrow[\text{稀}H_2SO_4]{HgSO_4} \left[HC{\underset{OH}{=}}CH_2 \right] \rightleftharpoons CH_3\overset{O}{\overset{\|}{C}}H$$

$$RC{\equiv}CR_1 + H_2O \xrightarrow[\text{稀}H_2SO_4]{HgSO_4} \left[RC{\underset{OH}{=}}CHR_1 \right] + \left[RCH{\underset{OH}{=}}CR_1 \right] \rightleftharpoons RC\overset{O}{\overset{\|}{C}}CH_2R_1 + RCH_2\overset{O}{\overset{\|}{C}}CR_1$$

(三) 氧化反应

炔烃可以被高锰酸钾氧化，碳碳三键断裂，生成羧酸和二氧化碳等产物。根据高锰酸钾溶液颜色的变化可以鉴别炔烃。

$$RC{\equiv}CH \xrightarrow{KMnO_4/ H^+} RCOOH + CO_2$$

$$R_1C{\equiv}CR_2 \xrightarrow{KMnO_4/ H^+} R_1COOH + R_2COOH$$

阅读资料

营养神经的福音——人参炔醇

阿尔茨海默病(Alzheimer disease，AD)是一种在老年期发生的以进行性痴呆为主要特征的神经退行性疾病。其临床表现主要为进行性认知功能障碍和记忆力衰退，性格和行为改变，判断力下降，社交障碍，生活自理能力丧失，最终死亡。AD 是继心血管疾

病、癌症和中风之后的"第四大杀手"，严重危害老年人的身体健康和生活质量。

烷醇是一类重要的天然十七碳仲醇，存在于人参、三七等药用植物和番茄、胡萝卜等蔬菜及水果中。近年来，人们发现烷醇具有抗癌、降压、抗菌等生物活性，中药三七中存在的天然炔醇的代表化合物人参炔醇(panaxynol, PNN)和人参环氧炔醇(panaxydol, PND)，被证明是三七脂溶性部位神经营养和神经保护作用的重要活性成分。人参炔醇[3R-十七碳-1,9(Z)-二烯-4,6-二炔-3-醇]又名镰叶芹醇，是聚乙炔醇类化合物的一种，具有抗癌、抑菌、镇静、镇痛、降压和神经细胞保护等多种作用。炔醇具有与神经生长因子(NGF)和垂体腺苷酸环化酶激活肽(PACAP)相似的神经营养和神经保护作用，存在于多种人们常用的药（食）用植物中，深入研究其药理作用及其作用机制既可以阐明这些植物活性作用的物质基础，又可以指导人们合理使（食）用这些植物。由于炔醇在植物界广泛存在，并具有神经保护和神经营养作用，可能成为较理想的神经营养和神经保护药物的先导化合物，并可能进一步转化为治疗老年退行性病变药物的候选化合物。

$$H_2C=\underset{H}{\overset{HO}{\underset{|}{C}}}-\underset{H}{\overset{|}{C}}-C\equiv C-C\equiv C-CH_2-CH=CH-C_7H_{15}$$

人参炔醇

$$H_2C=C-\underset{H}{\overset{HO}{\underset{|}{C}}}-C\equiv C-C\equiv C-CH_2-\overset{O}{\underset{\text{}}{\triangle}}-C_6H_{15}$$

人参环氧炔醇

本 章 小 结

烯烃和炔烃分子中均含有不饱和键，属于不饱和烃。烯烃是分子中含有碳碳双键的不饱和烃，单烯烃的通式为 C_nH_{2n}。烯烃分子中，双键碳原子均为 sp^2 杂化，双键是由一个 σ 键和一个 π 键构成。烯烃分子中双键的存在限制了键的旋转，若双键碳上连有不同的原子或基团时，将产生顺反异构现象，顺反异构体可用顺反或 Z/E 构型命名法命名。

碳碳双键是烯烃的官能团，双键中的 π 键键能较小，电子云受原子核的束缚力弱，流动性较大，容易断裂而发生化学反应。烯烃主要发生加成、氧化、聚合等反应。

加成反应是烯烃典型的化学反应。烯烃在金属细粉或某些金属配合物催化下可与氢发生反应，得到顺式加成产物。烯烃能与卤素(Br_2、Cl_2)、氢卤酸(HCl、HBr、HI)、硫酸等试剂发生亲电加成反应。亲电加成反应是分两步进行的离子型反应，不对称烯烃与不对称试剂反应时，遵循马氏规则。在自由基引发剂或光照条件下，烯烃与氢溴酸发生自由基加成反应，得到反马氏的加成产物，这一现象称为过氧化物效应。

烯烃很容易发生氧化反应。烯烃用稀、冷的中性(或碱性)高锰酸钾溶液氧化时生成邻二醇；用浓、热的高锰酸钾溶液或酸性高锰酸钾溶液氧化生成酮、羧酸和二氧化碳。烯烃和臭氧也能发生氧化反应生成臭氧化物，臭氧化物在锌粉等还原剂存在下分解可得到醛或酮。根据氧化反应产物的结构可推测原烯烃的结构；利用烯烃能使溴的四氯化碳溶液和高锰酸钾溶液退色的现象可以鉴别烯烃。

开链二烯烃与单炔烃具有相同的通式(C_nH_{2n-2})，根据二烯烃中两个碳碳双键的相对位置，可以将其分为聚集二烯烃、隔离二烯烃和共轭二烯烃。共轭二烯烃因结构中存在共轭 π 键而表现出一些特殊的化学性质，如共轭加成等。

电子效应指的是分子中电子云的分布对化合物性质的影响，可分为诱导效应和共轭效应。由于分子中成键原子或基团电负性不同，导致分子中电子云密度分布发生改变，这种变化不仅发生在直接相连的部分，而且沿着分子链通过 σ 键传递下去，这种通过静电诱导传递的电子效应称为诱导效应，用 I 表示。诱导效应的特点是单向、近程。有三个或三个以上互相平行的 p 轨道相互重叠形成大 π 键，这种体系称为共轭体系。除了 π-π、p-π 共轭体系外还有 σ-π(或 σ-p)超共轭体系。在共轭体系中，由于轨道之间的相互重叠，使共轭体系中电子云离域，键长趋于平均化，分子内能降低，体系更稳定。共轭体系因原子(或基团)电负性的差别或在外界电场的影响下，将发生交替极化的现象，并可沿共轭碳链一直传递下去，其强度不因共轭碳链的增长而减弱。

炔烃是分子中含有碳碳三键的不饱和烃，两个三键碳原子均为 sp 杂化，它们与另外两个原子成键，形成一个线型结构。碳碳三键中有一个 σ 键和两个 π 键，所以，炔烃和烯烃一样能发生加成反应和氧化反应。但是由于 sp 杂化碳原子的电负性大于 sp^2 杂化的碳原子，所以炔烃分子中的三键碳原子核对 π 电子云有较强的约束力。因此，炔烃的加成反应的活性比烯烃小。与三键碳直接相连的氢称为炔氢，同样由于三键碳原子是 sp 杂化的缘故而显示一定弱酸性，能与强碱(如 $NaNH_2$)及重金属离子反应，生成金属炔化物，应用炔化银或炔化亚铜的生成可鉴别端基炔烃的存在。

炔烃与卤素、氢卤酸等试剂发生亲电加成反应时，先生成卤代烯烃，因卤原子的存在降低了双键的反应活性，反应可停留在第一步，进一步反应得到饱和的卤代烷烃。炔烃的催化加氢因催化剂不同可得到不同的加成产物：活性高的金属催化剂(如 Pt、Ni、Pd 等)可使炔烃连续加氢得到烷烃；而催化活性较低的催化剂(如 Lindlar 催化剂)不仅可使反应停留在烯烃阶段，而且加成的方式是顺式加成；若用碱金属锂或钠在液氨中还原炔烃，得到的烯烃是反式加成产物。利用炔烃能使溴的四氯化碳溶液和高锰酸钾溶液退色的现象可鉴别炔烃。

习　题

1. 命名下列化合物

(1) $(CH_3)_3CCH_2CH=C(CH_3)_2$

(2) $(CH_3)_2CHCH_2C≡CH$

(3) $CH_3CH_2CH=CHCHCH=CHCH_3$
     |
     CH_2CH_3

(4) $CH_3CH=CHCH(CH_3)C≡CCH_3$

(5)
$$\begin{array}{c} H \\ CH_3CH_2CH_2 \end{array} C=C \begin{array}{c} CH_2CH_2CH_3 \\ CH_2CH_3 \end{array}$$

(6)
$$CH_3 \begin{array}{c} H \\ \end{array} C=C \begin{array}{c} H \\ \end{array} C=C \begin{array}{c} H \\ CH_2CH_3 \end{array}$$

2. 写出下列各化合物的结构式

(1) 4-甲基-2-乙基-1-戊烯　　　　　　(2) 3,3-二甲基-1-己炔

(3) 3-乙基-1-戊烯-4-炔　　　　　　　(4) 3-甲基-4-己烯-1-炔

(5) 顺-4-甲基-2-戊烯　　　　　　　　(6) (E)-3,4-二甲基-2-己烯

3. 单项选择题

(1) 下列化合物中，存在 π-π 共轭的是

A. 乙酸　　　　B. 1,3-戊二烯　　　C. 氯乙烯　　　D. 1,4-戊二烯

(2) 下列化合物中，存在着 p-π 共轭的是

A. 2-氯丙烯　　　B. 4-氯-2-戊烯　　　C. 3-氯丙烯　　　D. 异戊二烯

(3) 下列化合物有顺反异构体的是

A. 2-甲基-3-溴-2-己烯　　　　　　B. 2-苯基-1-丁烯

C. 3-乙基-3-己烯　　　　　　　　D. 3-甲基-2-戊烯

(4) 烯烃在过氧化物存在下与溴化氢的反应属于

A. 自由基取代反应　　　　　　B. 亲电加成反应

C. 自由基加成反应　　　　　　D. 亲核加成反应

(5) 下列化合物可以与银氨溶液反应产生沉淀的是

A. 3-甲基-1-丁炔　　　B. 2-戊炔　　　C. 1,3-丁二烯　　　D. 3-己炔

4. 写出下列反应的主要产物

(1) + HBr

(2) + HBr $\xrightarrow{\text{ROOR}}$

(3) $CH_2=CHCF_3$ + HBr ⟶

(4) $CH_3CH=CHCH(CH_3)_2 \xrightarrow[\text{OH}^-]{\text{KMnO}_4}$

(5) $CH_3CH=C(CH_3)_2 \xrightarrow[\text{H}_2\text{O},\triangle]{\text{H}_2\text{SO}_4}$

(6) $CH_3CH=CHCH_2CH=C(CH_3)_2 \xrightarrow{\text{1molBr}_2}$

(7) $CH_2=CHCH_2CH_2C≡CH \xrightarrow{\text{1molBr}_2}$

(8) $CH_2=CH-CH=CH_2 \xrightarrow[\text{高温}]{\text{1molBr}_2}$

(9) $CH_3C≡CH + [Ag(NH_3)_2]^+ ⟶$

(10) $CH_3C≡CH + H_2O \xrightarrow[\text{H}_2\text{SO}_4]{\text{HgSO}_4}$

(11) $CH_3C≡CCH_3 + H_2 \xrightarrow{\text{Lindlar Pd}}$

5. 用化学方法鉴别下列各组化合物

(1) 丙烷、环丙烷、丙烯、丙炔

(2) 己烷、1-己炔、2-己炔

6. 下列分子中存在哪些类型的共轭？

(1) $CH_3CH=CClCH_3$　　(2) CH_3CH_2COOH　　(3) $CH_3CH=CHC≡N$　　(4) $CH_3CH=CHCHO$

(5) $CH_3CH=CHCOOH$　　(6) 　　(7)

7. 排列下列碳正离子的稳定性顺序。

（1）$(CH_3)_2\overset{+}{C}CH_2CH_3$ $CH_2=CH\overset{+}{C}HCH_3$ $CH_3\overset{+}{C}HCH_2CH_3$ $CH_3CH_2\overset{+}{C}H_2$

（2）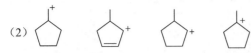

8. 经高锰酸钾氧化后得到下列产物，试写出原烯烃的结构式。

（1）CH_3CH_2COOH 和 $CH_3\overset{O}{\overset{\|}{C}}CH_3$ （2）$CH_3\overset{O}{\overset{\|}{C}}CH_2CH_3$ 和 CO_2

（3）只有 CH_3COOH （4）$2CO_2$ 和 $HOOCCH_2COOH$

9. 试写出经臭氧氧化，再经 Zn/CH_3COOH 还原水解后生成下列产物的烯烃的结构式。

（1）$CH_3CH_2CH_2CHO$ 和 CH_3CHO （2）只有 $CH_3\overset{O}{\overset{\|}{C}}CH_3$

（3）$CH_3\overset{O}{\overset{\|}{C}}CH_3$ 和 $HCHO$ （4）$CH_3\overset{O}{\overset{\|}{C}}CH_2CH_2CH_2\overset{O}{\overset{\|}{C}}CH_3$

10. 分子式为 C_4H_6 的两种链状化合物 A 和 B，A、B 均能使高锰酸钾溶液褪色，其中 A 能与硝酸银氨溶液反应产生白色沉淀，而 B 不能。试推测 A 和 B 可能的结构式。

11. 有 A、B、C 三种化合物，分子式都为 C_5H_8，它们都能使溴的四氯化碳溶液褪色，A 用硝酸银的氨溶液处理生成白色沉淀，而 B、C 无此反应。A、B 两化合物在催化剂存在下与过量的氢气作用，都生成正戊烷，在同样条件下，1mol C 仅能吸收 1mol 氢气，生成的产物为 C_5H_{10}。B 经酸性高锰酸钾氧化后得到乙酸和丙酸，C 经酸性高锰酸钾氧化后得戊二酸。试推测 A、B、C 的结构式。

（李银涛）

第五章 芳 香 烃

学习要求

1. 掌握苯的结构和芳香性，苯及其同系物的命名，芳香烃的亲电取代反应和亲电取代反应机制，亲电取代反应的定位效应。

2. 熟悉萘和菲的结构和萘的亲电取代反应。

3. 了解非苯芳香烃及休克尔规则。

芳香烃(aromatic hydrocarbon)是芳香族化合物的母体。芳香族化合物最初是指从树脂或香精油等提取出来的具有芳香气味的物质，后来发现芳香族化合物并不一定具有芳香气味，而很多具有芳香气味的化合物并不属于芳香族化合物。现在，芳香一词已被赋予了新的含义，指的是芳香性。所谓芳香性(aromaticity)是指有机化合物不饱和环状结构的特殊稳定性，一般不容易发生加成反应，难发生氧化反应，易发生环上氢原子的取代反应。具有芳香性的烃称为芳香烃。

第一节 单环芳香烃

一、苯及同系物

(一)苯的结构

苯(benzene)是芳香烃中最典型的代表物，苯的分子式为 C_6H_6，具有高度不饱和性，化学家对分子中六个碳原子和六个氢原子如何连接的问题进行了大量研究，1865 年德国化学家凯库勒(Kekulé)提出，苯是由六个碳原子组成的六元环，每个碳原子上都连有一个氢原子，碳原子间以单双键交替连接，结构式如下。

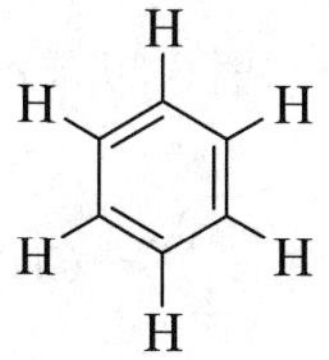

凯库勒结构式提出苯是环状结构，苯环上的六个氢原子完全等同，能合理解释一元取代物只有一种。当然，凯库勒结构式也有明显不足之处，它不能解释苯的邻位二元取代物只有一种；分子中有双键，为什么难加成、难氧化的事实。

现代物理方法证实：苯分子中的六个碳原子和六个氢原子都在同一个平面内，六个碳原子组成一个正六边形，碳碳间键长完全等同（140pm），所有键角都是 120°（图 5-1）。杂化轨道理论认为：苯分子中的碳原子都是 sp^2 杂化，每个碳原子的三个 sp^2 杂化轨道分别与两个相邻碳原子的杂化轨道和一个氢原子的 s 轨道"头碰头"重叠形成三个 σ 键。这样形成了正六边形结构，碳原子和氢原子处于同一平面上。每个碳原子上未参与杂化的 p 轨道，都垂直于这个平面，彼此互相平行，"肩并肩"重叠，形成一个包含六个碳原子的闭合共轭体系。在苯分子结构中，由于 π 电子高度离域，π 电子云密度完全平均化，因此六个碳碳键完全等同。苯的结构如图 5-1 所示。

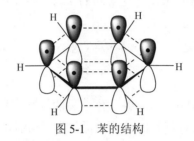

图 5-1　苯的结构

按照杂化轨道理论，苯的结构可采用正六边形中心加一个圆圈来表示，圆圈表示环状的大 π 键。这种表示方法和凯库勒式通用，习惯上多采用凯库勒式表示苯的结构。

（二）苯的取代衍生物命名

苯的取代衍生物是指苯分子中的氢原子被其他原子或基团取代的产物。

一元取代苯中当取代基是烷基、卤素、硝基时，以苯作为母体，将取代基的名称写在母体的前面，称为某苯，如甲苯、溴苯和硝基苯；取代基为氨基、羧基、醛基和羟基等时，则以这些官能团作为母体。例如

甲苯	硝基苯	苯甲酸	苯酚
toluene	nitrobenzene	benzoic acid	phenol

当苯环上连接复杂烷基或不饱和烃基时，以苯环为取代基进行命名，例如

2-苯基戊烷	苯乙烯	苯乙炔
2-phenylpentane	phenylethene	phenylethyne

苯的二元取代物因两个取代基的相对位置不同，有三种异构体，命名时可以用"邻"、"间"、"对"词头，或用斜体字母 *o*（*ortho-*）、*p*（*para-*）、*m*（*meta-*），或用阿拉伯数字表示

取代基的位置。例如

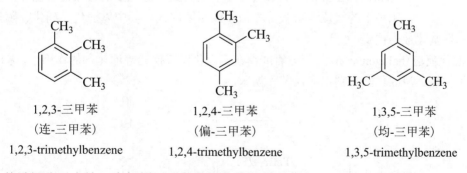

1,2-二甲苯	1,3-二甲苯	1,4-二甲苯
邻二甲苯	间二甲苯	对二甲苯
(o-二甲苯)	(m-二甲苯)	(p-二甲苯)
1,2-dimethylbenzene	1,3-dimethylbenzene	1,4-dimethylbenzene
(o-dimethylbenzene)	(m-dimethylbenzene)	(p-dimethylbenzene)

　　当苯环上的两个取代基不同时，选择一个官能团作为母体官能团，其他官能团作为取代基。母体官能团一般按下列基团出现的先后顺序进行选择：羧基(—COOH)，醛基(—CHO)，羟基(—OH)，烯基(—C≡C—)，氨基(—NH$_2$)，烷氧基(—OR)，烷基(—R)，卤素(—X)，硝基(—NO$_2$)。例如

4-氨基苯甲酸	2-氨基苯甲醛	3-羟基苯甲酸
(对氨基苯甲酸)	(邻氨基苯甲醛)	(间羟基苯甲酸)
4-aminobenzoic acid	2-aminobenzaldehyde	3-hydroxybenzoic acid

　　苯的三元取代物因各取代基的相对位置的不同，也有三种位置异构，命名时可以用"连"、"偏"、"均"词头或用阿拉伯数字表示取代基的位置。例如

1,2,3-三甲苯	1,2,4-三甲苯	1,3,5-三甲苯
(连-三甲苯)	(偏-三甲苯)	(均-三甲苯)
1,2,3-trimethylbenzene	1,2,4-trimethylbenzene	1,3,5-trimethylbenzene

芳香烃分子去掉 1 个氢原子后的基团称为芳基，例如

　或 C$_6$H$_5$—　或 Ph—　　　　　—CH$_2$—　或 C$_6$H$_5$CH$_2$—　或 PhCH$_2$—

苯基（phenyl-）　　　　　　　　苯甲基或苄基（benzyl-）

二、苯及其同系物的物理性质

苯及其同系物均不溶于水，而易溶于乙醚、四氯化碳或石油醚等有机溶剂。密度比水小。沸点随分子量的升高而升高，每增加一个碳原子，沸点通常增加 20～30℃。熔点不仅与分子量有关，而且与分子的形状有关，一般对称的化合物熔点高。苯及其同系物的物理常数见表5-1。

表5-1　苯及其同系物的物理常数

名称	熔点/℃	沸点/℃	密度/(g·cm^{-3})
苯	5.5	80.1	0.8765
甲苯	−9.5	110.6	0.8669
邻二甲苯	−25.2	144.4	0.8802
间二甲苯	47.9	139.1	0.8642
对二甲苯	13.2	138.4	0.8610
连三甲苯	−15.0	176.1	0.8942
偏三甲苯	−57.4	169.4	0.8758
均三甲苯	−52.7	164.7	0.8651

三、苯及其同系物的化学性质

由于苯环是稳定的共轭体系，所以其化学性质与其他不饱和烃相比有显著差异，一般难发生加成和氧化反应，容易发生环上氢原子被取代的反应。

(一) 苯的亲电取代反应

苯环 π 电子云分布在环平面的上方和下方，容易受到亲电试剂的进攻而发生环上氢原子被取代的反应。苯环上的氢原子可被许多原子或基团取代，其中以卤代、硝化、磺化、烷基化和酰基化最为重要。

1. 卤代反应(halogenation)　苯与氯或溴在三卤化铁或铁粉等催化剂的作用下，苯环上的氢原子被氯、溴取代，分别生成氯苯和溴苯。

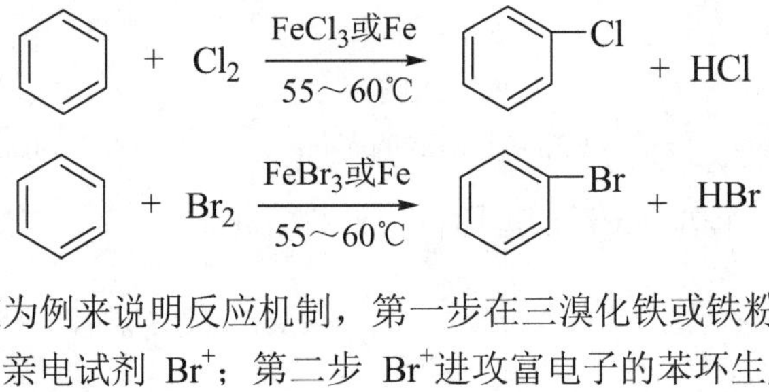

以苯的溴代反应为例来说明反应机制，第一步在三溴化铁或铁粉等催化剂的作用下溴分子生成带正电荷的亲电试剂 Br$^+$；第二步 Br$^+$进攻富电子的苯环生成碳正离子中间体(σ-配合物)，这是决定反应速率的一步。第三步中间体碳正离子失去一个 H$^+$，生成溴苯。

$$Br_2 + FeBr_3 \longrightarrow Br^+ + [FeBr_4]^-$$

碳正离子中间体（σ-配合物）

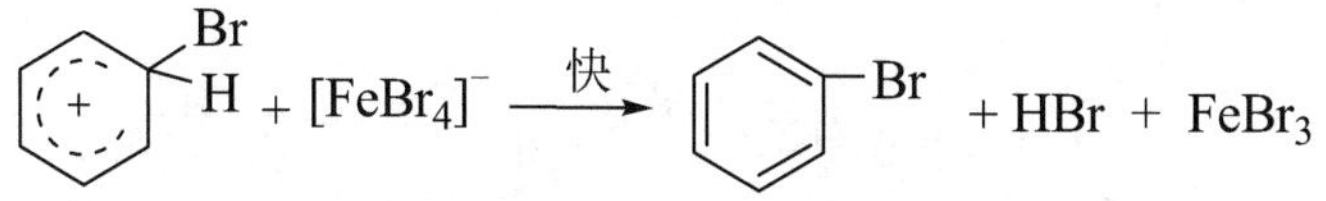

2. 硝化反应（nitration） 苯与浓硝酸和浓硫酸的混合酸共热,苯环上的氢原子被硝基取代生成硝基苯。

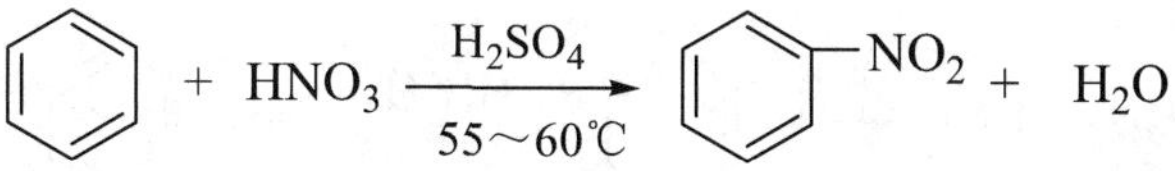

反应机制如下。

$$HNO_3 + H_2SO_4 \rightleftharpoons NO_2^+ + HSO_4^- + H_2O$$

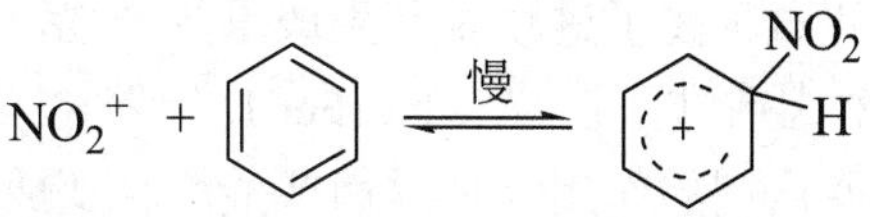

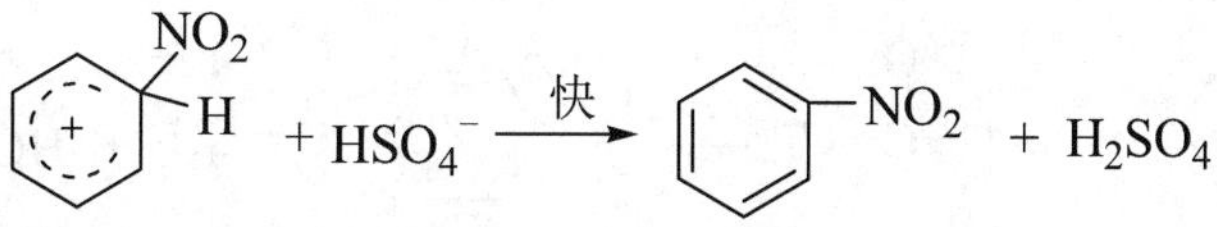

第一步产生带正电的亲电试剂 NO_2^+（硝基酰正离子）；第二步 NO_2^+进攻苯环生成碳正离子中间体(σ-配合物)；第三步中间体不稳定,迅速失去一个质子生成产物硝基苯。

3. 磺化反应（sulfonation） 苯与浓硫酸或与发烟硫酸共热作用时,苯环上的氢原子被磺酸基取代生成苯磺酸。

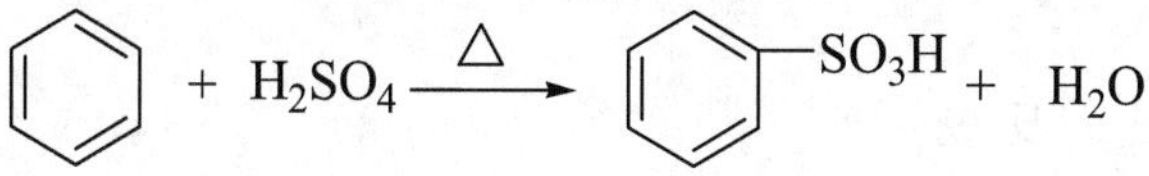

反应机制如下。

$$2H_2SO_4 \rightleftharpoons H_3O^+ + HSO_4^- + SO_3$$

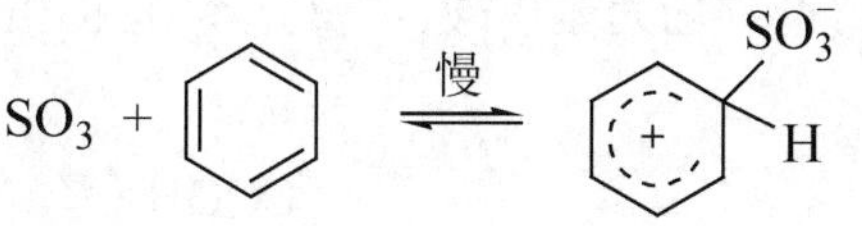

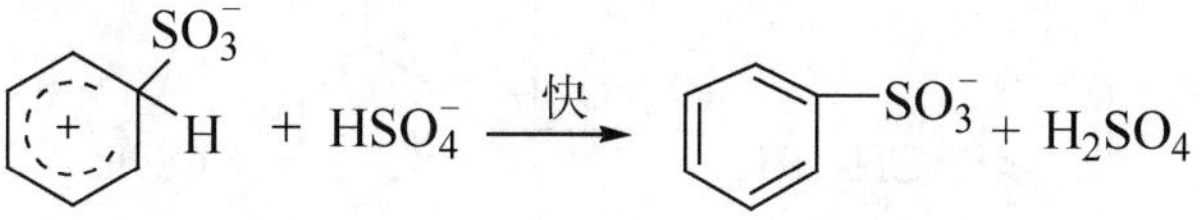

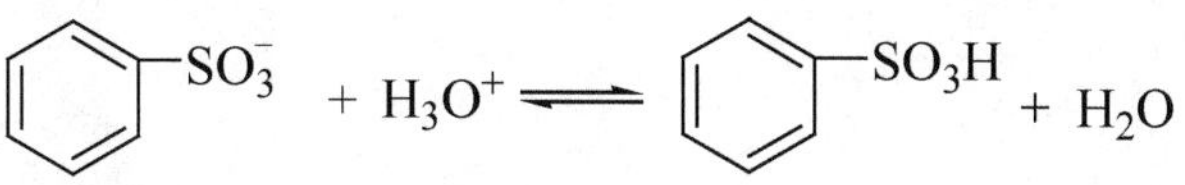

第一步产生缺电子的中性分子 SO_3，S 带部分正电荷；第二步 SO_3 进攻苯环生成碳正离子中间体；第三步失去一个质子生成稳定产物苯磺酸。

4. Friedel-Crafts 反应 弗里德-克拉夫茨反应(简称傅-克反应)，即在催化剂作用下，苯环上的氢原子被烷基或酰基取代的反应。

(1)傅-克烷基化反应：卤代烷在 $AlCl_3$、$FeCl_3$ 等催化下与苯反应，苯环上的氢原子被烷基取代生成烷基苯。

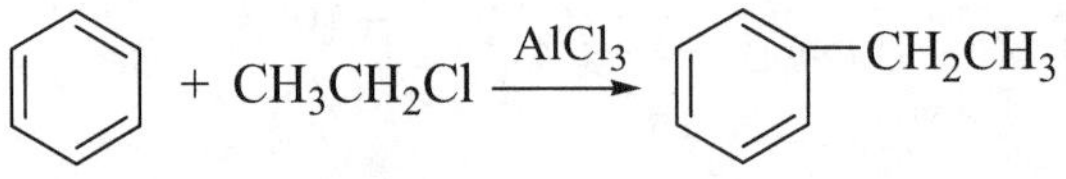

催化剂的作用是使卤代烷转变成烷基碳正离子亲电试剂。但三个碳原子以上的卤代烷进行傅-克烷基化反应时，得到的烷基苯上的烷基与反应物卤代烷的烷基结构不一致。例如

异丙苯（70%）   丙苯（30%）

原因是反应过程中正丙基氯生成的伯碳正离子(正丙基碳正离子)重排成更稳定的仲碳正离子(异丙基碳正离子)，仲碳正离子进攻苯环生成重排产物。

(2)傅-克酰基化反应：酰卤或酸酐在 $AlCl_3$、$FeCl_3$ 等催化下与苯反应，苯环上的氢原子被酰基取代生成酰基苯。催化剂的作用是使酰卤或酸酐转变成酰基碳正离子亲电试剂。

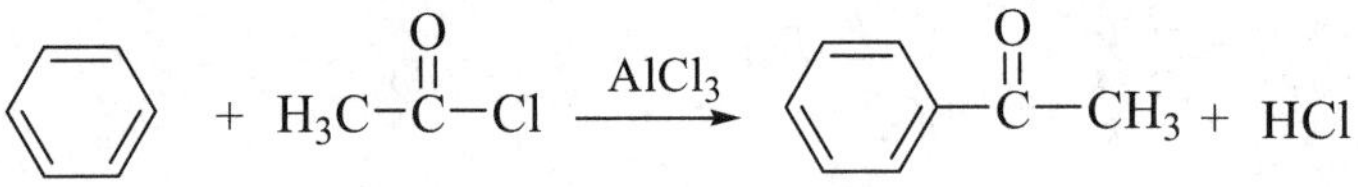

苯的亲电取代反应机制可用通式表示如下。

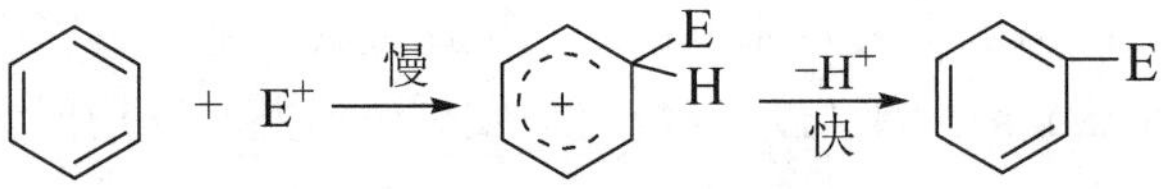

碳正离子中间体（σ-配合物）

(二)烷基苯侧链的反应

1. 烷基苯侧链的氧化反应 苯环比较稳定不易被氧化，但与苯环相连的烷基却能被氧化。常用的氧化剂有高锰酸钾、重铬酸钾等强氧化剂。若与苯环直接相连的 α-碳原子上有氢原子，则不论烷基长短，最终产物均为苯甲酸。若与苯环直接相连的 α-碳原子上没有氢原子，则烷基不被氧化。例如

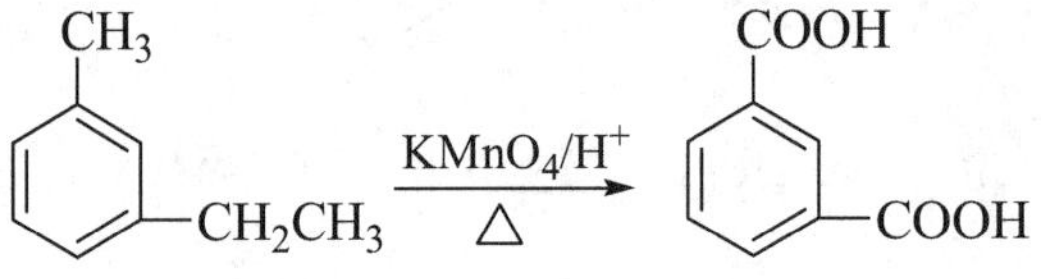

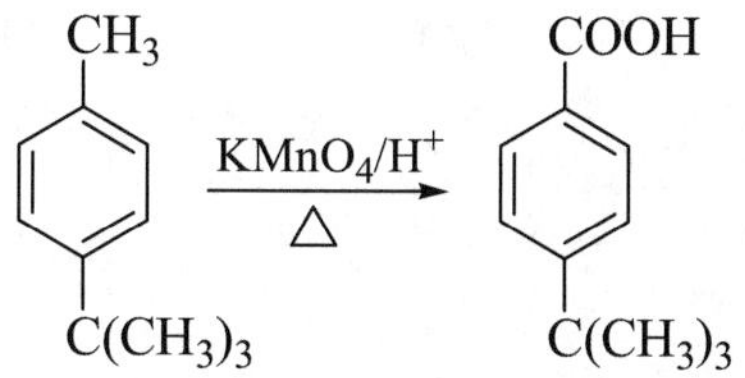

2. 烷基苯侧链的取代反应 在较高温度或光照下，烷基苯与氯或溴反应，优先取代与苯直接相连 α-碳原子上的氢原子(通常称为苄基氢原子)。

(三)加成反应

苯环虽然比较稳定，但在催化剂、高温、高压或光照等特殊条件下，可以与氢气或氯气发生加成反应。

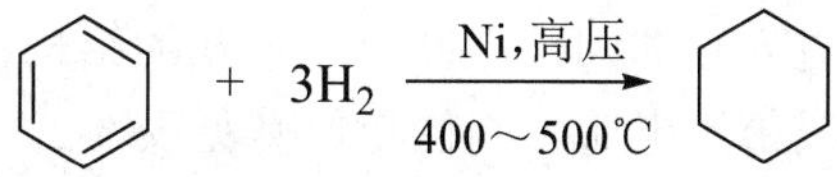

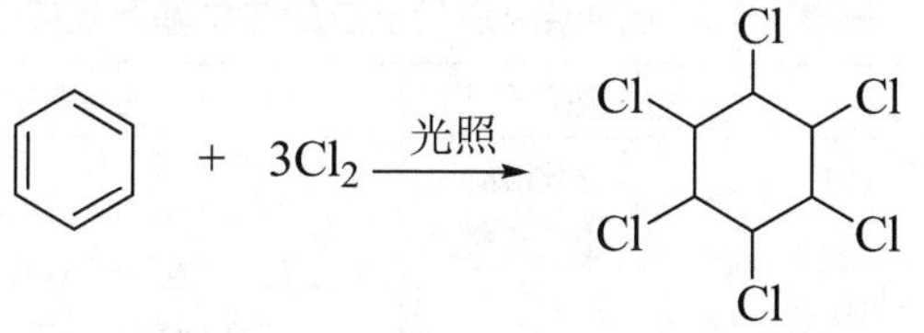

六氯环己烷(六六六)

四、苯环上的亲电取代反应的定位效应

(一)一取代苯的定位效应

若苯环上已有取代基，再进行亲电取代反应时，环上原有的取代基会对苯环活性(即反应速率)及第二个取代基进入苯环的位置产生影响。

例如，甲苯再进行硝化反应时，硝基主要进入甲基的邻位和对位，并且该硝化反应比苯容易。

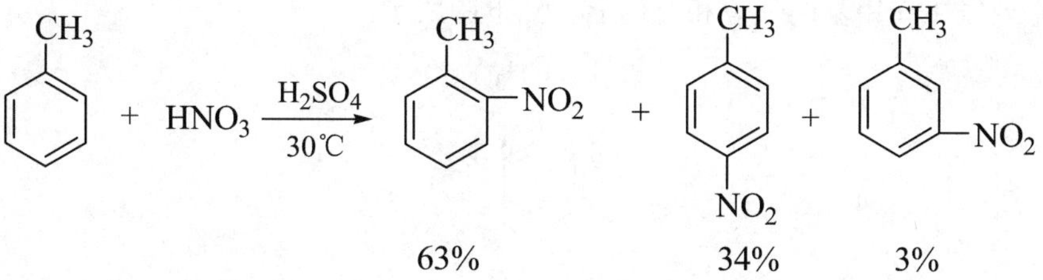

63%　　　34%　　　3%

而硝基苯再进行硝化反应时，第二个硝基主要进入硝基的间位，并且该硝化反应比苯困难。

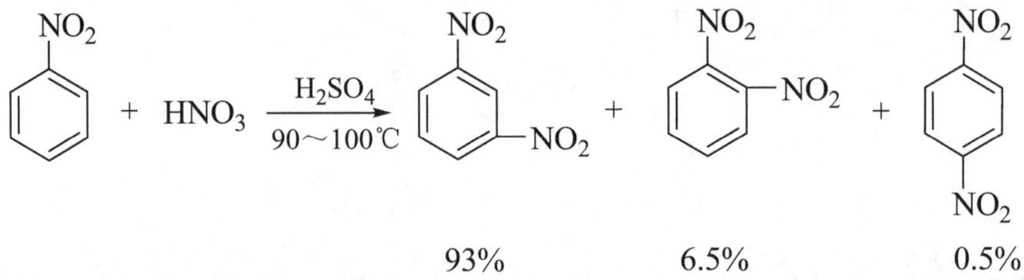

大量实验说明，苯环上已有的取代基不仅影响第二个取代基进入苯环的难易程度，而且还影响其进入苯环的位置。苯环上原有取代基的这种作用称为定位效应，原有的取代基称为定位基。定位基分为两大类。

1. 邻、对位定位基（第一类定位基）　这类定位基能使苯环活化（卤素除外），即第二个取代基的引入比苯容易；第二个取代基主要进入它的邻位和对位。邻、对位定位基的结构特点是：定位基与苯环直接相连的原子不连双键或三键，多数含有未共用电子对或带有负电荷。邻、对位定位基见表5-2。

2. 间位定位基（第二类定位基）　这类定位基能使苯环钝化，即第二个取代基的引入比苯困难；第二个取代基主要进入它的间位。间位定位基的结构特点是：定位基与苯环直接相连的原子连有双键、三键或带正电荷。间位定位基见表5-2。

表5-2　苯环上的亲电取代反应的定位基及效应

邻、对位定位基	定位效应	间位定位基	定位效应
$-NR_2$，$-NHR$，$-NH_2$，$-OH$	强致活的	$-NO_2$，$-N^+R_3$	强致钝的
$-OR$，$-NHCOR$	中致活的	$-CN$，$-SO_3H$	中致钝的
$-CH_3$，$-C_2H_5$，$-R$，$-C_6H_5$	弱致活的	$-COOH$，$-CHO$	弱致钝的
$-X(F, Cl, Br, I)$	弱致钝的		

定位效应可以用电子效应来解释。苯环是一个电子云分布均匀的闭合体系，当苯环上连有一个取代基时，取代基使苯环的电子云分布发生变化。邻、对位定位基（卤素除外）能使苯环电子云密度增加，起活化作用，尤其是定位基的邻位和对位的电子云密度增加更为显著，更有利于亲电试剂的进攻，因此亲电取代反应主要发生在原有取代基的邻位和对位。间位定位基能使苯环电子云密度减少，起钝化作用，其中定位基的间位的电子云密度降低较少，更有利于亲电试剂的进攻，因此亲电取代反应主要发生在原有取代基的间位。

例如，甲苯中，甲基具有给电子的诱导效应，电子云从甲基向苯环转移，使苯环上的电子云密度增加，特别是甲基的邻位和对位增加更多。因此甲苯的亲电取代反应比苯容易，取代反应主要发生在甲基的邻位和对位上，如下图所示。

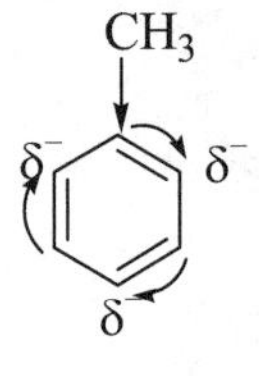

硝基苯中，硝基具有吸电子的诱导效应和吸电子的共轭效应，两者方向一致，都使苯环上的电子云密度降低，特别是硝基的邻、对位降低更多。因此硝基苯的亲电取代反应比

苯困难，取代反应主要发生在硝基的间位上，如下图所示。

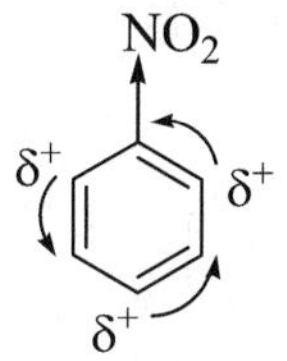

(二)二取代苯的定位效应

如果苯环上已经有两个取代基，再进行亲电取代反应时，第三个取代基进入苯环的主要位置遵循以下定位规则。

(1)若原有的两个取代基的定位作用一致时，则它们的作用相互加强，第三个取代基按照定位规则进入指定的位置。例如

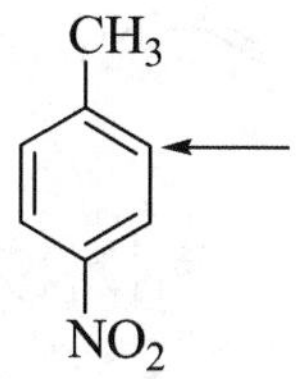

(2)若原有的两个取代基的定位作用不一致时，而且为同一类(都为邻、对位定位基或都为间位定位基)，第三个取代基进入的主要位置由定位效应强的来决定。例如

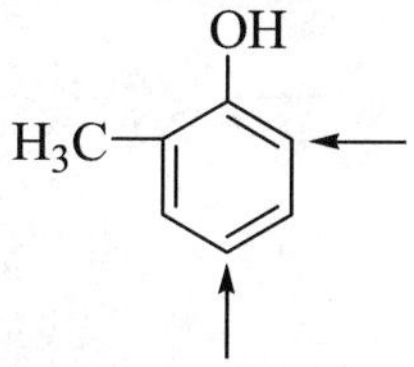

(3)若原有的两个取代基的定位作用不一致时，而且不为同一类，第三个取代基进入的主要位置由邻、对位定位基来决定。例如

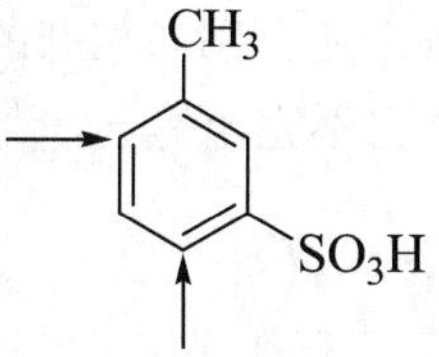

注意上述间甲基苯磺酸进行亲电取代反应时，由于空间位阻作用，与甲基和磺酸基同处于邻位的碳原子上发生亲电取代的概率大大降低。

应用定位效应，可以预测亲电取代反应的主要产物。例如

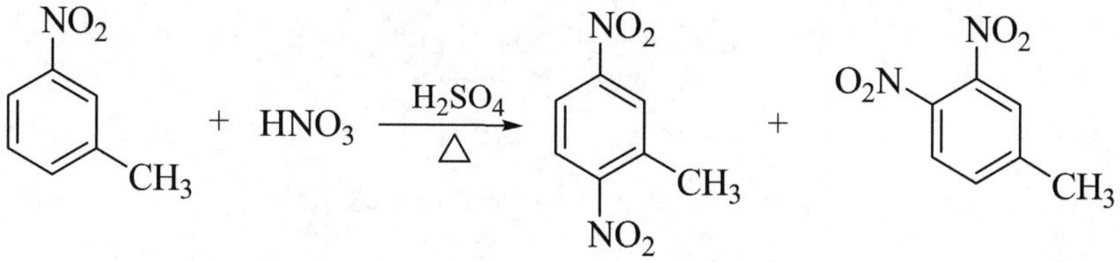

应用定位效应，选择最合理的合成路线，从而获得较高的产率并避免复杂的分离操作。例如，由甲苯合成间硝基苯甲酸，应先氧化后硝化；而合成邻硝基苯甲酸或对硝基苯甲酸，应先硝化后氧化。

第二节　稠环芳香烃

由两个或两个以上苯环共用两个邻位碳原子的化合物称为稠环芳香烃。下面介绍几种重要的稠环芳香烃。

一、萘

(一)萘的结构

萘的分子式为 $C_{10}H_8$，由两个苯环稠合而成，是一个平面分子。萘分子中碳原子都以 sp^2 杂化轨道与相邻的碳原子形成 C—Cσ 键，每个碳原子的 p 轨道互相平行，重叠形成共轭大 π 键(图 5-2)，因此和苯一样具有芳香性。但是两者的结构有明显区别，萘分子中两个共用碳原子的 p 轨道除了彼此重叠外，还分别与相邻的碳原子上的 p 轨道重叠，因此萘分子中的电子云的分布不均匀，碳碳键也不完全等同，芳香性比苯差。

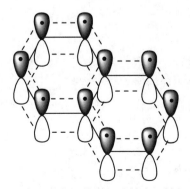

图 5-2　萘 p 轨道组成的大 π 键

由于萘环上各碳原子的位置并不完全等同，因此环中碳原子的编号如下。

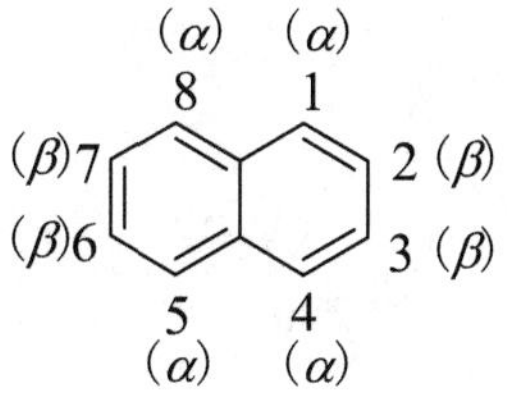

(二)萘的化学性质

1. 亲电取代反应 萘分子中电子云分布不均匀，α 位的电子云密度比 β 位高，因此亲电取代主要发生在 α 位。例如，在三氯化铁催化下，将氯气通入萘溶液中，主要生成 α-氯萘。

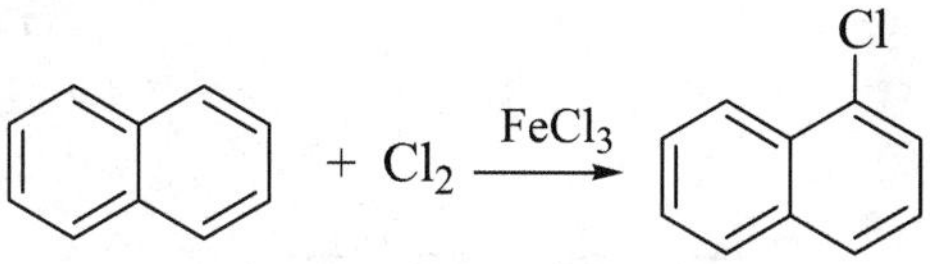

α-氯萘（70%）

萘用混酸进行硝化，主要生成 α-硝基萘。

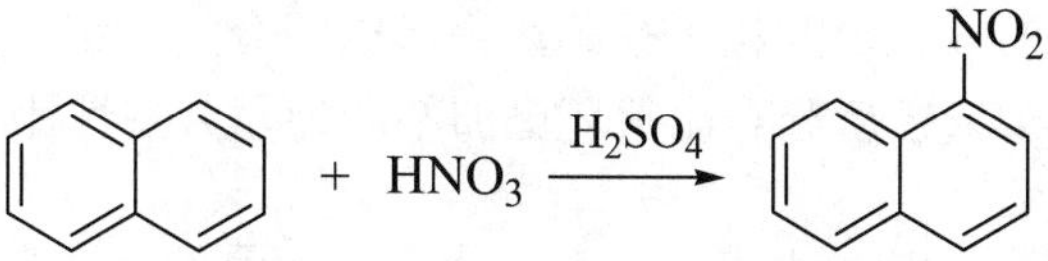

α-硝基萘（70%）

萘在温和条件下磺化，得 α-萘磺酸，而在较高温度下则得到 β-萘磺酸。

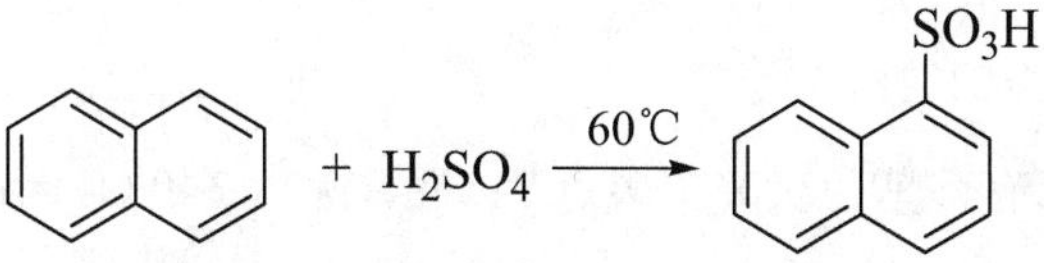

α-萘磺酸（96%）

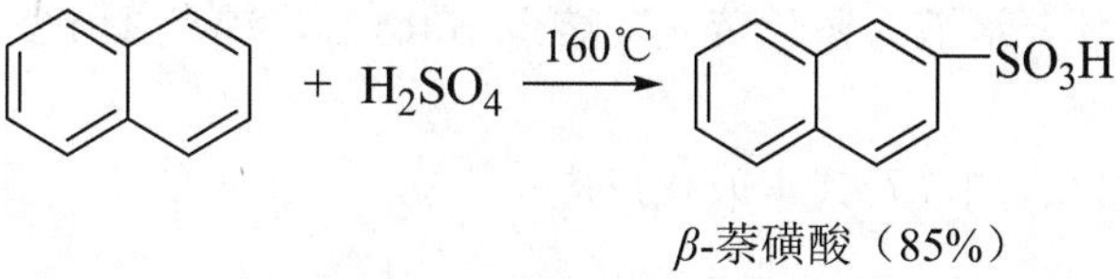

β-萘磺酸（85%）

2. 还原反应 萘比苯容易发生还原反应，在不同的条件下，生成不同的还原产物。例如

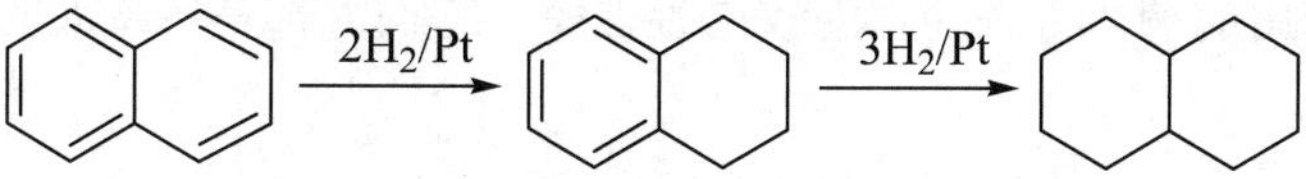

萘　　　　　　　四氢化萘　　　　　　　十氢化萘

3. 氧化反应 萘比苯容易发生氧化反应，在不同的条件下，可得到不同的氧化产物。例如

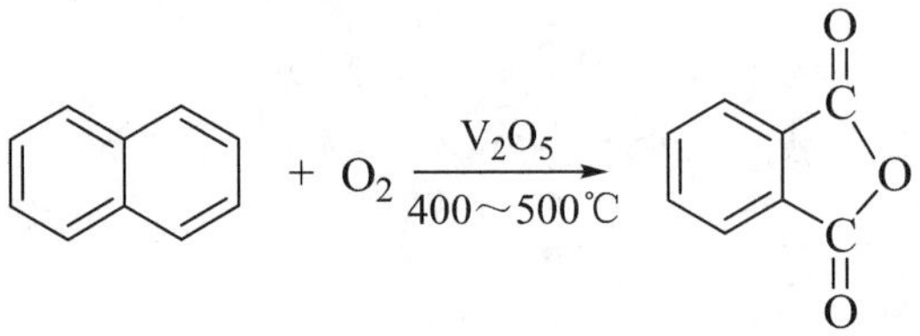

邻苯二甲酸酐

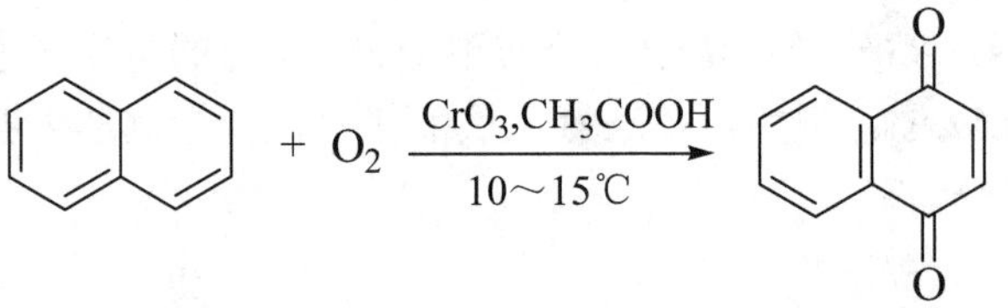

1,4-萘醌

二、蒽 和 菲

蒽和菲的分子式都为 $C_{14}H_{10}$，蒽是三个苯环成线形稠合，菲是三个苯环成角形稠合。

蒽和菲每个碳原子上的 p 轨道互相平行，重叠形成闭合大 π 键，但各个 p 轨道重叠的程度不完全等同，环上电子云密度分布比萘环更加不均匀，芳香性比萘更差。

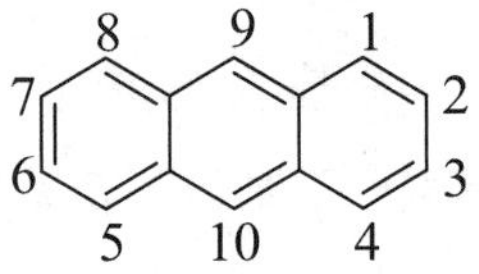

蒽的结构式 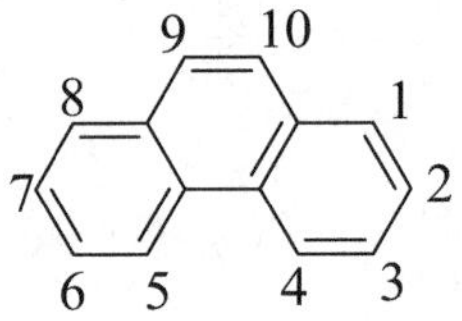　　　　　　　　菲的结构式

蒽为无色片状晶体，有蓝紫色荧光，熔点 215℃，沸点 340℃，不溶于水，难溶于乙醇、乙醚等，易溶于热苯。

蒽的化学性质比萘更加活泼，容易发生氧化、加成及亲电取代反应。

菲为白色片状晶体，溶液有蓝色荧光。熔点 100.5℃，沸点 340℃，不溶于水，溶于乙醚、乙醇、氯仿等。

蒽也容易发生氧化、加成及亲电取代反应。

三、致癌芳香烃

有显著致癌作用的稠环芳香烃称为致癌芳香烃，它们大都是蒽或菲的衍生物。例如

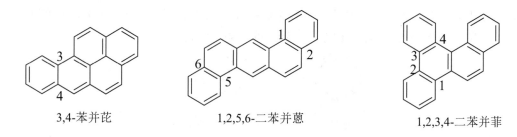

3,4-苯并芘   1,2,5,6-二苯并蒽   1,2,3,4-二苯并菲

第三节 芳香性的判断——休克尔规则

大多数芳香族化合物含有苯环结构，有些非苯环类化合物，也具有与苯相似的性质。通过对大量环状化合物的芳香性进行研究，1930 年德国化学家 W. Hückel(休克尔)提出了判断某一化合物是否具有芳香性的规则，称为休克尔规则。按此规则，芳香性分子必须同时具备三个条件：①分子必须是环状化合物且成环原子共平面；②构成环的原子必须都是 sp^2 杂化，能够形成大 π 键；③π 电子总数必须等于 $4n+2(n=0，1，2，3，\cdots)$。按此规则很容易解释苯具有芳香性，它有平面、环状闭合大 π 键，π 电子数为 6，符合 $4n+2$ 规则。同理，萘、蒽、菲等也满足休克尔规则，都具有芳香性。除了苯型芳香烃以外，芳香族化合物还包括大量的非苯型芳香烃。

一、环丙烯正离子

环丙烯正离子为环状平面结构，碳原子均为 sp^2 杂化，π 电子为 2，符合 $4n+2$ 规则，具有芳香性，是最简单的非苯型芳香烃离子。

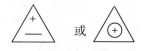

环丙烯正离子

二、环戊二烯负离子

环戊二烯负离子为环状平面结构，碳原子均为 sp^2 杂化，π 电子为 6，符合 $4n+2$ 规则，也具有芳香性。

环戊二烯负离子

三、环辛四烯二负离子

环辛四烯虽然为环状平面结构，碳原子均为 sp^2 杂化，但 π 电子为 8，不符合 $4n+2$ 规

则，所以不具有芳香性。然而环辛四烯和金属钠反应生成的环辛四烯二负离子具有环状平面结构，碳原子均为 sp^2 杂化，π 电子为 10，符合 $4n+2$ 规则，具有芳香性。

环辛四烯   环辛四烯二负离子

四、轮 烯

单环共轭多烯烃统称轮烯。环丁二烯称[4]轮烯，苯称[6]轮烯，环辛四烯称[8]轮烯。

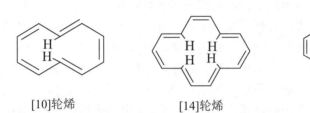

[10]轮烯   [14]轮烯   [18]轮烯

[10]轮烯中，双键如果是全顺式，由此构成平面环内角为 144°，显然角张力太大。要构成平面，并且符合 120°，必定有两个双键为反式。但这样在环内有两个氢原子，它们之间的空间扭转张力足以破坏平面性。因此，虽然它有 $4n+2$ 个 π 电子数，但由于环的非平面性，故无芳香性。[14]轮烯要构成平面性，必定要有四个氢原子在环内，因此环也非平面性，故无芳香性。[18]轮烯虽然环内有六个氢原子，但由于环较大，环具有平面性，故有芳香性。

在 $4n+2$ 规则中，n 数值增大时，芳香性逐步下降，n 的极限值为 5，即芳香性到[22]轮烯结束。大环轮烯的芳香性还在研究中。

阅读资料

苯中毒

在工业中苯及苯同系物被广泛应用，由于保护不当或安全意识不足所引发的职业危害事件频有发生。苯中毒可分为急性苯中毒和慢性苯中毒两类，其中慢性苯中毒损害所致的白血病属于职业性肿瘤范畴。急性苯中毒是指口服含苯的有机溶剂或吸入高浓度苯蒸气后，出现以中枢神经系统麻醉作用为主要表现的病理生理过程，轻者主要症状为醉酒状、步态不稳、哭笑失常，重者意识丧失、抽搐，可因呼吸中枢麻痹或循环系统衰竭而死亡；慢性苯中毒是指苯及其代谢产物影响了骨髓的造血功能，临床表现为白细胞和血小板计数持续减少，最终发展为再生障碍性贫血或白血病。慢性苯中毒也可影响神经系统，表现为神经衰弱和自主神经功能紊乱。

苯中毒治疗方案：①对急性苯中毒患者，应立即使其离开现场至空气新鲜处，脱去污染的衣着，并用肥皂水或清水冲洗污染的皮肤。口服苯中毒者，要给患者洗胃，进行对症治疗，可注射葡萄糖醛酸，要注意防止患者出现脑水肿，慎用肾上腺素。②对慢性苯中毒患者，应对造血系统的细胞损害给予相应治疗。例如苯中毒引起的再生障碍性贫血症患者，可给予小量多次输血及糖皮质激素治疗。苯中毒目前无特效解毒剂。

本 章 小 结

1. 苯的结构 苯分子中的碳原子都是 sp^2 杂化，六个碳原子在同一个平面内，每个碳余下的未参加杂化的 p 轨道，均垂直于这个平面，彼此互相平行，侧面相互重叠，形成一个六元环的闭合共轭体系。在苯分子结构中，π 电子高度离域，π 电子云密度完全平均化，因此苯环很稳定，具有芳香性。

2. 苯的主要化学性质

（1）苯的亲电取代反应：包括卤代、硝化、磺化、Friedel-Crafts 烷基化和酰基化反应。苯的亲电取代反应机制可用通式表示为

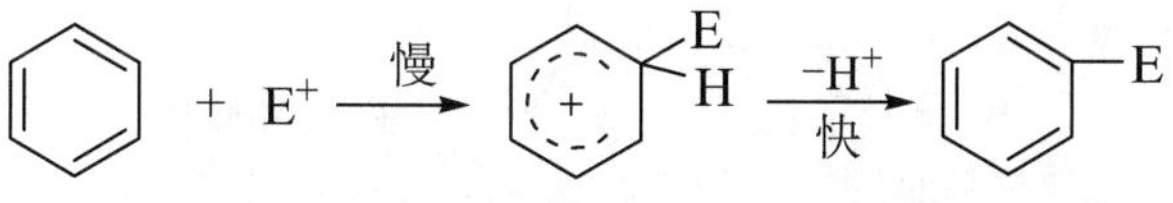

碳正离子中间体（σ-配合物）

（2）苯环侧链的氧化反应：若与苯环直接相连的 α-碳原子上有氢原子，则不论烷基长短，最终产物均为苯甲酸。若与苯环直接相连的 α-碳原子上没有氢原子，则烷基不被氧化。

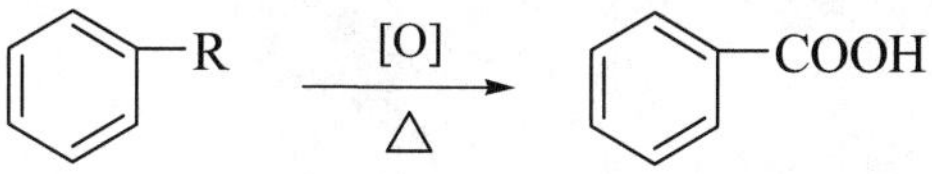

3. 苯环取代定位规则 邻、对位定位基能活化苯环(卤素除外)，新引入的基团主要进入其邻位和对位；间位定位基能钝化苯环，新引入的基团主要进入其间位。定位规则常用于预测芳香烃亲电取代反应的主要产物及选择最合理的合成路线。

4. 稠环芳香烃 萘、蒽和菲分子中各碳原子均为 sp^2 杂化，平面型结构，分子内存在共轭体系，具有芳香性。萘、蒽和菲的化学性质与苯相似，在反应中萘的 α-位，蒽和菲的 9-位、10-位比较活泼，是最易发生反应的部位。

5. 休克尔规则 芳香性分子必须同时具备三个条件：①分子必须是环状化合物且成环原子共平面；②构成环的原子必须都是 sp^2 杂化，能够形成大 π 键；③π 电子总数必须等于 $4n+2$ ($n=0，1，2，3，\cdots$)。

习 题

1. 写出化合物的结构式

（1）2-苯基丙烯 　　（2）叔丁基苯 　　（3）邻羟基苯甲酸

（4）2-甲基-1-萘磺酸 　（5）1-甲基-3-氯苯 　（6）蒽

2. 命名化合物

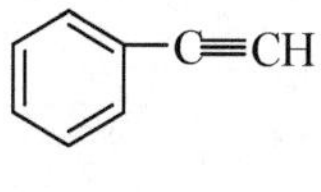

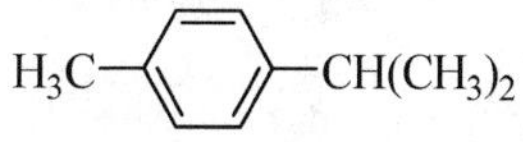

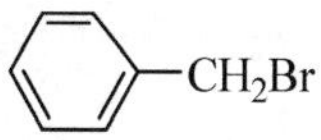

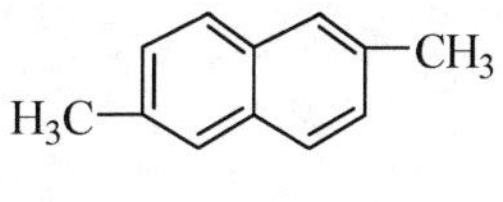

(5) ![1,3-二硝基苯 NO₂ NO₂]

(6) ![3,5-二硝基苯甲酸 COOH O₂N NO₂]

3. 单项选择题

(1)甲苯与浓硝酸和浓硫酸混合物生成硝基苯的反应属于

A. 亲电取代   B. 亲核取代   C. 亲电加成   D. 自由基取代

(2)苯与氯气生成氯苯的反应中，下列哪个可作为催化剂

A. $FeCl_3$ B. OH^- C. NH_3 D. CH_3OH

(3)关于苯的叙述不正确的是

A. 平面正六边形   B. 6个碳原子均为 sp^2 杂化

C. 由于诱导效应，体现出特殊的稳定性   D. 6个碳原子在同一平面

(4)甲苯与氯气在光照条件下进行反应的机理是

A. 自由基加成   B. 亲核取代   C. 亲电加成   D. 自由基取代

(5)下列基团中属于间位定位基的是

A. $—NH_2$ B. $—NHCOCH_3$ C. $—COOCH_3$ D. $—CH_2CH_3$

4. 完成下列反应式(写主要产物)

(1) ![甲苯 + Br₂ 苯环 CH₃] $+ Br_2 \xrightarrow{\text{Fe}}{\triangle}$

(2) ![对甲基叔丁基苯 CH₃ C(CH₃)₃] $\xrightarrow{KMnO_4/H^+}{\triangle}$

(3) ![苯] $+ CH_3CH_2Cl \xrightarrow{AlCl_3}$

(4) ![苯] $+ Br_2 \xrightarrow{FeBr_3} \xrightarrow[\triangle]{\text{浓}H_2SO_4}$

(5) ![间硝基甲苯 CH₃ NO₂] $+ Br_2 \xrightarrow{FeBr_3}{\triangle}$

(6) ![乙苯 CH₂CH₃] $\xrightarrow[\text{光照}]{Br_2}$

5. 以箭头表示下列化合物硝化时，硝基主要进入的位置

(1)

(2)

(3) ![邻溴乙苯 CH₂CH₃ Br]

(4)

(5)

(6)

6. 由苯或甲苯及其他无机试剂制备下列化合物

(1)邻氯苯甲酸　　　　　(2)4-硝基-2-溴苯甲酸

7. 将下列各组化合物按亲电取代反应的活性由强到弱次序排序

(1)

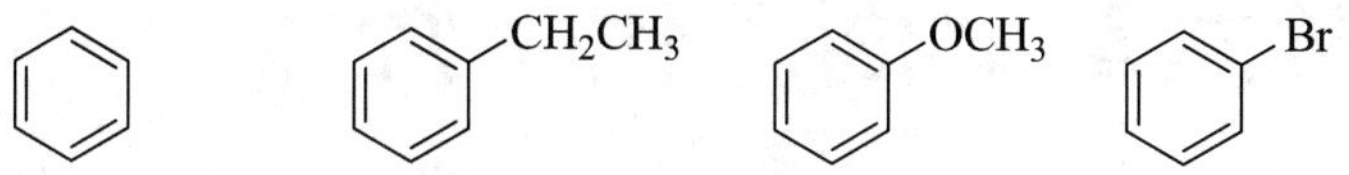

(2)

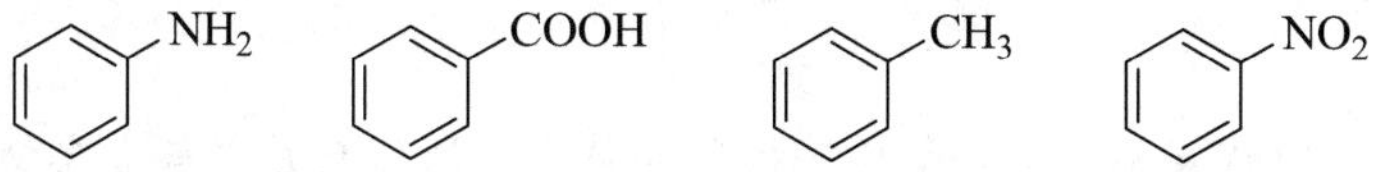

(3)甲苯，对甲基苯甲酸，对二甲苯，对苯二甲酸

8. 根据 Hückel 规则判断下列化合物是否具有芳香性

(1)  (2) 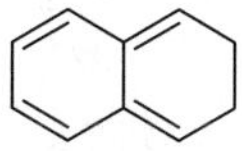 (3)

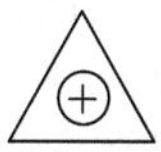

(4)  (5) 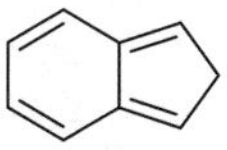 (6)

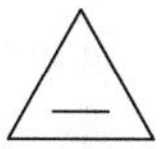

9. 用简便化学方法鉴别下列各组化合物

(1)苯、乙苯、苯乙烯

(2)苯、苯乙炔、环己烯

10. A、B 和 C 三种芳烃的分子式同为 C_9H_{12}，氧化时 A 得一元酸，B 得二元酸，C 得三元酸。硝化时，B 得到两种一硝基化合物，C 得到一种一硝基化合物，写出 A、B 和 C 可能的结构式。

（姜吉刚）

第六章 卤 代 烃

学习要求

1. 掌握卤代烃的亲核取代反应，S_N1 和 S_N2 机制的特点，消除反应，与金属镁的反应，不同类型不饱和卤代烃的活性的差异。

2. 熟悉卤代烃的命名和结构，亲核取代反应机制，消除反应机制、消除反应和取代反应的竞争。

3. 了解卤代烃的分类，卤代烃的普通命名法，卤代烃的物理性质，重要的多卤烷和氟代烷。

烃分子中的氢原子被一个或者多个卤素原子(F、Cl、Br、I)取代后的生成物称为卤代烃(halohydrocarbon)。其结构通式为 R—X，卤原子可以看作卤代烃的官能团。

卤代烃因其性质不同，其应用也各不相同。有些卤代烃性质稳定，可用作化学反应的溶剂；有些卤代烃性质非常活泼，可作为有机合成的原料；而从海洋生物中提取的某些卤代烃具有抗菌、抗肿瘤等生物活性。

第一节 卤代烃的结构、分类和命名

一、卤代烃的分类

根据卤原子的不同，将卤代烃分为氟代烃(R—F)、氯代烃(R—Cl)、溴代烃(R—Br)和碘代烃(R—I)；按照卤代烃分子中所含卤原子数目的多少，可分为一卤代烃和多卤代烃。按卤素所连接的烃基不同，可分为饱和卤代烃、不饱和卤代烃和卤代芳烃；根据卤原子所连的碳原子类型，可分为伯卤代烃(1°)、仲卤代烃(2°)和叔卤代烃(3°)。例如：

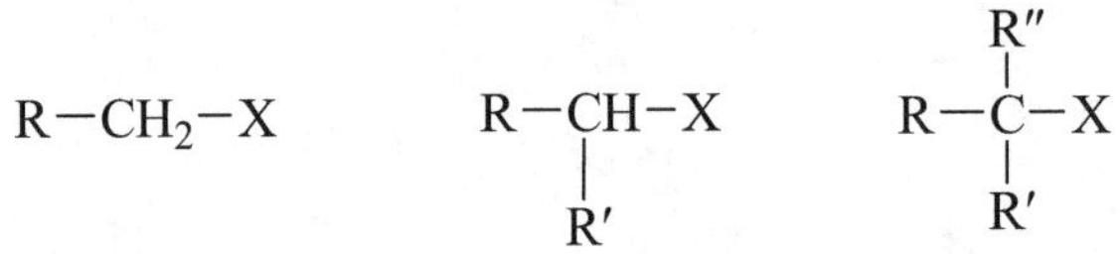

$$R-CH_2-X \qquad R-\underset{\underset{R'}{|}}{C}H-X \qquad R-\underset{\underset{R'}{|}}{\overset{\overset{R''}{|}}{C}}-X$$

伯卤代烃   仲卤代烃   叔卤代烃

二、卤代烃的命名

简单的卤代烃用普通命名法命名，在烃基的名称前加上卤素的名称称为"卤代某烷"或"某基卤"。例如

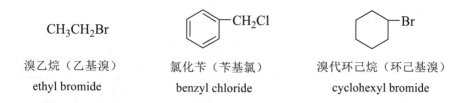

CH₃CH₂Br	—CH₂Cl	—Br
溴乙烷（乙基溴）	氯化苄（苄基氯）	溴代环己烷（环己基溴）
ethyl bromide	benzyl chloride	cyclohexyl bromide

复杂的卤代烃采用系统命名法。选择最长的碳链作为主链，按照烷烃或烯烃的命名法编号，即从靠近支链或双键的一端给主链编号，依据"次序规则"将较优基团排列在后的原则，将取代基依次写在母体名称之前。命名时卤素一般作为取代基。例如

CH₂CH₂CH₂CHCH₂CH₃　　　CH₃－CH－CH－CH₃　　　CH₃CH＝CHCH₂Cl
　|　　　　　　|　　　　　　　　　|　　　|
　Br　　　　　　CH₃　　　　　　　Cl　　CH₃

4-甲基-1-溴己烷　　　　　　2-甲基-3-氯丁烷　　　　　　1-氯-2-丁烯
1-bromo-4-methylhexane　　3-chloro-2-methylbutane　　1-chloro-2-butene

有些卤代烃还常用俗名。例如，三氯甲烷($CHCl_3$)常称为氯仿；三碘甲烷(CHI_3)常称为碘仿。

三、卤代烃的结构

在卤代烃分子中 C—X 键中的碳原子是 sp^3 杂化，价键间的夹角接近 109.5°。因卤素原子的电负性比碳原子的大，共用电子对向卤素原子偏移，从而使碳原子带部分正电荷，卤素原子带部分负电荷。碳卤键为极性共价键，偶极方向由碳原子指向卤素原子。

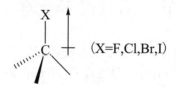

(X=F,Cl,Br,I)

四种 C—X 键的偶极矩、键长和键能见表 6-1。

表6-1　C—X键的键长、键能及偶极矩

C—X 键	键长(pm)	键能(kJ·mol⁻¹)	偶极矩(C·m)
C—F	142	485.6	6.10×10⁻³⁰
C—Cl	178	339.1	6.87×10⁻³⁰
C—Br	190	284.6	6.80×10⁻³⁰
C—I	212	217.8	6.00×10⁻³⁰

第二节　卤代烃的物理性质

常温下，四个碳以下的一氟代烃、两个碳以下的一氯代烃和一溴代烃均为气体，其他卤代烃为液体，15 个碳以上的卤代烃为固体。卤代烃沸点随碳原子数的增加而升高，在同分异构体中，支链越多沸点越低。除氟代烃和一氯代烃外，其他卤代烃的密度都比水重，

分子中的卤素原子个数越多，密度越大(表6-2)。

表6-2　常见卤代烃的沸点和相对密度

名称	英文名	结构式	沸点(℃)	密度(g·ml^{-1}, 20℃)
氯甲烷	chloromethane	CH_3Cl	-24.2	0.936
溴甲烷	bromomethane	CH_3Br	3.6	1.676
碘甲烷	iodomethane	CH_3I	42.2	2.279
氯乙烷	chloroethane	CH_3CH_2Cl	12.3	0.898
溴乙烷	bromoethane	CH_3CH_2Br	33.4	1.460
碘乙烷	iodoethane	CH_3CH_2I	72.3	1.938
氯苯	chlorobenzene	C_6H_5Cl	132.0	1.106
溴苯	bromobenzene	C_6H_5Br	155.5	1.495
碘苯	iodobenzene	C_6H_5I	188.5	1.832
二氯甲烷	dichloromethane	CH_2Cl_2	40.0	1.336
三氯甲烷	chloroform	$CHCl_3$	61.0	1.489
四氯化碳	tetrachloromethane	CCl_4	77.0	1.595

　　尽管卤代烃是极性分子，但它们都不溶于水，易溶于醇、醚等有机溶剂。在有机物的分离提取中，常用氯仿等试剂作为萃取剂。

　　纯净的卤代烃是无色的。碘代烃因易受光、热的作用而产生游离碘而变成红棕色，因此碘代烃应避光保存在棕色瓶中。许多卤代烃有毒性，使用时特别小心。

第三节　卤代烃的化学性质

　　卤代烃的许多化学性质是由于卤素原子引起的。卤代烃与其他试剂作用时，可以发生亲核取代反应(nucleophilic substitution)、消除反应(elimination)和生成有机金属化合物的反应等。

一、卤代烃的亲核取代反应

(一)亲核取代反应

　　受卤素原子吸电子作用的影响，与卤素相连的碳原子上带部分正电荷，卤素原子带部分负电荷。带部分正电荷的碳原子容易受到亲核试剂(nucleophile，用 Nu: 或 Nu$^-$ 表示，如 HO$^-$，RO$^-$，CN$^-$，NH$_3$，RNH$_2$ 等)的进攻而发生取代反应。反应通式如下。

$$\overset{\delta^+}{RCH_2}-X + :Nu^- \longrightarrow RCH_2-Nu + X^-$$

　　　底物　　　亲核试剂　　　　　产物　　　离去基团

　　由亲核试剂进攻带正电性的碳原子而引起的取代反应称为亲核取代反应，用 S$_N$ 表示。在反应中，卤代烃称为底物(substrate)，与卤素原子直接相连的碳原子称为 α-碳原子，也叫作中心碳原子(central carbon),是反应的中心,X^- 称为离去基团(leaving group)。亲核取代反应中,碳卤键断裂由易到难的顺序依次为(C—I>C—Br>C—Cl>C—F),氟代烷很难发生取代反应。

1. 被羟基取代　卤代烃与氢氧化钠或氢氧化钾的水溶液共热,卤素原子被羟基取代生成醇。

$$RX + NaOH \longrightarrow ROH + NaX$$

这是由卤代烃制备醇的一种方法。

2. 被氰基取代　卤代烷与氰化钠(或氰化钾)的醇溶液反应,氰基取代卤素原子生成腈。

$$RX + NaCN \xrightarrow[\triangle]{醇} RCN + NaX$$

腈在酸性条件下水解生成羧酸。利用腈可以制备比卤代烃多一个碳原子的有机化合物。由于氰化物有剧毒,使用时要特别注意安全。

$$RCN \xrightarrow{H_3O^+} RCOOH$$

3. 被氨基取代　卤代烃与氨(胺)作用,氨基取代卤素原子生成胺。

$$RX + NH_3 \xrightarrow{ROH} RNH_2 + HX$$

4. 被烷氧基取代　卤代烃与醇钠作用,烷氧基取代卤素原子生成醚。

$$RX + NaOR' \xrightarrow{R'OH} ROR' + NaX$$

这一反应是合成混醚的重要方法,称为威廉姆森(Williamson)合成法。

5. 被硝酸根取代　卤代烃与硝酸银的醇溶液反应生成硝酸酯和卤化银沉淀。

$$RX + AgONO_2 \xrightarrow{ROH} RONO_2 + AgX\downarrow$$

相同条件下,叔卤代烃与之反应的速率最快,伯卤代烃最慢,根据卤代烃与硝酸银反应产生卤化银沉淀的快慢不同,可以用来鉴别不同类型的卤代烃。

(二) 亲核取代反应机制

在研究卤代烃水解反应的动力学时发现,一些卤代烃的水解反应速率仅取决于卤代烃的浓度,这是单分子反应机制,即决定反应速率的反应是单分子反应,用 S_N1 表示;而另一些卤代烃的水解反应速率与卤代烃和碱的浓度都有关系,属于双分子反应机制,即决定反应速率的反应是双分子反应,用 S_N2 表示。

1. 单分子亲核取代反应机制(S_N1 机制)　实验证明,叔丁基溴在碱性溶液中的水解反应速率 v 仅与叔丁基溴的浓度成正比,而与亲核试剂(OH^-)的浓度无关。

$$(CH_3)_3C\text{-}Br + OH^- \longrightarrow (CH_3)_3C\text{—}OH + Br^-$$

$$v = k\,[(CH_3)_3CBr]$$

式中 k 为速率常数。这个反应在动力学上属一级反应,反应机制可分步表示如下。

第一步　　$(CH_3)_3C-Br$ $\xrightarrow{\text{慢}}$ $\left[(CH_3)_3\overset{\delta^+}{C}\text{---}\overset{\delta^-}{Br} \right]$ $\longrightarrow$ $(CH_3)_3C^+ + Br^-$

过渡态 A

第二步　　$(CH_3)_3C^+ + OH^-$ $\xrightarrow{\text{快}}$ $\left[(CH_3)_3\overset{\delta^+}{C}\text{---}\overset{\delta^-}{OH} \right]$ $\longrightarrow$ $(CH_3)_3C-OH$

过渡态 B

　　第一步，叔丁基溴分子中 C—Br 键异裂形成叔碳正离子和溴负离子；第二步，碳正离子快速与亲核试剂 OH^- 结合得到产物叔丁醇。整个反应的反应速率总是由反应速率最慢的一步来决定。叔丁基溴水解反应过程中的能量变化如图 6-1 所示，在经历第一个过渡态 A时需要较高的活化能，反应较慢；经历第二个过渡态 B 时需要的活化能较低，反应较快。在第一步决定反应速率的步骤中，发生共价键异裂的只有一种分子，因此称为单分子亲核取代反应。

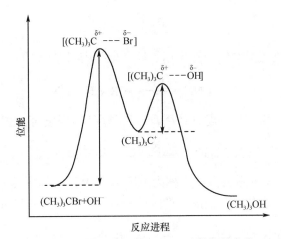

图 6-1　叔丁基溴水解反应(S_N1)的能量变化

　　综上所述，S_N1 机制反应的特点为：①单分子反应，反应速度仅与卤代烷的浓度有关；②反应分两步进行；③有活泼中间体碳正离子的生成。

　　2. 双分子亲核取代反应机制（S_N2 机制）　实验发现，溴甲烷在碱性溶液中的水解反应速率与溴甲烷的浓度和碱的浓度都成正比，在动力学上属于二级反应。

$$CH_3Br + OH^- \longrightarrow CH_3OH + Br^-$$

$$v = k\,[CH_3Br]\,[OH^-]$$

　　式中 k 为速率常数。溴甲烷的水解反应机制可表示如下。

过渡态

在反应过程中，亲核试剂 OH⁻ 从溴原子的背面进攻中心碳原子，逐渐生成 C—O 键，同时 C—Br 键逐渐减弱，形成过渡态，体系的能量达到最大值。此时，中心碳原子的杂化状态由 sp^3 变为 sp^2，三个氢原子与中心碳原子在一个平面上，O、C、Br 三个原子在一条直线上。当 OH⁻ 进一步接近中心碳原子时，形成 O—C 键，同时 Br⁻ 离去，甲基上的三个氢原子也完全翻转到原溴原子的一边，羟基则在原溴原子相反的另一边，即中心碳原子的构型发生了翻转。整个过程如同大风吹翻转的雨伞一样。整个过程的特点是连续而不分阶段，其能量变化如图 6-2 所示。由于过渡态是由溴甲烷和亲核试剂两种反应物分子参与形成，故为双分子反应。

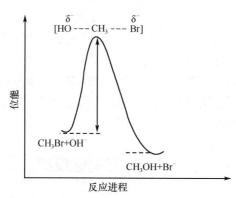

图 6-2 溴甲烷水解反应（S_N2）的能量变化

综上所述，S_N2 反应机制的特点为：①双分子反应，反应速度与卤代烷和亲核试剂的浓度有关；②反应是一步完成，旧键的断裂和新键的形成同时进行；③反应过程伴随有构型的翻转。

（三）影响亲核取代反应的因素

卤代烃亲核取代反应的机制主要与烃基的结构、亲核试剂的性质、离去基团的性质及溶剂的极性等因素有关。

1. 烃基结构的影响 对 S_N1 反应，碳正离子的生成是决定反应速率的一步，因此稳定碳正离子的形成有利于 S_N1 反应的发生。碳正离子稳定性次序依次为：叔碳正离子＞仲碳正离子＞伯碳正离子＞甲基碳正离子。因此叔卤代烷最容易进行 S_N1 反应。从空间效应分析，中心碳原子上烷基数目多，斥力增大，促使卤素离去，卤素离去以后转变为平面结构，降低了基团之间的斥力，反应也容易按照 S_N1 机制反应。

对 S_N2 反应，亲核试剂从卤素原子的背面进攻中心碳原子，中心碳原子上所连的烷基数目越少，体积越小，对亲核试剂进攻的空间阻碍就越小，反应就越容易按照 S_N2 进行；从电子效应看，烷基是供电子基团，中心碳原子上连接的烷基数目越少，斥电子效应越弱，中心碳原子的正电性越高，越有利于亲核试剂进攻中心碳原子，越有利于 S_N2 反应的进行。一般甲基卤代烷和伯卤代烷主要按 S_N2 机制进行。

对于仲卤代烷既可按 S_N1 机制又可按 S_N2 机制进行，或两者都有，取决于反应的条件。

综上所述，烃基对 S_N1、S_N2 反应速率影响关系如下。

$$\xrightarrow{\quad S_N2 \quad 速率增加 \quad}$$

卤代甲烷　伯卤代烷　仲卤代烷　叔卤代烷

$$\xrightarrow{\quad S_N1 \quad 速率增加 \quad}$$

2. 亲核试剂的影响　亲核试剂的亲核性(nucleophilicity)是指亲核试剂对带有正电荷的中心碳原子的亲和力。在 S_N1 反应中，反应速率主要取决于碳正离子的形成，与亲核试剂的亲核性关系不大；而在 S_N2 反应中，亲核试剂参与了过渡态的形成，其亲核性能的强弱对反应速率将产生一定的影响。一般说，亲核试剂的亲核性越强，S_N2 反应速率越快。

3. 离去基团的影响　无论反应按 S_N1 还是 S_N2 机制进行，都是 C—X 异裂，C 与 X 之间的键能越大，卤素越难离去，反应越难进行。另外，原子半径越大，可极化性越大，C—X 越易断裂，取代反应越易进行。C—X 键的键能大小顺序是 C—F＞C—Cl＞C—Br＞C—I，C—X 键的可极化性大小顺序是 C—I＞C—Br＞C—Cl＞C—F。由此看出，卤代烃分子中烃基相同而卤原子不同时，其反应活性次序为：R—I＞R—Br＞R—Cl＞R—F。

亲核取代反应除了受烃基的结构、亲核试剂的亲核性和离去基团的离去能力影响外，还受溶剂的极性、空间效应等多种因素的影响。

二、卤代烷的消除反应

(一) 消除反应

卤代烃中 β-碳原子上的氢原子受到卤素原子吸电子诱导效应的影响而显酸性，在 KOH 或 NaOH 等强碱的醇溶液中，脱去 β-氢原子和卤素原子生成烯烃。通常把这样的反应称为消除反应(elimination reaction)，用符号 E 表示。

$$\overset{\beta}{R-CH}\!\!-\!\!\overset{\alpha}{CH_2} \xrightarrow[\quad C_2H_5OH \quad \triangle\quad]{NaOH} R-CH\!=\!CH_2 + NaX + H_2O$$
$$\quad\ \ \ \ H\ \ \ \ X$$

由反应式可以看出，卤代烷除失去卤原子外，还从 β-碳原子上脱去一个氢原子，此消除反应又称为 β-消除反应。

当分子中含有多个 β-碳原子的卤代烷发生消除反应时，会有不同的消除反应取向，将有不同的烯烃产生。例如

$$\overset{\beta}{CH_3}\overset{\beta}{CH_2}CHCH_3 \xrightarrow[\triangle]{KOH, C_2H_5OH} CH_3CH\!=\!CHCH_3 + CH_3CH_2CH\!=\!CH_2$$
$$\qquad\ \ \ |$$
$$\qquad\ \ \ Br$$

仲丁基溴　　　　　　　　　2-丁烯（81%）　1-丁烯（19%）

1-甲基-2-溴环己烷　　　　　主要产物　　　次要产物

实验证明，卤代烃发生消除反应脱去卤化氢时，主要是从含氢较少的 β-碳原子上脱去

氢原子，即生成双键碳原子上连有最多烃基的烯烃，这一经验规律称为 Saytzeff 规则(查依采夫规则)。

卤代烃脱卤化氢的活性顺序依次为：叔卤代烷＞仲卤代烷＞伯卤代烷。

(二)消除反应机制

卤代烃的消除反应机制主要有单分子消除反应机制和双分子消除反应机制两种。

1. 单分子消除反应机制(E1 机制) E1 机制中，反应速率只与卤代烷的浓度有关，与碱的浓度无关，反应分两步进行。例如，叔丁基溴的消除反应：

$$第一步 \quad CH_3-\overset{\overset{\displaystyle CH_3}{|}}{\underset{\underset{\displaystyle CH_3}{|}}{C}}-Br \xrightarrow{\text{慢}} CH_3-\overset{\overset{\displaystyle CH_3}{|}}{\underset{\underset{\displaystyle CH_3}{|}}{C^+}} + Br^-$$

$$第二步 \quad OH^- + \overset{H}{CH_2}-\overset{\overset{\displaystyle CH_3}{|}}{\underset{\underset{\displaystyle CH_3}{|}}{C^+}} \xrightarrow{\text{快}} CH_2=\overset{\overset{\displaystyle CH_3}{|}}{\underset{\underset{\displaystyle CH_3}{|}}{C}} + H_2O$$

E1 机制中第一步与 S_N1 反应机制相同，都生成了碳正离子；E1 与 S_N1 反应机制的不同在于第二步，E1 反应机制中 OH^- 进攻碳正离子的 β-H 生成烯烃。显然，E1 和 S_N1 这两种反应机制是相互竞争、同时存在的。通常情况下，在醇溶液中，高温有利于 E1 反应，而在水溶液中容易发生 S_N1 反应。

2. 双分子消除反应机制(E2 机制) 实验证明，卤代甲烷、伯卤代烷在发生消除反应时反应速率与卤代烷和碱的浓度均有关，在反应动力学上是二级反应，是一个双分子消除反应的过程，用 E2 表示。例如，1-溴丙烷的消除反应：

$$OH^- + CH_3-\overset{\overset{\displaystyle H}{|}}{\underset{\underset{\displaystyle H}{|}}{\overset{\beta}{C}}}-\overset{\overset{\displaystyle \alpha}{}}{\underset{\underset{\displaystyle Br}{|}}{CH_2}} \longrightarrow \left[\begin{array}{c} \overset{\delta^-}{HO}---H \\ CH_3-\overset{|}{C}=CH_2 \\ \overset{|}{\underset{H}{}} \quad \overset{|}{\underset{Br}{}}_{\delta^-} \end{array} \right] \longrightarrow CH_3CH=CH_2 + Br^- + H_2O$$

过渡态

E2 与 S_N2 反应机制都是一步完成的，E2 机制的反应中，OH^- 进攻 β-氢原子，β-氢原子以质子的形式离去，同时在溶剂的作用下脱去卤素原子生成烯烃。在 E2 反应中，旧键的断裂和新键的形成是同时进行，反应经过一个过渡态。整个反应中，E2 与 S_N2 这两种反应机制也是同时发生、相互竞争的。

α-碳原子上的烃基数目增加时，空间位阻增大不利于亲核试剂进攻 α-碳原子，而有利于碱进攻 β-氢原子，因而有利于 E2 反应；另外，双键碳原子上连有较多烃基时产物更加稳定。

亲核试剂一般都带有负电荷或者是有孤对电子，因此它们既表现出亲核性，也表现出碱性。所以卤代烃在发生亲核取代反应的同时也可能发生消除反应。一般说来，叔卤代烷易发生消除反应，伯卤代烷易发生取代反应，而仲卤代烷则介于两者之间。试剂的亲核性强(如 CN^-)

有利于取代反应，试剂的碱性强而亲核性弱(如叔丁醇钾)有利于消除反应。溶剂的极性强有利于取代反应，反应的温度升高有利于消除反应。

从上述分析看出，亲核取代产物和消除产物比率受到各种因素的影响，反应时应该严格控制反应条件。

三、与金属镁的反应

卤代烃与 Li、Na、Mg、Al、Cd 等金属反应生成有机金属化合物。卤代烃与金属镁在无水乙醚的条件下生成烃基卤化镁，称为 Grignard 试剂，简称格氏试剂。

$$RX + Mg \xrightarrow{\text{无水乙醚}} RMgX$$

由于格氏试剂能与许多含活泼氢的物质作用，因此在制备格氏试剂时应避免与水、醇、酸、氨等含活泼氢的物质接触，并隔绝空气。

$$RMgX + HY \longrightarrow RH + Mg\begin{smallmatrix}X\\ \\Y\end{smallmatrix} \quad (Y=-OH, -OR, -NH_2 等)$$

由于分子中 C—Mg 键的极性很强，碳原子带部分负电荷，是有机合成中常用的一种强亲核试剂，利用格氏试剂可以制备烃、醇、醛、酮、羧酸等多种物质。例如，格氏试剂与 CO_2 作用，经水解后可制得羧酸。

$$RMgX + CO_2 \xrightarrow{\text{无水乙醚}} RCOOMgX \xrightarrow[H_2O]{H^+} RCOOH + Mg(OH)X$$

第四节　不饱和卤代烃的取代反应

根据 π 键和卤素原子的相对位置不同，将不饱和卤代烃分为乙烯型卤代烃、烯丙基型卤代烃和孤立型卤代烃。

一、乙烯型卤代烃

乙烯型卤代烃结构中卤原子直接与不饱和碳原子相连，卤素原子直接连接在芳环上的化合物也属于乙烯型卤代烃，通式为

$$RCH{=}CH{-}X \qquad \text{（R代表烃基，也可以是H原子）}$$

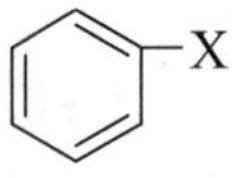

该类卤代烃分子中卤原子 p 轨道与 π 键(或大 π 键)形成了 p-π 共轭体系，结果是电子云趋于平均化，卤素原子上的电子向 π 键转移，因此 C—X 键的电子云密度增加，共价键变得更加牢固，卤原子不易被取代。乙烯型卤代烃与硝酸银的醇溶液共热也不生成卤化银沉淀。

氯乙烯和氯苯分子中存在的 p-π 共轭体系见图 6-3 所示。

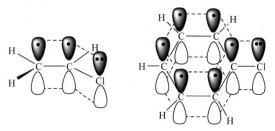

图 6-3　氯乙烯和氯苯分子中的 p-π 共轭体系

二、烯丙基型卤代烃

烯丙基型卤代烃中卤原子与 π 键之间间隔一个 CH_2，通式为

$$RCH=CH-CH_2-X \qquad \text{（苯基）}-CH_2-X$$

这类卤代烃分子中 C—X 发生异裂生成烯丙基型或苄基型的碳正离子，由于在碳正离子中形成了 p-π 共轭体系（图 6-4），正电荷得到分散，碳正离子趋向稳定而易于生成，有利于亲核取代反应的进行。

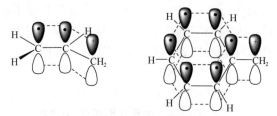

图 6-4　烯丙基碳正离子和苄基碳正离子的电子离域

烯丙基型或苄基型的卤代烃在室温下与硝酸银的醇溶液作用生成卤化银沉淀。

$$RCH=CHCH_2X + AgNO_3 \xrightarrow[\text{室温}]{C_2H_5OH} RCH=CHCH_2ONO_2 + AgX\downarrow$$

$$\text{（苯基）}-CH_2X + AgNO_3 \xrightarrow[\text{室温}]{C_2H_5OH} \text{（苯基）}-CH_2ONO_2 + AgX\downarrow$$

三、孤立型卤代烯烃

这类卤代烃分子中的卤素原子和 π 键之间间隔两个或两个以饱和碳原子，孤立型卤代芳烃也属于这一类，通式为

$$CH_2=CH-(CH_2)_n-X \qquad \text{（苯基）}-(CH_2)_n-X \qquad n\geqslant 2$$

孤立型卤代烯烃分子中的卤原子与 π 键相隔较远，相互影响很小，这类化合物中卤素的活泼性和卤代烷相似。在加热条件下才能与硝酸银的醇溶液反应，生成卤化银的沉淀。

综上所述，三类不饱和卤代烃进行亲核取代反应的活性顺序依次为

烯丙基型卤代烃＞孤立型卤代烯烃＞乙烯基型卤代烃

第五节　重要的卤代烃

一、三 氯 甲 烷

三氯甲烷($CHCl_3$)俗称氯仿，无色液体，沸点 61.3℃，不溶于水，是一种常用的有机溶剂，在医药上用作局部麻醉剂。氯仿在光照下易被空气氧化生成有毒的光气。

$$CHCl_3 + 1/2O_2 \xrightarrow{\text{日光}} COCl_2 + HCl$$

因此氯仿需保存在棕色瓶中。氯仿有毒，而且具有致癌作用，在使用过程中要特别注意安全和保护环境。

二、四 氯 化 碳

四氯化碳(CCl_4)无色液体，沸点 76.5℃，密度比水重，是常用的溶剂。四氯化碳在化工上用做油脂、硫磺、橡胶和树脂等物质的溶剂、萃取剂等；在电子工业上用作清洗剂、油质、香料的浸出剂。四氯化碳易挥发，而且具有较大的毒性，在使用时应注意室内空气流通，以免中毒。

三、聚氯乙烯和聚四氟乙烯

聚氯乙烯英文简称 PVC，是氯乙烯单体聚合而成的聚合物。制备过程如下。

$$n\,CH_2{=}CHCl \longrightarrow \begin{array}{c} {-}\!\!\left[CH_2{-}CH\right]\!\!{-}_n \\ \ \ \ \ \ \ \ \ \ | \\ \ \ \ \ \ \ \ \ \ Cl \end{array}$$

PVC 为无定形结构的白色粉末，对光和热的稳定性差，在 100℃ 以上或经阳光长时间曝晒，就会自动催化分解，物理机械性能也迅速下降，在实际应用中必须加入稳定剂以提高对热和光的稳定性。PVC 曾是世界上产量最大的通用塑料，在建筑材料、工业制品、日用品等方面均有广泛应用。

四氟乙烯($CF_2{=}CF_2$)聚合生成聚四氟乙烯：

$$n\,CF_2{=}CF_2 \longrightarrow {-}\!\!\left[CF_2{-}CF_2\right]\!\!{-}_n$$

聚四氟乙烯具有良好的稳定性，与强酸、强碱等都不起反应，机械强度高，由其制成的塑料有"塑料王"之称，目前已被广泛地应用于航空、原子能、电子、化工、机械建筑、医药等行业及人们的日常生活中。

四、氟利昂

氟利昂是一类含氟含氯的烷烃，例如二氟二氯甲烷(CF_2Cl_2)。二氟二氯甲烷，商品名为"氟利昂-12"，为无色无臭的气体，具有无毒、无腐蚀性、不能燃烧、化学性质稳定等优点，是一种性能良好的制冷剂。

氟利昂非常稳定，不易分解，当它们上升到大气层的平流层后，会在强烈紫外线的作用下分解出氯自由基，然后同臭氧发生连锁反应，不断破坏臭氧分子，使臭氧含量减少。一旦臭氧层被破坏，日光中的紫外线将大量照射到地球上，容易使人得皮肤癌，所以国际上已禁止使用。

五、血 防 846

血防846化学名称为六氯对二甲苯，白色晶体粉末，不溶于水，可溶于乙醇，易溶于氯仿，是一种广谱的抗寄生虫病的药物，临床上主要用于治疗血吸虫病、华支睾吸虫病、肺吸虫病。

$$Cl_3C-\underset{\text{六氯对二甲苯}}{\boxed{}}-CCl_3$$

阅读资料

含卤素的常用麻醉药物

含有卤素的麻醉药顾名思义就是药物分子结构中含有卤素原子，最常用的卤素是氟、氯。含有卤素的麻醉药一般都是吸入麻醉药。

1956年，一种新的含有卤素的吸入麻醉药——氟烷开始用于临床，这被认为是吸入麻醉药的一次革命，随后甲氧氟烷、恩氟烷、异氟烷、七氟烷和地氟烷相继问世。研究表明，吸入麻醉药对机体的多个器官，包括脑、心脏、肝脏、肾脏、肺等都有一定程度的保护作用，可以减轻缺血再灌注损伤。吸入麻醉一般用于全身麻醉的维持，有时也用于麻醉诱导。含有卤素的麻醉药还有氯仿、氯胺酮等。由于氯仿毒性较大，已不应用于临床。

由于吸入麻醉药物具有诱导和苏醒迅速以及可控性强等特点，其中枢作用是多个部位、多种机制的，在临床上得到广泛应用。

氟烷用于麻醉的诱导和维持，具有良好的麻醉作用，起效快（是乙醚的2~4倍、氯仿的1.5~2倍），3~5min即达全身麻醉，苏醒快，不易燃易爆，但其镇痛作用和肌肉松弛作用弱，通常只用于浅表麻醉。因其可降低心肌氧耗量，可适用于冠心病病人的麻醉。

但有引起氟烷性肝炎的可能，对肝脏有一定损害，因此肝功能异常者禁用。麻醉期间禁忌用肾上腺素和去甲肾上腺素。

恩氟烷（又称安氟醚）是一种新型高效吸入麻醉药，麻醉作用和肌肉松弛作用强，起效快，吸入 5min 即可起效，使用剂量小，为临床常用的吸入麻醉药。恩氟烷可使眼压降低，对眼内手术有利。因深麻醉时脑电图显示癫痫样发作，临床表现为面部及肌肉抽搐，因此有癫痫病史者应慎用。其还有镇痛催眠作用，此外还影响学习记忆。

异氟烷（又称异氟醚）麻醉性能强，以面罩吸入诱导时，因有刺激味，易引起病人呛咳和屏气，尤其是儿童难以耐受，使麻醉诱导减慢，因此，常在静脉诱导后，以吸入异氟烷维持麻醉。麻醉维持时易保持循环功能稳定，停药后苏醒较快，约需 10～15min。因其对心肌力抑制轻微而对外周血管扩张明显，因而可用于控制性降压。

七氟烷麻醉性能较强，对脑血管有舒张作用，可引起颅内压升高。对心肌力有轻度抑制，可降低外周血管阻力，引起动脉压和心排出量降低。用面罩诱导时，呛咳和屏气的发生率很低。麻醉后清醒迅速，清醒时间成人平均为 10min，小儿为 8.6min，苏醒过程平稳，恶心和呕吐的发生率低。

氯胺酮麻醉作用快，镇痛程度深，副作用较小，麻醉时间短，可单独用于小手术，适用于儿童烧伤及危重病例的麻醉。

本 章 小 结

烃分子中的氢原子被一个或者多个卤素原子(F、Cl、Br、I)取代后的生成物称为卤代烃，其官能团是卤原子。卤代烃按系统命名时，常把卤素当作取代基。

由于卤素的电负性较大，碳卤键具有极性，所以卤代烃是一类比较活泼的化合物，可以发生亲核取代反应、消除反应和与活泼金属的反应。

1. 亲核取代反应　亲核取代反应可用通式表示如下。

$$RX + :Nu^- \longrightarrow RNu + X^-$$

卤代烃的亲核取代反应机制分为单分子亲核取代(S_N1)和双分子亲核取代(S_N2)。S_N1反应机制的特点为：①单分子反应，反应速度仅与卤代烷的浓度有关；②反应分两步进行。③有活泼中间体碳正离子的生成。S_N2反应机制的特点为：①双分子反应，反应速度与卤代烷和亲核试剂的浓度有关；②反应是一步完成，旧键的断裂和新键的形成同时进行；③反应过程伴随有构型的翻转。

2. 消除反应　卤代烷在强碱的醇溶液中加热，分子中脱去一分子卤化氢生成烯烃。该反应称为消除反应，用符号 E 表示。在卤代烷的消除反应中，遵守 Saytzeff 规则，生成双键碳原子上连有最多烃基的烯烃。

消除反应与亲核取代反应是相互竞争的，消除反应的产物与取代反应的产物的比例与反应物的结构和反应条件密切相关。提高反应温度、用弱极性溶剂及强碱性试剂，有利于卤代烷的消除反应。

3. 与金属的反应　卤代烃能与 Li、Na、Mg、Al、Cd 等多种金属反应生成有机金属化合物，卤代烃与金属 Mg 生成格氏试剂。在制备格氏试剂时，要在无水和隔绝空气的条件下进行。

$$RX + Mg \xrightarrow{\text{无水乙醚}} RMgX$$

4. 不饱和卤代烃的取代反应 用硝酸银的醇溶液可以区别各种不同类型的卤代烯烃。不同类型的卤代烯烃与硝酸银的醇溶液反应的活性次序为

烯丙基型卤代烃＞孤立型卤代烯烃＞乙烯基型卤代烃

习　题

1. 命名下列化合物

(1) $CH_3CH_2CHCH_2Br$
       |
      CH_3

(2) $CH_3CH=CHCHCH_2Cl$
                |
               CH_3

(3) $CH_3CHCH_2CHCH_3$
        | |
       CH_3 Br

(4) 间位苯环，CH_2Cl 和 CH_2CH_3

(5) 环己烯，Br、CH_3

(6) 环己烷，Cl、H、H、$C(CH_3)_3$

2. 写出下列化合物的结构式

(1) 2,2-二甲基-1-溴丁烷 (2) 2-氯-1,4-戊二烯 (3) (S)-4-氯-3-溴-1-丁烯

(4) 邻氯甲苯 (5) 对溴苄基氯 (6) 1-甲基-2-溴环己烷

3. 单项选择题

(1) 下列化合物按 S_N1 机制反应，活性最大的是

A. 1-溴丁烷　　　B. 2-溴丁烷　　　C. 2-溴丙烷　　　D. 2-甲基-2-溴丙烷

(2) 在室温下与 $AgNO_3$/醇溶液反应立即产生沉淀的是

A. 氯苯　　　B. 氯化苄　　　C. 1-苯基-2-氯乙烷　　D. 2-氯甲苯

(3) 下列符合 S_N2 反应机制特点的是

A. 反应速率只与卤代烷的浓度有关

B. 亲核试剂从离去基团的背面进攻，伴有构型发生翻转

C. 反应过程中，新键的形成和旧键的断裂分步进行

D. α-碳原子连有的取代基越多的卤代烷越容易发生反应

(4) 下列说法错误的是

A. S_N2 反应速率取决于亲核试剂和卤代烷的浓度

B. S_N1 反应速率主要与碳正离子的生成有关

C. S_N2 反应伴有构型发生翻转

D. S_N1 反应一步完成

(5) 伯卤代烷水解反应的机制是

A. 自由基取代　　　　B. 亲核取代　　　　C. 亲电取代　　　　D. 亲电加成

(6) 下列化合物中存在 p-π 共轭体系的是

A. $CH_2=CHCl$　　B. CH_3CH_2OH　　C. $CH_2=CH-CH=CH_2$　　D. CH_3CHO

4. 写出下列反应的主要产物

(1)

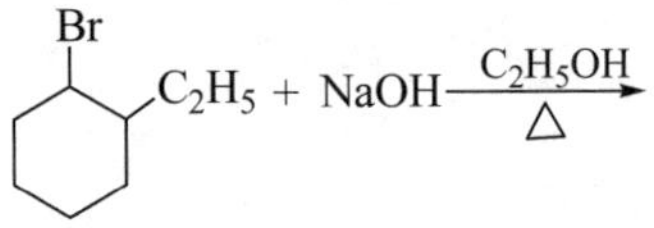

$$\text{(环己烷, 1位Br, 2位C}_2\text{H}_5) + \text{NaOH} \xrightarrow[\triangle]{\text{C}_2\text{H}_5\text{OH}}$$

(2)

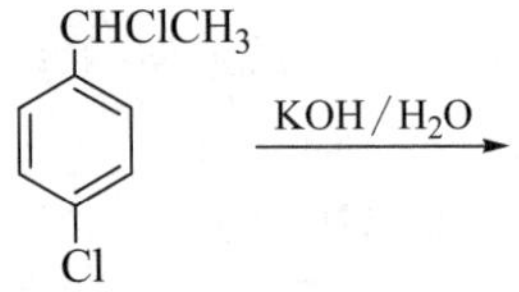

(对位: CHClCH$_3$ 和 Cl 取代的苯) $\xrightarrow{\text{KOH}/\text{H}_2\text{O}}$

(3)

(苯环) $-\text{CH}_2\text{Br} + \text{AgNO}_3 \xrightarrow[\text{室温}]{\text{C}_2\text{H}_5\text{OH}}$

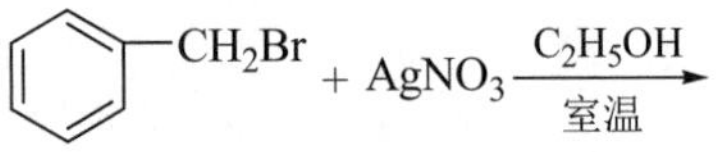

(4) $(\text{CH}_3)_2\text{C}=\text{CH}_2 \xrightarrow[\text{过氧化物}]{\text{HBr}} \qquad \xrightarrow{\text{NaCN}} \qquad \xrightarrow{\text{H}_3\text{O}^+}$

(5) 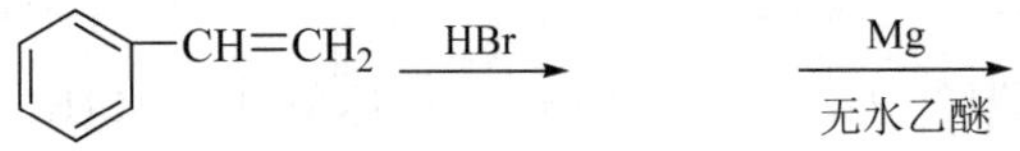 (苯环)$-\text{CH}=\text{CH}_2 \xrightarrow{\text{HBr}} \qquad \xrightarrow[\text{无水乙醚}]{\text{Mg}}$

5. 将下列各组化合物按 S_N1 反应速率由大到小顺序排列

(1)3-甲基-1-溴丁烷，2-甲基-2-溴丁烷，2-甲基-3-溴丁烷

(2)苄基溴，1-苯基-2-溴乙烷，2-溴乙苯

6. 用化学方法鉴别下列各组化合物

(1)1-溴丙烯，3-溴丙烯，1-溴丙烷

(2)苄基氯，氯苯，1-苯基-2-氯丙烷

7. 某卤代烃 A(C_4H_9Br)与 KOH 的乙醇溶液共热生成 B(C_4H_8)，B 可被高锰酸钾氧化得丙酮和二氧化碳；B 与 HBr 加成得 A 的异构体。试推断 A 和 B 的结构式。

8. 化合物 A 的分子式为 C_9H_{10}，能使溴水褪色，但无顺反异构。A 与 HBr 作用得到 B，B 具有旋光性。B 用 KOH 的醇溶液加热得到与 A 分子式相同的 C，C 也能使溴水褪色，并有顺反异构。试写出 A、B、C 的结构式。

9. 由 1-溴丙烷及其他无机试剂制备下列化合物

(1)2-丙醇　　(2)丁酸

（王学东）

第七章 醇、酚和醚

1. 掌握醇、酚和醚的结构、命名及化学性质。
2. 熟悉硫醇和硫醚的结构、命名和化学性质。
3. 了解醇、酚和醚的物理性质。

醇(alcohol)、酚(phenol)和醚(ether)属于烃的含氧衍生物。醇是烃分子中饱和碳原子上的氢被羟基取代后的衍生物;酚是羟基直接连在芳环上的化合物;醚是醇或酚羟基上的氢原子被烃基取代的化合物。

第一节 醇

一、醇的结构、分类和命名

(一)醇的结构

醇的通式为 R—OH,其官能团为—OH(羟基),也称为醇羟基。以甲醇为例,一般认为醇羟基的氧与水分子中的氧一样,为 sp^3 不等性杂化,两对未共用电子对分别位于两个 sp^3 杂化轨道中,两个含单电子的 sp^3 杂化轨道分别与碳原子和氢原子的轨道重叠形成 C—O 键和 O—H 键。

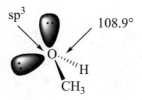

由于氧原子的电负性大于碳原子和氢原子,醇分子中的 C—O 键和 O—H 键的电子云都向氧原子方向偏移,形成极性共价键。

(二)醇的分类

根据羟基所连碳原子的类型,可分为伯醇(1°醇)、仲醇(2°醇)、叔醇(3°醇)。

根据羟基所连烃基的种类，分为饱和醇、不饱和醇、脂环醇和芳香醇。

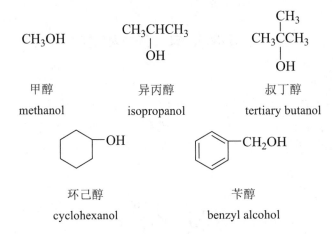

$$CH_3CH_2CH_2OH \quad CH_2{=}CHCH_2OH$$

饱和醇　　　　　不饱和醇　　　　　脂环醇　　　　　芳香醇

根据醇分子中所含羟基的数目，分为一元醇、二元醇和三元醇等，含两个以上羟基的醇统称为多元醇。

$$CH_3CH_2OH \qquad \begin{matrix} CH_2OH \\ | \\ CH_2OH \end{matrix} \qquad \begin{matrix} CH_2OH \\ | \\ CHOH \\ | \\ CH_2OH \end{matrix}$$

一元醇　　　　二元醇　　　　三元醇

(三)醇的命名

1. 普通命名法　一般只适用于结构比较简单的醇。命名时通常在"醇"前加上烃基的名称，称为"某醇"。

$$CH_3OH \qquad \begin{matrix} CH_3CHCH_3 \\ | \\ OH \end{matrix} \qquad \begin{matrix} CH_3 \\ | \\ CH_3CCH_3 \\ | \\ OH \end{matrix}$$

甲醇　　　　　　　异丙醇　　　　　　　　叔丁醇

methanol　　　　　isopropanol　　　　tertiary butanol

环己醇　　　　　　苄醇

cyclohexanol　　　benzyl alcohol

2. 系统命名法　选择含有羟基碳原子在内的最长碳链作为主链，称为"某醇"；从靠近羟基一端开始编号；其他取代基按照次序规则先后列出，羟基的位次也用阿拉伯数字注明在醇名称的前面。

$$\begin{matrix} CH_3CHCH_2CH_2CH_2OH \\ | \\ CH_3 \end{matrix} \qquad \begin{matrix} CH_3 \\ | \\ CH_3CHCH_2CHCHCH_3 \\ | \quad\quad | \\ CH_3 \quad OH \end{matrix}$$

4-甲基-1-戊醇　　　　　　　　　　3,5-二甲基-2-己醇

4-methyl-1-pentanol　　　　　　3,5-dimethyl-2-hexanol

对于芳香醇，把苯环作为取代基，命名规则同上。

$$
\begin{array}{c}
CH_3 \\
| \\
C_6H_5-CHCHCH_3 \\
| \\
OH
\end{array}
$$

3-苯基-2-丁醇

3-benzyl-2-butanol

对于脂环醇，以醇为母体，从羟基所连的碳原子开始编号，同时兼顾其他取代基的位次尽可能小。

OH
$\bigcirc$—CH$_3$

2-甲基环戊醇

2-methyl cyclopentanol

OH
C$_2$H$_5$—$\bigcirc$—CH$_3$

2-甲基-5-乙基环己醇

5-ethyl-2-methyl cyclohexanol

对于不饱和一元醇，选择连有羟基的碳原子和不饱和键在内的最长的碳链作为主链，从靠近羟基一端编号，标明不饱和键和羟基的位置。

$$
\begin{array}{c}
CH_3 \\
| \\
CH_3C=CHCH_2OH
\end{array}
$$

3-甲基-2-丁烯-1-醇

3-methyl-2-buten-1-alcohol

$$
\begin{array}{c}
CH_3 \\
| \\
HC\equiv CCHCH_2OH
\end{array}
$$

2-甲基-3-丁炔-1-醇

2-methyl-3-butyl-1-alcohol

对于多元醇，应尽可能选择包含多个羟基碳在内的最长的碳链作为主链，按照主链碳原子连有羟基的数目称为某二醇、某三醇等，羟基的位次写在醇的名称前面。

$$
\begin{array}{c}
CH_2OH \\
| \\
CH_2OH
\end{array}
$$

乙二醇

ethanediol

$$
\begin{array}{c}
CH_2OH \\
| \\
CHOH \\
| \\
CH_2OH
\end{array}
$$

丙三醇

glycerol

$$
\begin{array}{c}
CH_3CHCH_2CH_2OH \\
| \\
OH
\end{array}
$$

1,3-丁二醇

1,3-butyleneglycol

二、醇的物理性质

$C_1 \sim C_4$ 的饱和一元醇为无色液体，$C_5 \sim C_{11}$ 的一元醇为油状黏稠液体，C_{12} 以上的高级醇为蜡状固体。

醇在水中的溶解度取决于烃基的疏水性和羟基的亲水性。低级醇或多元醇因羟基与水分子之间形成氢键能与水互溶，如甲醇、乙醇、丙醇和丙三醇等与水以任意比例互溶。随着烃基的增大，醇在水中的溶解度明显下降。

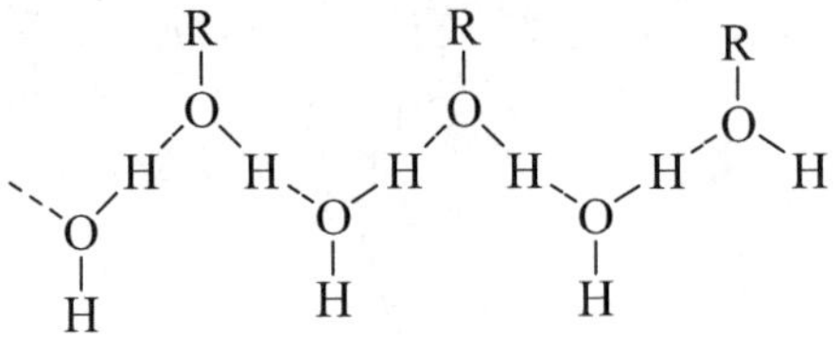

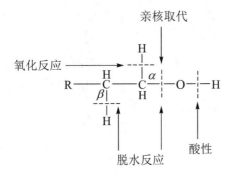

羟基与水分子间形成的氢键

直链饱和一元醇的沸点的变化规律与烷烃相似，但醇的沸点比分子量相近的烷烃高得多。原因是烷烃分子间的作用力只有范德华力，而液态醇除了范德华力外，还有醇羟基之间的氢键作用力，所以醇的沸点要比相应的烷烃高得多。

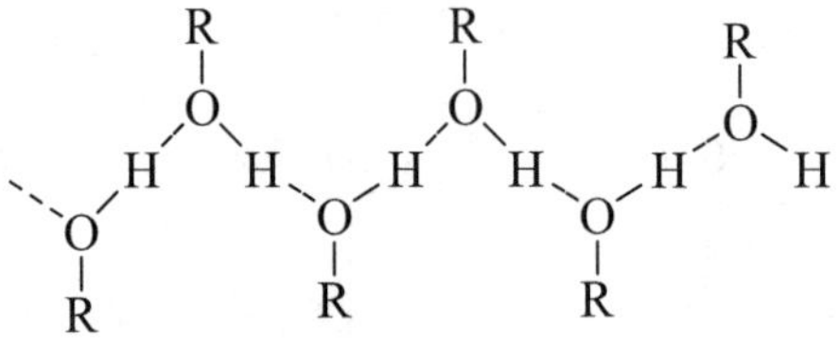

醇羟基间形成的氢键

低级醇能与氯化钙、氯化镁等无机盐形成结晶醇，溶于水而不溶于有机溶剂，例如

$$CaCl_2 \cdot 4CH_3OH \qquad\qquad MgCl_2 \cdot 6CH_3OH$$
$$CaCl_2 \cdot 4C_2H_5OH \qquad\qquad MgCl_2 \cdot 6C_2H_5OH$$

因此不能用氯化钙、氯化镁等干燥剂除去醇中的水。常见醇类的物理常数见表 7-1。

表7-1　部分常见醇类的物理常数

名称	熔点/℃	沸点/℃	溶解度/[g·(100gH₂O)⁻¹]
甲醇	-97.8	64.7	∞
乙醇	-117.3	78.3	∞
正丙醇	-126.0	97.8	∞
异丙醇	-88.0	82.3	∞
正丁醇	-89.6	117.7	7.9
环己醇	24.0	161.5	3.8
苯甲醇	-15.0	205.0	4.0
乙二醇	-12.6	197.5	∞
丙三醇	18.0	290.0	∞

三、醇的化学性质

羟基是醇的官能团，由于氧原子的电负性大于碳原子、氢原子，因此 C—O 键和 O—H 键都是极性共价键，容易发生键的断裂。O—H 键断裂主要表现出醇的酸性，而 C—O 键断裂主要发生亲核取代反应和脱水反应。同时 α-H 受到羟基吸电子诱导效应的影响表现出一定的活性，可以发生脱氢氧化反应。

(一) 与金属钠的作用

醇羟基的 O—H 键是极性共价键，容易发生断裂，表现出一定的酸性，可以与活泼金属如钾、钠等反应放出氢气。

$$2ROH + 2Na \longrightarrow 2RONa + H_2\uparrow$$

醇与金属钠的反应不如水与金属钠反应剧烈，原因是醇的酸性没有水的酸性强。醇可看作是水分子中的一个氢原子被烃基取代，醇羟基与斥电子的烃基相连，烃基的+I 诱导效应使羟基氧的电子云密度增加，使 O—H 键的极性降低，即 O—H 键不容易发生断裂，故醇的酸性比水的酸性弱。不同类型醇酸性强弱顺序为：甲醇＞伯醇＞仲醇＞叔醇。

(二) 与氢卤酸的取代反应

醇与氢卤酸发生亲核取代反应，C—O 键发生断裂生成卤代烃和水，这是制备卤代烃的一种重要方法。

$$ROH + HX \longrightarrow RX + H_2O$$

由于羟基不是很好的离去基团，因此反应需要酸催化。例如，伯醇与 HI(47%) 一起加热就能生成碘代烃；与 HBr(48%) 反应时需要加硫酸并加热才能生成溴代烃；与浓盐酸作用时必须加 $ZnCl_2$ 催化剂并加热才能生成氯代烃。无水氯化锌的浓盐酸溶液称为卢卡斯 (Lucas) 试剂，利用 Lucas 试剂可以鉴别六个碳以下的低级醇。

$$(CH_3)_3COH \xrightarrow[ZnCl_2]{HCl} (CH_3)_3CCl \quad \text{立即浑浊}$$

$$(CH_3)_2CHOH \xrightarrow[ZnCl_2]{HCl} (CH_3)_2CHCl \quad \text{数分钟后浑浊}$$

$$CH_3CH_2OH \xrightarrow[ZnCl_2]{HCl} CH_3CH_2Cl \quad \text{不出现浑浊，加热后浑浊}$$

除甲醇和多数伯醇按 S_N2 机制反应外，其他的醇按 S_N1 机制。

$$ROH + HX \xrightarrow{\text{快}} RO^+H_2 + X^-$$

$$RO^+H_2 \xrightarrow{\text{慢}} R^+ + H_2O$$

$$R^+ + X^- \xrightarrow{\text{快}} RX$$

醇与氢卤酸的亲核取代反应速率与氢卤酸的性质和醇的结构都有关系。氢卤酸的反应活性顺序为：HI＞HBr＞HCl。醇的活性顺序是：烯丙型或苄基型醇＞叔醇＞仲醇＞伯醇。

(三) 与无机含氧酸的酯化反应

醇与酸作用可生成相应的酯，醇与有机酸之间脱水生成有机酸酯，与无机含氧酸如亚硝酸、硝酸、硫酸和磷酸等反应生成无机酸酯。

$$CH_3CHCH_2CH_2OH + HONO \longrightarrow CH_3CHCH_2CH_2ONO + H_2O$$
$$\underset{\underset{\text{亚硝酸异戊酯}}{CH_3}}{|} \qquad\qquad \underset{CH_3}{|}$$

$$\begin{array}{l} CH_2OH \\ | \\ CHOH \\ | \\ CH_2OH \end{array} + 3HONO_2 \longrightarrow \begin{array}{l} CH_2ONO_2 \\ | \\ CHONO_2 \\ | \\ CH_2ONO_2 \end{array} + 3H_2O$$

硝酸甘油

亚硝酸异戊酯和硝酸甘油(又称三硝酸甘油酯，诺贝尔发明的炸药)在临床上用作扩张血管和治疗心绞痛的药物。硝酸甘油遇到震动会发生剧烈的爆炸，通常与一些惰性材料混合以提高其安全性。

(四) 脱水反应

醇在浓硫酸或磷酸作用下加热，在较高的温度下分子内脱水生成烯烃。

$$CH_3CH_2OH \xrightarrow[170℃]{H_2SO_4} CH_2{=}CH_2 + H_2O$$

醇在酸的催化作用下分子内脱水，按照 E1 机制进行，即羟基先质子化，使得 C—O 键容易发生断裂，失去水而形成碳正离子中间体，最后消除 β-H 而生成烯烃。

$$\underset{\underset{H}{|}}{-\overset{|}{C}-\overset{\overset{\ddot{O}H}{|}}{C}-} \underset{快}{\overset{H^+}{\rightleftharpoons}} \underset{\underset{H}{|}}{-\overset{|}{C}-\overset{\overset{O^+H_2}{|}}{C}-} \underset{}{\overset{慢}{\rightleftharpoons}} \underset{\underset{H}{|}}{-\overset{|}{C}-\overset{|}{C}^+-} \overset{-H^+}{\longrightarrow} {>}C{=}C{<}$$

脱水的难易取决于中间体碳正离子的稳定性，形成的碳正离子越稳定，脱水反应越容易进行。不同类型醇的脱水活性顺序是：叔醇＞仲醇＞伯醇。

醇脱水成烯的反应也遵循 Saytzeff 规律，生成双键上连有取代基最多的烯烃。

$$\underset{\underset{OH}{|}}{CH_3\overset{\overset{CH_3}{|}}{C}CH_2CH_3} \xrightarrow[\triangle]{H_2SO_4} \underset{\underset{CH_3}{|}}{CH_3C{=}CHCH_3} + \underset{\underset{CH_3}{|}}{H_2C{=}CCH_2CH_3}$$
$$\qquad\qquad\qquad\qquad\qquad 90\% \qquad\qquad\qquad 10\%$$

醇在浓硫酸或磷酸作用下加热，在较低的温度下发生分子间脱水生成醚。

$$2CH_3CH_2OH \xrightarrow[140℃]{H_2SO_4} CH_3CH_2OCH_2CH_3 + H_2O$$

醇分子间脱水和分子内脱水是并存和相互竞争的，一般在过量酸和较高的温度下有利于醇分子内脱水成烯；在较低的温度下有利于醇分子间脱水成醚；叔醇脱水只生成烯烃。

(五) 氧化反应

在有机化学反应中，通常把去氢原子或加氧原子的反应称为氧化反应(oxidation)，把加氢原子或去氧原子的反应称为还原反应(reduction)。

醇分子中 α-H 受到－OH 吸电子诱导效应的影响，表现出一定的活性，容易脱去氢原子而发生氧化反应。醇可以被多种氧化剂氧化，醇的结构不同、氧化剂不同，氧化产物也不同。

1. 强氧化剂氧化 用 $K_2Cr_2O_7$ 或 $KMnO_4$ 作为氧化剂，伯醇首先被氧化成醛，醛继续被氧化成羧酸。

$$RCH_2OH \xrightarrow{[O]} RCHO \xrightarrow{[O]} RCOOH$$

仲醇氧化生成酮。

$$\underset{\underset{OH}{|}}{RCHR'} \xrightarrow{[O]} \underset{\overset{O}{\|}}{RCR'}$$

叔醇由于没有 α-H，则不被氧化，但在剧烈条件下与强氧化剂反应，先脱水成烯，然后烯烃再发生碳碳双键断裂的氧化反应。

$$\underset{\underset{OH}{|}}{\overset{\overset{CH_3}{|}}{CH_3CCH_2CH_3}} \xrightarrow{-H_2O} \underset{\underset{CH_3}{|}}{CH_3C=CHCH_3} \xrightarrow{[O]} \underset{\overset{}{\underset{O}{\|}}}{CH_3CCH_3} + CH_3COOH$$

2. 选择性氧化剂氧化 CrO_3 与吡啶的络合物$(C_5H_5N)_2CrO_3$ 称为沙瑞特试剂(Sarrett)，也称 collins 试剂，该试剂的特点是活性较低，能选择性氧化不饱和醇中的羟基，而不氧化碳碳双键、三键等。利用该氧化剂可以使伯醇的氧化停留在生成醛的一步或从不饱和醇制备相应的不饱和醛、酮。

$$CH_3CH_2CH_2OH \xrightarrow{collins} CH_3CH_2CHO$$

$$CH_3CH=CHCH_2OH \xrightarrow{collins} CH_3CH=CHCHO$$

(六) 多元醇的反应

具有邻二醇结构的多元醇，如乙二醇、丙三醇等，除具有一元醇的一般化学性质外，由于两个羟基的相互作用，还具有一些特殊性质，可用于鉴别和分析邻二醇类化合物。

邻二醇与新制备的氢氧化铜反应，生成深蓝色的配合物溶液。例如

$$
\begin{array}{c}
\text{CH}_2\text{OH} \\
| \\
\text{CHOH} \\
| \\
\text{CH}_2\text{OH}
\end{array}
+ \text{Cu(OH)}_2 \longrightarrow
\begin{array}{c}
\text{CH}_2\text{O} \\
| \quad\;\; \text{Cu} \\
\text{CHO} \\
| \\
\text{CH}_2\text{OH}
\end{array}
+ \text{H}_2\text{O}
$$

甘油铜

四、重要的醇类化合物

醇类化合物是动、植物代谢过程中不可缺少的物质。很多醇类化合物具有很强的生理功能，主要有麻醉催眠和消毒防腐两大作用。低级醇多有麻醉和催眠的作用，其强度一般随碳原子数目的增多而增强。当碳原子数为八时强度最大。此外，醇的类型及支链对麻醉催眠作用有影响。一般伯醇的麻醉催眠作用最弱，仲醇较强，叔醇最强，含有支链的伯醇或仲醇比相应的直链异构体的麻醉催眠作用要强，如异丙醇的作用比正丙醇强 2 倍，叔丁醇又比仲丁醇强 2 倍。

醇类化合物的消毒杀菌作用强度与催眠麻醉作用正好相反，伯醇的作用最强，仲醇次之，叔醇最弱。乙醇、丙醇都是临床上非常实用的消毒药物。一元醇对神经细胞是有毒的，多羟基化合物因对组织的渗透力减弱其毒性显著减低，如甘油、丙二醇在临床可用做助溶剂和润滑剂。

(一) 乙醇

乙醇俗名酒精，是应用最广的一种醇，为无色透明液体，能与水和大多数有机溶剂混溶，是重要的有机溶剂和化工原料。70%～75%的乙醇在医药上用作消毒剂和防腐剂。用乙醇作溶剂来溶解药品制成的制剂称为酊剂，如碘酊(俗称碘酒)就是将碘和碘化钾溶于乙醇制备而成。乙醇也可用于制取中草药浸膏以提取其有效成分。

(二) 乙二醇

乙二醇是无色、有甜味、黏稠液体，沸点是 197.4℃，冰点是−11.5℃，能与水任意比例混合，微溶于乙醚，不溶于石油醚及油类。乙二醇主要用于制聚酯涤纶，增塑剂，表面活性剂，合成纤维、化妆品和炸药，并用作染料、油墨等的溶剂，配制发动机的抗冻剂，气体脱水剂，制造树脂，也可用于玻璃纸、纤维、皮革、黏合剂的湿润剂。除用作汽车防冻剂外，还用于工业冷量的输送，一般称呼为载冷剂，同时，也可以与水一样用作冷凝剂。

(三) 丙三醇

丙三醇是无色、无臭、味甜、透明、黏稠液体，俗称甘油，能从空气中吸收潮气。丙三醇的用途非常广泛，可用作气相色谱固定液，分离分析低沸点含氧化合物、胺类化合物、氮或氧杂环化合物；也用于水溶液的分析、溶剂、气量计及水压机缓震液；抗生素发酵用营养剂；可与水以任何比例溶解，低浓度丙三醇溶液可做润滑油对皮肤进行滋润。

第二节　酚

一、酚的结构、分类和命名

(一)酚的结构

酚是羟基和芳环直接相连的化合物，通式为 Ar—OH，其官能团称为酚羟基。苯酚是最简单的酚，为平面分子，羟基的氧原子为 sp^2 杂化，氧原子的两对未共用电子对分别位于 sp^2 杂化轨道和未杂化的 p 轨道上，该 p 轨道与苯环的大 π 键相互平行，形成 p-π 共轭。共轭的结果是：①氧原子的未共用电子对离域到苯环上，氧原子的电子云密度降低，使得 O—H 键的极性增强，容易断裂给出质子，表现出酸性；②苯环上的电子云密度升高，有利于苯环上亲电取代反应的进行。

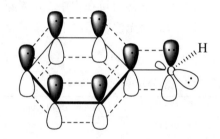

(二)酚的分类和命名

根据酚羟基的数目，分为一元酚、二元酚和三元酚等，通常将含有两个以上酚羟基的酚称为多元酚。

根据芳烃基种类不同，分为苯酚、萘酚等。萘酚因羟基位置不同又分为 α-萘酚和 β-萘酚。

苯酚　　　　　　间苯二酚　　　　　　连苯三酚
phenol　　　　　resorcinol　　　　　pyrogallol

α-萘酚　　　　　　β-萘酚
α-naphthol　　　　β-naphthol

简单酚的命名通常以酚为母体，将取代基的位次、数目和名称写在酚的名称前面，但芳环上有羧基和醛基时除外。有些酚类化合物习惯用俗名。

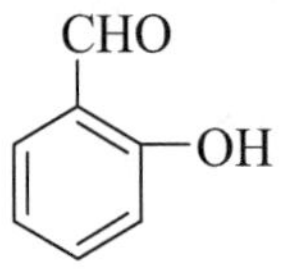

邻羟基苯甲醛　　　　　3-硝基-4-氯苯酚　　　　　邻苯二酚（儿茶酚）
o-hydroxybenzaldehyde　　4-chloro-3-nitro phenol　　　1,2-benzenediol

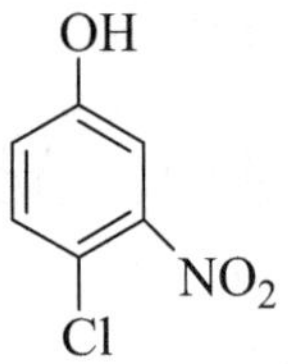

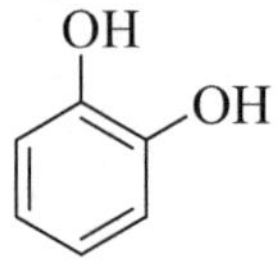

二、酚的物理性质

酚一般为结晶状固体，少数烷基酚为液体。由于分子间形成氢键，沸点都很高。酚微溶于水，如苯酚在 100g 水中约溶解 9g，加热时可在水中无限溶解。随着酚羟基的增加，酚在水中的溶解度也随之增加。纯净的酚为无色，但由于被氧化而带黄色或红色。常见酚的物理常数见表 7-2。

表7-2　部分常见酚的物理常数

化合物	熔点/℃	沸点/℃	溶解度/[g·(100gH₂O)⁻¹]	pK_a
苯酚	43	182	9.3	10.00
邻甲苯酚	30	191	2.5	10.20
间苯甲酚	11	201	2.6	10.01
对苯甲酚	35.5	201	2.3	10.17
邻氯苯酚	43	220	2.8	8.11
间氯苯酚	33	214	2.6	8.80
对氯苯酚	43	220	2.7	9.20
邻硝基苯酚	45	217	0.2	7.17
间硝基苯酚	96		1.4	8.28
对硝基苯酚	114	279	1.7	7.15
2,4-二硝基苯酚	133	分解	0.56	3.96
2,4,6-三硝基苯酚	122	分解	1.4	0.38

三、酚的化学性质

由于酚羟基直接和苯环相连，形成 p-π 共轭体系，因此酚类化合物有许多性质不同于醇，如酚的酸性比醇强；酚的 C—O 键不容易断裂。此外，酚的芳环也比相应的芳烃更容易发生亲电取代反应。

(一)弱酸性

酚的酸性较醇强，具有弱酸性，能溶于氢氧化钠溶液生成钠盐，而醇不能。

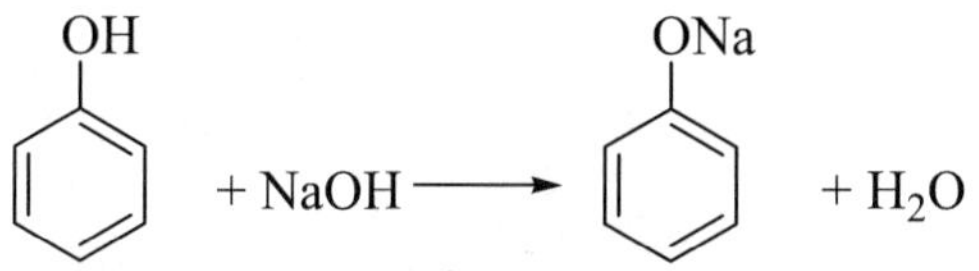

多数酚的 pK_a 都在 10 左右，但比碳酸（$pK_a=6.35$）弱，将 CO_2 通入酚钠的水溶液中，可以使酚重新游离出来。

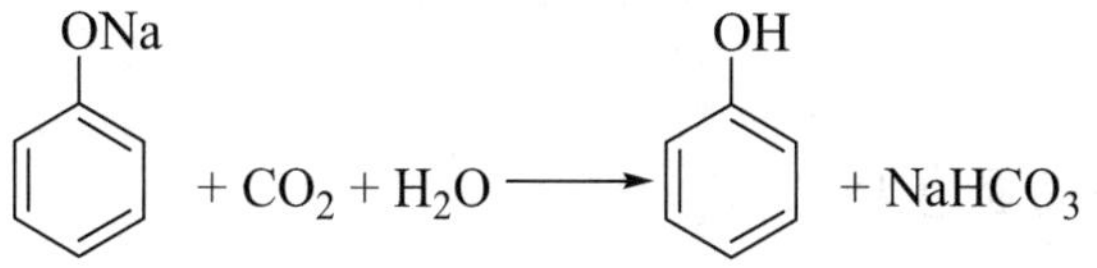

取代酚类化合物的酸性强弱与苯环上取代基的种类、数目等有关。一般当苯环上连有吸电子取代基时，能降低苯环的电子云密度，酚的酸性增强；当连有斥电子取代基时，能增加苯环的电子云密度，酚的酸性减弱。例如，硝基酚的酸性比苯酚强，2,4,6-三硝基苯酚的酸性接近无机强酸。甲基酚的酸性比苯酚弱，如表 7-2 所示。

（二）芳环上的亲电取代反应

羟基是强的活化基是邻、对位定位基，能使苯环活化，因此很容易发生苯环上的亲电取代反应，新取代基引入邻位和对位。

1. 卤代反应 苯酚与溴水在室温下立即反应生成 2,4,6-三溴苯酚白色沉淀。

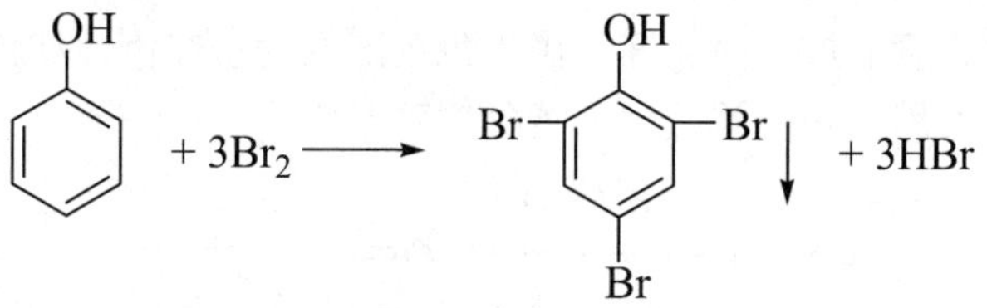

此反应很灵敏，常用作苯酚的鉴别和定量测定。

如需制备一溴代苯酚，则反应要在非极性溶剂（CS_2、CCl_4 等）和低温下进行。

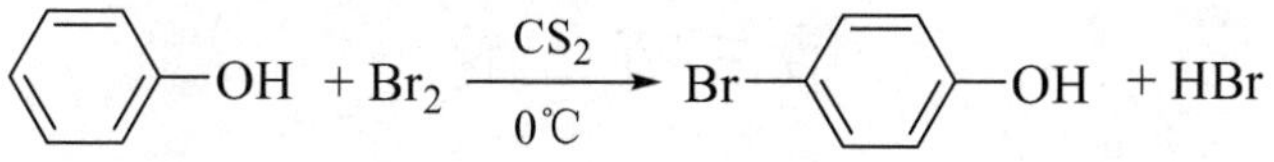

70%～80%

2. 硝化反应 苯酚在室温下与稀硝酸很容易反应生成邻硝基苯酚和对硝基苯酚。

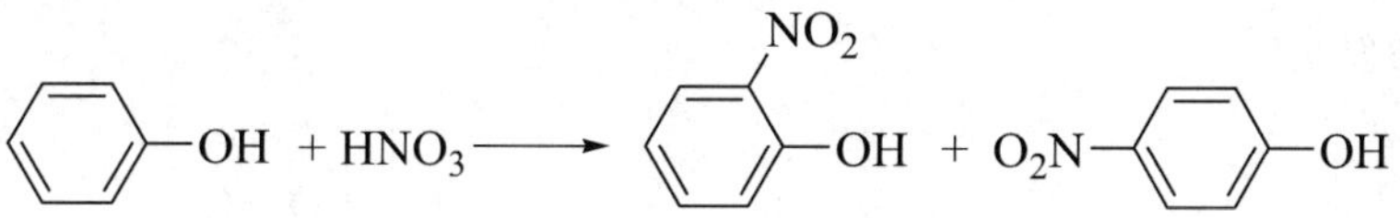

30%～40%　　　　15%

邻位和对位的产物可用水蒸气蒸馏将它们分开。因为邻硝基苯酚可形成分子内氢键，挥发性大，能随水蒸出；而对硝基苯酚分子间形成氢键，挥发性小，不能随水蒸出。

3. 磺化反应 苯酚与浓硫酸作用，25℃时主要生成邻位产物（受速率控制）；100℃时主要生成对位产物(受平衡控制)。

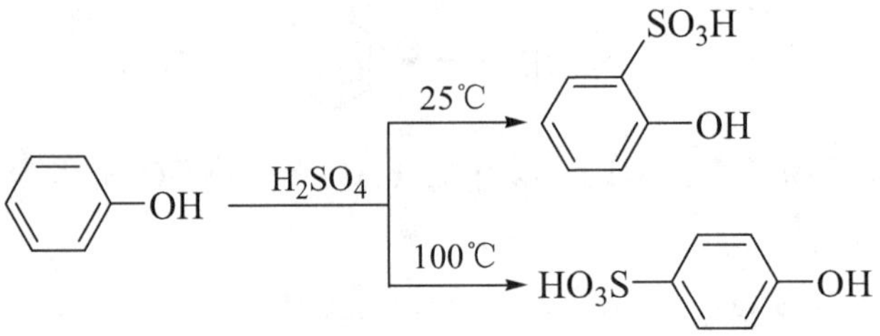

(三)与三氯化铁的显色反应

具有烯醇式结构的化合物能与三氯化铁的水溶液发生颜色反应。不同的酚产生的颜色各不相同。例如,苯酚、间苯二酚显紫色,甲基酚显蓝色,邻苯二酚、对苯二酚显绿色。故常用三氯化铁的水溶液来鉴别酚类和烯醇式结构的化合物。

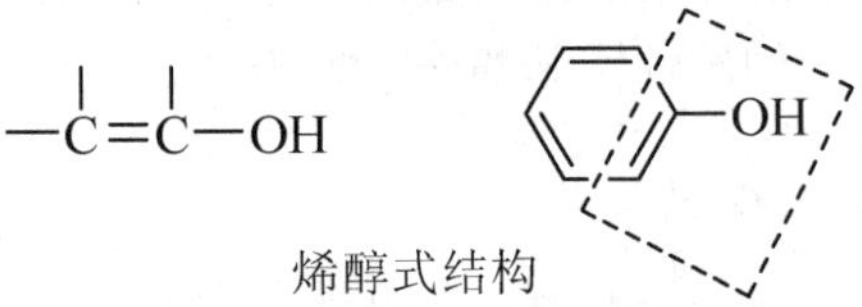

(四)氧化反应

酚很容易被氧化,所以进行磺化、硝化反应时必须控制反应条件,避免被氧化。酚氧化物的颜色随着氧化程度的加重而加深,由无色逐渐变为粉红色、红色或暗红色。

重铬酸钾与苯酚作用,苯酚被氧化成黄色的对苯醌。

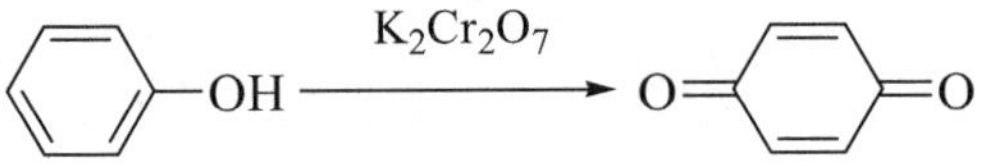

多元酚更容易被氧化,产物为醌类化合物。

第三节 醚

一、醚的结构、分类和命名

(一)醚的结构

醚的通式为(Ar)R—O—R′(Ar′),醚的官能团为醚键 $-\overset{|}{\underset{|}{C}}-O-\overset{|}{\underset{|}{C}}-$,脂肪醚的结构与水分子结构相似,氧原子为 sp^3 不等性杂化,两对未共用电子对分别位于 sp^3 杂化轨道中。如甲醚的结构为

(二)醚的分类

醚分子中，与氧原子所连的两个烃基若相同则为单醚，不相同则为混醚。两个烃基都是脂肪烃基称为脂肪醚，若两个烃基中有一个或两个为芳香烃基的，称为芳香醚。碳原子与氧原子形成环状结构的醚称为环醚。分子中含有多个—OCH$_2$CH$_2$—结构单元的大环多醚，其立体结构很像王冠，称为冠醚(crown ether)。

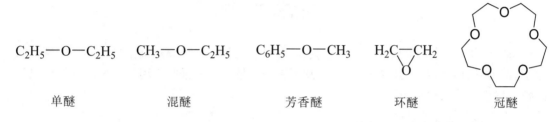

C$_2$H$_5$—O—C$_2$H$_5$ CH$_3$—O—C$_2$H$_5$ C$_6$H$_5$—O—CH$_3$ H$_2$C—CH$_2$

单醚   混醚   芳香醚   环醚   冠醚

(三)醚的命名

结构简单的醚采用普通命名法，在与氧相连的两个烃基的名称(基字可省略)后面加上"醚"字即可。命名单醚时，烃基前的"二"字可以省略；命名混醚时，通常将较小烃基的名称放在前面；命名芳香醚时，一般将芳基的名称放在前面。例如

C$_2$H$_5$—O—C$_2$H$_5$ C$_6$H$_5$—O—C$_6$H$_5$ CH$_3$—O—C$_2$H$_5$ C$_6$H$_5$—O—CH$_3$

二乙醚(乙醚)   二苯醚(苯醚)   甲基乙基醚(甲乙醚)   苯基甲基醚(苯甲醚)
diethyl ether   diphenyl ether   ethyl methyl ether   methyl phenyl ether

结构复杂的醚采用系统命名法，将较小的烷氧基作为取代基，如母体为烷烃，按照烷烃的命名规则进行。

CH$_3$CH$_2$CH$_2$CHCH$_2$CH$_3$ CH$_2$CH$_2$OH
            | |
           OCH$_3$ OC$_2$H$_5$

3-甲氧基己烷   2-乙氧基乙醇
3-methoxyhexane   2-ethoxy ethanol

三元环醚称为环氧化合物，母体为环氧乙烷，氧原子编号为 1，其他环醚按杂环化合物的名称命名。

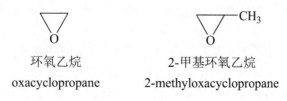

环氧乙烷   2-甲基环氧乙烷
oxacyclopropane   2-methyloxacyclopropane

二、醚的物理性质

常温下除了甲醚和甲乙醚为气体外，大多数醚为易燃液体。醚的沸点比其分子量相同的醇要低得多。如乙醇的沸点为78.5℃，甲醚为−23℃。原因是醚分子不含活泼氢原子，分子间不能形成氢键的缘故。但在水中的溶解度与分子量相近的醇相似，如乙醚和正丁醇在水中的溶解度约为$80g·L^{-1}$，这是因为醚分子中的氧原子能与水分子中的氢原子形成氢键。

醚常用作有机溶剂，如乙醚是实验室中常用的溶剂。纯净的乙醚在外科手术中用作全身麻醉剂。乙醚极易挥发、易燃，使用时要注意通风且禁止使用明火。

三、醚的化学性质

醚的化学性质比较稳定，仅次于烷烃，对碱、氧化剂、还原剂都十分稳定。但醚的氧原子有未共用电子对，可以接受质子；碳氧键是极性键，在强酸作用下，醚的碳氧键也能断裂，发生亲核取代反应。

(一)锌盐的生成

醚氧原子上有未共用电子对，能与浓硫酸形成锌盐(oxonium salt)，因醚接受质子的能力很弱，必须与浓强酸才能作用。醚的锌盐不稳定，遇水分解成原来的醚。由于烷烃和卤代烃与浓酸不起作用，利用这一特性可以鉴别醚与烷烃、卤代烃。

$$R—O—R' + H_2SO_4 \longrightarrow \left[\begin{array}{c} R—O—R' \\ | \\ H \end{array} \right]^+ HSO_4^- \xrightarrow{H_2O} R—O—R' + H_3O^+ + HSO_4^-$$

(二)醚键的断裂

在加热条件下，氢碘酸能使醚键断裂，生成醇和碘代烷，若氢碘酸过量，与生成的醇继续作用生成碘代烷。

醚键的断裂反应属于亲核取代反应，首先是醚的质子化形成锌盐，然后亲核试剂 I⁻进攻锌盐，生成碘代烷和醇。烷基的结构不同，反应机制也不相同，通常伯烷基醚按 S_N2 机制进行，叔烷基醚按 S_N1 机制进行。

$$CH_3—\overset{\cdot\cdot}{\underset{\cdot\cdot}{O}}—CH_3 \underset{}{\overset{H^+}{\rightleftharpoons}} CH_3—\underset{\overset{|}{H}}{O^+}—CH_3 \xrightarrow[S_N2]{I^-} CH_3I + CH_3OH$$

$$(CH_3)_3C—\overset{\cdot\cdot}{\underset{\cdot\cdot}{O}}—C(CH_3)_3 \underset{}{\overset{H^+}{\rightleftharpoons}} (CH_3)_3C—\underset{\overset{|}{H}}{O^+}—C(CH_3)_3 \xrightarrow[S_N1]{I^-} (CH_3)_3CI + (CH_3)_3COH$$

当醚键上连有两个不同伯烷基与氢卤酸作用时，反应主要按 S_N2 机制进行，亲核试剂进攻空间位阻小的伯烷基碳原子，结果是较小的烷基生成卤代烃，较大的烷基生成醇。芳基烷基醚与氢卤酸作用时，总是烷氧基断裂，生成酚和卤代烷。二苯基醚很稳定，通常不与氢卤酸发生醚键断裂反应。

$$CH_3OCH_2\underset{\underset{CH_3}{|}}{C}HCH_2CH_3 + HI \xrightarrow{100℃} CH_3I + CH_3CH_2\underset{\underset{CH_3}{|}}{C}HCH_2OH$$

$$\text{〈苯环〉}-OCH_3 \xrightarrow[120\sim130℃]{57\% HI} \text{〈苯环〉}-OH + CH_3I$$

(三)过氧化物的生成

一般情况下，醚对氧化剂是稳定的，如 $KMnO_4$、$K_2Cr_2O_7$ 都不能使醚氧化，但含有 α-H 的醚若在空气中久置，会慢慢地氧化成不易挥发的过氧化物。

$$CH_3CH_2OCH_2CH_3 + O_2 \longrightarrow CH_3CH_2-O-\underset{\underset{O-O-H}{|}}{C}HCH_3$$

过氧化物不稳定，遇热会发生爆炸，因此蒸馏醚时应注意加热温度，不能将醚蒸干。检验醚中是否含有过氧化物的方法是：若醚能使淀粉-KI 试纸变蓝或使 $FeSO_4$-KSCN 混合液显红色，则说明醚中含有过氧化物，蒸馏前用硫酸亚铁或亚硫酸钠等还原剂先除掉过氧化物。储存醚时，应避免其暴露于空气中，并置于棕色瓶中。

(四)环氧化合物的开环反应

环氧化合物同环丙烷类似，由于环的张力，其性质非常活泼，在酸或碱的催化下很容易与多种亲核试剂作用，发生开环反应。

1. 环氧乙烷的开环反应

$$\xrightarrow{H_2O/H^+} HOCH_2CH_2OH$$
$$\xrightarrow{C_2H_5OH/H^+} HOCH_2CH_2OCH_2CH_3$$
$$\xrightarrow{HCl} HOCH_2CH_2Cl$$
$$\xrightarrow{NH_3} HOCH_2CH_2NH_2$$
$$\xrightarrow{HCN} HOCH_2CH_2CN$$
$$\xrightarrow{CH_3OH/CH_3ONa} HOCH_2CH_2OCH_3$$
$$\xrightarrow{RMgX} RCH_2CH_2OMgX \xrightarrow{H_2O/H^+} RCH_2CH_2OH$$

环氧化合物的开环反应属于亲核取代反应。在酸性条件下，氧原子先质子化，形成质子化环氧化合物，碳氧键的极性增强，有利于亲核试剂的进攻。在碱性条件下，由于亲核试剂的亲核能力较强，可以直接进攻环氧化合物本身发生开环反应。

$$\text{(环氧)} \xrightleftharpoons{H^+} \text{(质子化)} \xrightarrow{:Nu^-} HOCH_2CH_2Nu$$

$$\text{(环氧)} \xrightarrow{:Nu^-} {}^-OCH_2CH_2Nu \xrightarrow{H^+} HOCH_2CH_2Nu$$

2. 不对称环氧乙烷的开环反应　不对称的环氧乙烷在酸性或碱性条件下发生开环反应时，反应的取向不同，因而产物也不相同。一般情况下，在酸性条件下开环，亲核试剂主要进攻取代基较多的碳原子，原因是三元环本身有较大的角张力，经质子化的环氧乙烷更加不稳定，碳氧键更易断裂，形成碳正离子。

$$H_3C\text{—}\triangle\text{—}O \xrightarrow{H^+} H_3C\text{—}\overset{+}{\triangle}\text{—}\overset{O}{\underset{H}{}} \xrightarrow{:Nu^-} HOCH_2\underset{Nu}{CH}CH_3$$

在碱性条件下，亲核试剂进攻取代基少的碳原子，原因是含取代基少的碳原子，其空间位阻较小。

$$\triangle \xrightarrow[CH_3OH]{CH_3ONa} (CH_3)_2C\underset{OH}{\overset{OCH_3}{C}}CHCH_3$$

不对称环氧乙烷在酸或碱的条件下开环的取向可以总结为

$$R\text{—}\triangle\text{—}O$$
酸催化断裂　　碱催化断裂

第四节　硫醇和硫醚

一、硫醇、硫醚的结构和命名

醇分子和醚分子中的氧原子被硫原子取代后形成的化合物分别称为硫醇和硫醚。通式分别为 R—SH、(Ar)R—S—R′(Ar′)。硫醇的官能团为—SH，称为巯基。

硫醇和硫醚的命名与醇和醚的命名相似，只在"醇"和"醚"字前加"硫"字即可，例如

CH_3SH	CH_3CH_2SH	CH_3SCH_3	$CH_3SCH_2CH_3$	$PhSCH_2CH_3$
甲硫醇	乙硫醇	二甲硫醚	甲乙硫醚	苯乙硫醚
methanethiol	ethanethiol	dimethyl sulfide	ethyl methyl sulfide	ethyl phenyl ether

当分子中同时含有羟基和巯基时，以醇为母体，巯基为取代基。

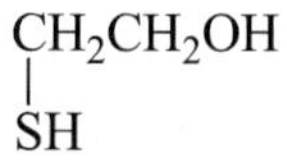

$$CH_2CH_2OH$$
$$|$$
$$SH$$

2-巯基乙醇

2-mercaptoethanol

二、硫醇、硫醚的物理性质

低级的硫醇易挥发，具有极其难闻的臭味。硫的原子半径大，电负性小，与水分子间难以形成氢键，因而其沸点和水溶性均比相应的醇低。例如，乙硫醇的沸点为37℃，在水中的溶解度为 $1.5g·ml^{-1}$，而乙醇的沸点为 78℃，可以与水互溶。

低级硫醚除甲硫醚外都是无色液体，有臭味，但不如硫醇强烈。硫醚不能与水形成氢键，因而不溶于水，易溶于醇和醚，沸点比相应的醚高。

三、硫醇、硫醚的化学性质

(一)硫醇的弱酸性

硫醇的酸性比相应的醇强，原因是硫的原子半径大，硫氢键(S−H)的键长比氧氢键(O−H)的键长长，更容易被极化而发生断裂，解离出质子，表现酸性。例如，乙硫醇的 pK_a 为 10.5，乙醇的 pK_a 为 15.9，乙硫醇与氢氧化钠能形成稳定的盐，而乙醇不与氢氧化钠成盐。

(二)硫醇与重金属的作用

硫醇能与重金属(汞、银、铅等)盐或氧化物反应，生成不溶于水的硫醇盐。

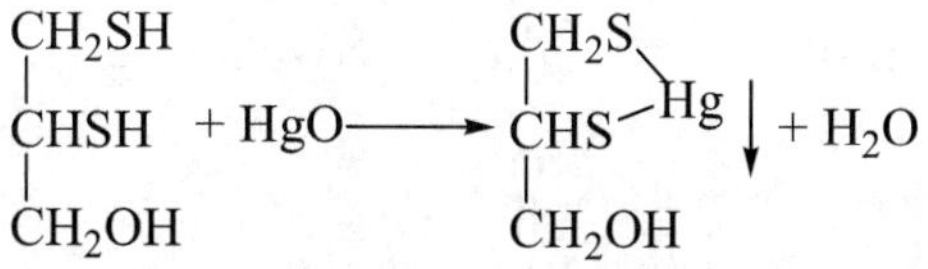

$$\begin{array}{l} CH_2SH \\ | \\ CHSH \\ | \\ CH_2OH \end{array} + HgO \longrightarrow \begin{array}{l} CH_2S \\ | \quad\quad Hg \downarrow + H_2O \\ CHS \\ | \\ CH_2OH \end{array}$$

重金属进入人体后，能与体内某些酶的巯基结合成硫醇盐，使酶失去活性而影响正常的生理代谢，这就是所谓的"重金属中毒"。临床上经常使用的重金属中毒的解毒剂有二巯基丙醇、二巯基丙磺酸钠、二巯基丁二酸钠。它们与金属离子的亲和力很强，不仅能结合重金属离子，而且还能夺取已经和酶结合的重金属离子，生成无毒性的配合物经尿排出体外，从而使酶的活性得以恢复，起到解毒的作用。

(三)氧化反应

硫醇很容易被氧化，弱的氧化剂如空气中的氧、过氧化氢等就能将硫醇氧化成二硫化物。生物体内含有巯基的蛋白质，也可被体内的氧氧化成含有二硫键的蛋白质。

$$\begin{array}{c} CH_2SH \\ | \\ CHSH \\ | \\ CH_2OH \end{array} \qquad \begin{array}{c} CH_2SH \\ | \\ CHSH \\ | \\ CH_2SO_3Na \end{array} \qquad \begin{array}{c} COONa \\ | \\ CHSH \\ | \\ CHSH \\ | \\ COONa \end{array}$$

二巯基丙醇　　　　二巯基丙磺酸钠　　　二巯基丁二酸钠

$$\text{酶} \begin{array}{c} SH \\ \\ SH \end{array} + Hg^{2+} \longrightarrow \text{酶} \begin{array}{c} S \\ \\ S \end{array} Hg + H^+$$

$$\text{酶} \begin{array}{c} S \\ \\ S \end{array} Hg + \begin{array}{c} HS \\ \\ HS \end{array} CH_2SO_3Na \longrightarrow \text{酶} \begin{array}{c} SH \\ \\ SH \end{array} + Hg \begin{array}{c} S \\ \\ S \end{array} CH_2SO_3Na$$

$$RSH \xrightarrow{[O]} RS-SR + H_2O$$

$$HS \underset{}{\overset{NH_2}{\underset{|}{}}} COOH \xrightarrow{[O]} HOOC \underset{NH_2}{\overset{}{}} S-S \overset{NH_2}{\underset{}{}} COOH$$

硫醚比醚容易氧化，在常温下被硝酸、过氧化氢等氧化成亚砜，高温下被高锰酸钾、发烟硝酸等强氧化剂氧化成砜。

$$RSR \xrightarrow{[O]} \overset{O}{\underset{\|}{R S R}} \quad \text{亚砜(sulfoxides)}$$

$$RSR \xrightarrow{[O]} \overset{O}{\underset{\underset{O}{\|}}{\overset{\|}{R S R'}}} \quad \text{砜(sulfones)}$$

例如

$$CH_3SCH_3 \xrightarrow{H_2O_2} \overset{O}{\underset{\|}{CH_3SCH_3}}$$

二甲基亚砜

dimethylsulfoxide

二甲亚砜(DMSO)是一种优良的非质子极性溶剂，俗称"万能溶剂"，既能溶解有机物又能溶解无机物。对皮肤有很强的穿透力，可用作载体作为药物的促渗剂。

阅读资料

酚类污染物的危害

酚类污染物主要来源于炼油、炼焦、木材防腐、绝缘材料、医疗、化工及造纸工业等生产过程中排放的废水。此外，粪便及含氮有机物在分解过程中也产生酚类污染物。水中主要的酚类污染物有苯酚、甲苯酚、氯酚、苯二酚等。

1. 对人体的危害　环境中的酚类污染物既可以直接危害人类健康，也可以间接通过食物链危害人类健康。当酚类污染物在人体内富集到一定量时，这种危害作用就会体现出来。酚类污染物是原型质毒物，与细胞质中蛋白质接触时，可发生化学反应，形成不溶性蛋白质而使细胞失去活力。酚类污染物对人体的危害有：影响人类的生殖功能，导致不孕不育；影响免疫系统，导致人类免疫系统失调，癌症发病率上升；通过母体或母乳把酚类污染物及其代谢物传给下一代，使婴幼儿神经发育异常；影响内分泌系统，干扰垂体激素、甲状腺素等的产生和释放，从而影响人体生长发育。酚类污染物还可以影响神经系统，使神经受损，出现记忆力和注意力下降。

2. 对土壤及水环境的影响　土壤及水环境被酚类污染物污染后，部分酚类污染物可以被土壤吸附，或者变成溶解物，长期残留在土壤及水环境中。酚类污染物能够引起土壤酸碱度、硬度、结构、组成成分等发生显著变化，也能使水体酸碱度、营养物质成分及含量等发生变化，阻碍或抑制土壤及水体中动、植物和微生物的正常生命活动，严重的可造成生态灾难，使动、植物面临灭亡危险。酚类污染物进入土壤及水环境后，还会影响与其联系紧密的其他环境因素，例如土壤表层的酚类污染物会在风力作用下不断扩散，扩大污染面积；土壤及水环境中残留的酚类污染物通过淋洗和渗透作用进入地下水，造成污染；另一些被悬浮物吸附的酚类污染物，也会在外力作用下迁移，造成地表水污染。被酚类污染物污染的废水如果被用来浇灌农田，会造成农作物死亡。

3. 对食品安全的影响　酚类污染物与食品安全有着不可分割的关系。酚类污染物可以通过"土壤（水）-植物（微生物）-动物-人类"的食物链，使有害物质逐渐在动、植物体内富集，从而降低食物链中农副产品的生物学质量。酚类污染物的影响是慢性和长期的，有的可能长达数十年乃至数百年，直接或间接地危害人类和动、植物的生命健康。

4. 对生态环境的影响　土壤及水环境中酚类污染物的污染，可以抑制生物的生长或者在生物体内富集。食用了酚类污染物的野生生物体，生命受到威胁，总数减少，其区域分布变窄，种群间失去平衡，最终影响生态平衡。

本 章 小 结

醇、酚和醚是三类重要的含氧有机化合物。羟基与烃分子中饱和的碳原子相连的称为醇；羟基直接与芳环相连的化合物称为酚；醚是醇或酚羟基上的氢原子被烃基取代的化合物。

1. 醇的化学性质

（1）不同类型的醇与金属钠反应的活性不同。活性次序为：甲醇＞伯醇＞仲醇＞叔醇。

（2）醇与氢卤酸的反应属于亲核取代。醇的活性顺序是：烯丙型或苄基型醇＞叔醇＞仲醇＞伯醇。

(3)醇与无机酸如亚硝酸、硝酸、硫酸和磷酸等反应生成无机酸酯。

(4)脱水反应：醇在浓硫酸或磷酸作用下加热，在较高的温度下分子内脱水生成烯烃，遵循 Saytzeff 规律。在较低的温度下发生分子间脱水生成醚。不同类型的醇分子内脱水的活性顺序是：叔醇＞仲醇＞伯醇。

(5)氧化反应：用 $K_2Cr_2O_7$ 或 $KMnO_4$ 作为氧化剂，伯醇首先被氧化成醛，醛继续被氧化成羧酸。仲醇氧化生成酮。叔醇由于没有 α-H，则不被氧化。

(6)邻二醇的特殊反应：邻二醇与新制备的氢氧化铜反应，生成深蓝色的配合物溶液，可用于鉴别和分析邻二醇类化合物。

2. 酚的化学性质

(1)弱酸性：酚的酸性较醇强，能溶于氢氧化钠溶液生成钠盐。

(2)芳环上的亲电取代反应：苯酚与溴水反应生成 2,4,6-三溴苯酚的白色沉淀；在室温下，苯酚与稀硝酸反应生成邻硝基苯酚和对硝基苯酚；苯酚与浓硫酸作用，温度较低时主要生成邻羟基苯磺酸，温度较高时主要生成对羟基苯磺酸。

(3)与三氯化铁的显色反应：大多数的酚能与三氯化铁的水溶液发生颜色反应。不同的酚与三氯化铁反应的颜色不同。

(4)氧化反应：酚很容易被氧化，所以进行磺化、硝化反应时必须控制反应条件，避免被氧化。酚氧化成醌，溶液的颜色随着氧化程度的深化而加深，由无色逐渐变为粉红色、红色或暗红色。

3. 醚的化学性质

(1)锌盐的生成：醚氧原子上有未共用电子对，能与浓硫酸形成锌盐，但不稳定，遇水分解成原来的醚。由于烷烃和卤代烃与浓酸不起作用，利用这一特性可以鉴别醚与烷烃、卤代烃。

(2)醚键的断裂：醚键的断裂反应属于亲核取代反应，通常伯烷基醚按 S_N2 机制进行，叔烷基醚按 S_N1 机制进行。当醚键上连有两个不同伯烷基与氢卤酸作用时，亲核试剂进攻空间位阻小的伯烷基碳原子，结果是较小的烷基生成卤代烃，较大的烷基生成醇。芳基烷基醚与氢卤酸作用时，总是烷氧键断裂，生成酚和卤代烷。

(3)过氧化物的生成：含有 α-H 的醚若在空气中久置，也会慢慢地氧化成不易挥发的过氧化物。

(4)环氧化合物的开环反应：环氧化合物的开环反应属于亲核取代反应。不对称环氧乙烷的开环反应随介质酸碱性不同，反应的取向不同，生成的产物也不同。不对称环氧乙烷开环取向可用下式表示：

酸催化断裂   O   碱催化断裂

4. 硫醇、硫醚的化学性质

(1)硫醇的弱酸性：硫醇的酸性比相应的醇强。

(2)与重金属的作用：硫醇能与重金属(汞、银、铅等)盐或氧化物反应，生成不溶于水的硫醇盐。

(3)氧化反应：硫醇很容易被氧化，弱的氧化剂如空气中的氧、过氧化氢等就能将硫醇氧化成二硫化物；硫醚比醚容易氧化，在常温下被氧化成亚砜，高温下被高锰酸钾、发烟硝酸等强氧化剂氧化成砜。

习　　题

1. 命名下列化合物

(1) 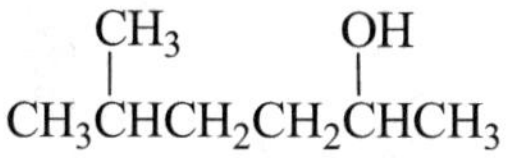
$$\underset{\displaystyle CH_3}{\overset{\displaystyle CH_3}{|}}\ \underset{\displaystyle OH}{\overset{\displaystyle OH}{|}}$$
CH₃CHCH₂CH₂CHCH₃

(2) $C_6H_5CH_2CH_2CH_2OH$

(3) $CH_2=CHCH_2CH_2OH$

(4) 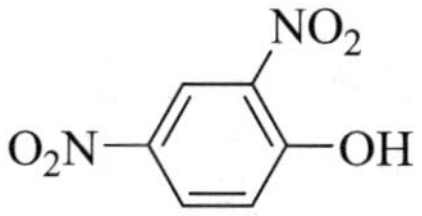 O_2N—〈苯环，带 NO₂ 和 OH〉—OH

(5) 〈苯基〉—OC_2H_5

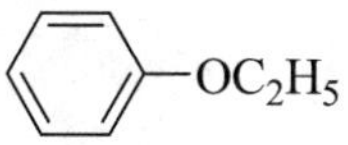

(6) 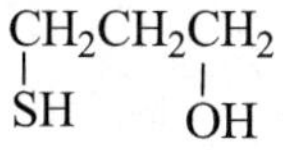
$$CH_2CH_2CH_2$$
$$\overset{|}{SH}\qquad \overset{|}{OH}$$

2. 写出下列化合物的结构式

(1) 苦味酸　　　　(2) 苄醇　　　　　　(3) 2-甲氧基戊烷

(4) DMSO　　　　(5) 乙基叔丁基醚　　(6) 2,2-二甲基环氧乙烷

3. 完成下列反应式

(1) 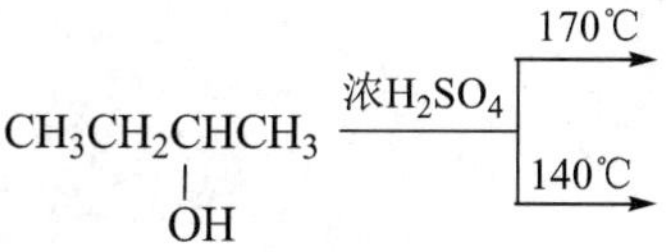
$$CH_3CH_2CHCH_3 \xrightarrow[\overset{|}{OH}]{浓H_2SO_4} \begin{array}{l} \xrightarrow{170℃} \\ \\ \xrightarrow{140℃} \end{array}$$

(2) HO—〈苯环〉—CH_2OH + NaOH ⟶

(3) 〈苯基〉—CH_2CHCH_3（带 OH）$\xrightarrow[\triangle]{浓H_2SO_4}$

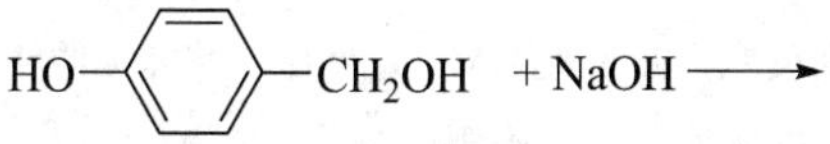

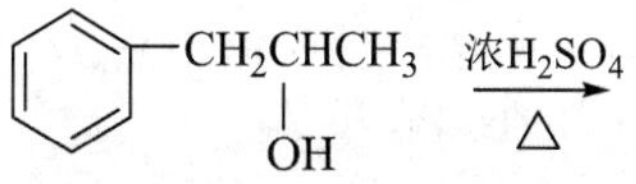

(4) 〈环戊基〉—OH $\xrightarrow{K_2Cr_2O_7}$

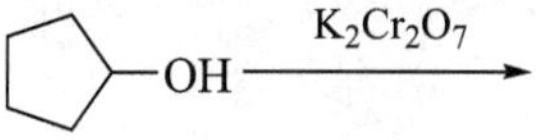

(5) $CH_2=CHCH_2CH_2OH \xrightarrow[CH_2Cl_2]{CrO_3/(C_5H_5N)_2}$

(6) $(CH_3)_2CHOCH_3$ + HI $\xrightarrow{\triangle}$

(7) 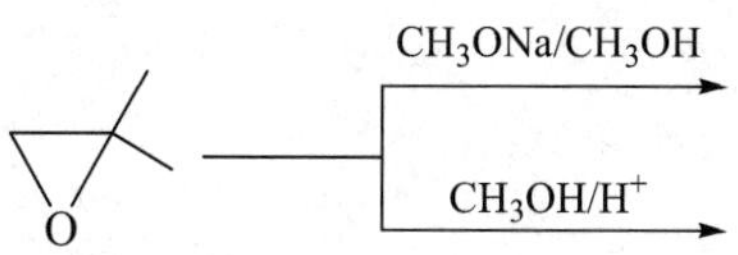 〈2,2-二甲基环氧乙烷〉
$$\begin{array}{l} \xrightarrow{CH_3ONa/CH_3OH} \\ \\ \xrightarrow{CH_3OH/H^+} \end{array}$$

4. 单项选择题

(1) 下列醇分子内脱水，速率最快的是

A. $(CH_3)_2CHCHCH_3$ B. $(CH_3)_3COH$ C. CH_3CH_2OH D. 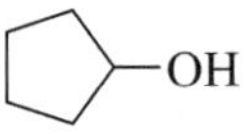 [环戊基]—OH
   |
   OH

(2) 下列各醇与卢卡斯试剂作用，最先出现浑浊的是

A. 3-甲基-2-丁醇   B. 3-甲基-1-丁醇

C. 3-丁烯-2-醇   D. 2-甲基-2-丁醇

(3) 下列化合物中酸性最强的是

A. 水   B. 乙醇   C. 苯酚   D. 碳酸

(4) 鉴别 1,2-丙二醇和 1,3-丙二醇所用的试剂为

A. 溴水   B. $FeCl_3$ C. $Cu(OH)_2$ D. $K_2Cr_2O_7$

5. 将下列化合物按酸性由强到弱的顺序排列

(1)  H_3C—[苯环]—OH   (2) 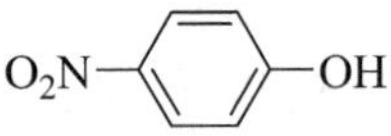 O_2N—[苯环]—OH

(3) 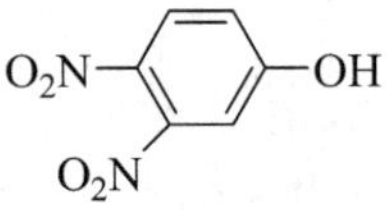 O_2N—[苯环]—OH （另一O₂N取代）   (4) 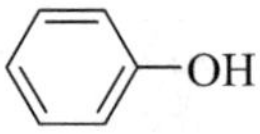 [苯环]—OH

(5) 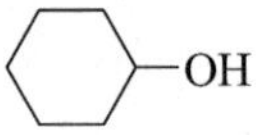 [环己基]—OH   (6) 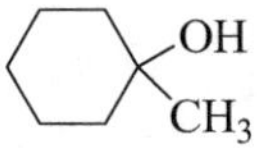 [环己基]$\begin{smallmatrix}OH\\CH_3\end{smallmatrix}$

6. 用化学方法鉴别下列化合物

(1) 正丁醇、2-丁醇、叔丁醇

(2) 苯酚、苯甲醇、苯甲醚

7. 化合物 A 的分子式为 $C_6H_{10}O$，能与卢卡斯试剂反应，亦可被 $KMnO_4$ 氧化，并能吸收 1mol Br_2，A 经催化加氢得到 B，B 氧化得 C，其分子式为 $C_6H_{10}O$，B 在加热下与浓硫酸作用的产物经还原可得到环己烷，试推测 A 可能的结构式，并写出各步骤的反应式。

8. 化合物 A(C_7H_8O) 不与 Na 反应，与浓 HI 反应生成 B 和 C，B 能溶于 NaOH 溶液中，也能与 $FeCl_3$ 显紫色，C 与 $AgNO_3$/乙醇作用，生成 AgI 沉淀，试推断 A、B、C 的结构。

（付彩霞）

第八章 醛、酮和醌

学习要求

1. 掌握醛、酮的结构和命名，亲核加成反应及活性，羰基化合物的 α-C 和 α-H 的活性（醇醛缩合反应和卤代反应），醛酮的氧化和还原反应。

2. 熟悉醛的特殊反应，醌的结构特点，醌的化学性质。

3. 了解醛、酮、醌的分类和物理性质，重要的醛、酮、醌。

醛(aldehyde)、酮(ketone)和醌(quinone)具有共同的结构特征，它们都含有羰基

(carbonyl group, $-\overset{\overset{\displaystyle O}{\|}}{C}-$)，所以这类化合物总称为羰基化合物(carbonyl compounds)。羰基

分别与一个烃基和一个氢原子相连(甲醛例外)的化合物称作醛，分子中的 $-\overset{\overset{\displaystyle O}{\|}}{C}-H$ 称为醛

基，醛基可简写作$-CHO$；羰基与两个烃基相连的化合物称作酮，酮分子中的羰基称为酮

基，可简写为$-CO-$。

醌是一类不饱和的环二酮，在分子中含有两个双键和两个羰基。

醛、酮的通式如下。

$$R-\overset{\overset{\displaystyle O}{\|}}{C}-H \qquad\qquad\qquad R-\overset{\overset{\displaystyle O}{\|}}{C}-R'$$

醛   酮

R为脂肪烃基或芳香烃基   R，R'为脂肪烃基或芳香烃基

羰基很活泼，可以发生多种有机反应，在有机合成中有着广泛的用途。有些羰基化合物常用作溶剂、香料、药物的原料，同时也是体内代谢过程中十分重要的中间体。

第一节 醛 和 酮

一、醛、酮的分类和命名

(一)醛、酮的分类

根据羰基连接的烃基不同，可分为脂肪醛、酮和芳香醛、酮(羰基直接连在芳环上)。根据羰基连接的烃基是否饱和，可分为饱和醛、酮和不饱和醛、酮。根据分子中所含羰基的数目，可分为一元醛、酮和多元醛、酮(含两个或两个以上羰基)等。

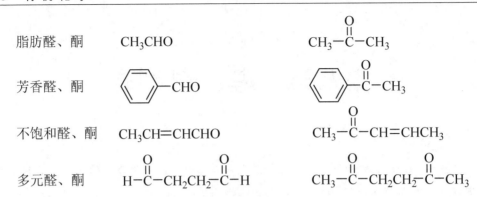

脂肪醛、酮	CH_3CHO	$CH_3-\overset{O}{\overset{\|}{C}}-CH_3$
芳香醛、酮	⬡-CHO	⬡-$\overset{O}{\overset{\|}{C}}-CH_3$
不饱和醛、酮	$CH_3CH=CHCHO$	$CH_3-\overset{O}{\overset{\|}{C}}-CH=CHCH_3$
多元醛、酮	$H-\overset{O}{\overset{\|}{C}}-CH_2CH_2-\overset{O}{\overset{\|}{C}}-H$	$CH_3-\overset{O}{\overset{\|}{C}}-CH_2CH_2-\overset{O}{\overset{\|}{C}}-CH_3$

(二)醛、酮的命名

1. 普通命名法　简单醛、酮可采用普通命名法。例如

$$HCHO \qquad CH_3CH_2CHO$$

甲醛　　　　　　丙醛

formaldehyde　　　　propanal

分子中含有芳环的醛、酮，命名时把芳烃基作为取代基。例如

⬡-CHO　　　　⬡-$\overset{O}{\overset{\|}{C}}-CH_3$

苯甲醛　　　　　　苯乙酮

benzaldehyde　　　　acetophenone

脂肪酮与醚的命名类似，按羰基所连的两个烃基名称称为某(基)某(基)(甲)酮。例如

$CH_3-\overset{O}{\overset{\|}{C}}-CH_3$　　　　$CH_3-\overset{O}{\overset{\|}{C}}-CH_2CH_3$

二甲酮　　　　　　甲乙酮

dimethyl ketone　　　ethyl methyl ketone

2. 系统命名法

(1)饱和脂肪醛、酮的命名

1)选择含羰基的最长碳链为主链，按主链碳数称为"某醛"或"某酮"(母体)。

2)从醛基或靠近酮基一端开始对主链碳依次编号。

3)将取代基的位次(亦可用 α、β、γ、…等表明支链或取代基的位次)、数目、名称及酮基的位次(醛基不需标明位次)写在母体的前面。例如

$CH_3CH_2-\underset{\underset{CH_3}{|}}{CH}-CHO$　　　　$CH_3\underset{\underset{CH_3}{|}}{CH}CH_2-\overset{O}{\overset{\|}{C}}-CH_3$

2-甲基丁醛(α-甲基丁醛)　　　4-甲基-2-戊酮

2-methylbutanal　　　　　4-methyl-2-pentanone

(2)不饱和脂肪醛、酮的命名

1)选含羰基、不饱和键在内的最长碳链为主链。

2)从醛基(或靠近酮基)一端开始对主链碳编号。

3)将取代基的位次、数目、名称写在母体的前面，还要标明不饱和键和酮基的位次(醛基不需标明位次)。例如

$$CH_3CH=CHCHO$$

2-丁烯醛(巴豆醛)

2-butenal

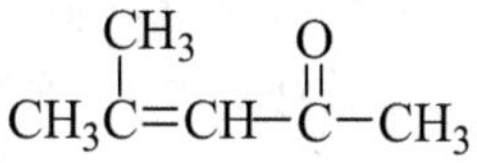

$$CH_3C=CH-\overset{O}{\overset{\|}{C}}-CH_3$$ (with CH₃ on the first C)

4-甲基-3-戊烯-2-酮

4-methyl-3-penten-2-one

(3)脂环酮的命名

1)根据构成环的碳原子总数称为"环某酮"。

2)从羰基碳开始编号，并尽量使取代基的编号最小。

3)将取代基的位次、数目、名称写在"环某酮"前面。例如

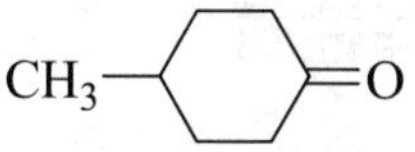

4-甲基环己酮

4-methylcyclohexanone

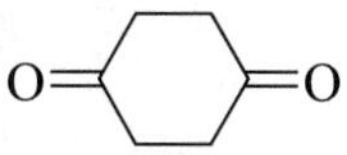

1,4-环己二酮

1,4-cyclohexanedione

(4)含有芳环的醛、酮的命名：以脂肪醛、酮为母体，芳烃基作为取代基。例如

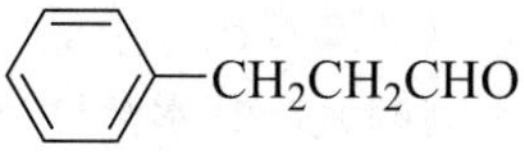

3-苯基丙醛

3-phenylpropanal

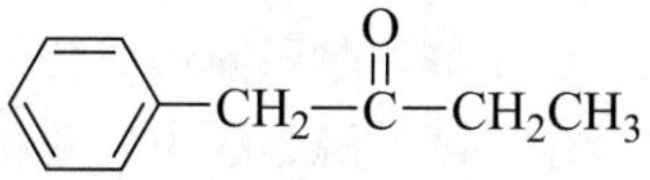

1-苯基-2-丁酮

1-phenyl-2-butanone

(5)多元醛、酮的命名：应选取羰基最多的最长碳链作主链，并标明酮基的位次和个数。例如

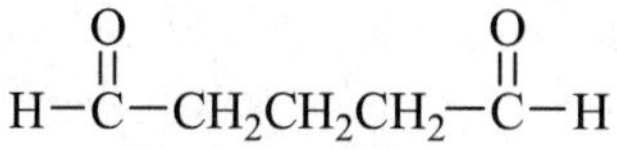

$$H-\overset{O}{\overset{\|}{C}}-CH_2CH_2CH_2-\overset{O}{\overset{\|}{C}}-H$$

戊二醛

pentanedial

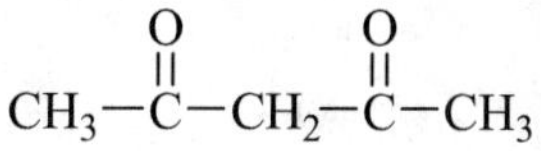

$$CH_3-\overset{O}{\overset{\|}{C}}-CH_2-\overset{O}{\overset{\|}{C}}-CH_3$$

2,4-戊二酮(乙酰丙酮)

2,4-pentanedione

3. 俗名　许多醛、酮都有俗名。例如，从桂皮油中分离出来的3-苯丙烯醛称为肉桂醛，芳香油中常见的茴香醛等。

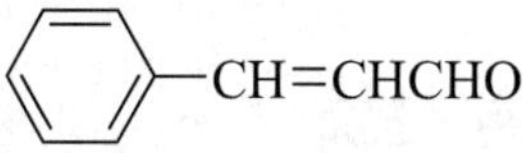

肉桂醛

cinnamaldehyde

茴香醛

anisaldehyde

二、醛、酮的结构

醛、酮的羰基碳原子和氧原子均为 sp² 杂化，碳原子的三个 sp² 杂化轨道分别与氧原子及其他两个原子形成三个 σ 键，这三个 σ 键处于一个平面，羰基碳原子和氧原子未参与杂化的 p 轨道彼此平行重叠形成 π 键，垂直于三个 σ 键所在的平面。羰基氧原子上的两对未共用电子对分布在氧原子另外两个 sp² 杂化轨道上。由于氧原子比碳原子的电负性大，成键电子在氧原子核周围比在碳原子核周围出现的概率大，故电子云分布是不均匀的，电子云偏向氧原子一方，使氧原子带部分负电荷，碳原子带部分正电荷，使羰基具有极性，表现出较高的反应活性。碳原子带部分正电荷，易受亲核试剂进攻，发生亲核加成反应。羰基的结构图 8-1。

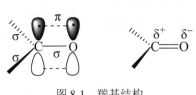

图 8-1 羰基结构

三、醛、酮的物理性质

室温下，甲醛是气体；其他 12 个碳以下的低级脂肪醛、酮是液体；高级脂肪醛、酮和芳香酮多为固体。许多低级醛有刺鼻臭味。某些天然醛、酮具有特殊芳香气味，可用于化妆品及食品工业。一些醛和酮的物理常数见表 8-1。

醛和酮都是极性分子，分子间偶极-偶极吸引作用较强，因此，其沸点比分子量相近的烷烃和醚类要高。由于醛、酮不能形成分子间氢键，所以其沸点比分子量相近的醇要低。低级醛、酮易溶于水。随着醛、酮中烃基相对质量的比例增大，其水溶性迅速降低，含六个碳以上的醛、酮几乎不溶于水，但可溶于乙醚、甲苯等有机溶剂。

表8-1 常见醛、酮的熔点和沸点

中文名称	英文名称	结构式	熔点/℃	沸点/℃
甲醛	methanal	HCHO	−117	−19
乙醛	ethanal	CH_3CHO	−123	21
丙烯醛	propenal	$CH_2=CHCHO$	−87	53
苯甲醛	benzaldehyde	C_6H_5CHO	−56	179
丙酮	acetone	CH_3COCH_3	−95	56
环己酮	cyclohexanone	⬡=O	−47	155
苯乙酮	acetophenone	$C_6H_5COCH_3$	20	202

四、醛、酮的化学性质

羰基是醛、酮的反应中心。由于羰基是一个极性不饱和基团(碳原子带部分正电荷，氧原子带部分负电荷)，因此容易受亲核试剂进攻而发生亲核加成反应(nucleophilic addition)。

这是醛、酮重要的一大类反应。醛、酮的第二类反应是 α-H（受羰基吸电子诱导效应的影响）的反应。醛、酮的第三类反应是还原反应。此外，由于醛中的羰基至少与一个氢原子相连，氢原子受吸电子基羰基的影响活泼，醛能被弱氧化剂氧化，而酮不能。醛、酮的反应与结构关系描述如下。

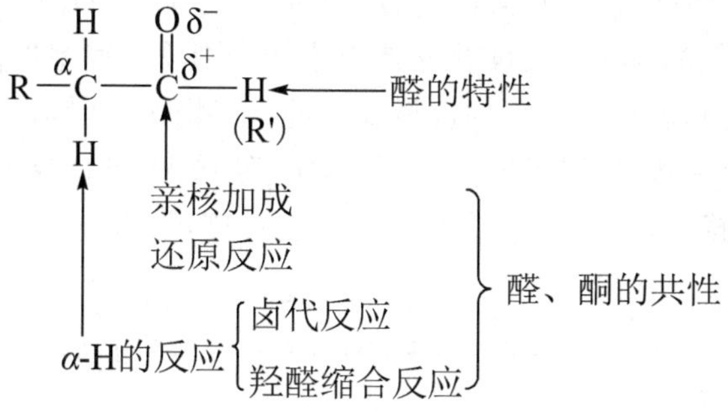

（一）醛和酮的共同性质

1. 加成反应 亲核加成反应是羰基的特征反应。亲核试剂（NuA）与羰基（C=O）发生亲核加成反应的机制如下。

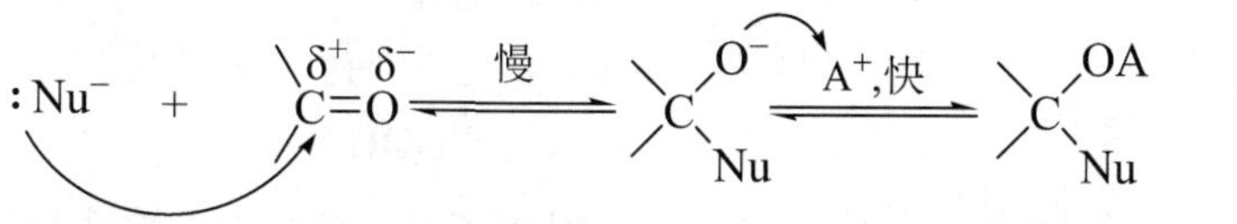

醛、酮发生加成反应时，首先是带负电荷或具有孤对电子亲核试剂:Nu^-进攻带部分正电荷的羰基碳原子，在 π 键断裂的同时形成新的 σ 键，一对电子转移至氧原子上，生成氧负离子，接着该氧负离子与试剂中带正电荷的部分结合，得到加成产物。

在上述加成反应中，决定整个反应速率的步骤是由亲核试剂进攻带正电荷的羰基碳引起的，所以羰基的加成称为亲核加成。常见的亲核试剂是负离子或带有孤对电子的中性分子，如氢氰酸、亚硫酸氢钠、醇、水、格氏试剂、氨和氨的衍生物等。在许多情况下，羰基的亲核加成反应是可逆的。

亲核加成反应的难易主要取决于亲核试剂的亲核能力及羰基的活性。羰基碳原子带正电荷越多或正电性越强，空间位阻越小，其反应活性越强，反之则越弱。醛通常比酮活泼，更容易发生亲核加成。不同醛、酮与同一种亲核试剂进行亲核加成由易到难的顺序是：

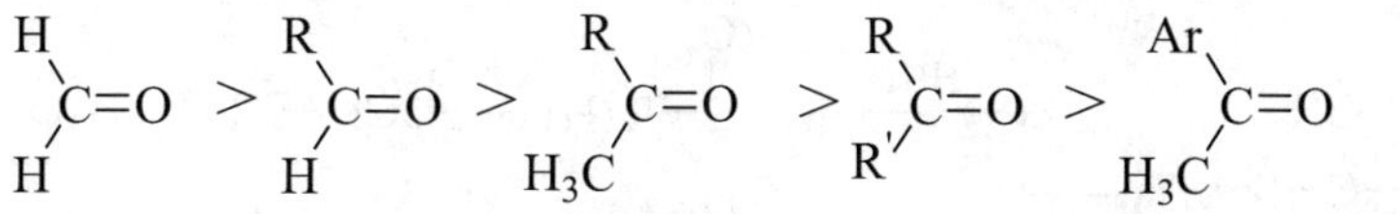

甲醛　　醛　　脂肪族甲基酮　　酮　　芳香族甲基酮

（1）与氢氰酸加成：氢氰酸（HCN）可以与所有的醛、脂肪族甲基酮和八个碳原子以下的环酮作用生成 α-羟基腈（α-hydroxy nitrile），也称 α-氰醇。反应通式为

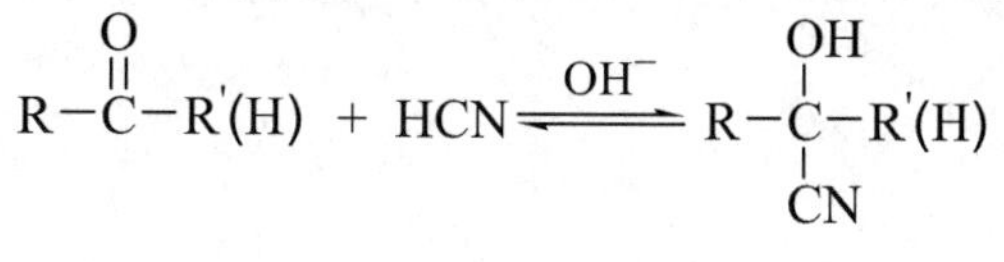

芳香酮难与 HCN 发生加成反应，主要原因是羰基与芳香环共轭（π-π 共轭），芳香环上的电子云向电负性强的羰基转移，使得羰基碳原子正电性减弱；羰基两侧的芳香环和烷基产生较大的空间位阻，影响亲核试剂向羰基进攻。

HCN 加成中，CN^- 浓度是决定反应速率的重要因素之一。因为 HCN 是极弱的酸，不易离解成 CN^-，如果反应体系中有大量的酸存在时，上述加成反应几乎不发生（加酸降低 CN^- 浓度）；如果提高溶液的 pH，CN^- 离子浓度增加，则反应速率加快。HCN 与醛酮的加成反应在有机合成中有重要地位，可用以增长碳链，产物比原料增加了一个碳原子。氰醇具有醇羟基和氰基两种活泼的官能团，是一种非常有用的有机合成中间体，由氰醇可制备 α,β-不饱和腈、β-羟基胺、α-羟基酸等多种类型的化合物。

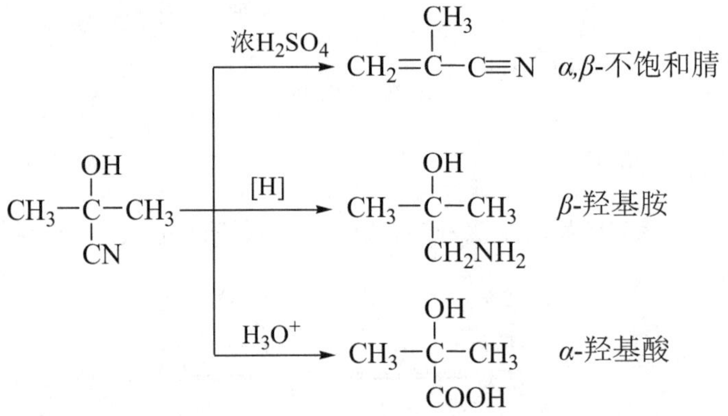

HCN 易挥发，有剧毒，实验室中一般采用 NaCN 或 KCN 水溶液与醛、酮混合，再滴加硫酸，保证反应生成的 HCN 随即与醛、酮反应，该反应操作应在通风橱中进行。

(2) 与亚硫酸氢钠的加成：所有醛、脂肪族甲基酮和八个碳原子以下的环酮与亚硫酸氢钠的饱和溶液作用，有白色结晶状加成物 α-羟基磺酸钠析出。

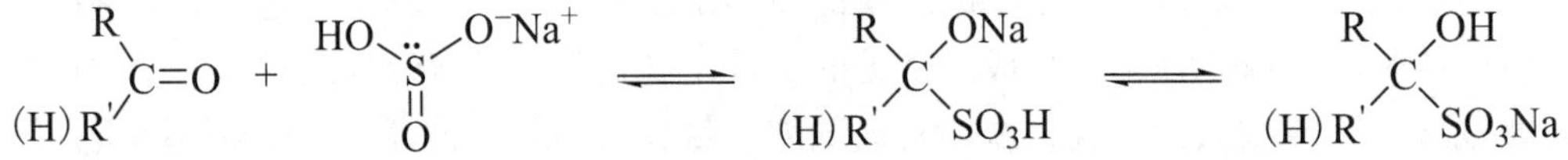

上述反应是可逆的，通常使用过量的饱和亚硫酸氢钠溶液，促使平衡向右移动。生成的加成物 α-羟基磺酸钠与稀酸或稀碱共热时，又可恢复成原来的醛、酮。因此，利用该反应可鉴别、分离、提纯醛、脂肪族甲基酮和八个碳原子以下的环酮。

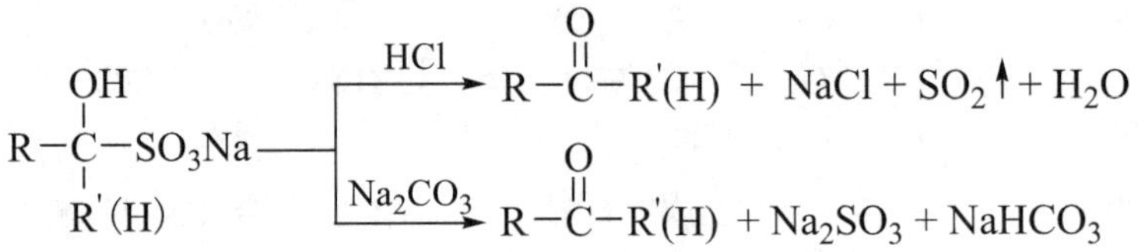

(3) 与醇的加成：在干燥氯化氢存在下，一分子醛与一分子醇发生加成反应，生成半缩醛（hemiacetal）。半缩醛通常不稳定，可以继续与一分子醇反应，脱去一分子水，生成稳定的化合物缩醛（acetal）。

$$R-\overset{\overset{\displaystyle O}{\|}}{C}-H + HOR' \underset{}{\overset{\text{干燥HCl}}{\rightleftharpoons}} R-\overset{\overset{\displaystyle OH}{|}}{\underset{\underset{\displaystyle OR'}{|}}{C}}-H \xrightarrow{HOR'} R-\overset{\overset{\displaystyle OR'}{|}}{\underset{\underset{\displaystyle OR'}{|}}{C}}-H$$

半缩醛   缩醛

  半缩醛结构中的羟基称为半缩醛羟基，因其与醚键连接在同一碳原子上，通常不稳定，难以分离出来。而缩醛具有偕二醚结构（两个醚键连在同一碳原子上），其性质与醚相似，对碱及氧化剂稳定，但在稀酸中即水解成原来的醛和醇。有机合成中常利用该性质来保护活泼的醛基，待氧化或其他影响醛基的反应完成后，用稀酸分解缩醛，把醛基又释放出来。

  与醛相比，酮与醇作用生成缩酮（ketal）的反应较困难。但酮溶液与乙二醇作用，生成具有五元环结构的缩酮。该反应可用来保护酮基，也可以用生成环状缩酮来保护分子中的邻二羟基结构免受反应的破坏。

$$\overset{\displaystyle R}{\underset{\displaystyle R'}{>}}C=O \;+\; \begin{matrix} HO-CH_2 \\ | \\ HO-CH_2 \end{matrix} \longrightarrow \overset{\displaystyle R}{\underset{\displaystyle R'}{>}}C\overset{\displaystyle O-CH_2}{\underset{\displaystyle O-CH_2}{<}}$$

  缩酮的性质与缩醛相似，对碱及氧化剂都比较稳定，遇稀酸则分解成原来的酮和醇。

  虽然许多半缩醛不稳定，但是单糖（多羟基醛或酮）分子内的羰基与羟基形成的环状半缩醛（酮）结构是稳定的（详见第十三章 糖类）。因此，半缩醛、缩醛的结构和性质是学习糖化学的基础。

  （4）与水的加成：水可以与醛、酮的羰基加成形成水合物。但水是一种较弱的亲核试剂，生成的偕二醇（geminaldiol）不稳定，容易失水，反应平衡主要偏向反应物一方。

$$R-\overset{\overset{\displaystyle O}{\|}}{C}-R'(H) \;+\; H_2O \underset{}{\overset{OH^-}{\rightleftharpoons}} R-\overset{\overset{\displaystyle OH}{|}}{\underset{\underset{\displaystyle OH}{|}}{C}}-R'(H)$$

偕二醇

  当羰基与强的吸电子基团连接时，由于羰基碳的正电性增大，可以生成较稳定的水合物，其中一些有重要用途。例如，三氯乙醛的水合物称为水合氯醛（chloral hydrate），有一定的熔点，曾用作镇静催眠药。甲醛在水溶液中几乎全部变成水合物，但它在分离过程中容易失水，所以无法分离出来。水合茚三酮（ninhydrin）为羰基的水合物，是 α-氨基酸和蛋白质的显色剂。

$$CCl_3-\overset{\overset{\displaystyle OH}{|}}{\underset{\underset{\displaystyle OH}{|}}{C}}-H$$

水合氯醛   水合茚三酮

  （5）与格氏试剂的加成：格氏（Grignard）试剂中的 C—Mg 键具有很强的极性，与 Mg 相连的碳带负电性可与醛、酮发生亲核加成反应，所得的加成物经水解后即生成醇。

$$\overset{\delta^+ \ \delta^-}{C}=\overset{\delta^- \ \delta^+}{O} + R-MgX \xrightarrow{\text{无水乙醚}} \overset{}{C}\overset{OMgX}{R} \xrightarrow{H_3O^+} \overset{}{C}\overset{OH}{R}$$

Grignard 试剂对醛、酮的加成是不可逆反应。Grignard 试剂与甲醛反应可得伯醇，与其他醛反应可得仲醇，与酮反应则得叔醇。该反应在有机合成中是增长碳链的方法。

例如

$$\overset{H}{\underset{H}{C}}=O + CH_3CH_2MgX \xrightarrow{\text{无水乙醚}} \overset{H}{\underset{H}{C}}\overset{OMgX}{CH_2CH_3} \xrightarrow{H_3O^+} CH_3CH_2CH_2OH$$

$$\overset{H}{\underset{H_3C}{C}}=O + CH_3CH_2MgX \xrightarrow{\text{无水乙醚}} \overset{H}{\underset{H_3C}{C}}\overset{OMgX}{CH_2CH_3} \xrightarrow{H_3O^+} CH_3\overset{OH}{\underset{}{C}}HCH_2CH_3$$

$$\overset{H_3C}{\underset{H_3C}{C}}=O + CH_3CH_2MgX \xrightarrow{\text{无水乙醚}} \overset{H_3C}{\underset{H_3C}{C}}\overset{OMgX}{CH_2CH_3} \xrightarrow{H_3O^+} CH_3\overset{OH}{\underset{CH_3}{C}}CH_2CH_3$$

(6) 与氨的衍生物的加成：醛、酮可以与氨及氨的衍生物(如羟胺、肼、苯肼、2,4-二硝基苯肼等)加成，并进一步失水，形成含有碳氮双键的化合物。若用 G 代表不同氨的衍生物的取代基，该反应通式如下。

$$\overset{R}{\underset{(H)R}{C}}=O + H_2N-G \underset{}{\overset{H^+}{\rightleftharpoons}} \left[\overset{R}{\underset{(H)R}{C}}\overset{OH}{NH-G} \right] \xrightarrow{-H_2O} \overset{R}{\underset{(H)R}{C}}=N-G$$

N-取代亚胺

这些氨的衍生物及加成缩合物的名称和结构式见表8-2。有机分析中常把这些氨的衍生物称为羰基试剂，因为它们可用于鉴别羰基化合物。它们的缩合产物有一定的熔点和晶形，容易鉴别。其中 2,4-二硝基苯肼最常用，其缩合产物 2,4-二硝基苯腙多为黄色沉淀。

例如

$$CH_3CH_2CHO + H_2NNH-\overset{O_2N}{\underset{}{\bigcirc}}-NO_2 \longrightarrow CH_3CH_2CH=NNH-\overset{O_2N}{\underset{}{\bigcirc}}-NO_2 + H_2O$$

由于上述 N-取代亚胺类化合物容易结晶、纯化，并且又可经酸水解得到原来的醛或酮，所以这些羰基试剂也用于醛、酮的分离及精制。

表8-2　氨衍生物和醛、酮反应的缩合产物

氨衍生物	结构式	产物结构式	产物名称
伯胺	H_2N-R''	$\overset{R}{\underset{(H)R}{C}}=N-R''$	Schiff 碱

氨衍生物	结构式	产物结构式	产物名称
羟胺	$H_2N—OH$	$\underset{(H)R}{\overset{R}{\diagdown}}C=N-OH$	肟
肼	$H_2N—NH_2$	$\underset{(H)R}{\overset{R}{\diagdown}}C=N-NH_2$	腙
苯肼	$H_2N—HN—\langle\bigcirc\rangle$	$\underset{(H)R}{\overset{R}{\diagdown}}C=N-HN—\langle\bigcirc\rangle$	苯腙
2,4-二硝基苯肼	$H_2N—HN—\langle\bigcirc\rangle\overset{O_2N}{\underset{NO_2}{}}$	$\underset{(H)R}{\overset{R}{\diagdown}}C=N-HN—\langle\bigcirc\rangle\overset{O_2N}{\underset{NO_2}{}}$	2,4-二硝基苯腙

2. α-碳及 α-氢的反应 醛、酮分子中与羰基直接相连的碳原子称为 α-碳，α-碳上的氢称为 α-氢（α-H），受羰基的影响 α-H 比较活泼，其原因为：①羰基的吸电子作用增大了 α-H 键的极性，使 α-H 比较容易形成质子离去；②α-H 离解后，形成一个碳负离子，结构中存在 p-π 共轭效应，使其趋于稳定。

$$R-\overset{H}{\underset{}{C}}H-\overset{O}{\underset{}{C}}-R'(H) \xrightarrow{OH^-} R-\overset{O}{\underset{}{\overset{|}{C}}}H-\overset{O}{\underset{}{C}}-R'(H) \longleftrightarrow R-CH=\overset{O^-}{\underset{}{C}}-R'$$

碳负离子 烯醇负离子

（1）醇醛缩合反应（羟醛缩合反应）：在稀碱溶液中，一分子含 α-H 的醛的 α-碳可以与另一分子醛的羰基碳形成新的碳碳键，生成 β-羟基醛类化合物，该反应称为醇醛缩合（aldol condensation）。醇醛缩合是有机合成中增长碳链的重要方法。例如，在稀碱存在下，乙醛经醇醛缩合反应生成 β-羟基丁醛，后者在受热情况下失水，生成 2-丁烯醛。

$$CH_3-\overset{O}{\underset{}{C}}-H + CH_2-\overset{H}{\underset{}{\overset{O}{C}}}-H \xrightarrow[4\sim5^\circ C]{稀NaOH} CH_3-\overset{OH}{\underset{}{C}}H-CH_2-\overset{O}{\underset{}{C}}-H \xrightarrow{\triangle} CH_3-CH=CHCHO$$

β-羟基丁醛 2-丁烯醛

醇醛缩合反应的机制如下。

第一步 $R-\overset{H}{\underset{}{C}}H-\overset{O}{\underset{}{C}}-H + OH^- \overset{-H_2O}{\rightleftharpoons} \left[R-\overset{}{\underset{}{\overset{|}{C}}}H-\overset{O}{\underset{}{C}}-H \longleftrightarrow R-CH=CH-\overset{O^-}{\underset{}{C}}-H \right]$

第二步 $R-CH_2-\overset{O}{\underset{}{C}}-H + R-\overset{}{\underset{}{\overset{|}{C}}}H-\overset{O}{\underset{}{C}}-H \xrightarrow{慢} R-CH_2-\overset{O^-}{\underset{}{C}}H-\underset{R}{\overset{|}{C}}H-\overset{O}{\underset{}{C}}-H$

碳负离子

第三步 $R-CH_2-\overset{O^-}{\underset{}{C}}H-\underset{R}{\overset{|}{C}}H-\overset{O}{\underset{}{C}}-H + H_2O \xrightarrow{快} R-CH_2-\overset{OH}{\underset{}{C}}H-\underset{R}{\overset{|}{C}}H-\overset{O}{\underset{}{C}}-H + OH^-$

β-羟基醛

由两种不同的含有 α-H 的醛进行醇醛缩合反应，一般可以得到四种缩合产物的混合物。由于分离困难，实用意义不大。但是，如果不含 α-H 的醛与含 α-H 的醛进行醇醛缩合反应，则可得到高收率的单一缩合产物，在合成上有重要价值。例如，在稀碱溶液中将乙醛慢慢加入到过量的苯甲醛中，可得到产率很高的肉桂醛。这是因为苯甲醛无 α-H，不能产生碳负离子，而且又是过量的，这样可以抑制乙醛自身的缩合，一旦乙醛与碱作用形成碳负离子，很快就与苯甲醛的羰基加成。

$$C_6H_5CHO + CH_3CHO \underset{OH^-}{\rightleftharpoons} C_6H_5\overset{OH}{C}HCH_2CHO \xrightarrow{-H_2O} C_6H_5CH=CHCHO$$

含有 α-H 的酮在稀碱的催化下，也能发生醇酮缩合(又叫羟酮缩合)反应。但是由于酮的羰基碳原子的正电性比醛的弱，同时周围空间位阻较大，所以在同样的条件下，反应比醛难。

(2)卤代反应：碱催化下，卤素(Cl₂、Br₂、I₂)与含有 α-H 的醛或酮迅速反应，生成 α-H 完全被卤代的 α-卤代醛或酮。

α-碳含有三个活泼氢的醛或酮(如乙醛或甲基酮等)与卤素的碱性溶液作用，首先生成 α-三卤代物，后者在碱性溶液中立即分解成三卤甲烷(俗称卤仿)和羧酸盐，该反应又称为卤仿反应。

$$CH_3-\overset{O}{\overset{||}{C}}-H(R) \xrightarrow{X_2,OH^-} CX_3-\overset{O}{\overset{||}{C}}-H(R) \xrightarrow{OH^-} CHX_3\downarrow + (R)HCOO^-$$

乙醛或甲基酮　　　　　　α-三卤代物　　　　卤仿　　羧酸盐

卤仿反应常用碘的碱溶液，产物之一是碘仿，所以称为碘仿反应。碘仿是难溶于水的淡黄色晶体，有特殊的气味，容易识别。因此，可以用碘仿反应来鉴别甲基酮(或乙醛)。没有甲基的醛、酮不能发生碘仿反应或卤仿反应。次碘酸钠(NaOI)具有氧化作用，乙醇或含有 CH₃CH(OH)-R 结构的醇在该反应条件下可氧化成相应的甲基酮或乙醛，所以也能发生碘仿反应。例如

$$CH_3CH_2\overset{OH}{C}HCH_3 \xrightarrow{NaOI} CH_3CH_2-\overset{O}{\overset{||}{C}}-CH_3 \xrightarrow{I_2+NaOH} CHI_3\downarrow + CH_3CH_2COONa$$

3. 还原反应　醛和酮都可以被还原。用不同的还原剂，可以把羰基还原成相应的醇，或者还原成亚甲基(-CH₂-)。

(1)还原成醇：在金属催化剂 Ni、Pt、Pd 的催化下，醛加氢还原成伯醇，酮则还原成仲醇。

$$R-\overset{O}{\overset{||}{C}}-H + H_2 \xrightarrow{Ni} RCH_2OH$$

$$R-\overset{O}{\overset{||}{C}}-R' + H_2 \xrightarrow{Ni} R\overset{OH}{C}HR'$$

若采用金属氢化物作为还原剂，如硼氢化钠(NaBH₄)或氢化铝锂(LiAlH₄)也能将醛、酮还原成相应的醇，而不影响分子中的碳碳双键结构。在还原时金属氢化物中的氢负离子

(H⁻)作为亲核试剂加到羰基碳上，金属基团(M⁺)与羰基氧结合，生成的加成物经水解即得醇。反应通式如下。

$$\underset{\substack{\parallel\\O}}{-C-} \xrightarrow{M^+H^-} \underset{\substack{|\\H}}{-\overset{|}{C}-O^-M^+} \xrightarrow{H_2O} \underset{\substack{|\\H}}{-\overset{|}{C}-OH} + MOH$$

NaBH₄的还原能力不及 LiAlH₄，但其优点是使用方便，它能同时溶解于水和醇，可使加成和水解两步反应快速进行。而 LiAlH₄ 能与水和醇激烈作用，故进行第一步加成反应时必须在无水条件，如无水乙醚中进行，然后进行第二步水解。

$$CH_3-\underset{\substack{\parallel\\O}}{C}-CH_3 \xrightarrow[乙醇]{NaBH_4} CH_3-\underset{\substack{|\\OH}}{CH}-CH_3$$

$$CH_3CH=CHCHO \xrightarrow[(2)\ H_3O^+]{(1)\ LiAlH_4} CH_3CH=CHCH_2OH$$

（2）还原成烃：将醛或酮与锌汞齐和浓盐酸一起回流反应，可将羰基还原成亚甲基。此方法称为 Clemmensen（克莱门森）还原法。

$$\underset{\substack{\parallel\\O}}{\boxed{}-C-CH_3} \xrightarrow{Zn-Hg/浓HCl} \boxed{}-CH_2CH_3 + H_2O$$

此方法是合成带侧链芳烃的一种很好方法，且收率高，但只适用于对酸稳定的化合物。如果对酸不稳定而对碱稳定的羰基化合物，可采用 Wolff（乌尔夫）-Kishner（凯惜纳）-黄鸣龙还原法。此方法是以缩乙二醇为溶剂，将醛或酮与肼、浓碱在常压下一起加热，即可将羰基还原成亚甲基。

$$\underset{\substack{\parallel\\O}}{\boxed{}-C-CH_2CH_3} \xrightarrow[缩乙二醇,\triangle]{H_2NNH_2,\ NaOH} \boxed{}-CH_2CH_2CH_3$$

（二）醛的特殊反应

1. 与弱氧化剂的反应 醛与酮在结构上最主要的区别是醛的羰基上连有氢原子(受羰基的影响活泼)，很容易被氧化成羧酸。醛不仅可与强氧化剂(如酸性高锰酸钾等)作用，而且还可以与弱氧化剂(如 Tollens 试剂、Fehling 试剂、Benedict 试剂等)作用，得到相应的氧化产物；酮则不易被氧化，但若采用强氧化剂(如酸性高锰酸钾、浓硝酸)可使碳链断裂，生成含碳原子数目较少的羧酸混合物。

（1）与 Tollens 试剂的反应：Tollens 试剂(硝酸银的氨溶液)与醛共热时，醛氧化为羧酸，$[Ag(NH_3)_2]^+$ 被还原成金属银沉积在试管壁上形成银镜，故该反应又称为银镜反应。

$$RCHO + 2[Ag(NH_3)_2]^+ + 2OH^- \xrightarrow{加热} RCOONH_4 + 2Ag\downarrow + 3NH_3 + H_2O$$

所有的醛都能与 Tollens 试剂作用，而酮不能。故可用来区别醛和酮。

(2) 与 Fehling 试剂的反应：Fehling 试剂(硫酸铜与酒石酸钾钠的氢氧化钠溶液)与醛共热时，醛氧化为羧酸，而铜离子被还原成砖红色的氧化亚铜沉淀析出。

$$RCHO + 2Cu^{2+} + OH^- + H_2O \xrightarrow{加热} RCOO^- + Cu_2O\downarrow + 4H^+$$

Benedict 试剂(硫酸铜、碳酸钠和枸橼酸钠溶液)与醛共热时，醛氧化为羧酸，而铜离子被还原成砖红色的氧化亚铜沉淀析出，反应原理同上。临床上 Benedict 试剂可用于尿液中葡萄糖的检验。

所有脂肪醛都能与 Fehling 试剂及 Benedict 试剂作用，而芳香醛或酮不能，故可用来区别脂肪醛和芳香醛或脂肪醛和酮。

上述三种弱氧化剂是选择性氧化剂，只氧化醛基，而不氧化羟基和双键，故可用于由不饱和醛制备不饱和酸。

2. 与品红亚硫酸试剂的反应 品红是一种红色染料。把二氧化硫通入到品红的水溶液中，所得的无色溶液叫品红亚硫酸试剂(也叫 Schiff 试剂)。这种试剂与醛类作用，显紫红色，且很灵敏；酮类与 Schiff 试剂不起反应，因而不显颜色。因此，Schiff 试剂是实验室检验醛、酮常用的简单方法。

甲醛与 Schiff 试剂所显的颜色加硫酸后不消失，其他醛所显的颜色则褪去。因此，Schiff 试剂还可用于区别甲醛和其他醛。

3. 歧化反应 不含 α-H 的醛，在浓碱作用下，醛分子间发生氧化还原反应，即一分子醛被氧化为羧酸，另一分子醛被还原为醇，生成物是羧酸盐和醇的混合物。这种反应称为歧化反应，也称康尼查罗(Cannizzaro)反应。

$$2HCHO \xrightarrow{浓NaOH} CH_3OH + HCOONa$$

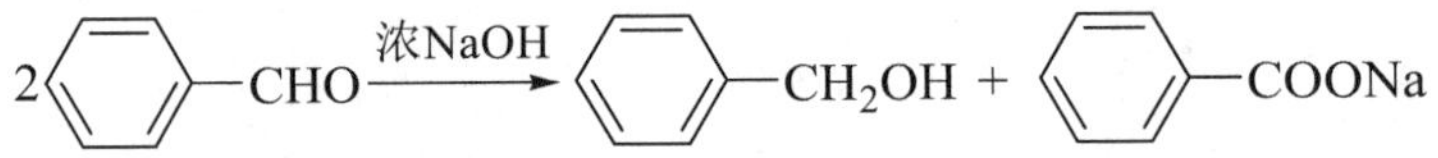

两种不同的无 α-H 的醛在浓碱存在下，发生交叉康尼查罗反应，生成多种产物的混合物。但用甲醛与其他无 α-H 的醛进行康尼查罗反应，由于甲醛的醛基最活泼，总是先被 OH^- 进攻而成为氢的供给体，它本身被氧化成甲酸，而另一醛则被还原成醇。这样，产物较单纯，在有机合成中常被利用。

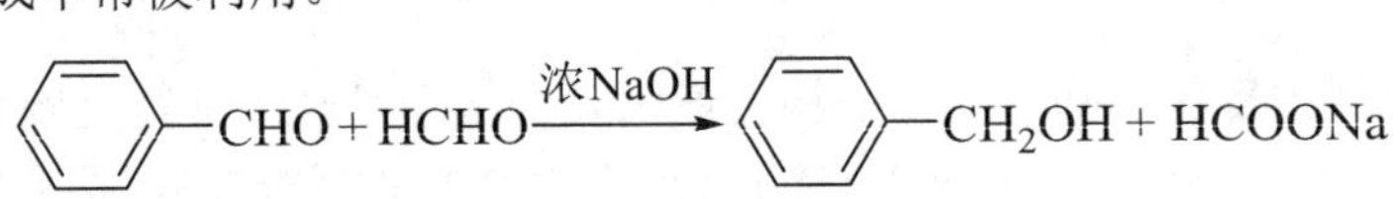

在生物体内也有类似 Cannizzaro 反应的歧化作用发生。

第二节 醌

一、醌的结构、分类和命名

醌是一种不饱和的环状二酮，有对位或邻位两种结构。醌类化合物不是芳香族化合物，但根据其骨架可分为苯醌、萘醌、蒽醌等。

醌通常是以相应的芳烃衍生物来命名。以苯醌、萘醌、蒽醌为母体，两个羰基的位置可用阿拉伯数字注明，或用对、邻、远及 α、β 等标明。

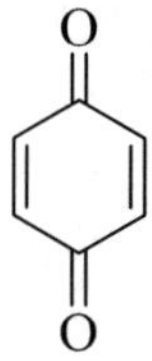

对苯醌（1,4-苯醌）　　　　邻苯醌（1,2-苯醌）　　　　α-萘醌（1,4-萘醌）
p-benzoquinone　　　　　　o-benzoquinone　　　　　　α-naphthoquinone
1,4-benzoquinone　　　　　1,2-benzoquinone　　　　　1,4-naphthoquinone

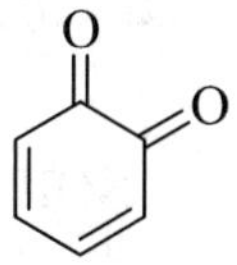

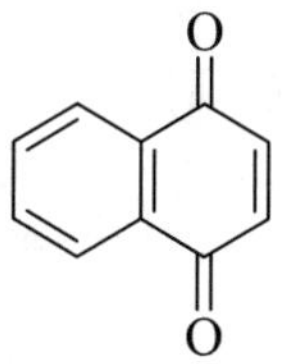

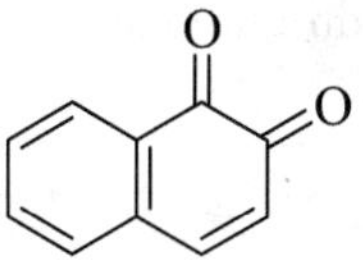

β-萘醌（1,2-萘醌）　　　　2,6-萘醌（远萘醌）　　　　9,10-蒽醌
β-naphthoquinone　　　　2,6-naphthoquinone　　　　9,10-anthraquinone
1,2-naphthoquinone

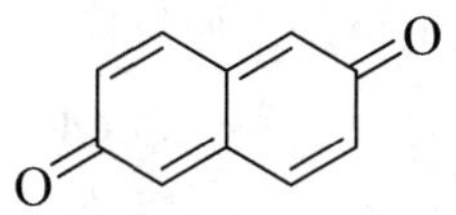

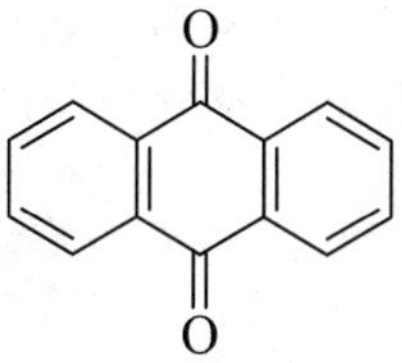

二、醌的物理性质

醌为结晶固体，都具有颜色，对位醌多呈黄色，邻位醌则常为红色或橙色。对位醌具有刺激性气味，可随水蒸气汽化，邻位醌没有气味，不随水蒸气汽化。

三、醌的化学性质

醌分子中含有碳碳双键和羰基，具有烯烃和酮的双重性质。

(一)烯键的亲电加成反应

醌分子中含有碳碳双键，能与亲电试剂发生亲电加成反应。例如，对苯醌与溴作用可分别生成二溴化物及四溴化物。

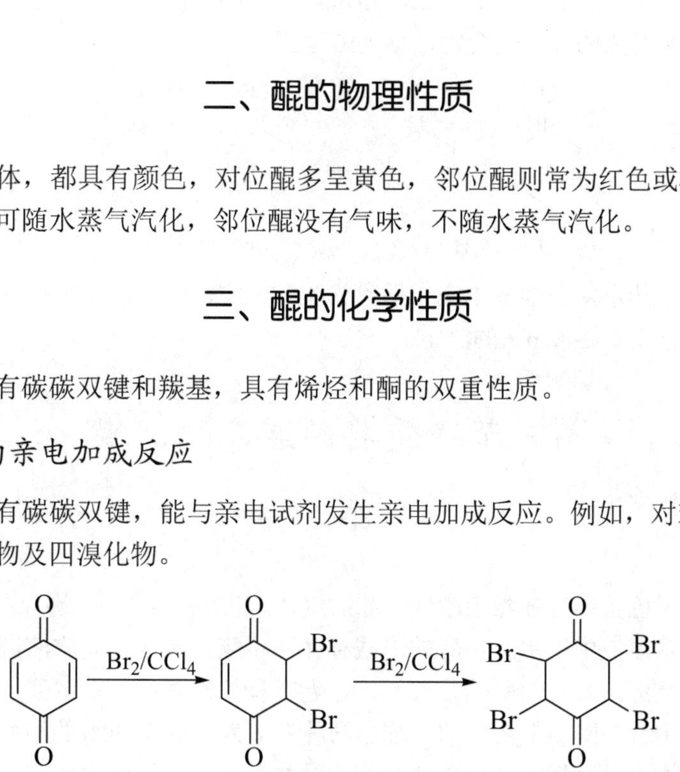

(二)羰基的亲核加成反应

对苯醌的羰基能与亲核试剂发生亲核加成反应。例如，对苯醌与羟胺作用生成对苯醌肟或对苯醌二肟。

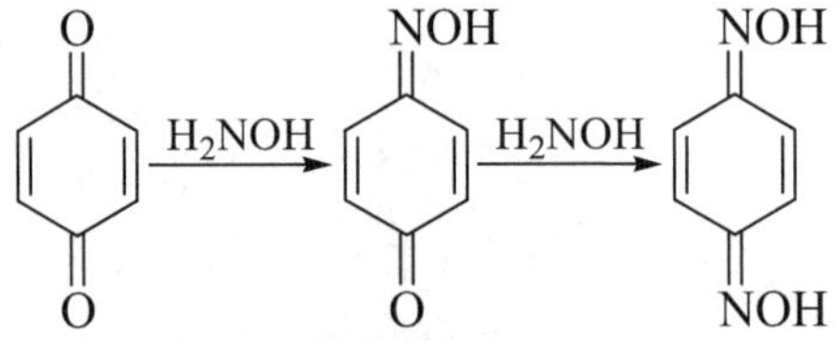

对苯醌肟　　　对苯醌二肟

对苯醌在亚硫酸水溶液中容易还原成对苯二酚，也称氢醌(hydroquinone)。许多含有对苯醌结构的生物分子在体内也容易发生这种还原反应。

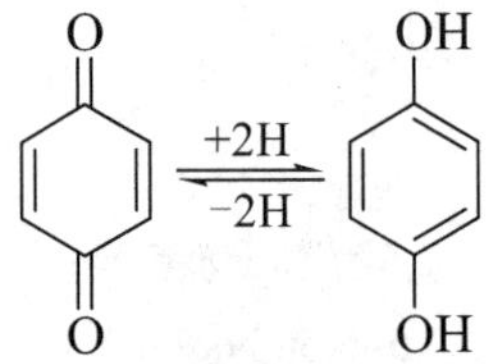

混合等量的对苯醌和对苯二酚的乙醇溶液，有深绿色晶体析出，它是由一分子对苯醌与一分子氢醌结合而成的分子化合物，称为醌氢醌。

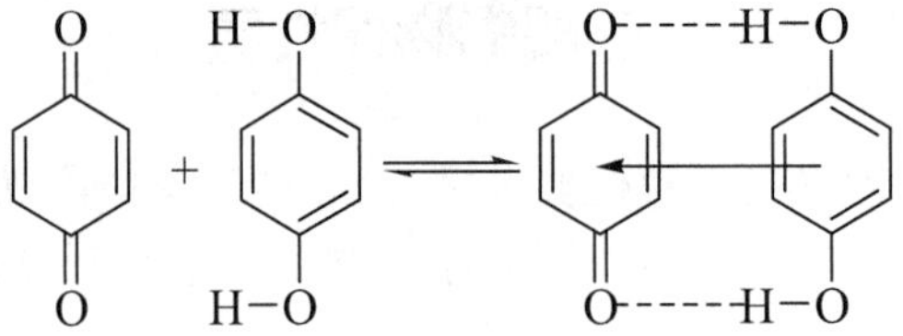

醌氢醌可溶于热水，在溶液中完全解离为醌和氢醌，若在溶液中插入一铂电极，即组成醌氢醌电极，常用于溶液 pH 的测定。

第三节　重要的醛、酮、醌

一、甲　醛

甲醛是一种无色且伴有强烈刺激性气味的气体。相对密度 1.06，沸点-21℃，易溶于水、醇和醚。甲醛在水溶液中以水合甲醛的形式存在。甲醛易聚合，其浓溶液长期放置能形成多聚甲醛的白色沉淀，聚合物受热易分解，常温下释放出微量气态甲醛，在甲醛中加入少量甲醇可以防止聚合。医学上俗称的"福尔马林"即为浓度在 40%的甲醛水溶液。室温下极易挥发，并随温度升高挥发速度加快。福尔马林也是一种有效的杀菌剂和防腐剂，用于外科手术器械的消毒，也用于保存解剖标本。

当室内空气中甲醛含量为 $0.1mg \cdot m^{-3}$ 时，就有异味和不适感；$0.5mg \cdot m^{-3}$ 时可刺激眼睛引起流泪；$0.6mg \cdot m^{-3}$ 时引起咽喉不适和疼痛；$30mg \cdot m^{-3}$ 时引起恶心、呕吐、胸闷、气喘甚至肺水肿；达到 $100mg \cdot m^{-3}$ 时会立即致人死亡。

消除甲醛方法有两种形式，一是物理消除法：包括强制通风、活性炭吸附、植物净化、空气净化器、果蔬遮盖异味等多种方法。二是化学消除法：包括光触媒、冷触媒、纳米催化等技术支持。

二、乙　醛

乙醛是无色具有刺激臭味的挥发性液体，沸点 21℃，易溶于水、乙醇和乙醚中。在酸的催化作用下乙醛聚合成三聚乙醛。三聚乙醛是无色液体，有强烈臭味，沸点 124℃，能溶于水(25℃时 1g 溶于约 8g 水中)，易溶于乙醇和乙醚。三聚乙醛在医药上又称副醛，具有催眠作用，是比较安全的催眠药，缺点在于具有不快的臭味，且经肺排出时臭气难闻。可用于抗惊厥。

通氯气于乙醛中，则生成三氯乙醛，它易于水加成而得到无色晶体，叫水合三氯乙醛，简称水合氯醛。水合氯醛为无色透明棱柱形晶体，熔点 57℃，具有刺激性臭味，易溶于水、乙醇及乙醚。它也是比较安全的催眠药和镇静药，不易引起蓄积中毒，但味道不好，对胃有刺激性。

三、苯 甲 醛

苯甲醛是最简单的芳香醛，工业上称苦杏仁油，是具有杏仁香味的无色液体(久存变微黄色)，沸点 179℃，微溶于水，易溶于乙醇和乙醚中，在空气中放置能被氧化而析出白色的苯甲酸晶体。

四、丙　酮

丙酮是具有愉快香味的液体，沸点 56℃，极易溶于水，并能溶解多种有机物，故广泛用作溶剂。

患糖尿病的人，由于新陈代谢紊乱的缘故，体内常产生过量的丙酮从尿中排出，因而糖尿病患者在验尿时，除了检查尿中葡萄糖外，还可以检查丙酮。检查丙酮的方法除碘仿反应外，还可滴加亚硝酰铁氰化钠 $Na_2[Fe(CN)_5NO]$ 溶液和氨水(或氢氧化钠)溶液于尿中，如有丙酮存在，溶液就呈鲜红色。

五、樟　脑

樟脑是一种脂环族的酮类化合物，学名为 2-莰酮()。它是一种半透明结晶，

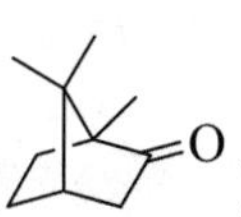

具有穿透性特异芳香，味略苦而辛，并有清凉感，熔点 176～177℃。易升华，不溶于水，能溶于醇和油脂中，通常用水蒸气蒸馏法从樟树中提炼出来。

樟脑在医药上用途甚广，可用作呼吸循环兴奋药，如 10%的樟脑油注射剂；也可用作治疗局部炎症的消炎药，如十滴水、消炎止痛药膏；成药清凉药中也含有樟脑成分，樟脑还可用以驱虫防蛀。

六、α-萘醌和维生素 K

α-萘醌是黄色结晶，熔点 125℃，可升华，溶于乙醇或乙醚，微溶于水，具有刺鼻的气味。

许多天然的植物色素含有 α-萘醌的结构，例如，维生素 K_1 和维生素 K_2。

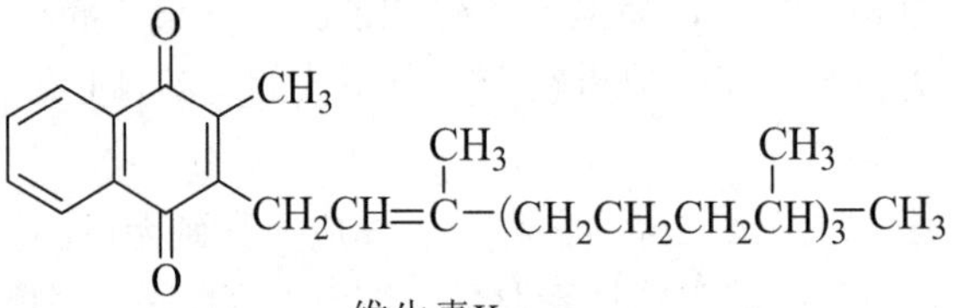

维生素K_1

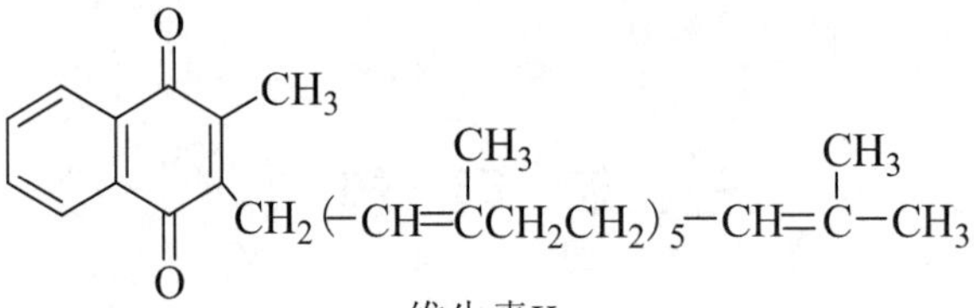

维生素K_2

维生素 K_1 和维生素 K_2 的不同之处在于侧链，维生素 K_2 在侧链中比维生素 K_1 多含 10 个碳原子。维生素 K_1 可以从苜蓿中提取，为黄色油状液体。维生素 K_2 可从腐败的鱼肉中提取，为黄色晶体，熔点 53.5～54.5℃。维生素 K_1 和维生素 K_2 广泛存在于自然界中，以猪肝及苜蓿中含量最多。此外一些绿色植物、蛋黄、肝等亦含量丰富。维生素 K_1 和维生素 K_2 都能促进血液的凝固，因此可用作止血剂。

在研究维生素 K_1 和维生素 K_2 及其衍生物的化学结构与凝血作用的关系时，发现 2-甲基-1,4-萘醌具有更强大的凝血能力，称之为维生素 K_3，可由合成方法制得。

维生素 K_3 为黄色结晶，熔点 105～107℃，难溶于水，可溶于植物油或其他有机溶剂，但它的亚硫酸氢钠加成物可溶于水，医药上称为亚硫酸氢钠甲萘醌，结构式如下。

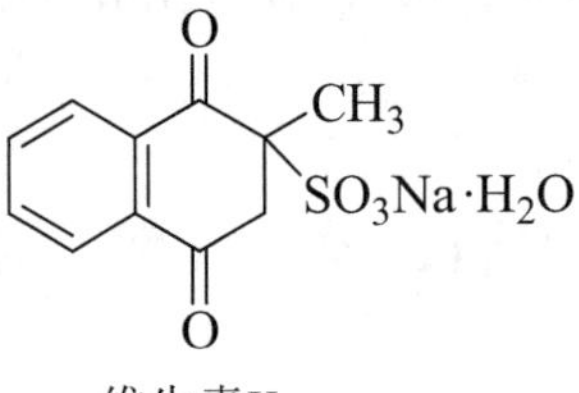

维生素K_3

阅读资料

维生素 K 缺乏症

维生素 K 缺乏症又称获得性凝血酶原减低症，是由于维生素 K 缺乏导致维生素 K 依赖凝血因子活性低下，并能被维生素 K 所纠正的出血。存在引起维生素 K 缺乏的基础疾病、出血倾向、维生素 K 依赖性凝血因子缺乏或减少为其特征。

1. 病因和发病机制　由于维生素 K 缺乏或拮抗剂的应用，维生素 K 依赖因子处于"去羧基化"的异常形式，不能与 Ca^{2+} 结合，影响或干扰了金属离子介导的该类凝血因子与磷脂颗粒或细胞膜的结合，从而减弱或损害了血液凝固过程，临床上出现出血症状。

引起维生素 K 缺乏的因素包括：①饮食中摄入不足，而且同时使用肠道抗生素，导致肠道菌群失调，内源性合成减少；②胆道疾病，如阻塞性黄疸、胆道术后引流或瘘管形成等，因胆盐缺乏导致维生素 K 吸收不良；③维生素 K 拮抗剂的使用，如香豆素类药物的使用，误服灭鼠剂等。

2. 临床表现与实验室检查　主要临床表现为皮肤瘀点、瘀斑、黏膜出血；外伤、手术后渗血不止；也可有血尿、胃肠道出血者。误服灭鼠剂或香豆素类药物过量者，出血症状常较重，部位更为广泛。实验室特点主要为 PT、APTT 延长，TT 正常，因子 II、VII、IX、X 活性明显降低。

3. 治疗　①治疗相关基础疾病；②饮食治疗，多食富含维生素 K 的食物，如新鲜蔬菜等绿色食品；③补充维生素 K；④凝血因子补充，如出血严重，维生素 K 难以快速止血，可用冷沉淀物静脉滴注，亦可输注新鲜冷冻血浆。

本 章 小 结

醛和酮的分子中都含有共同的官能团羰基，醛分子中的羰基碳上至少连一个氢原子，酮分子中的羰基碳上连接两个烃基。醛酮分子中都有羰基，因此有相似的化学性质，又因羰基所连的原子或基团不同，又有不同的化学性质。

1. 亲核加成反应

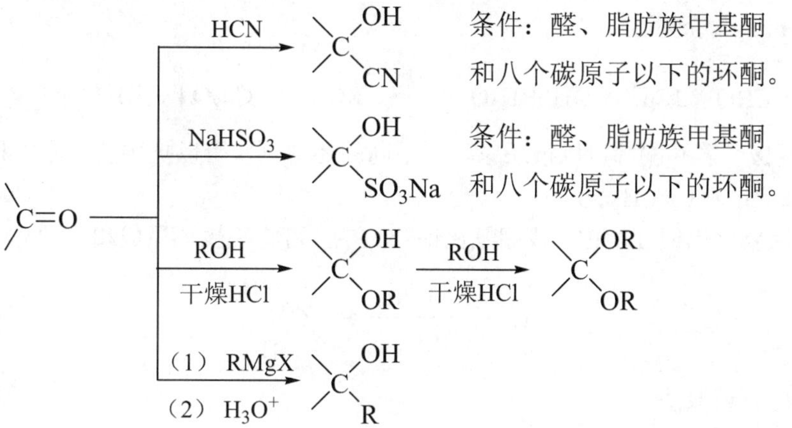

2. 亲核加成与消除反应

$$\diagdown\!\!\!\diagup C=O \xrightarrow{\quad NH_2-G \quad} \diagdown\!\!\!\diagup C=NG + H_2O$$

3. α-H 的反应

(1)醇醛缩合反应：低温下，在稀碱溶液中，一分子含 α-H 的醛可以与另一分子醛的羰基碳形成新的碳碳键，生成 β-羟基醛类化合物，该反应称为醇醛缩合。加热生成 α,β-不饱和醛。注意：醇醛缩合反应并不是一分子醛与一分子醇的反应。

$$2RCH_2CHO \xrightarrow[\text{低温}]{OH^-} RCH_2CH(OH)\overset{R}{CHCHO} \xrightarrow{\text{加热}} RCH_2CH=\overset{R}{C}CHO$$

醇醛缩合是有机合成中增长碳链的重要方法。但升高温度又容易使生成的醇醛失水，得到失水产物 α,β-不饱和醛。

(2)卤代反应：碱催化下，卤素（Cl_2、Br_2、I_2）与含有 α-H 的醛或酮迅速反应，生成 α-C 完全卤代的卤代物。特别是 α-碳含有三个活泼氢的醛或酮（如乙醛和甲基酮等）与碘的氢氧化钠溶液作用，生成碘仿，称为碘仿反应。

$$CH_3-\overset{O}{\overset{\|}{C}}-H(R) \xrightarrow{I_2, OH^-} CI_3-\overset{O}{\overset{\|}{C}}-H(R) \xrightarrow{OH^-} CHI_3\!\!\downarrow + (R)HCOO^-$$

碘仿是难溶于水（但易溶于强碱性溶液中）的淡黄色晶体，有特殊的气味，容易识别。因此，可以用碘仿反应来鉴别乙醛或甲基酮。次碘酸钠（NaOI）具有氧化作用，乙醇和含有 $CH_3CH(OH)-R$ 结构的醇在该反应条件下可氧化成相应的乙醛或甲基酮，所以也能发生碘仿反应。

$$(H)R\overset{OH}{\overset{|}{C}}HCH_3 \xrightarrow{NaOI} H(R)-\overset{O}{\overset{\|}{C}}-CH_3 \xrightarrow{I_2+NaOH} CHI_3\!\!\downarrow + (H)RCOONa$$

4. 氧化反应 在实验室中醛被弱氧化剂所氧化。

(1)与 Tollens 试剂反应（银镜反应）

$$RCHO + 2[Ag(NH_3)_2]^+ + 2OH^- \xrightarrow{\text{加热}} RCOONH_4 + 2Ag\!\!\downarrow + 3NH_3 + H_2O$$

(2)与 Fehling 试剂反应

$$RCHO + 2Cu^{2+} + OH^- + H_2O \xrightarrow{\text{加热}} RCOO^- + Cu_2O\!\!\downarrow + 4H^+$$

5. 还原反应 醛和酮都可以被还原。用不同的还原剂，可以把羰基还原成相应的醇，也可以还原成亚甲基（$-CH_2-$）。

(1)若采用氢化铝锂（$LiAlH_4$）或硼氢化钠（$NaBH_4$）可将醛酮还原成相应的醇。

$$\diagdown\!\!\!\diagup C=O \xrightarrow[(2)H_2O]{(1)LiAlH_4} \diagdown\!\!\!\diagup \overset{OH}{\underset{H}{C}}$$

(2)克莱门森还原法。

$$\text{(图) } \underset{\text{苯环}}{\overset{O}{\underset{\|}{C}}}-CH_3 \xrightarrow{\text{Zn-Hg/浓HCl}} \underset{\text{苯环}}{}-CH_2CH_3 + H_2O$$

（3）Wolff（乌尔夫）-Kishner（凯惜钠）-黄鸣龙还原法。

$$\underset{\text{苯环}}{\overset{O}{\underset{\|}{C}}}-CH_2CH_3 \xrightarrow[\text{缩乙二醇,}\triangle]{H_2NNH_2 , NaOH} \underset{\text{苯环}}{}-CH_2CH_2CH_3$$

（4）Cannizzaro（康尼查罗）反应：不含 α-H 的醛，在浓碱作用下，醛分子间发生氧化还原反应，即一分子醛被氧化为羧酸，另一分子醛被还原为醇。

$$2HCHO \xrightarrow{\text{浓NaOH}} CH_3OH + HCOONa$$

$$2\underset{\text{苯环}}{}-CHO \xrightarrow{\text{浓NaOH}} \underset{\text{苯环}}{}-CH_2OH + \underset{\text{苯环}}{}-COONa$$

用甲醛与其他无 α-H 的醛进行康尼查罗反应，由于甲醛的醛基最活泼，总是先被 OH^- 进攻而成为氢的供给体，它本身被氧化成甲酸，而另一醛则被还原成醇。

$$\underset{\text{苯环}}{}-CHO + HCHO \xrightarrow{\text{浓NaOH}} \underset{\text{苯环}}{}-CH_2OH + HCOONa$$

醌是一类不饱和的环二酮，在分子中含有两个双键和两个羰基，具有烯烃和酮的双重性质。醌广泛分布在自然界中，有些是药物和染料的中间体，如维生素 K、辅酶 Q 等是具有重要生理作用的醌类化合物。

习　题

1. 命名下列化合物

（1）$(CH_3)_2CHCH_2CH_2\overset{O}{\underset{\|}{C}}CH_2CH_3$

（2）$(CH_3)_2CHCH_2CH_2\overset{O}{\underset{\|}{C}}CH_2\overset{O}{\underset{\|}{C}}(CH_3)_3$

（3）$\underset{\text{苯环}}{}-CH=CHCH\overset{CH_3}{\underset{|}{C}}HCHO$

（4）$CH_3O-\underset{\text{苯环}}{}-CHO$

（5）（环己酮结构，带异丙基）

（6）$CH_3CH=CHCH\overset{CH_3}{\underset{|}{C}}HCH_2\overset{O}{\underset{\|}{C}}CH_3$

2. 写出下列各化合物的结构式

（1）2,3-二甲基戊醛

（2）4-甲基-3-戊烯-2-酮

（3）4-甲基-2-溴苯乙酮

（4）3-甲基环己酮

（5）肉桂醛

（6）4-羟基-3-甲氧基苯乙醛

3. 单项选择题

（1）下列化合物中，能发生碘仿反应的是

A. cyclohexyl-COCH$_2$CH$_3$ B. phenyl-CH(OH)CH$_3$ C. cyclohexyl(OH)(CH$_3$) D. CH$_3$CH$_2$CH$_2$OH

(2) 下列化合物中，不能与 NaHSO$_3$ 饱和溶液反应的是

A. 环己酮 B. 苯基-CH$_2$CHO C. 苯基-COCH$_3$ D. cyclohexyl-COCH$_3$

(3) 下列羰基化合物按发生亲核加成反应由易到难的顺序排列

① 对硝基苯甲醛 (CHO, NO$_2$) ② 对甲基苯甲醛 (CHO, CH$_3$) ③ 对氯苯甲醛 (CHO, Cl) ④ 苯甲醛 (CHO)

A. ③>②>①>④   B. ①>③>④>②
C. ②>①>④>③   D. ④>③>①>②

(4) 苯甲醛与乙醛可用下列哪种试剂鉴别

A. KMnO$_4$ 溶液   B. Tollens 试剂
C. Fehling 试剂反应   D. NaHSO$_3$ 饱和溶液

(5) 一分子醛与两分子醇在干燥 HCl 的条件下，生成的化合物是

A. 半缩醛   B. β-羟基醛   C. 缩醛   D. α,β-不饱和醛

(6) 下列那个反应可以制备叔醇

A. 酮加氢还原   B. 醛与 Grignard 试剂在无水乙醚中加成再酸性水解
C. 醇醛缩合反应   D. 酮与 Grignard 试剂在无水乙醚中加成再酸性水解

4. 试用简便的化学方法鉴别下列各组化合物

(1) 甲醛、乙醛、2-丁酮

(2) 2-戊酮、3-戊酮、环己酮

(3) 苯甲醛、苯乙酮、1-苯基-2-丙酮

5. 完成下列反应式

(1) $CH_3COCH_3 + HCN \longrightarrow$

(2) $CH_3CHO + 2CH_3CH_2OH \xrightarrow{\text{干燥HCl}}$

(3) $2CH_3CHO \xrightarrow[\text{加热}]{\text{稀NaOH}} \qquad \xrightarrow{NaBH_4}$

(4)   苯基-CHO + HCHO $\xrightarrow{\text{浓NaOH}}$

(5)   苯基-CHO + H$_2$NHN-(苯环, O$_2$N, NO$_2$) $\longrightarrow$

(6)   苯基-COCH$_3$ $\xrightarrow{I_2/NaOH}$

(7)   苯基-COCH$_2$CH$_3$ $\xrightarrow{\text{Zn-Hg/浓HCl}}$

6. 给出由不同羰基化合物与 Grignard 试剂反应生成下列各醇的可能途径

$(1)(CH_3)_2CHCH_2CH(OH)CH_3$ $(2)CH_3CH_2CH_2OH$ $(3)CH_3CH_2\overset{OH}{\underset{CH_3}{C}}CH_2CH_3$

7. 合成题

(1) 由正丙醇合成 2-甲基-2-戊烯-1-醇

(2) 由 ⬡ 合成 ⬡（OH、COOH）

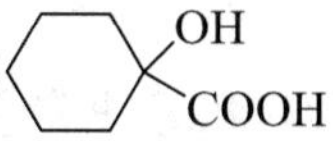

8. 某未知化合物 A，Tollens 试验呈阳性，能形成银镜。A 与乙基溴化镁反应随即加稀酸得化合物 B，分子式为 $C_6H_{14}O$，B 经浓硫酸处理得化合物 C，分子式为 C_6H_{12}，C 与臭氧反应并接着在锌存在下与水作用，得到丙醛和丙酮两种产物。试写出 A、B、C 的结构。

9. 某未知化合物 A，与 Tollens 试剂无反应，与 2,4-二硝基苯肼反应可得一橘红色固体，A 与氰化钠和硫酸反应得化合物 B，分子式为 C_4H_7ON，A 与硼氢化钠在甲醇中反应可得非手性化合物 C，C 经浓硫酸脱水得丙烯。试写出 A、B、C 的结构式。

10. 分子式同为 $C_6H_{12}O$ 的化合物 A、B、C 和 D，其碳链不含支链。它们均不与溴的四氯化碳溶液作用；但 A、B 和 C 都可与 2,4-二硝基苯肼生成黄色沉淀；A 和 B 还可与 HCN 作用，A 与 Tollens 试剂作用，有银镜生成，B 无此反应，但可与碘的氢氧化钠溶液作用生成黄色沉淀。D 不与上述试剂作用，但遇金属钠能放出氢气。试写出 A、B、C 和 D 的结构式。

（付彩霞）

第九章　羧酸及其衍生物

学习要求

1. 掌握羧酸的结构和命名，羧酸的化学性质(酸性、羧基中羟基的取代反应、α-H 的卤代反应、脱羧反应)，羧酸衍生物的结构和命名，羧酸衍生物的化学性质(水解、醇解、氨解)。

2. 熟悉羧酸的分类，羧酸及羧酸衍生物的物理性质，脲和丙二酰脲的结构和化学性质。

3. 了解一些常见羧酸和羧酸衍生物的性质。

分子中含有羧基(—COOH)的化合物称为羧酸(carboxylic acids)。羧酸分子中羧基上的羟基被取代后的产物称为羧酸衍生物(carboxylic acid derivatives)，重要的羧酸衍生物有酰卤、酸酐、酯和酰胺。羧酸及其衍生物以不同的形式广泛存在于自然界中，它们参与动植物的生命活动，具有显著的生理活性。

第一节　羧　　酸

一、羧酸的结构、分类和命名

(一)羧酸的结构

羧基(—COOH)是羧酸的官能团，羰基碳原子为 sp^2 杂化，三个 sp^2 杂化轨道分别和两个氧原子、烃基中的碳原子(或者是氢原子)形成了三个 σ 键，羰基碳原子未杂化的 p 轨道与羰基中氧原子的 p 轨道平行重叠形成 π 键，羟基中的氧原子上的 p 电子对与 π 键形成 p-π 共轭体系。

p-π 共轭的结果，羟基氧原子的电子云向羰基移动，羰基碳的正电性降低，与醛酮相比不易发生的亲核加成反应；同时使羟基 O—H 键之间的极性增强，羟基上的氢原子容易解离出来，形成羧酸根负离子，p-π 共轭作用更强，负电荷平均分布在两个氧原子上，两个碳氧键完全等同，没有单双键之分(图 9-1)。

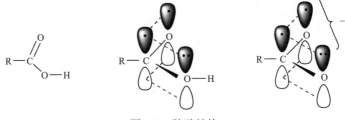

图 9-1　羧酸结构

（二）羧酸的分类

根据与羧基相连的烃基种类，可分为脂肪族羧酸、脂环族羧酸和芳香族羧酸；根据烃基的饱和程度，可分为饱和羧酸和不饱和羧酸；根据羧酸分子中含有羧基的数目，又可分为一元羧酸和多元羧酸。

CH_3COOH

脂肪酸
一元酸

$HOOC-COOH$

脂肪酸
二元酸

芳香酸
一元酸

不饱和酸
二元酸

（三）羧酸的命名

羧酸的系统命名与醛相似。选择含有羧基在内的最长碳链作为主链，称为“某酸”；从羧基碳原子开始编号，用阿拉伯数字表示取代基的位置；简单的羧酸也可以用 α、β 等希腊字母编号，与羧基相连的碳为 α 碳原子。取代基写在母体名称之前。许多羧酸根据其来源和性质而用俗名。

CH_3COOH

乙酸（醋酸）
acetic acid

$CH_3CH_2-\underset{}{\overset{CH_3}{\overset{|}{C}}}H-COOH$

2-甲基丁酸（α-甲基丁酸）
2-methylbutanoic acid

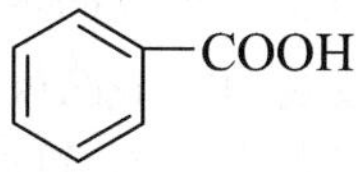

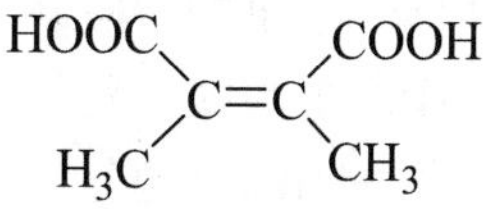

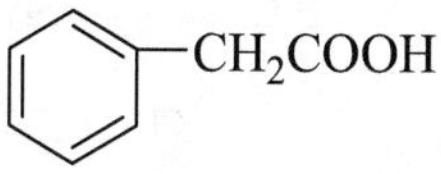

苯乙酸
phenylacetic acid

不饱和羧酸的命名：选择含有羧基和不饱和键在内的最长碳链作为主链，称为“某烯酸”或者“某炔酸”。并把双键或三键的位次写在名称之前。

$CH_3CH{=}CHCOOH$

2-丁烯酸（巴豆酸）
2-butenoic acid

$CH_3\overset{CH_3}{\overset{|}{C}}{=}CHCH_2COOH$

4-甲基-3-戊烯酸
4-methyl-3-pentenoic acid

脂肪族二元羧酸的命名：选择含有两个羧基在内的最长碳链作主链，称为“某二酸”。

$$\begin{array}{l}COOH\\ |\\ COOH\end{array}$$

乙二酸（草酸）
ethanedioic acid

$$\begin{array}{l}CH_2COOH\\ |\\ CH_2COOH\end{array}$$

丁二酸（琥珀酸）
butanedioic acid

芳香族羧酸命名时以苯甲酸为母体，其他基团作为取代基。

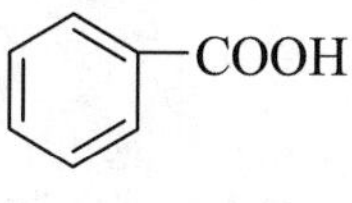

苯甲酸(安息香酸)
benzoic acid

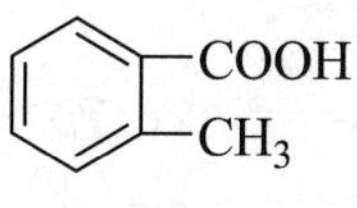

2-甲基苯甲酸
2-methylbenzoic acid

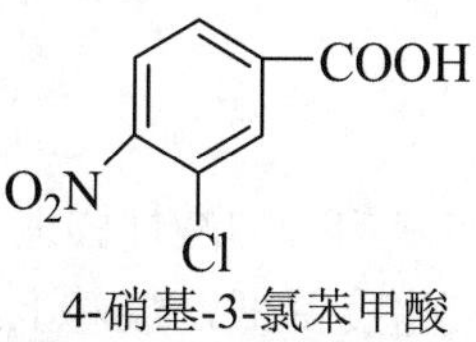

4-硝基-3-氯苯甲酸
3-chloro-4-nitrobenzoic acid

二、羧酸的物理性质

常温下，十个碳原子以下的饱和一元脂肪酸都是液体的；高级脂肪酸是蜡状固体。脂肪族二元羧酸和芳香羧酸都是晶体。

低分子量的羧酸易溶于水，但随分子量的增加，溶解度降低。多元羧酸的水溶性大于相同碳原子数的一元羧酸，芳香羧酸的水溶性很小。

羧酸的沸点随分子量的增大而增高，而且比相应的醇高。羧酸沸点之所以高，是因为羧酸分子间通过两个氢键形成双分子缔合体（表9-1）。

表9-1 常见羧酸的物理常数

化合物	结构式	沸点/℃	熔点/℃	pK_a	溶解度
甲酸 (蚁酸)	HCOOH	100.5	8.4	3.77	∞
乙酸 (醋酸)	CH_3COOH	118	16.6	4.76	∞
丙酸 (初油酸)	CH_3CH_2COOH	141	−22	4.88	∞
丁酸 (酪酸)	$CH_3(CH_2)_2COOH$	162.5	−4.7	4.82	∞
乙二酸 (草酸)	HOOCCOOH	>100(升华)	189	1.46 4.40*	10
丙二酸 (缩苹果酸)	$HOOCCH_2COOH$	140 (分解)	135	2.80 5.85*	140
丁二酸 (琥珀酸)	$HOOC(CH_2)_2COOH$	235 (失水)	185	4.17 5.64*	6.8
丙烯酸	$CH_2=CHCOOH$	141	13	4.26	∞
苯甲酸 (安息香酸)	C_6H_5COOH	249	121.7	4.17	0.34
苯乙酸	$C_6H_5CH_2COOH$	265	78	4.31	1.66

注：*pK_{a2}

三、羧酸的化学性质

(一)酸性与成盐

羧基中 p-π 共轭导致羟基 O—H 键之间的极性增强，羟基上的氢容易解离出来，羧酸显酸性。饱和一元脂肪酸的酸性比碳酸强，pK_a 为 3～5。羧酸在水溶液中存在如下电离平衡：

$$RCOOH \rightleftharpoons RCOO^- + H^+$$

脂肪族羧酸的酸性强弱与羧基所连的原子或基团的性质有关，连有吸电子基团时羧基的电子云密度降低，羧基上的质子容易解离，羧酸根负离子稳定性增强，使得羧酸酸性增强；反之，酸性减弱。同时，取代基对酸性强弱的影响还与取代基的数目、位置等因素有

关。例如

$CCl_3COOH > CHCl_2COOH > CH_2ClCOOH > CH_3COOH$

pK_a　　　0.66　　　　1.25　　　　2.87　　　　4.76

$FCH_2COOH > ClCH_2COOH > BrCH_2COOH > ICH_2COOH > CH_3COOH$

pK_a　　　2.57　　　　2.87　　　　2.90　　　　3.16　　　4.76

$CH_3CH_2CHClCOOH > CH_3CHClCH_2COOH > CH_2ClCH_2CH_2COOH$

pK_a　　　2.84　　　　　　　　4.06　　　　　　　　4.52

　　二元羧酸比相应的一元羧酸的酸性强。二元羧酸中第一个氢的解离受到另外一个羧基吸电子诱导效应的影响，其酸性比一元羧酸的酸性强，但随着碳原子数的增加，两个羧基间的作用减弱，酸性随之减弱。

　　苯甲酸比饱和一元羧酸的酸性强，但比甲酸弱。这是由于苯环的大 π 键和羧基形成了共轭体系，电子云向羧基偏移，减弱了 O—H 的极性，故苯甲酸的酸性比甲酸弱。

　　芳环上的取代基对羧基的影响与饱和碳链中取代基对羧酸酸性的影响有一定的差异性，除存在诱导效应外，还存在共轭效应。另外，芳香族酸的酸性还随取代基的种类及与羧基的相对位置不同而不同。如苯甲酸对位上带有硝基时，硝基在苯环上同时存在吸电子诱导效应和吸电子共轭效应，这两种效应方向一致，所以对硝基苯甲酸的酸性明显增强；当苯甲酸的对位连接甲基时，诱导效应和超共轭效应都是斥电子的，故对甲基苯甲酸的酸性减弱。

pK_a　　　　3.40　　　　　　　　4.17　　　　　　　　4.38

　　当取代基在间位时，共轭效应受到阻碍，诱导效应起主导作用，但因与羧基相隔三个碳原子，影响大大减弱。例如，间硝基苯甲酸的酸性比苯甲酸的酸性强，但比对硝基苯甲酸的酸性稍弱。

pK_a　　　　3.40　　　　　　　　4.17　　　　　　　　3.49

　　邻位取代的苯甲酸的酸性比相应间位和对位取代的苯甲酸的酸性要强(除氨基外)，这种由于取代基位于邻位而表现出来的特殊影响称为邻位效应(ortho-effect)。产生邻位效应的主要原因是邻位基团与羧基存在较大的斥力，使羧基偏离苯环平面，削弱了苯环与羧基的共轭作用，减少了 π 键电子云向羧基的偏移，从而使羧基氢原子较易解离，羧酸的酸性增强；同时解离后带负电荷的氧原子与硝基中显正电性的氮原子在空间相互作用，而使羧酸负离子更为稳定。例如，邻、间、对三个硝基苯甲酸的酸性强弱：

$$\underset{2.21}{\overset{\text{COOH, } 2\text{-NO}_2}{}} \qquad \underset{3.49}{\overset{\text{COOH, } 3\text{-NO}_2}{}} \qquad \underset{3.40}{\overset{\text{COOH, } 4\text{-NO}_2}{}}$$

$\text{p}K_a \qquad\quad 2.21 \qquad\qquad\quad 3.49 \qquad\qquad\quad 3.40$

羧酸具有酸性，能与碱作用成盐。

$$RCOOH + NaOH \longrightarrow RCOONa + H_2O$$

$$RCOOH + NaHCO_3 \longrightarrow RCOONa + CO_2\uparrow + H_2O$$

羧酸既溶于 NaOH 也溶于 NaHCO₃，酚能溶于 NaOH 但不溶于 NaHCO₃，利用此性质可区别羧酸和酚。

羧酸的钾盐和钠盐易溶于水，制药工业上利用此性质，将含有羧基的难溶药物制成易溶的盐。青霉素 G 常制成易溶于水的钾盐或钠盐，供注射用。

(二) 羧酸衍生物的生成

羧基中的 —OH 被烃氧基、氨基、卤素或酰氧基取代，分别生成酯、酰胺、酰卤或酸酐。

1. 酰卤的生成　羧基中的 —OH 被卤素取代得到酰卤 (acyl halide)，其中最常见的是酰氯。酰氯可由羧酸与 PCl_3、PCl_5 或 $SOCl_2$ (氯化亚砜) 等试剂反应制得

$$3RCOOH + PCl_3 \longrightarrow 3RCOCl + H_3PO_3$$

$$RCOOH + PCl_5 \longrightarrow RCOCl + POCl_3 + HCl\uparrow$$

$$RCOOH + SOCl_2 \longrightarrow RCOCl + SO_2\uparrow + HCl\uparrow$$

实验室常用羧酸与氯化亚砜来制备酰氯，因为该反应的副产物都是气体，可以制备较为纯净的酰氯。酰氯很活泼，广泛用于含酰基药物的合成。

苯甲酸与五氯化磷作用可以制备芳香族酰卤。苯甲酰氯是常用的苯甲酰化试剂。

$$\text{Ph}-\overset{\displaystyle O}{\overset{\|}{C}}-OH + PCl_5 \longrightarrow \text{Ph}-\overset{\displaystyle O}{\overset{\|}{C}}-Cl + POCl_3 + HCl$$

2. 酸酐的生成　羧酸 (除甲酸外) 在脱水剂 (如 P_2O_5) 存在下加热，分子间失去一分子水生成酸酐 (acid anhydride)。

$$CH_3-\overset{\displaystyle O}{\overset{\|}{C}}-OH + HO-\overset{\displaystyle O}{\overset{\|}{C}}-CH_3 \xrightarrow[\triangle]{P_2O_5} H_3C-\overset{\displaystyle O}{\overset{\|}{C}}-O-\overset{\displaystyle O}{\overset{\|}{C}}-CH_3 + H_2O$$

五元或六元环状酸酐可由二元酸加热分子内失水制得。

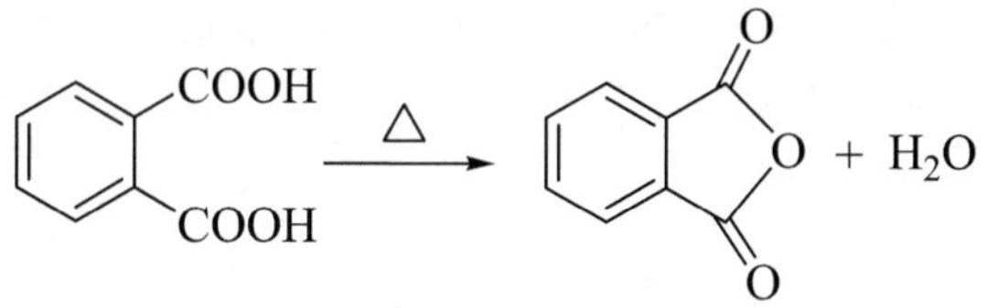

$$\text{（邻苯二甲酸）} \xrightarrow{\triangle} \text{（邻苯二甲酸酐）} + H_2O$$

3. 酯的生成 羧酸与醇在酸催化下生成酯的反应称为酯化反应(esterification)。在同样条件下，酯可以水解成羧酸和醇。所以，酯化反应是可逆反应。

$$R-\overset{O}{\underset{}{C}}-OH + R'OH \underset{\text{水解}}{\overset{\text{酯化}}{\rightleftharpoons}} R-\overset{O}{\underset{}{C}}-OR' + H_2O$$

不同的羧酸和醇发生酯化反应的机制不同。当用标记氧原子的醇($R'^{18}OH$)进行酯化反应时，发现生成的水分子中不含^{18}O，标记的氧原子保留在酯中。这一反应是羧酸脱去羟基而醇脱去羟基上的氢原子形成了酯。羧酸分子去掉羟基后剩余的部分是酰基，这一方式的反应又称为酰氧键断裂，其反应为

$$R-\overset{O}{\underset{}{C}}-OH + H-\overset{18}{O}-R' \xrightarrow{H^+} R-\overset{O}{\underset{}{C}}-\overset{18}{O}-R' + H_2O$$

按这种方式进行的酸催化酯化反应，其机制表示如下。

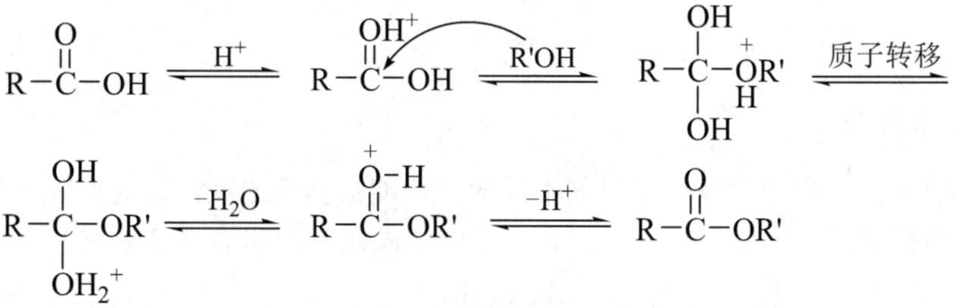

该酯化反应是亲核加成-消除机制，伯醇、仲醇与羧酸酯化时，绝大多数属于这种反应机制。研究发现，叔醇进行酯化反应时是叔醇脱去羟基、羧酸脱去氢原子形成酯。由于醇去掉羟基后剩下烷基，故这一方式的反应称为烷氧键断裂。叔醇酯化反应的机制为

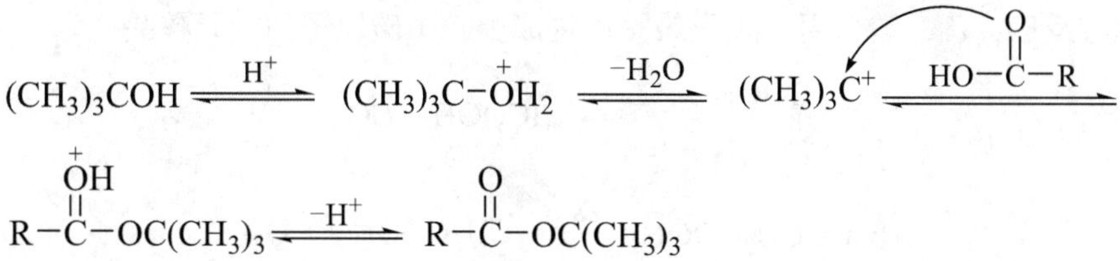

对于同一种醇，酯化反应速率与羧酸的结构有关。羧酸分子中 α-碳上烃基越多，酯化反应速率越慢。其一般的顺序为 $HCOOH>RCH_2COOH>R_2CHCOOH>R_3CCOOH$。这是由于烃基支链越多，空间位阻越大，醇分子接近越困难，影响了酯化反应速率。同理，醇的酯化反应速率是伯醇＞仲醇＞叔醇。

4. 酰胺的生成 羧酸与氨或胺作用得铵盐，铵盐加热脱水生成酰胺(amide)。

$$CH_3COOH + NH_3 \longrightarrow CH_3COONH_4 \xrightarrow{\triangle} CH_3CONH_2 + H_2O$$

酰卤、酸酐等的氨解反应产物为酰胺。酰胺是一类重要的化合物, 很多药物和化工产品的分子中都含有酰胺键(—CONH—)。

(三)脱羧反应

羧酸失去羧基放出二氧化碳的反应称为脱羧反应(decarboxylation)。实验室常用加热无水乙酸钠和碱石灰的混合物来制备甲烷。

$$CH_3COONa \xrightarrow[\triangle]{NaOH\text{-}CaO} CH_4 + Na_2CO_3$$

(四)α-H 的卤代反应

羧酸 α-碳上的氢原子受羧基吸电子作用的影响具有一定的活性, 但羧基的 p-π 共轭使羧基碳原子上的正电性减弱, 对 α-氢原子的吸电子诱导效应降低, 因此 α-氢的活性较醛、酮的要低。

羧酸的 α-H 可在少量红磷或 PX_3 等催化剂存在下, 被溴或氯取代生成卤代酸。如果卤素过量可生成 α,α-二卤代酸或 α,α,α-三卤代酸。

$$RCH_2COOH \xrightarrow[\triangle]{Br_2/P} \underset{\underset{Br}{|}}{R}CHCOOH \xrightarrow[\triangle]{Br_2/P} \underset{\underset{Br}{|}}{\overset{\overset{Br}{|}}{R}}CCOOH$$

(五)还原反应

一般情况下, 羧酸和大多数还原剂不反应, 但能被强还原剂—氢化铝锂还原成醇。用氢化铝锂还原羧酸时, 不但产率高, 而且分子中的碳碳不饱和键不受影响。

$$RCH_2CH{=}CHCOOH \xrightarrow[(2)H_3O^+]{(1)LiAlH_4} RCH_2CH{=}CHCH_2OH$$

(六)二元羧酸的热解反应

1. 脱羧反应 乙二酸、丙二酸受热脱羧生成少一个碳原子的一元羧酸。

$$\underset{\underset{COOH}{|}}{\overset{\overset{COOH}{|}}{}} \xrightarrow{\triangle} HCOOH + CO_2$$

$$HOOCCH_2COOH \xrightarrow{\triangle} CH_3COOH + CO_2$$

2. 脱水反应 丁二酸、戊二酸受热脱水生成环状酸酐。

$$\underset{CH_2COOH}{\overset{CH_2COOH}{|}} \xrightarrow{\triangle} \text{（环状酸酐）} + H_2O$$

$$HOOC(CH_2)_3COOH \xrightarrow{\triangle} \text{（环酐）} + H_2O$$

3. 脱羧脱水反应　己二酸、庚二酸受热既脱羧又脱水生成环酮。

$$\begin{array}{l}CH_2CH_2COOH\\|\\CH_2CH_2COOH\end{array} \xrightarrow{\triangle} \text{（环戊酮）}=O + CO_2 + H_2O$$

$$H_2C\begin{array}{l}CH_2CH_2COOH\\\\CH_2CH_2COOH\end{array} \xrightarrow{\triangle} \text{（环己酮）}=O + CO_2 + H_2O$$

第二节　羧酸衍生物

羧酸分子中羧基上的羟基被取代后的产物称为羧酸衍生物,重要的羧酸衍生物有酰卤、酸酐、酯和酰胺。

一、羧酸衍生物的结构

羧酸分子去掉羧基中的羟基后剩余的基团称为酰基(acyl group)。酰卤、酸酐、酯和酰胺分子中都含有酰基,因此又将它们称为酰基化合物(acyl compound)。酰基的名称是根据相应的羧酸来命名,称为"某酰基"。例如

$H_3C-\overset{O}{\overset{\|}{C}}-OH$　$H_3C-\overset{O}{\overset{\|}{C}}-$　$C_6H_5-\overset{O}{\overset{\|}{C}}-OH$　$C_6H_5-\overset{O}{\overset{\|}{C}}-$

乙酸　　　乙酰基　　　苯甲酸　　　苯甲酰基
acetic acid　acetyl　　benzoic acid　benzoyl

酰卤、酸酐、酯和酰胺这四类衍生物中酰基的碳氧双键与所连的基团 L(NH_2,OCOR,OR,X 等)形成 p-π 共轭体系,结构见图9-2。

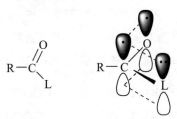

图 9-2　羧酸衍生物的结构

二、羧酸衍生物的命名

简单酰卤的名称常在酰基名称后加卤素原子的名称,称为"某酰卤"。例如

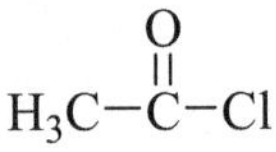

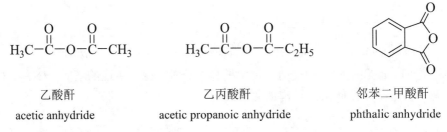

乙酰氯
acetyl chloride

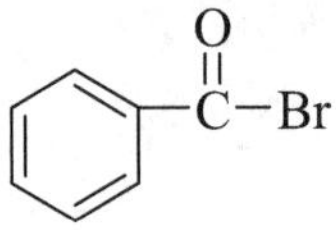

苯甲酰溴
benzoyl bromide

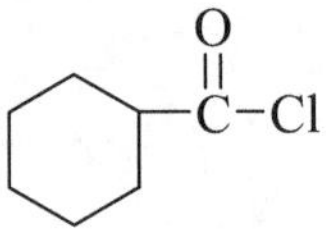

环己基甲酰氯
cyclohexanecarbonyl chloride

简单酰胺的名称常在酰基名称后加胺的名称，称为"某酰胺或者某酰某胺"。例如

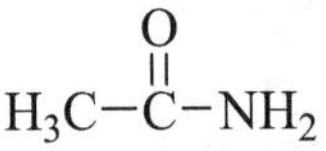

乙酰胺
acetamide

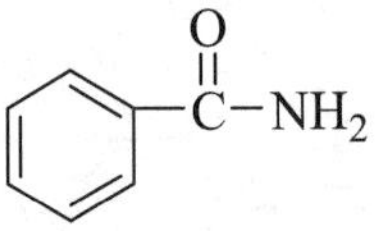

苯甲酰胺
benzoyl amide

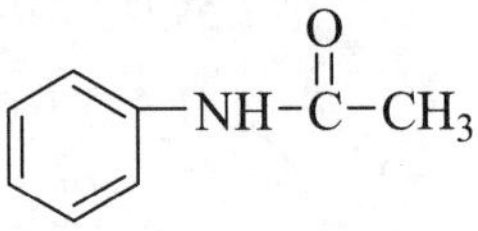

乙酰苯胺
acetanilide

若酰胺的氮原子上连有烃基，命名时在烃基的名称前面加"N"，表示烃基连在氮原子上。例如

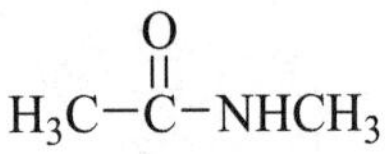

N-甲基乙酰胺
N-methyl acetamide

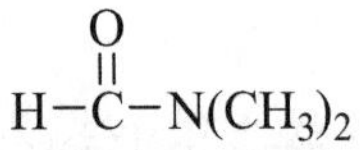

N,N-二甲基甲酰胺(DMF)
N,N-dimethyl formamide

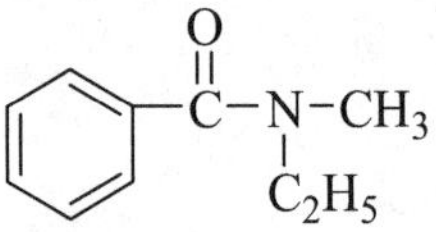

N-甲基-N-乙基苯甲酰胺
N-ethyl-N-methyl benzoylamide

相同羧酸形成的酸酐为单酐，命名时相应的羧酸名称后面加上"酐"称为"某酸酐"；不同羧酸形成的酸酐为混酐，命名时简单的羧酸写在前面，复杂的羧酸写在后面，称为"某某酸酐"。例如

乙酸酐
acetic anhydride

乙丙酸酐
acetic propanoic anhydride

邻苯二甲酸酐
phthalic anhydride

酯是根据形成它的酸和醇来命名的，称为"某酸某酯"；内酯的名称是将相应的"酸"字变为"内酯"，用阿拉伯数字或者希腊字母标明原来羟基的位置。例如

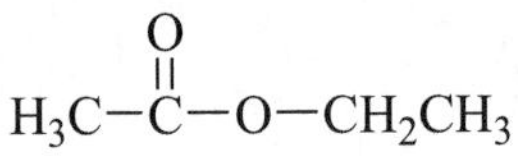

乙酸乙酯
ethyl acetate

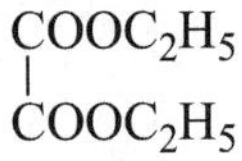

乙二酸二乙酯
diethyl ethanedioate

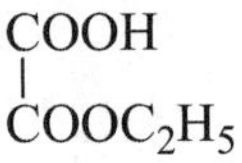

乙二酸氢乙酯
acid ethyl oxalate

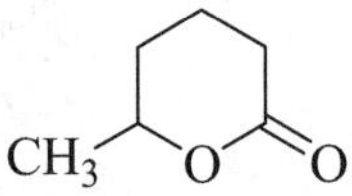

5-己内酯
5-caprolactone

三、羧酸衍生物的物理性质

低级的酰氯和酸酐是有刺激性气味的无色液体；大多数的低级酯是易挥发并具有芳香气味的无色液体，可以作为香料，如戊酸异戊酯有苹果香味。

酰氯、酸酐和酯类化合物的沸点比相应的羧酸低；而酰胺熔点、沸点比相应的羧酸高。酰氯、酸酐难溶于水，低级的酰卤和酸酐遇水分解。酯在水中溶解度很小。低级酰胺因与水形成氢键而溶于水。例如，实验中常用的 N,N-二甲基甲酰胺(DMF)和 N,N-二甲基乙酰胺(DMAC)既能溶于水，又能溶于有机溶剂，是很好的非质子溶剂。一些羧酸衍生物的物理常数见表 9-2。

表9-2　羧酸衍生物的物理常数

中文名称	结构式	熔点（℃）	沸点（℃）	密度（g·cm⁻³）
乙酰氯	CH₃COCl	−112	51	1.104
苯甲酰氯	C₆H₅COCl	−1	197	1.212
乙酸酐	(CH₃CO)₂O	−73	140	1.082
苯甲酸酐	(C₆H₅CO)₂O	42	360	1.199
乙酸乙酯	CH₃COOC₂H₅	−83	77	0.901
苯甲酸乙酯	C₆H₅COOC₂H₅	−34	213	1.043
乙酰胺	CH₃CONH₂	82	221	1.159
N,N-二甲基甲酰胺	HCON(CH₃)₂	−61	153	0.944
苯甲酰胺	C₆H₅CONH₂	130	290	1.341
乙酰水杨酸	⬡-OCOCH₃ COOH	136	321	1.443

四、羧酸衍生物的化学性质

羧酸衍生物的水解、醇解和氨(胺)解反应都是发生在酰基碳原子上的亲核取代反应，其过程是先亲核加成，后消除 HL，其反应通式为

$$R-\overset{O}{\underset{\|}{C}}-L + HNu \longrightarrow R-\overset{O}{\underset{\|}{C}}-Nu + HL$$

式中，HNu 代表亲核试剂，如 H_2O、ROH、NH_3、NH_2R、NHR_2 等；L 代表离去基团，如—X、—OCOR、—OR、—NH_2、—NHR、—NR_2 等。

酰基的亲核取代反应分两步进行：第一步，亲核试剂进攻羰基碳原子，发生亲核加成反应，形成带负电荷的四面体结构的中间体；第二步，中间体发生消除反应，形成恢复碳氧双键的取代产物。其过程如下。

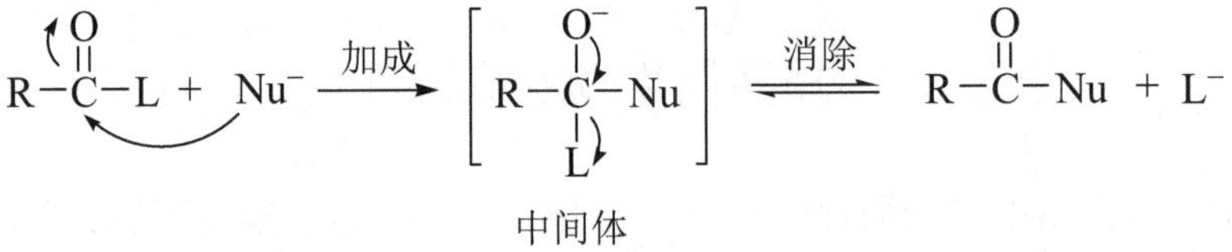

$$R-\overset{\overset{\displaystyle O}{\|}}{C}-L + Nu^- \xrightarrow{\text{加成}} \left[R-\overset{\overset{\displaystyle O^-}{|}}{\underset{\displaystyle L}{C}}-Nu \right] \xrightleftharpoons{\text{消除}} R-\overset{\overset{\displaystyle O}{\|}}{C}-Nu + L^-$$

中间体

酰基的亲核取代反应速率，受其分子中的电子效应和空间效应的影响。第一步，亲核试剂进攻羰基碳原子时，羰基碳原子的正电性越强、R 的空间位阻越小加成反应越容易进行；第二步，消除反应的速率取决于离去基团的碱性，碱性越弱，越有利于离去基团离去，反应越易进行。它们的碱性次序是$-NH_2 > -OR > -OCOR > -X$，这些基团的离去顺序是：$-X > -OCOR > -OR > -NH_2$。羧酸衍生物中酰基碳原子上的亲核取代反应的活性顺序是：酰卤＞酸酐＞酯＞酰胺。

1. 水解　羧酸衍生物都能水解生成相应的羧酸。酰氯遇水立即发生剧烈反应；酸酐可与热水作用；酯和酰胺必须加热并用酸或碱催化，水解才能顺利进行；酰胺的水解还需要长时间加热回流。

$$H_3C-\overset{\overset{\displaystyle O}{\|}}{C}-Cl + H_2O \longrightarrow H_3C-\overset{\overset{\displaystyle O}{\|}}{C}-OH + HCl$$

$$H_3C-\overset{\overset{\displaystyle O}{\|}}{C}-O-\overset{\overset{\displaystyle O}{\|}}{C}-CH_3 + H_2O \xrightarrow{\triangle} 2H_3C-\overset{\overset{\displaystyle O}{\|}}{C}-OH$$

$$H_3C-\overset{\overset{\displaystyle O}{\|}}{C}-O-CH_2CH_3 + H_2O \xrightarrow[\triangle]{H^+} H_3C-\overset{\overset{\displaystyle O}{\|}}{C}-OH + CH_3CH_2OH$$

$$H_3C-\overset{\overset{\displaystyle O}{\|}}{C}-NH_2 + H_2O \xrightarrow[\triangle]{OH^-} H_3C-\overset{\overset{\displaystyle O}{\|}}{C}-OH + NH_3$$

2. 醇解　羧酸衍生物与醇作用生成酯的反应，称为醇解。

$$H_3C-\overset{\overset{\displaystyle O}{\|}}{C}-Cl + CH_3OH \longrightarrow H_3C-\overset{\overset{\displaystyle O}{\|}}{C}-OCH_3 + HCl$$

$$H_3C-\overset{\overset{\displaystyle O}{\|}}{C}-O-\overset{\overset{\displaystyle O}{\|}}{C}-CH_3 + CH_3OH \longrightarrow H_3C-\overset{\overset{\displaystyle O}{\|}}{C}-OCH_3 + CH_3COOH$$

酰卤与醇的反应速率比较快，酸酐与醇的反应较温和，在一些药物的合成中常常使用酸酐作为酰化试剂。例如，阿司匹林的制备：

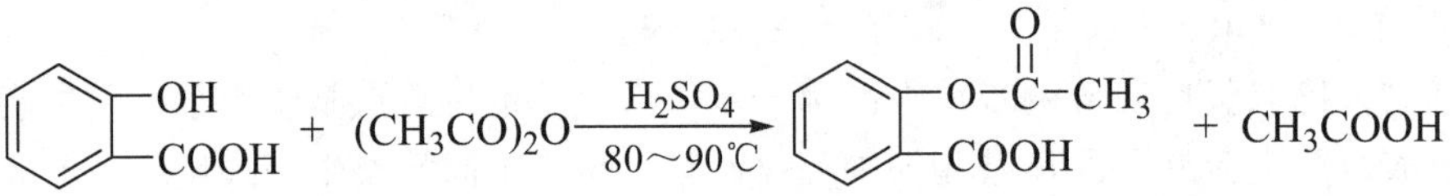

酯与醇反应生成新的酯和新的醇，因此酯的醇解又称酯交换反应(trancesterification)。酯交换反应需加入过量的醇，促使反应向生成新的酯的方向进行。

$$CH_2=CHCOOCH_3 + C_4H_9OH \xrightarrow{TsOH} CH_2=CHCOOC_4H_9 + CH_3OH$$

酰胺很难发生醇解。羧酸衍生物的醇解速率比水解慢。

3. 氨解 羧酸衍生物都能与氨(或胺)作用生成酰胺。因为氨的亲核性比水和醇强，所以羧酸衍生物的氨解速率比水解、醇解快。酰卤和酸酐在低温下就可反应；酯的氨解不需要酸或碱的催化就可以顺利生成酰胺；酰胺的氨解是可逆反应，故反应时，需要过量亲核性更强的胺。

$$\text{H}_3\text{C}-\overset{\overset{\displaystyle O}{\|}}{\text{C}}-\text{Cl} + \text{NH}_3 \longrightarrow \text{H}_3\text{C}-\overset{\overset{\displaystyle O}{\|}}{\text{C}}-\text{NH}_2 + \text{NH}_4\text{Cl}$$

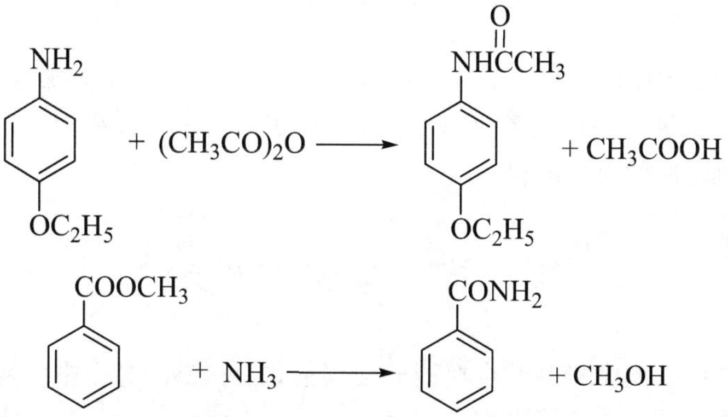

羧酸衍生物的水解、醇解和氨解是在水、醇和氨(或胺)的分子中引入酰基，所以这些反应又称为酰化反应(acylating reaction)。能提供酰基的化合物称为酰化剂(acylating agent)。酰卤和酸酐是常用的酰化剂。酰化反应在有机合成和药物合成中有重要意义。

第三节 重要的羧酸及羧酸衍生物

一、甲 酸

甲酸俗名蚁酸，结构式为 HCOOH，沸点 101℃，它既具有羧酸的结构，又具有醛的结构，因此，甲酸除具有羧酸的特性外，还具有醛的某些性质。与浓硫酸在 60~80℃条件下共热，可以分解为水和一氧化碳，实验室中常用此法制备纯净的一氧化碳。甲酸存在于某些蚂蚁和荨麻体内。蚂蚁、蜂类和荨麻刺伤所引起的皮肤肿痛就是甲酸造成的。

二、乙 酸

乙酸俗称醋酸，结构式为 CH₃COOH，为无色具有刺激性气味的液体，能与水以任意比例混溶，熔点为 16.6℃，沸点 118℃。它是食醋的主要成分，一般食醋中乙酸含量为 6%~8%。当室温低于 16.6℃时，无水乙酸很容易凝结成冰状固体，故常把无水乙酸称为冰醋酸。乙酸是重要的化工及制药原料。

三、苯 甲 酸

苯甲酸俗称安息香酸，结构式为 C_6H_5COOH，是白色晶体，熔点为 122℃，易升华，微溶于水，可溶于热水。苯甲酸是有机合成的原料，可以合成染料、香料、药物等。苯甲酸具有抑菌防腐能力，可作防腐剂，也可外用。

四、乙 酸 乙 酯

乙酸乙酯结构式 $CH_3COOC_2H_5$，为无色透明液体，有水果香味，沸点 77℃，微溶于水，易溶于乙醇、乙醚和氯仿等有机溶剂。可用作纺织工业的清洗剂和天然香料的萃取剂，也是制药工业和有机合成的重要原料。

第四节　碳酸衍生物

碳酸的结构式中，两个羟基结合在同一个羰基碳上。碳酸分子中的两个羟基被其他的基团取代后的化合物称为碳酸衍生物(derivatives of carbonic acid)。当碳酸分子中的两个羟基被氨基取代得到尿素。

$$\underset{\text{碳酸}}{HO-\overset{\displaystyle O}{\overset{\|}{C}}-OH} \qquad \underset{\text{尿素}}{H_2N-\overset{\displaystyle O}{\overset{\|}{C}}-NH_2}$$

一、尿 素

尿素又称脲(urea)，是碳酸的衍生物，是哺乳动物体内蛋白质中氮原子代谢的最终产物之一。尿素为无色晶体，熔点 133℃，易溶于水和乙醇，难溶于乙醚等溶剂。其用途广泛，在化工生产中是有机合成的重要原料，在农业上是重要的氮肥。

尿素具有碱性，可以和硝酸作用生成白色沉淀。

$$H_2N-\overset{\displaystyle O}{\overset{\|}{C}}-NH_2 + HNO_3 \longrightarrow \underset{\text{硝酸脲}}{H_2N-\overset{\displaystyle O}{\overset{\|}{C}}-NH_2 \cdot HNO_3 \downarrow}$$

尿素具有一般酰胺的性质，在脲酶、酸或碱催化下发生水解反应。

$$H_2N-\overset{\displaystyle O}{\overset{\|}{C}}-NH_2 + H_2O \longrightarrow
\begin{cases}
\xrightarrow{H_2O/HCl} CO_2\uparrow + NH_4Cl \\
\xrightarrow{H_2O/NaOH} Na_2CO_3 + NH_3\uparrow \\
\xrightarrow{\text{脲酶}} CO_2\uparrow + NH_3\uparrow + H_2O
\end{cases}$$

尿素还可以与亚硝酸反应。

$$H_2N-\overset{O}{\underset{\|}{C}}-NH_2 + HNO_2 \longrightarrow CO_2\uparrow + H_2O + N_2\uparrow$$

通过测量氮气的体积，可以测定尿素的量。

把尿素慢慢加热到 150～160℃，两分子尿素脱去一分子的氨，生成缩二脲。

$$H_2N-\overset{O}{\underset{\|}{C}}-NH_2 + H_2N-\overset{O}{\underset{\|}{C}}-NH_2 \overset{\triangle}{\longrightarrow} H_2N-\overset{O}{\underset{\|}{C}}-\overset{H}{\underset{\|}{N}}-\overset{O}{\underset{\|}{C}}-NH_2 + NH_3\uparrow$$

缩二脲在碱性溶液中与极稀的硫酸铜溶液反应显紫红色，这个反应称为缩二脲反应

(biuret reaction)。分子中含有两个或两个以上酰胺键($-\overset{O}{\underset{\|}{C}}-\overset{H}{\underset{\|}{N}}-$)的化合物都可以发生这样的反应。常用于多肽和蛋白质的定性鉴别。

二、巴比妥酸

尿素和丙二酸二乙酯作用，可以生成环状的丙二酰脲(malonyl urea)。

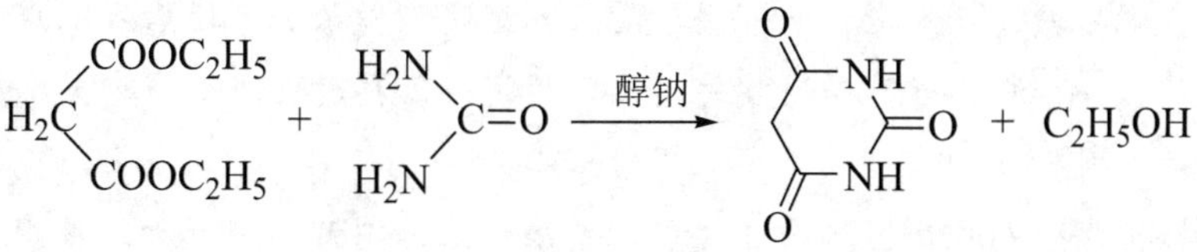

丙二酰脲

丙二酰脲为无色晶体，熔点 245℃，微溶于水。其分子结构中含有一个活泼的亚甲基和两个二酰亚胺基，可以发生酮式-烯醇式互变异构。

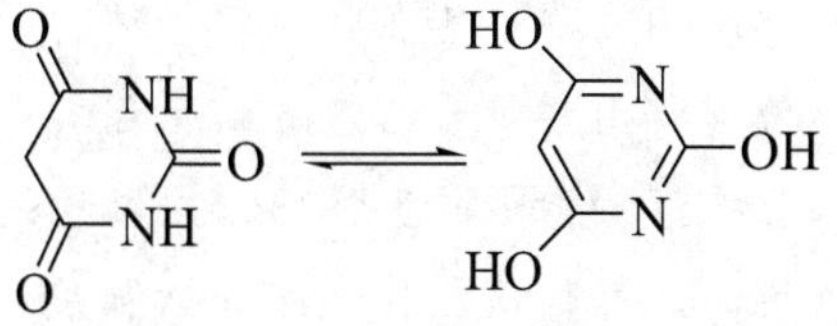

丙二酰脲　　巴比妥酸

丙二酰脲的烯醇式(pK_a=3.99)比乙酸(pK_a=4.76)的酸性强，具有明显的酸性，所以丙二酰脲被称为巴比妥酸(barbituric acid)。巴比妥酸本身没有生理活性，其亚甲基上的两个氢被烃基取代后具有镇静催眠的作用。巴比妥酸的衍生物总称为巴比妥(barbital)类药物。巴比妥类药物具有成瘾性，用量过大会危及生命。

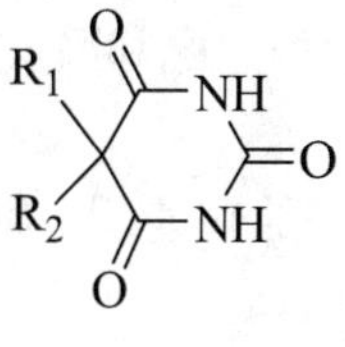

巴比妥类

阅读材料

功能强大的阿司匹林

日常生活中，被人们俗称为"万灵药"的阿司匹林，有哪些强大的功能呢？

阿司匹林（Aspirin），化学名为 2-(乙酰氧基)苯甲酸。是由德国化学家霍夫曼在 19 世纪末正式推出。

阿司匹林是水杨酸的衍生物，是经水杨酸乙酰化而得到的物质，是一种白色结晶或结晶性粉末，无臭或微带醋酸臭，微溶于水，易溶于乙醇，可溶于乙醚、氯仿，水溶液呈酸性。

阿司匹林作用范围极其广泛，第一有镇痛、消炎、解热抗风湿方面的作用，不仅能够解热、减轻炎症，同时也可缓解轻度或中度的钝疼痛，如头痛、牙痛、神经痛、肌肉痛及月经痛等。

第二有缓解、治疗关节炎的作用，阿司匹林可以改善炎症症状，为进一步治疗创造条件。如在风湿性关节炎、类风湿性关节炎、骨关节炎、强直性脊椎炎、幼年型关节炎以及其他非风湿性炎症的骨骼肌肉疼痛等方面的治疗。

第三有抗血栓的作用，阿司匹林有抑制血小板聚集的作用，可以有效阻止血栓形成，临床可用于预防暂时性脑缺血发作(TIA)、心肌梗死、心房颤动，人工心脏瓣膜、动静脉瘘或其他手术后的血栓形成，也可用于治疗不稳定型心绞痛。还有可以减轻皮肤黏膜淋巴结综合征(川崎病)，当患川崎病的患儿服用阿司匹林时，可以减少炎症反应和预防血管内血栓的形成。

第四有抵抗癌症的作用，阿司匹林在诸多癌症治疗中都具有巨大的应用价值。特别是针对消化道肿瘤治疗方面的应用，阿司匹林不仅能够降低胃肠道恶性肿瘤的发展进程，还能够降低胃肠道肿瘤的发生率，延长患者的生存时间；在结直肠癌治疗方面的应用，阿司匹林能通过减少细胞增生、抑制细胞 COX-2 生成，促进肿瘤细胞的凋亡达到抗肿瘤的作用；在肝癌治疗方面的应用，其在肝癌的预防、治疗及预后中发挥着重要的作用，能与多种抗肿瘤药物协同作用，成为治疗肝细胞癌的一种有效方法；在乳腺癌治疗方面的应用，能通过抑制乳腺癌细胞增殖、肿瘤新生血管的生成以及肿瘤细胞的浸润转移，来达到抑制肿瘤的作用。此外阿司匹林还能降低肺癌、胰腺癌、前列腺癌、皮肤癌等癌症发病危险。

本 章 小 结

分子中含有羧基的化合物称为羧酸。羧酸分子羧基中的羟基被取代后的产物称为羧酸衍生物，重要的羧酸衍生物有酰卤、酸酐、酯和酰胺。

1. 羧酸

(1)羧酸的结构和命名：羧基是羧酸的官能团，羧基碳原子为 sp^2 杂化，羧基中存在 p-π 共轭体系。

羧酸的系统命名原则与醛相似。许多羧酸常用俗名。

(2)羧酸的化学性质

1)酸性：羧酸具有酸性，羧酸的酸性强弱与羧基所连基团的性质有关，连有吸电子基团时酸性增强，连有斥电子基团时酸性减弱。

2)羧基中羟基的取代反应：羧基中的—OH 可被烃氧基、氨基、卤素或酰氧基等取代，分别生成酯、酰胺、酰卤或酸酐等羧酸衍生物。

3)α-H 的卤代反应：羧酸的 α-H 可在少量红磷或 PX_3 等催化剂存在下，被溴或氯取代生成卤代酸。

4)脱羧反应：羧酸脱去羧基放出二氧化碳的反应称为脱羧反应。羧酸钠与碱石灰共热发生脱羧反应得到甲烷。

5)二元羧酸的热解反应：二元羧酸对热较敏感，乙二酸、丙二酸受热脱羧生成一元酸；丁二酸、戊二酸受热脱水生成环状酸酐；己二酸、庚二酸受热既脱水又脱羧生成环酮。

2. 羧酸衍生物

(1)羧酸衍生物的结构和命名：酰卤、酸酐、酯和酰胺分子中都含有酰基，因此又将它们称为酰基化合物。酰基与卤素原子相连的化合物称为酰卤；酰基与酰氧基相连的化合物称为酸酐；酰基与烃氧基相连的化合物称为酯；酰基与氨基或取代氨基相连的化合物称为酰胺。

酰基名称后加卤素或者胺的名字称为"某酰卤或者酰胺"。若酰胺氮原子上有取代基，则在取代基名称前冠以字母"N"，以表示取代基连在氮原子上。酸酐命名时，以酐为母体，前面加上酸的名称，称为"某酐"(或"某酸酐")。酯是根据形成它的酸和醇的名字称为"某酸某酯"。

(2)羧酸衍生物的化学性质：亲核取代反应，羧酸衍生物与水、醇和氨(或胺)等发生水解、醇解和氨解反应，反应历程都是通过加成—消除过程来完成的，反应活性次序为：酰卤＞酸酐＞酯＞酰胺。

3. 碳酸衍生物 碳酸分子中的两个羟基被其他基团取代后的化合物称为碳酸衍生物。当碳酸分子中的两个羟基被氨基取代得到尿素，尿素为碳酸衍生物。

(1)尿素：尿素与硝酸作用生成白色沉淀；尿素在酸、碱和脲酶的条件下发生水解；与亚硝酸反应放出氮气。在加热条件下，两分子尿素脱去一分子氨生成缩二脲，缩二脲在碱性溶液中与硫酸铜溶液反应显紫红色，这个反应称为缩二脲反应。常用这一反应来鉴别多肽和蛋白质。

(2)巴比妥酸：尿素和丙二酸二乙酯作用生成的丙二酰脲也被称作巴比妥酸。巴比妥酸亚甲基上的两个氢原子被烃基取代后具有镇静催眠的作用。巴比妥酸的衍生物总称为巴比妥类药物。

习 题

1. 命名下列化合物

(1) $\underset{\displaystyle CH_3}{CH_3C}=CHCH_2COOH$

(2) $\underset{\displaystyle CH_3}{CH_3-CH}-COOH$

(3) $\underset{\displaystyle O}{H_3C-C}-O-\underset{\displaystyle O}{C}-CH_3$

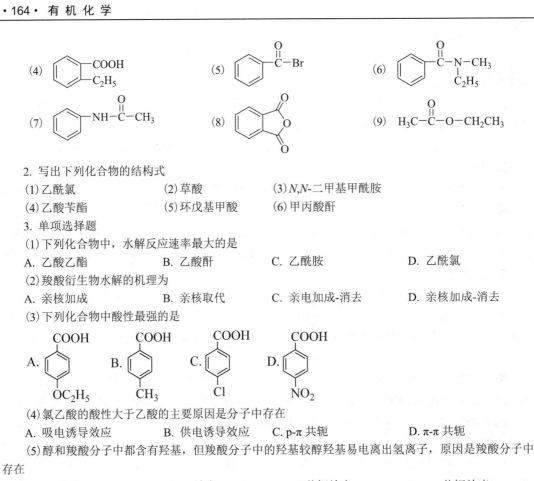

2. 写出下列化合物的结构式

(1) 乙酰氯　　　　　　(2) 草酸　　　　　　(3) N,N-二甲基甲酰胺

(4) 乙酸苄酯　　　　　(5) 环戊基甲酸　　　(6) 甲丙酸酐

3. 单项选择题

(1) 下列化合物中，水解反应速率最大的是

A. 乙酸乙酯　　　　　B. 乙酸酐　　　　　C. 乙酰胺　　　　　D. 乙酰氯

(2) 羧酸衍生物水解的机理为

A. 亲核加成　　　　　B. 亲核取代　　　　C. 亲电加成-消去　　　D. 亲核加成-消去

(3) 下列化合物中酸性最强的是

A. [结构：苯环对位 OC₂H₅，COOH]　B. [结构：苯环对位 CH₃，COOH]　C. [结构：苯环对位 Cl，COOH]　D. [结构：苯环对位 NO₂，COOH]

(4) 氯乙酸的酸性大于乙酸的主要原因是分子中存在

A. 吸电诱导效应　　　B. 供电诱导效应　　C. p-π 共轭　　　　D. π-π 共轭

(5) 醇和羧酸分子中都含有羟基，但羧酸分子中的羟基较醇羟基易电离出氢离子，原因是羧酸分子中存在

A. $-I$ 效应　　　　　B. $+I$ 效应　　　　C. p-π 共轭效应　　　D. π-π 共轭效应

4. 比较下列化合物的酸性强弱

(1) ①$CH_3CH_2CHBrCOOH$ ②$CH_3CH_2CH_2COOH$ ③C_6H_5OH ④H_2CO_3 ⑤Br_3CCOOH ⑥H_2O

(2) 乙酸、丙二酸、草酸、苯酚、甲酸

5. 按要求排序

(1) 比较下列化合物酯化反应速率大小

①CH_3COOH　②CH_3CH_2COOH　③$(CH_3)_3CCOOH$　④$(C_2H_5)_3CCOOH$

(2) 比较下列化合物水解反应速率大小

①$H_3C-\overset{O}{\underset{\parallel}{C}}-Cl$　②$H_3C-\overset{O}{\underset{\parallel}{C}}-NH_2$　③$H_3C-\overset{O}{\underset{\parallel}{C}}-O-\overset{O}{\underset{\parallel}{C}}-CH_3$　④$H_3C-\overset{O}{\underset{\parallel}{C}}-O-C_2H_5$

6. 用简单化学方法鉴别下列各组化合物

(1) 水杨酸、甲酸、乙酸　　(2) 苯甲酸、苯酚、苯甲醇

7. 写出下列反应的主要产物

(1) [苯环-C(=O)-OH] + PCl_5 ⟶

(2) [苯环邻位双COOH] $\xrightarrow{\Delta}$

(3) 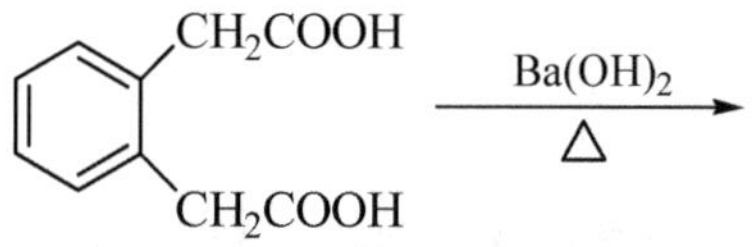 邻位-C₆H₄(CH₂COOH)₂ $\xrightarrow[\triangle]{Ba(OH)_2}$

(4) 邻位-C₆H₄(OH)(COOH) + $(CH_3CO)_2O$ $\xrightarrow[\triangle]{H_2SO_4}$

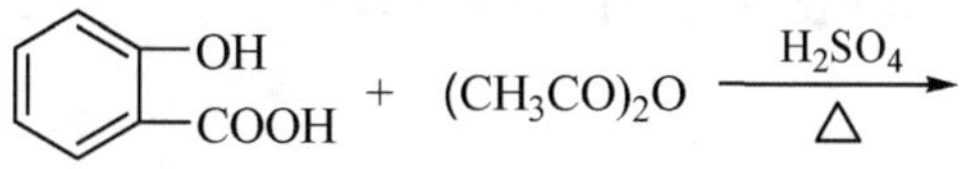

(5) CH_3CH_2COOH + Br_2 $\xrightarrow[\triangle]{P}$

(6) 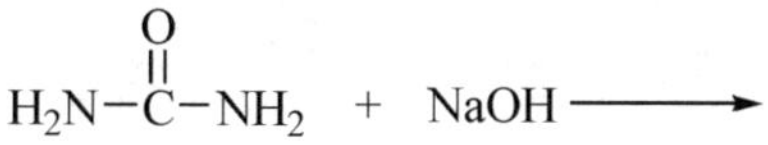 $H_2N-\overset{O}{\overset{\|}{C}}-NH_2$ + $NaOH$ $\longrightarrow$

(7) 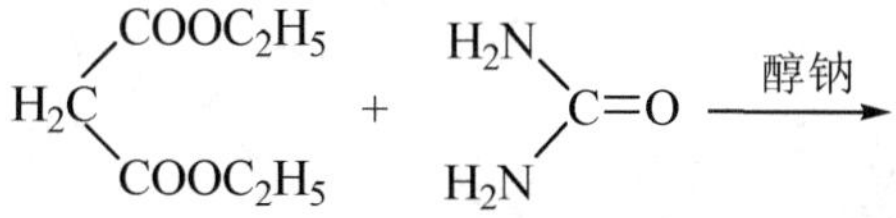 $H_2C\begin{matrix}COOC_2H_5\\COOC_2H_5\end{matrix}$ + $\begin{matrix}H_2N\\H_2N\end{matrix}C=O$ $\xrightarrow{醇钠}$

(8) 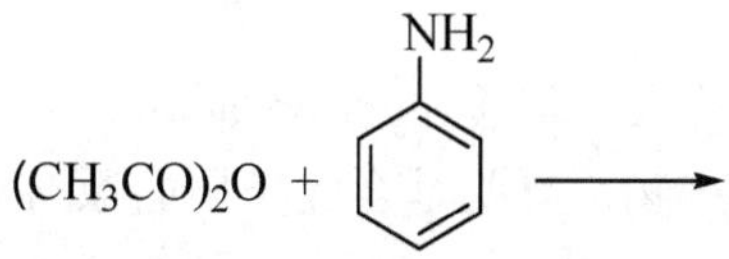 $(CH_3CO)_2O$ + 苯胺($C_6H_5NH_2$) $\longrightarrow$

8. 化合物 A 和 B 的分子式均为 $C_4H_6O_4$，且都可以与 Na_2CO_3 作用放出 CO_2。A 受热生成 C($C_4H_4O_3$)，B 受热发生脱羧反应，生成羧酸 D($C_3H_6O_2$)。试写出化合物 A、B、C 和 D 的结构式。

9. 化合物 A 的分子式为 $C_4H_{11}NO_2$，A 能溶于水，但不溶于乙醚，加热得 B(C_4H_9NO)，B 与 NaOH 长时间共热，放出刺激性气味的气体，残余物经酸化得 C，C 经氢化铝锂还原后与浓硫酸反应，得烯烃 D(分子量为 56)，D 经臭氧氧化后在锌粉条件下水解，得一分子酮 E 和一分子醛 F。试写出化合物 A~F 的结构式。

（王学东）

第十章　羟基酸和酮酸

学习要求

1. 掌握羟基酸和酮酸的结构和命名，醇酸的化学性质（酸性、氧化反应和脱水反应），酚酸的化学性质（脱羧反应和酰化反应），β-酮酸的化学性质，酮体的概念。
2. 熟悉酮式-烯醇式互变异构现象，α-酮酸的化学性质。
3. 了解羟基酸和酮酸的分类和物理性质，重要的羟基酸和酮酸。

第一节　羟　基　酸

羧酸分子中烃基上的氢原子被羟基取代的产物称为羟基酸（hydroxy acid）。羟基酸广泛存在于动植物体内，有些是生物体生命过程的中间产物，有些是合成药物的原料和食品的调味剂。

一、羟基酸的结构和分类

羟基酸是分子中既含有羟基又含有羧基官能团的化合物。羟基连接在脂肪烃基上的羟基酸称为醇酸（alcoholic acid），羟基连接在芳环上的羟基酸称为酚酸（phenolic acid）。

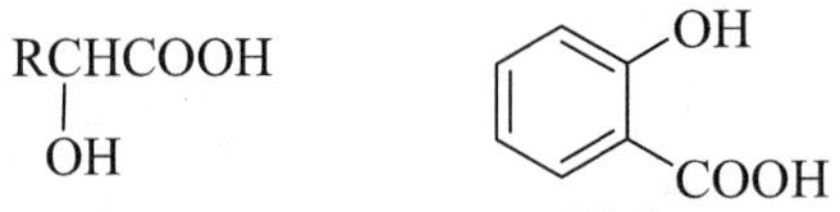

$$\underset{\underset{OH}{|}}{RCHCOOH} \qquad \qquad$$

醇酸　　　　　　　　酚酸

根据羟基与羧基的相对位置不同，可将羟基酸分为 α、β、γ 和 δ 羟基酸。

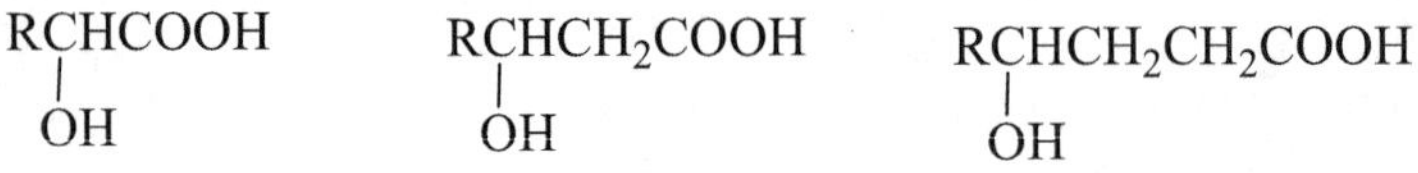

$$\underset{\underset{OH}{|}}{RCHCOOH} \qquad \underset{\underset{OH}{|}}{RCHCH_2COOH} \qquad \underset{\underset{OH}{|}}{RCHCH_2CH_2COOH}$$

α-羟基酸　　　　　　β-羟基酸　　　　　　　　γ-羟基酸

二、羟基酸的命名

(一)醇酸的命名

醇酸的系统命名法是以羧酸为母体，羟基为取代基，并用阿拉伯数字或希腊字母 α、β、γ 等标明羟基的位置。一些来自于自然界的醇酸多用俗名。

CH₃CHCOOH
|
OH

2-羟基丙酸或α-羟基丙酸（乳酸）

2-hydroxypropanoic acid (lactic acid)

HOOCCHCH₂COOH
|
OH

羟基丁二酸（苹果酸）

hydroxysuccinic acid (malic acid)

（二）酚酸的命名

酚酸的命名是以芳酸为母体，并根据羟基在芳环上的位置给出相应的名称。

邻羟基苯甲酸（水杨酸）

o-hydroxybenzoic acid (salicylic acid)

间羟基苯甲酸

m-hydroxybenzoic acid

对羟基苯甲酸

p-hydroxybenzoic acid

3,4-二羟基苯甲酸（原儿茶酸）

3,4-dihydroxybenzoic acid (protocatechuic acid)

3,4,5-三羟基苯甲酸（没食子酸）

3,4,5-trihydroxybenzoic acid (gallic acid)

三、羟基酸的物理性质

羟基酸多为结晶固体或黏稠液体。由于羟基与羧基都能与水形成氢键，所以羟基酸一般能溶于水，水溶性大于相应的羧酸；但是疏水支链或碳环的存在使其水溶性降低。

羟基酸的熔点一般高于相应的羧酸。许多羟基酸具有手性碳原子，也具有旋光性。

四、羟基酸的化学性质

（一）醇酸的化学性质

醇酸具有醇和羧酸的典型反应，如羟基可被氧化成羰基，能发生酯化反应生成酯；羧基可以成盐、成酯等。由于羧基和羟基间的相互影响，醇酸还表现出一些特殊性质，而这些特殊性质又因羧基和羟基的相对位置不同而有差异。

1. 酸性 由于羟基的吸电子诱导效应，使醇酸的酸性强于相应的羧酸。因为诱导效应随碳链的增长而减弱，所以醇酸的酸性随羟基与羧基之间的距离增大而减弱。例如

CH₃COOH   HOCH₂COOH   HOCH₂CH₂COOH

pKₐ   4.76   3.83   4.51

2. 氧化反应 由于受羧基吸电子效应的影响，醇酸中的羟基比醇分子中的羟基容易被

氧化。例如，弱氧化性的托伦(Tollens)试剂不能氧化醇，但能将 α-醇酸氧化为 α-酮酸。稀硝酸一般也不氧化醇，但能将醇酸氧化为醛酸、酮酸或二元酸。

$$\underset{OH}{CH_3CHCOOH} \xrightarrow[\triangle]{Tollens试剂} \underset{O}{CH_3CCOOH}$$

$$HOCH_2COOH \xrightarrow{稀HNO_3} \underset{O}{HCCOOH} \xrightarrow{稀HNO_3} HOOCCOOH$$

3. 脱水反应 由于羧基和羟基之间的相互影响，使醇酸热稳定性较差，加热时易发生脱水反应。脱水的方式随羧基和羟基的相对位置不同而不同，产物也不同。

α-醇酸受热时，发生两分子间的交叉脱水，生成交酯。

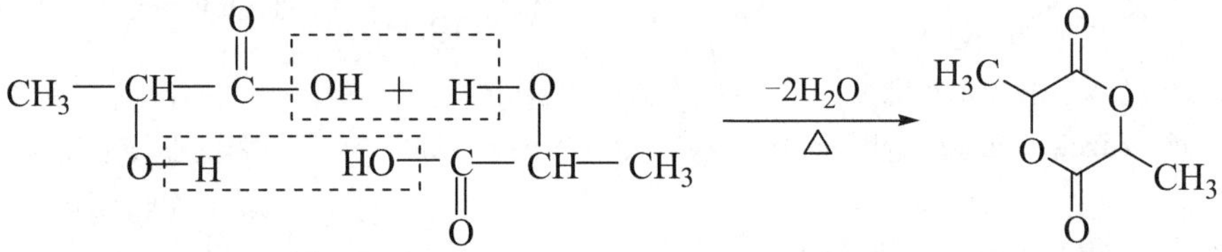

α-羟基丙酸　　　　　　　　　丙交酯

β-醇酸中的 α-H 受羧基和羟基的影响而比较活泼，受热时羟基与 α-H 发生分子内脱水生成 α,β-不饱和羧酸。

$$\underset{OH\quad H}{CH_3CH-CHCOOH} \xrightarrow{微热} CH_3CH=CHCOOH$$

β-羟基丁酸　　　　　　　　2-丁烯酸

γ、δ-醇酸受热时，羟基和羧基易发生分子内脱水，形成稳定的五元环或六元环的内酯。

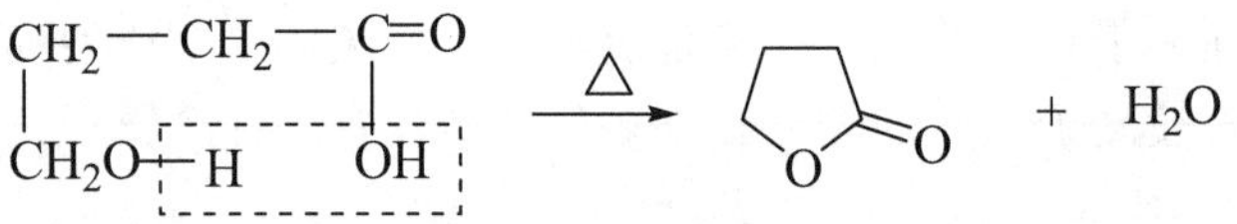

γ- 羟基丁酸　　　γ-丁内酯(1,4-丁内酯)

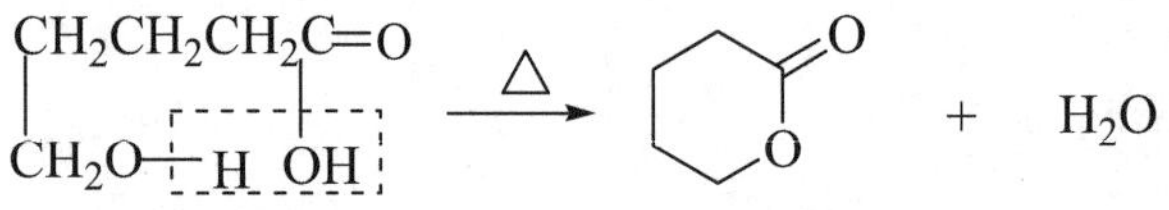

δ- 羟基戊酸　　　δ- 戊内酯

4. α-醇酸的分解反应 α-醇酸与稀硫酸共热，分解为少一个碳原子的醛(或酮)和甲酸。

$$\underset{OH}{RCHCOOH} \xrightarrow[\triangle]{稀H_2SO_4} RCHO + HCOOH$$

(二)酚酸的化学性质

1. 酸性 酚酸由于羧基与羟基的相对位置不同而表现出不同的酸性，顺序为：邻位＞间位＞对位。

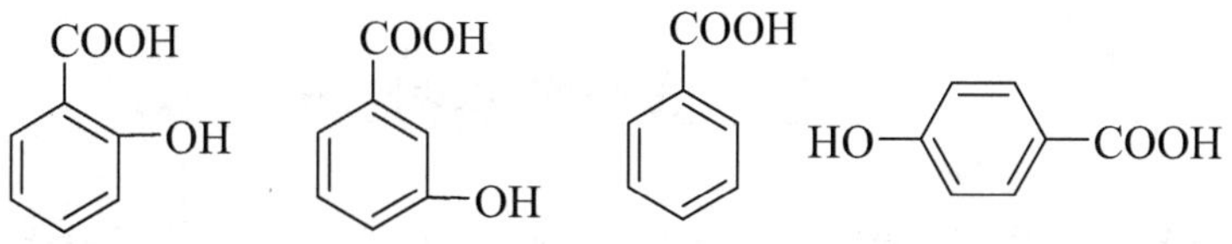

pK_a	3.00	4.12	4.17	4.54

当羟基在羧基的邻位时，离解后的羧基负离子与酚羟基能形成氢键，增强了羧基负离子的稳定性，有利于羧酸的电离，使酸性明显增强。

当羟基在羧基的间位时，吸电子诱导效应起主要作用，但因间隔三个碳原子，诱导效应减弱许多，所以间羟基苯甲酸的酸性比苯甲酸略有增强。

当羟基在羧基的对位时，羟基的给电子共轭效应大于吸电子诱导效应，使酸性减弱。

2. 与三氯化铁显色反应　酚酸具有烯醇的基本结构，故可与三氯化铁水溶液发生显色反应。例如，邻羟基苯甲酸与三氯化铁水溶液显紫色。

3. 脱羧反应　羟基在羧基的邻位或对位的酚酸加热至熔点以上时，易发生脱羧反应生成相应的酚。

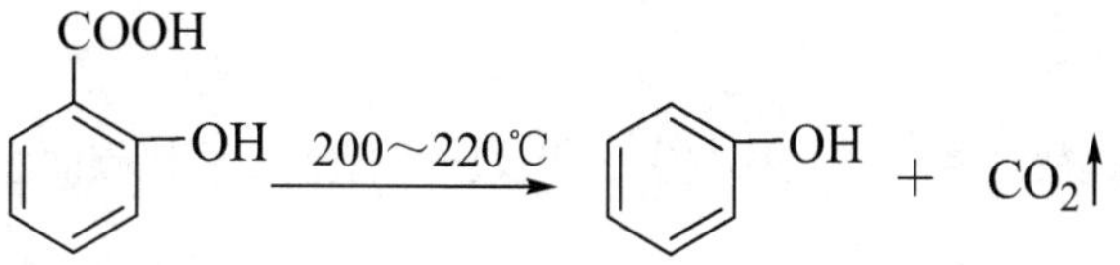

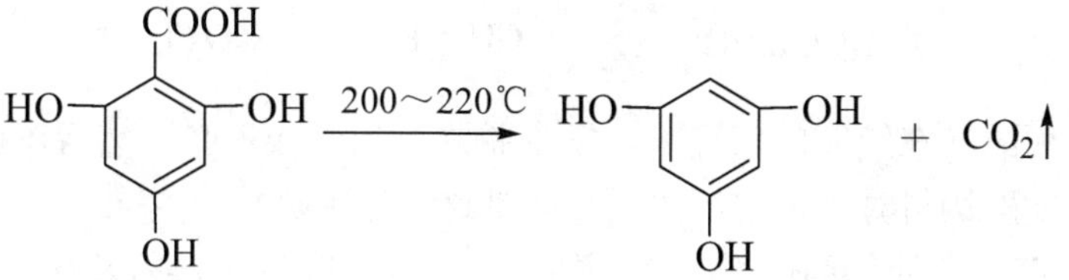

第二节　酮　　酸

一、酮酸的结构、分类和命名

酮酸(keto acid)是分子中同时含有羰基(酮基)和羧基的一类化合物，也称氧代酸。氧代酸分为醛酸和酮酸，由于醛酸实际应用较少，所以重点讨论酮酸。

按照酮基和羧基的相对位置不同，酮酸又可分为 α-酮酸、β-酮酸和 γ-酮酸等。

酮酸的系统命名是选择包括酮基和羧基的最长链为主链，称为“某酮酸”；用阿拉伯数字或希腊字母标记酮基的位置(习惯上多用希腊字母)。

$CH_3\overset{O}{\overset{\|}{C}}COOH$	$CH_3\overset{O}{\overset{\|}{C}}CH_2COOH$	$HOOC\overset{O}{\overset{\|}{C}}CH_2COOH$
α-丙酮酸	β-丁酮酸	丁酮二酸（草酰乙酸）
pyruvic acid	β-butanone acid	butanone diacid

二、酮酸的化学性质

酮酸具有酮和羧酸的一般通性，如酮基可被还原成羟基，可与羰基试剂发生亲核加成反应；羧基可与碱成盐、与醇成酯等。由于两个官能团的相对位置和相互影响不同，不同的酮酸还表现出一些特殊性质。

(一) 酸性

由于酮基的吸电子诱导效应比羟基强，因此酮酸的酸性比相应的醇酸强，且 α-酮酸比 β-酮酸的酸性强。

$$
\begin{array}{ccccc}
\overset{\displaystyle O}{\underset{\displaystyle \|}{}} & \overset{\displaystyle O}{\underset{\displaystyle \|}{}} & \overset{\displaystyle OH}{\underset{\displaystyle |}{}} & \overset{\displaystyle OH}{\underset{\displaystyle |}{}} & \\
CH_3CCOOH & CH_3CCH_2COOH & CH_3CHCOOH & CH_2CH_2COOH & CH_3CH_2COOH
\end{array}
$$

| pK_a | 2.49 | 3.51 | 3.86 | 4.51 | 4.88 |

(二) α-酮酸的性质

1. 脱羧反应　α-酮酸与稀硫酸共热发生脱羧反应，释放二氧化碳而生成少一个碳原子的醛。

$$CH_3\overset{O}{\overset{\|}{C}}COOH \xrightarrow[\triangle]{\text{稀}H_2SO_4} CH_3CHO + CO_2\uparrow$$

生物体内的丙酮酸在缺氧的情况下，发生脱羧反应生成乙醛，然后还原成乙醇。水果开始腐烂或制作发酵饲料时，常常产生酒味就是这个原因。

2. 氨基化反应　在催化剂作用下，α-酮酸与 NH_3 反应生成 α-氨基酸。

$$R\overset{O}{\overset{\|}{C}}COOH \xrightarrow[\text{酶}]{NH_3} R\overset{NH}{\overset{\|}{C}}COOH \xrightarrow{[H]} R\overset{NH_2}{\overset{|}{C}HCOOH}$$

在转氨酶的作用下生物体内的 α-酮酸与 α-氨基酸可以相互转换，所以该反应也叫氨基转移反应。

(三) β-酮酸的性质

1. 酮式分解　β-酮酸微热即发生脱羧反应生成酮和 CO_2。

$$CH_3\overset{O}{\overset{\|}{C}}CH_2COOH \xrightarrow{\text{微热}} CH_3\overset{O}{\overset{\|}{C}}CH_3 + CO_2\uparrow$$

因此 β-酮酸只能在低温下保存。

2. 酸式分解　β-酮酸与浓氢氧化钠共热时，α-碳原子和 β-碳原子之间发生键的断裂，生成两分子羧酸盐，此反应称为 β-酮酸的酸式分解 (acid cleavage)。

$$R\overset{O}{\overset{\|}{C}}CH_2COOH + 2NaOH(\text{浓}) \xrightarrow{\triangle} RCOONa + CH_3COONa$$

三、酮式—烯醇式互变异构现象

β-丁酮酸(乙酰乙酸)很不稳定，受热易分解，但它所形成的酯即乙酰乙酸乙酯($CH_3COCH_2COOC_2H_5$)却非常稳定。常温下乙酰乙酸乙酯的化学性质表现出双重性。既具有甲基酮的典型反应，如与羟胺反应生成肟，与苯肼反应生成腙；同时又有烯醇的典型反应，如与 $FeCl_3$ 呈颜色反应，能使溴水褪色，与金属钠反应放出氢气。经物理和化学方法证明，常温下的乙酰乙酸乙酯同时以酮式和烯醇式两种结构存在。

酮式和烯醇式共存于一体，始终处于动态平衡之中，故乙酰乙酸乙酯实际是两种异构体的平衡混合物。同分异构体之间相互转化现象称为互变异构现象(tautomerism)。

一般情况下，烯醇式结构是不稳定的，它总是趋向于变为酮式。乙酰乙酸乙酯的烯醇式之所以比较稳定，其原因有三个：一是在酮式中，由于羰基和酯键的双重影响，亚甲基上的氢原子变得很活泼，从而容易生成烯醇式；二是在烯醇式异构体中，碳碳双键与酯键的 π 键形成了 π-π 共轭体系，降低了体系的能量；三是烯醇式羟基上的氢原子与酯键上的氧原子形成了分子内的氢键，使体系的能量进一步降低。

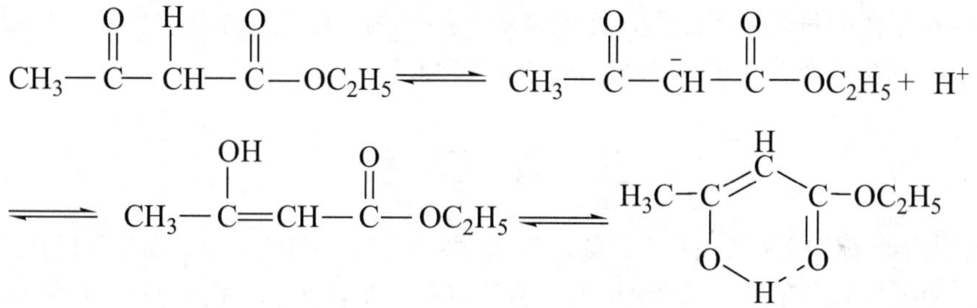

从理论上讲，凡具有 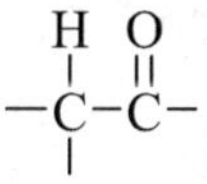 基本结构的化合物都可能存在酮式和烯醇式(表 10-1)。但是由于化合物结构上的差异，酮式和烯醇式所占比例不同。

表10-1　几种酮式-烯醇式互变异构体中烯醇式的含量

化合物	酮式-烯醇式互变异构	烯醇式含量/%
丙酮	$CH_3CCH_3 \rightleftharpoons CH_2=CCH_3$	0.00025
乙酰乙酸乙酯	$CH_3CCH_2COC_2H_5 \rightleftharpoons CH_3C=CHCOC_2H_5$	7.5
乙酰丙酮	$CH_3CCH_2CCH_3 \rightleftharpoons CH_3C=CHCCH_3$	80.0
苯甲酰丙酮	$C_6H_5CCH_2CCH_3 \rightleftharpoons C_6H_5C=CHCCH_3$	90.0

各种化合物酮式和烯醇式存在的比例大小主要取决于分子结构，具备下列条件的分子存在烯醇式。

(1)亚甲基中的氢原子受两个相邻吸电子基影响酸性增强。

(2)形成烯醇式产生的双键与羰基形成 π-π 共轭,使共轭体系有所扩大和增强,内能有所降低。

(3)烯醇式可形成分子内氢键,构成稳定性更大的环状螯合物。

第三节 重要的羟基酸、酮酸

一、乳 酸

乳酸化学名称为 α-羟基丙酸,结构式为 $CH_3CH(OH)COOH$。最初从酸牛奶中得到。有旋光性,易吸湿,浓溶液有腐蚀性。其钙盐不溶于水。工业上常用作除钙剂。食品上用作增酸剂。

二、苹 果 酸

苹果酸化学名称为 α-羟基丁二酸,结构式为 $HOOCCH(OH)CH_2COOH$。最初从苹果中取得。自然界存在的是左旋苹果酸。无色结晶,熔点为 100℃,易溶于水和 C_2H_5OH,微溶于乙醚。用于制药及食品工业,失水后得丁烯二酸。

三、酒 石 酸

酒石酸化学名称为 2,3-二羟基丁二酸,结构式为 $HOOCCH(OH)CH(OH)COOH$。以游离态或 K、Ca、Mg 盐形式存在于多种水果中,酒石酸氢钾难溶于醇,酿酒过程中以细小结晶析出称为酒石。自然界的酒石酸为右旋体。食品工业中可用作酸味剂,酒石酸锑钾有抗血吸虫作用。

四、枸 橼 酸

$$\begin{array}{c} COOH \\ | \\ HOOCCH_2CCH_2COOH \\ | \\ OH \end{array}$$

枸橼酸又称为柠檬酸,化学名称为 3-羧基-3-羟基戊二酸,结构式为 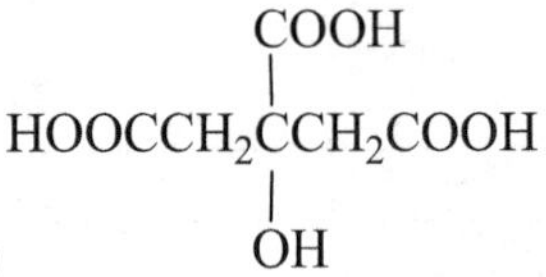
广泛分布于多种植物果实。无色晶体,带一分子结晶水时熔点为 100℃;不含结晶水熔点为 153℃。有强酸味,易溶于水、乙醇和乙醚。食品工业中用作调味品,也用于制药,如枸橼酸铁铵为常用补血剂。枸橼酸加热至 150℃,则分子内失水形成不饱和的顺乌头酸,后者加水可产生枸橼酸和异枸橼酸两种异构体。

五、水 杨 酸

水杨酸化学名称为邻羟基苯甲酸,结构式为 [结构式]COOH。无色针状晶体,熔点 159℃,

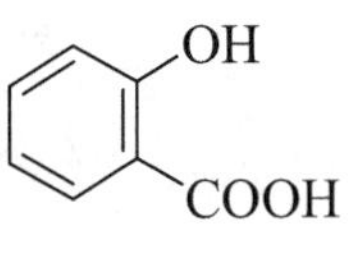

79℃升华。微溶于冷水，易溶于乙醇，乙醚，氯仿和沸水中。与 $FeCl_3$ 溶液显紫红色。

六、五 倍 子 酸

五倍子酸又称没食子酸或棓酸，化学名称为 3,4,5-三羟基苯甲酸，结构式为

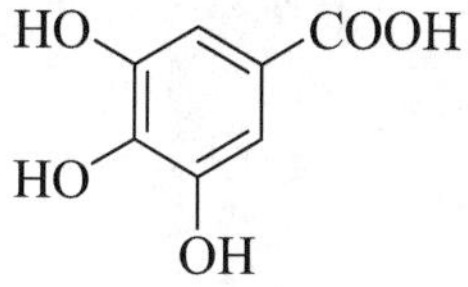

。无色晶体，以丹宁的形式存在于五倍子，槲树皮和茶叶等中。五倍子酸可与铁盐生成黑色沉淀。

七、丙 酮 酸

丙酮酸结构式为 $CH_3COCOOH$，可由乳酸氧化或酒石酸失水，脱羧制得。为有机体糖代谢的中间产物。无色有刺激性液体，沸点为 165℃，易溶于水，除具有一般羧酸及酮的典型性质外，还具有 α-酮酸特性。

八、β-丁酮酸

β-丁酮酸又称为乙酰乙酸，结构式为 CH_3COCH_2COOH，是无色黏稠液体，不稳定，很易脱羧为丙酮，也能还原为 β-羟基丁酸。β-丁酮酸、β-羟基丁酸及丙酮合称为酮体。正常情况下，人血中酮体的含量很少(0.8～5mg/100ml)。正常人每昼夜从尿中排出约 40mg 酮体。在某些情况下，如饥饿、糖尿病等，血液中酮体的含量增加(300～400mg/100ml)。由于乙酰乙酸及 β-羟基丁酸的酸性，会使血液的 pH 下降乃至引起酸中毒。

阅读资料

糖尿病酮症

糖尿病酮症是糖尿病的急性并发症之一，是由于体内胰岛素严重不足所致，糖代谢紊乱急剧加重，机体不能利用葡萄糖，只好利用脂肪供能。当脂肪分解加速，酮体逐渐增多，超过了组织所能利用的最大程度时称为糖尿病酮症。多数病人先出现多尿、烦渴多饮和乏力，随后出现食欲减退、恶心和呕吐，常伴头痛、嗜睡、烦躁症状。呼吸深快，呼气中有烂苹果味(丙酮)是其典型发作时的特点。

糖尿病酮症是内科急症之一，必须及时住院治疗，需积极给予处理，具体措施如下。

1. 补液 糖尿病酮症病人多有不同程度的脱水，一般先输入等渗生理盐水(一般不用低渗液，因为输入的低渗液将进入细胞内，而不能补充血管内和细胞外液)。补充剂量和速度须视失水程度。

2. 小剂量胰岛素疗法 根据血糖高低进行小剂量滴注胰岛素。

3. 补碱纠正酸中毒 酮体由 β-羟丁酸、β-丁酮酸和丙酮组成，均为酸性物质，酸性物质在体内堆积超过机体的代谢能力时，血液的 pH 就会下降，这时机体会出现代谢性

酸中毒,故必须输入碱液及时纠正酸中毒。

4. 补钾纠正电解质紊乱 由于糖尿病酮症的病人通过尿液损失钾从而引起体内电解质紊乱,故必须补钾维持电解质平衡。

5. 去除诱因 如使用抗生素控制感染。

6. 处理并发症 糖尿病酮症的并发症可导致死亡,必须及早防治,尤其是休克、心律失常、心力衰竭、肺水肿、脑水肿、急性肾功能衰竭等,必需严密观察病情,动态监测血气、电解质、血糖和心电图等。

本 章 小 结

羧酸分子中烃基上的氢原子被其他原子或原子团取代后形成的化合物称为取代羧酸。本章重点讨论羟基酸和羰基酸。羟基酸可分为醇酸和酚酸,羰基酸可分为醛酸和酮酸。

1. 羟基酸 不仅具有醇、酚和酸的通性,而且由于羟基和羧基的相互影响而具有特殊性质,其特殊性质因两种官能团的相对位置不同而表现出明显的差异。醇酸由于羟基的吸电子诱导效应而使酸性强于相应的羧酸。因为诱导效应随碳链的增长而减弱,所以醇酸的酸性随羟基与羧基之间的距离增大而减弱。酚酸的酸性受诱导效应、共轭效应和邻位效应的影响,其酸性随羧基与羟基的相对位置不同而表现出明显的差异。由于羧基和羟基之间的相互影响,使醇酸热稳定性较差,加热时易发生脱水反应。脱水的方式随羧基和羟基的相对位置不同而不同,产物也不同。醇酸分子中的羟基因受羧基的吸电子诱导效应的影响,比醇分子中的羟基容易被氧化。例如,弱氧化性的托伦试剂不能氧化醇,但能将 α-醇酸氧化为 α-酮酸。

2. 羰基酸 酮酸具有酮和羧酸的一般通性,如酮基可被还原成羟基,可与羰基试剂发生亲核加成反应;羧基可与碱成盐、与醇成酯等。由于两个官能团的相对位置和相互影响不同,不同的酮酸还表现出一些特殊性质。酮酸的酸性比相应的醇酸强。生物体内 α-酮酸与 α-氨基酸在转氨酶的作用下可以相互转换。α-酮酸和 β-酮酸都可以发生脱羧反应,但 β-酮酸更容易,故需低温保存。β-丁酮酸、β-羟基丁酸及丙酮合称为酮体,是糖尿病患者晚期酸中毒的原因。

各种化合物酮式和烯醇式存在的比例大小主要取决于分子结构,具备下列条件的分子存在烯醇式:①亚甲基中的氢原子受两个相邻吸电子基影响酸性增强;②形成烯醇式产生的双键与羰基形成 π-π 共轭,使共轭体系有所扩大和增强,内能有所降低;③烯醇式可形成分子内氢键,构成稳定性更大的环状螯合物。

习 题

1. 命名下列化合物

$$
\text{(1)} \quad \underset{\overset{|}{\text{OH}}}{\text{HOOCCH}_2\text{CHCH}_2\text{COOH}}
$$

$$
\text{(2)} \quad \underset{\overset{\|}{\text{O}}}{\text{HOOCCH}_2\text{CCH}_2\text{COOH}}
$$

(3) HO—⬡—COOH

(4)
$$HO-\overset{COOH}{\underset{CH_2COOH}{C}}-H$$

(5)
COOH
HO—⬡—OH (甲基)

(6) $CH_3CHCHCOOH$ with Cl on first CH and OH on second
$$CH_3\overset{Cl}{\underset{}{C}}H\overset{}{\underset{OH}{C}}HCOOH$$

(7) $HOOCCH_2\overset{COOH}{\underset{OH}{C}}CH_2COOH$

(8)
$$\text{⬡}-CH_2\overset{OH}{\underset{}{C}}HCOOH$$

2. 写出下列化合物结构式

(1) 2S,3R-3-苯基-2-羟基丁酸　　(2) 间羟基苯甲酸　　(3) 水杨酸

(4) (Z)-4-羟基-2-己烯酸　　(5) 乙酰乙酸乙酯　　(6) β-丁酮酸

3. 单项选择题

(1) 下列哪个试剂可以鉴别 2-羟基丙酸和 3-羟基丙酸

A. 硝酸银的氨溶液　　B. 卢卡斯试剂　　C. 三氯化铁溶液　　D. 硫酸铜溶液

(2) 下列化合物碱性最强的是

A. (邻OH,COO⁻苯环)　　B. HO—⬡—COO⁻　　C. ⬡—O⁻　　D. ⬡—COO⁻

(3) 下列化合物酸性最强的是

A. 丁酸　　B. α-羟基丁酸　　C. α-丁酮酸　　D. β-羟基丁酸

(4) 下列化合物中烯醇式结构含量最多的是

A. 乙酰乙酸乙酯　　B. 丙酮　　C. 苯甲酰丙酮　　D. 乙酰丙酮

(5) 下列化合物不属于酮体的是

A. β-羟基丁酸　　B. 丙醛　　C. β-丁酮酸　　D. 丙酮

(6) 下列醇酸受热生成 α,β-不饱和羧酸的是

A. α-醇酸　　B. γ-醇酸　　C. δ-醇酸　　D. β-醇酸

4. 写出下列反应的主要产物

(1)
$$\overset{COOH}{\underset{OH}{\text{⬡}}} \xrightarrow{\triangle}$$

(2)
$$\text{(环己酮 COOH HOOC)} \xrightarrow{\triangle}$$

(3)
$$\overset{COOH}{\underset{OH}{\text{⬡}}} + (CH_3CO)_2O \xrightarrow[80\sim90℃]{稀H_2SO_4}$$

(4)
$$\text{⬡}-CH_2\overset{OH}{\underset{}{C}}HCOOH \xrightarrow[\triangle]{稀H_2SO_4}$$

(5)  $\underset{\overset{\displaystyle O}{\|}}{CH_3CCH_2COOH} \xrightarrow{还原酶}$

(6) 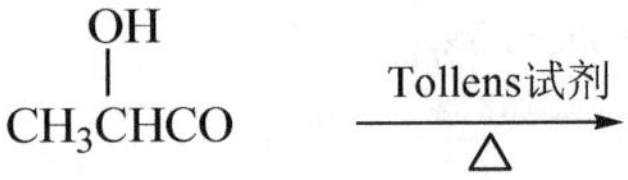 $\underset{\overset{\displaystyle OH}{|}}{CH_3CHCHO} \xrightarrow[\triangle]{Tollens试剂}$

(7) 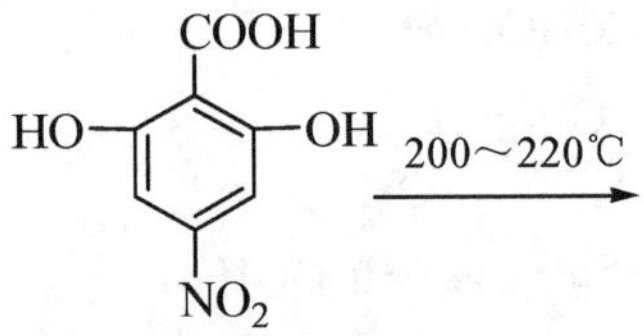 $\xrightarrow{200\sim220℃}$

5. 用化学方法鉴别下列各组化合物

(1) 水杨酸、苯酚、苯甲醇

(2) 乙酰乙酸、乙酸乙酯、乙酰乙酸乙酯

6. 含有两个手性碳原子的旋光性物质 A($C_5H_{10}O_3$)与 $NaHCO_3$ 作用放出 CO_2，A 加热脱水生成 B($C_5H_8O_2$)，B 存在两种构型，但无光学活性。试推导 A、B 的结构。

7. 从白花蛇草提取出来的一种化合物 $C_9H_8O_3$，能溶于碳酸氢钠溶液，与三氯化铁溶液作用呈红色，能使溴的四氯化碳溶液褪色，用酸性高锰酸钾氧化得对羟基苯甲酸和 CO_2。试推测其结构式。

8. 以丙醇为原料合成 2-羟基丁酸。

（王春华）

第十一章 含氮有机化合物

🎓 **学习要求**

1. 掌握胺类化合物的结构、命名和化学性质。
2. 熟悉重氮盐和偶氮化合物的结构和化学性质。
3. 了解生源胺类和苯丙胺类化合物的性质。

含氮有机化合物是指分子中氮原子直接和碳原子相连的有机化合物。这类化合物的种类很多，与人类的生命活动和日常生活关系密切，主要包括胺、酰胺、重氮化合物、偶氮化合物、生物碱、含氮杂环化合物和氨基酸等。

第一节 胺

一、胺的分类和命名

(一) 胺的分类

胺(amine)是氨分子中的氢原子被烃基取代后的衍生物。按照氮原子上连接的烃基的数目，将胺分为伯胺、仲胺和叔胺。

NH_3	RNH_2	R_2NH	R_3N
氨	伯胺(1°)	仲胺(2°)	叔胺(3°)
ammonia	primary amine	secondary amine	tertiary amine

需要注意，伯、仲、叔胺和伯、仲、叔醇的分类依据是不同的。胺的分类是依据氮原子上所连烃基的数目，与烃基的结构无关。而醇的分类是依据羟基所连碳原子的类型。

按照氮原子上所连烃基的类型，将胺分为脂肪胺和芳香胺。

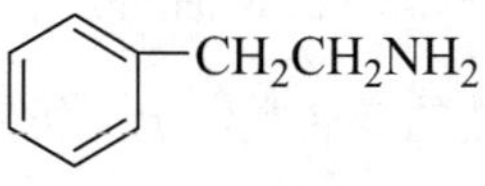

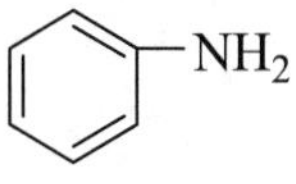

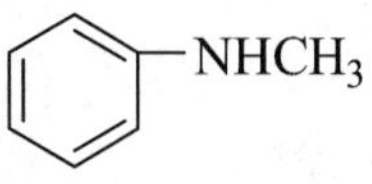

氢氧化铵或铵盐中铵根离子的四个氢原子被烃基取代形成的化合物分别称为季铵碱和季铵盐，都属于季铵类化合物。

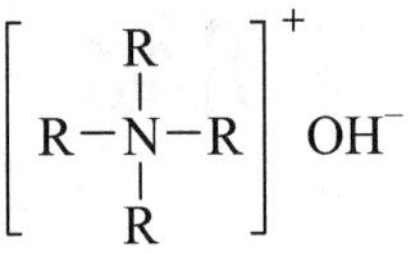

$$\left[\begin{array}{c} R \\ R-N-R \\ R \end{array}\right]^{+} OH^{-} \qquad \left[\begin{array}{c} R \\ R-N-R \\ R \end{array}\right]^{+} X^{-}$$

季铵碱 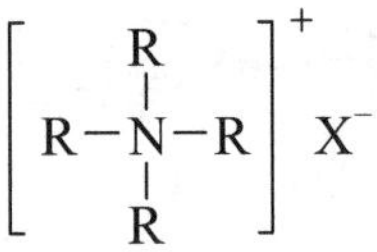   季铵盐

(二)胺的命名

简单的胺是以胺为母体，命名时将烃基的名称写在"胺"字之前。若氮原子上连接的烃基相同，则进行合并；若连接的烃基不相同，则按照次序规则由不优先到优先顺序排列，"基"字可省略。

CH_3NH_2 CH_3NHCH_3 $CH_3CH_2NCH(CH_3)_2$（上方CH_3） $CH_3CHCH_2CH_3$（上方NH_2）

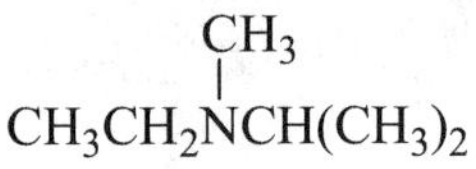

甲胺   二甲胺   甲乙异丙胺   2-丁胺

methylamine   dimethylamine   ethylisopropylmethylamine   2-butylamine

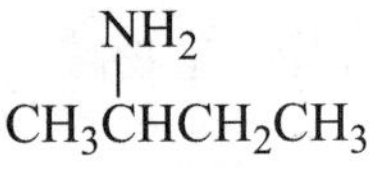

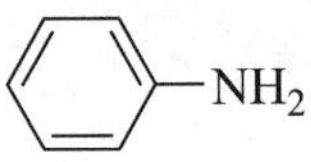

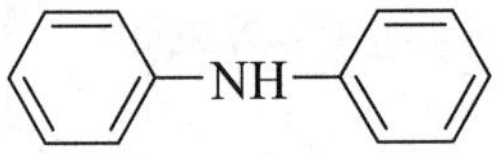

苯胺   二苯胺   对-硝基苯胺

aniline   diphenylamine p-nitroaniline

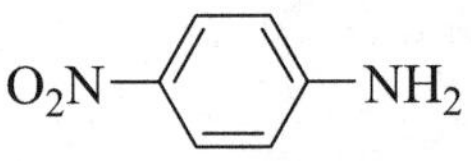

氮原子上连有烃基的芳香胺，命名时以芳香胺为母体，在脂肪烃基的名称前加"N"，表示该烃基是连在氮原子上(此命名法也适用于脂肪仲、叔胺的命名)。

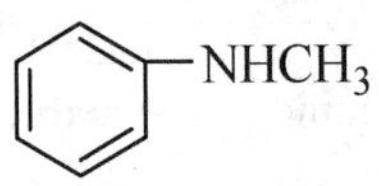

N-甲基苯胺 N,N-二甲基苯胺

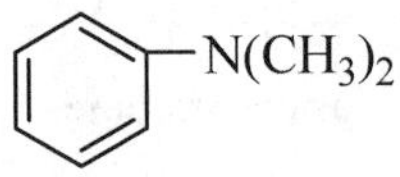

N-methylaniline N,N-dimethylaniline

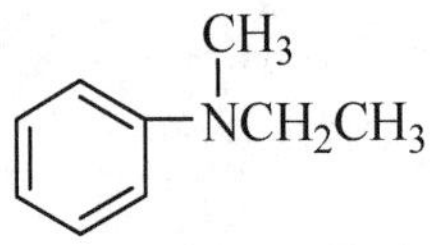

N-甲基-N-乙基苯胺 N-甲基-N-乙基丙胺

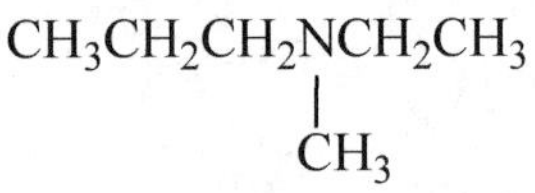

N-ethyl-N-methylaniline N-ethyl-N-methylpropylamine

季铵碱和季铵盐的命名类似于无机铵类化合物。

NH_4Cl $(C_2H_5)_4N^+Br^-$ $[HOCH_2CH_2N^+(CH_3)_3]OH^-$

氯化铵　　　　　　　溴化四乙铵　　　　　　氢氧化三甲基羟乙基铵(胆碱)

ammonium chloride　　tetraethylammonium bromide　　choline

注意：命名胺类化合物时，应区别"氨""胺""铵"字的用法。"氨"用于气态氨或氨基(氨基、亚氨基、甲氨基、氨甲基等)；"胺"用于氨的烃基衍生物，如甲胺(CH_3NH_2)；"铵"用于季铵碱、季铵盐或胺的盐等，如氯化甲铵($CH_3NH_3^+Cl^-$)。

二、胺的结构

胺的结构与氨分子类似，氮原子也为 sp^3 不等性杂化，外层的五个电子分布在四个杂化轨道中，其中三个单电子分布在三个 sp^3 杂化轨道中，并分别与氢原子的 s 轨道或碳原子的杂化轨道重叠形成 σ 键，另外一对未共用电子占据一个 sp^3 杂化轨道，因而整个分子呈三棱锥形结构。由于被孤对电子占据的 sp^3 杂化轨道位于棱锥体的顶端，就如同第四个基团一样，所以胺类化合物中的氮原子与碳原子的四面体结构类似，但不是正四面体。氨及简单的胺类化合物的结构如下。

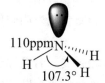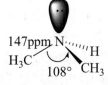

苯胺中的氮原子仍为 sp^3 不等性杂化，但孤对电子所占据的轨道含有较多的 p 轨道成分，虽不与苯环上的 p 轨道平行，但仍可以共面，能与苯环的大 π 键相互重叠，形成共轭体系，结果使得以氮原子为中心的四面体变得比脂肪胺更扁平些，H—N—H 所形成的平面与苯环的平面夹角为 39.4°；C—N 键的键长为 140pm，明显比脂肪胺中的 C—N 键短。正是这种共轭体系的存在使芳香胺和脂肪胺在性质上产生较大的差异。

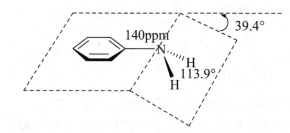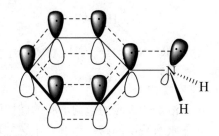

三、胺的物理性质

常温下，低级脂肪胺如甲胺、二甲胺和乙胺为气体，中级脂肪胺如丙胺至十一胺为液体，高级脂肪胺为固体。芳香胺为高沸点的液体或低熔点的固体，具有特殊的气味和较大的毒性。

伯胺和仲胺分子间能形成氢键，其沸点比分子量相近的烷烃要高。由于氮的电负性比氧小，胺分子间的氢键比醇分子间的氢键要弱得多，因而沸点比相应的醇低。由于胺为极性分子，能与水形成氢键，因此低级胺能溶于水，但随着烃基在分子中的比例增大，溶解度迅速降低，所以中级胺、高级胺和芳香胺微溶或难溶于水，易溶于有机溶剂。

四、胺的化学性质

胺类化合物中，由于氮原子上有孤对电子，因而胺具有碱性和亲核性。芳香胺除了具有这两种性质外，由于共轭体系的存在，芳环能够发生亲电取代反应，且比苯容易得多。

(一) 碱性与成盐

胺和氨一样，氮原子上的孤对电子能够接受质子，显碱性。

$$RNH_2 + H_2O \rightleftharpoons RN^+H_3 + OH^-$$

胺在水溶液中的碱性强弱是电子效应、空间效应和溶剂化效应共同作用的结果。

电子效应：烷基是供电子基，+I 效应使得氮原子上的电子云密度增高，氮原子上连接的烃基越多，其电子云密度越高，碱性就越强。芳香胺中由于氮原子的孤对电子参与苯环的共轭体系，氮原子的电子云向苯环转移，氮原子上的电子云密度降低，结合质子的能力降低，碱性减弱。单一电子效应的影响，胺的碱性强弱顺序为：脂肪叔胺＞脂肪仲胺＞脂肪伯胺＞NH_3＞芳香胺。

空间效应：胺的碱性表现为氮原子的孤对电子接受质子的能力强弱，若氮原子上连接的烃基越多越大，对孤对电子的屏蔽就越大，质子就越不容易接近氮原子，碱性就越弱。单一空间效应的影响，胺的碱性强弱顺序为：脂肪伯胺＞脂肪仲胺＞脂肪叔胺。

溶剂化效应：胺在水溶液中的碱性强弱还与质子结合后形成的铵正离子的稳定性有关。形成的铵正离子越稳定，其碱性就越强。而铵正离子的稳定性取决于它与水形成的氢键的多少，形成的氢键越多，稳定性越强。伯胺氮原子上的氢原子的数目最多，其铵正离子也最稳定。

$$R-\overset{+}{N}\begin{matrix}H\text{-}\text{-}:OH_2\\H\text{-}\text{-}:OH_2\\H\text{-}\text{-}:OH_2\end{matrix} > R_2-\overset{+}{N}\begin{matrix}H\text{-}\text{-}:OH_2\\H\text{-}\text{-}:OH_2\end{matrix} > R_3-\overset{+}{N}-H\text{-}\text{-}:OH_2$$

单一溶剂化效应的影响，胺的碱性强弱顺序为：脂肪伯胺＞脂肪仲胺＞脂肪叔胺。

胺在水溶液中的碱性强弱是上述三种效应共同影响的结果，故各类胺的碱性的强弱顺序为

$$季铵碱＞脂肪仲胺＞脂肪\begin{matrix}伯胺\\叔胺\end{matrix}＞氨＞芳香胺$$

胺一般为弱碱，能与酸反应生成铵盐，铵盐一般都是易溶于水和乙醇的晶形固体，但遇强碱又重新游离析出，实验室常利用此性质来分离和提纯胺类化合物。

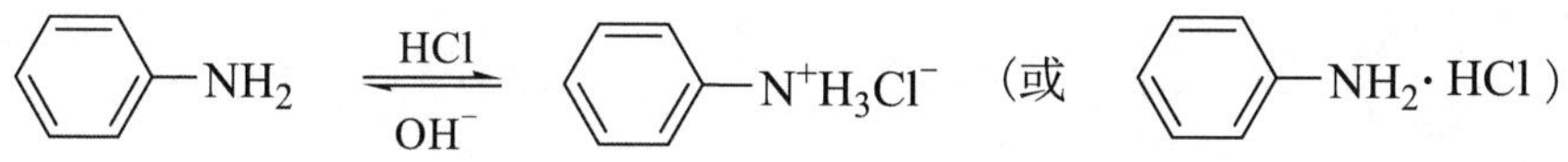

氯化苯铵　　　　苯胺盐酸盐或盐酸苯胺

芳胺易被氧化，而胺的盐很稳定，故在制药过程中常将难溶于水的胺类药物制成易溶于水的铵盐，以增加其水溶性和稳定性。

（二）与亚硝酸的反应

胺类化合物能与亚硝酸反应，但不同类型的胺与亚硝酸反应的产物和现象不同，因此可以用亚硝酸来鉴别不同类型的胺。

1. 伯胺　脂肪族伯胺与亚硝酸反应生成的脂肪族重氮盐极不稳定，即使在低温下也会很快分解，放出氮气，生成碳正离子，活泼的碳正离子进一步反应生成醇、烯和卤代烃等混合物。

$$RNH_2 \xrightarrow{NaNO_2 + HCl} [R-\overset{+}{N}\equiv NCl^-] \longrightarrow N_2\uparrow + \underbrace{R^+ + Cl^-}_{\text{醇、烯和卤代烃等混合物}}$$

由于该反应能定量放出氮气，可以用作氨基的定量测定。

芳香族伯胺与亚硝酸在低温下（<5℃）反应生成芳香族重氮盐，这个反应称为重氮化反应。重氮盐是有机合成中很重要的中间体，易溶于水，加热即放出氮气。干燥的重氮盐不稳定，易发生爆炸。

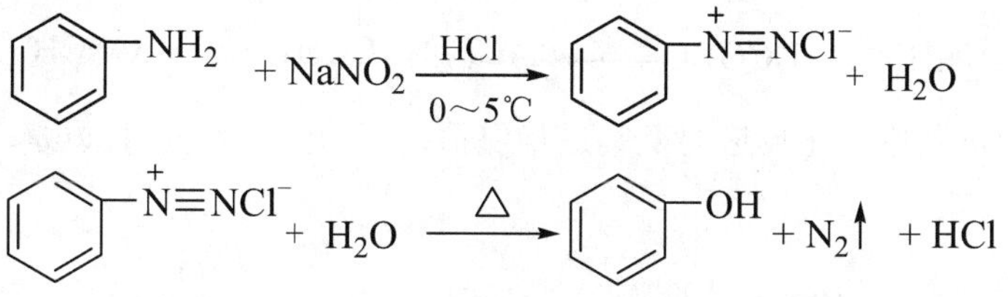

2. 仲胺　仲胺与亚硝酸反应，结果是在氮原子上进行亚硝基化，生成*N*-亚硝基化合物。

$$(CH_3)_2NH + HNO_2 \longrightarrow (CH_3)_2N-NO + H_2O$$

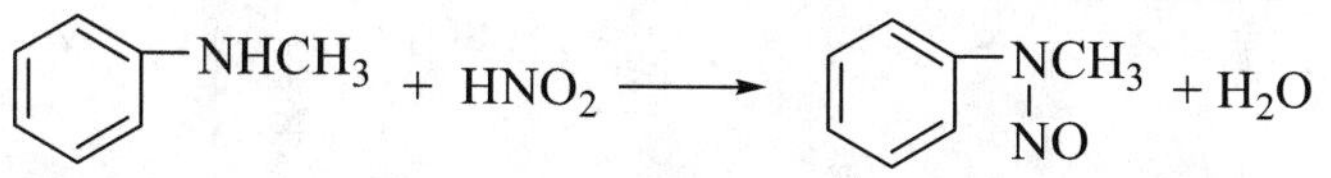

N-亚硝基胺为中性的黄色油状液体或固体，绝大多数不溶于水而溶于有机溶剂。亚硝基胺类化合物已被列为化学致癌物，有些还是强致癌物质。

3. 叔胺　脂肪族叔胺因氮上没有氢，只能与亚硝酸作用形成亚硝酸盐，该亚硝酸盐不稳定、易水解，遇强碱后，则重新游离析出叔胺。

$$R_3N + HNO_2 \longrightarrow R_3N\cdot HNO_2 \xrightarrow{NaOH} R_3N + NaNO_2 + H_2O$$

芳香叔胺因为烃氨基的强致活作用，使得芳环易发生亲电取代反应，与亚硝酸反应时，亚硝基将引入氨基的对位，若对位已被占据，则取代邻位。

$$\text{PhN(CH}_3)_2 \xrightarrow{\text{HNO}_2} \text{ON}-\text{C}_6\text{H}_4-\text{N(CH}_3)_2 + \text{H}_2\text{O}$$

$$\text{H}_3\text{C}-\text{C}_6\text{H}_3(\text{N(CH}_3)_2)(\text{NO}) + \text{H}_2\text{O}$$

若反应在强酸性条件下，得到橘黄色具有醌式结构的盐，用碱中和后得到翠绿色的 C-亚硝基化合物。

$$(\text{H}_3\text{C})_2\text{N}-\text{C}_6\text{H}_4-\text{NO} \underset{\text{OH}^-}{\overset{\text{H}^+}{\rightleftharpoons}} \left[(\text{H}_3\text{C})_2\overset{+}{\text{N}}=\text{C}_6\text{H}_4=\text{N}-\text{OH} \right] \text{Cl}^-$$

  翠绿色   橘黄色

(三)酰化反应

伯胺和仲胺能与酰氯、酸酐等酰化试剂反应，结果是氮原子上的氢原子被酰基取代生成酰胺。胺的酰化反应实际上就是羧酸衍生物的氨解反应。叔胺由于氮原子上没有氢原子，因而不发生酰化反应。

$$\text{PhNH}_2 + \text{RCOCl} \longrightarrow \text{PhNHCOR} + \text{HCl}$$

$$(\text{CH}_3)_2\text{NH} + (\text{CH}_3\text{CO})_2\text{O} \longrightarrow (\text{CH}_3)_2\text{NCOCH}_3 + \text{CH}_3\text{COOH}$$

在有机合成中常利用酰化反应对氨基进行保护，反应结束后通过酸或碱水解再游离出氨基。

$$\text{PhNH}_2 \xrightarrow{(\text{CH}_3\text{CO})_2\text{O}} \text{PhNHCOCH}_3 \xrightarrow[\text{H}_2\text{SO}_4]{\text{HNO}_3} \text{O}_2\text{N}-\text{C}_6\text{H}_4-\text{NHCOCH}_3 \xrightarrow[\triangle]{\text{H}_2\text{O}/\text{H}^+} \text{O}_2\text{N}-\text{C}_6\text{H}_4-\text{NH}_2$$

(四)磺酰化反应

伯胺和仲胺能与苯磺酰氯(benzene sulfonyl chloride)反应生成苯磺酰胺。由伯胺生成的苯磺酰胺，因氮原子上的氢原子受磺酰基强的吸电子诱导效应的影响，具有弱酸性，能与 NaOH 作用生成盐而溶于水。由仲胺生成的苯磺酰胺因氮原子上不含氢原子，不与碱作用而以固体形式析出。叔胺因氮原子上无氢原子，因而不发生磺酰化反应。因此，利用磺酰化反应可以鉴别这三种不同类型的胺，该反应也称为兴斯堡(Hinsberg)反应。

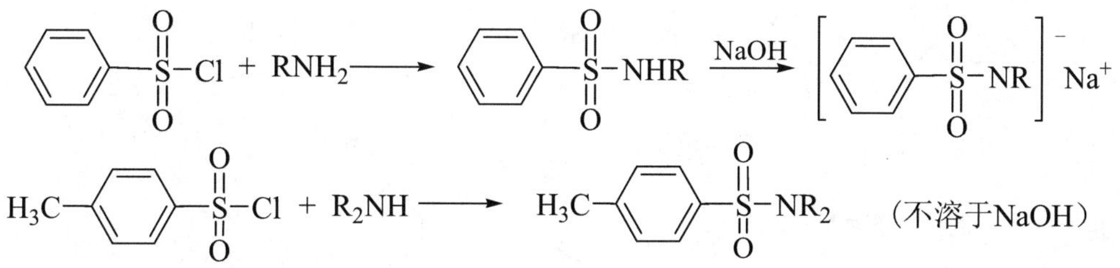

（五）芳香胺的亲电取代反应

由于氨基能与苯环形成共轭体系，且向苯环转移电子云，因此苯环很容易发生亲电取代反应，反应活性与酚相似，取代的位置为邻、对位。

1. 卤代

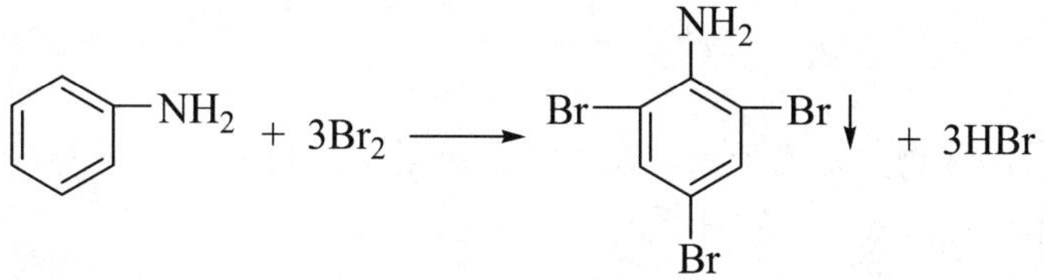

苯胺与溴水作用，立即生成 2,4,6-三溴苯胺白色沉淀，由于反应是定量的，因此不仅能用来鉴别苯胺，也能用于苯胺的定量分析。

2. 硝化　由于氨基易被氧化，因此发生硝化反应时，要避免氨基与硝酸直接接触。通常可将苯胺先溶于浓硫酸中再硝化，得到间位硝化产物。也可将苯胺乙酰化后再硝化，得到邻、对位硝化产物。

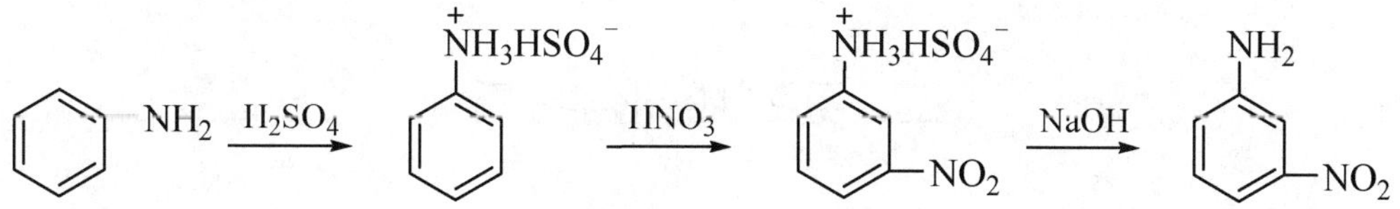

3. 磺化　苯胺与浓硫酸作用，生成苯胺硫酸盐，加热脱水后得到对氨基苯磺酸。

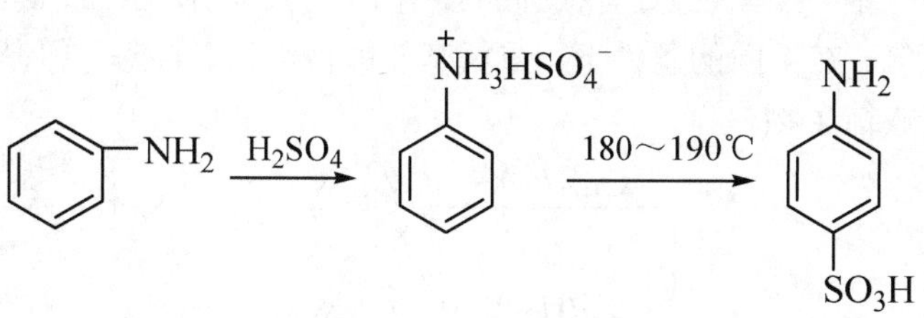

第二节　重氮盐和偶氮化合物

重氮化合物(diazo compound)和偶氮化合物(azo compound)分子中都含有重氮基—N₂—。重氮基只有一端与烃基相连，而另一端与其他基因相连的称为重氮化合物，两端都与烃基相连的称为偶氮化合物。重氮化合物中最重要的是芳香族重氮盐。

CH_2N_2

重氮甲烷

$\underset{\text{硫酸重氮苯}}{}$ 硫酸重氮苯（结构式 $\overset{+}{N}=NHSO_4^-$）

$\underset{\text{氯化重氮苯}}{}$ 氯化重氮苯（结构式 $\overset{+}{N}=NCl^-$）

$CH_3-N=N-CH_3$

偶氮甲烷

偶氮苯（结构式 $N=N$）

一、重氮盐的制备及结构

重氮盐是通过芳香伯胺的重氮化反应来制备的。

$$\text{C}_6\text{H}_5\text{NH}_2 + NaNO_2 + 2HCl \xrightarrow{0\sim5℃} \text{C}_6\text{H}_5\overset{+}{N}\equiv NCl^- + NaCl + 2H_2O$$

重氮盐是离子化合物，易溶于水。在重氮正离子中，两个氮原子为 sp 杂化，重氮基是直线型结构，与苯环形成 π-π 共轭体系。

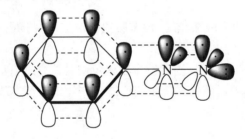

二、重氮盐的化学性质

(一) 放氮反应

带正电荷的重氮基 $-\overset{+}{N}\equiv N-$ 具有很强的吸电子能力，能使 C—N 键的极性增强，容易发生断裂而放出氮气。在不同的条件下，重氮基能够被卤素、羟基、氰基和氢原子等取代，生成一系列的芳香族衍生物。

$$
\begin{array}{ll}
\xrightarrow{\text{CuX/HX}} & \text{C}_6\text{H}_5-X + N_2\uparrow \quad (X=Cl、Br) \\
\xrightarrow{\text{KI/H}_2\text{O}} & \text{C}_6\text{H}_5-I + N_2\uparrow \\
\xrightarrow{\text{CuCN/KCN}} & \text{C}_6\text{H}_5-CN + N_2\uparrow \\
\xrightarrow{\text{H}_2\text{O/H}^+} & \text{C}_6\text{H}_5-OH + N_2\uparrow \\
\xrightarrow{\text{H}_3\text{PO}_2\text{/H}_2\text{O}} & \text{C}_6\text{H}_6 + N_2\uparrow
\end{array}
$$

重氮盐的放氮反应在有机合成中具有很重要的意义。在苯环上先引入氨基，利用氨基的活化作用和邻、对位定位效应，可以在苯环相应的位置上引入相关的基团，最后利用氨基的重氮化反应生成重氮盐而被其他的基团取代或除去，合成一系列的芳香族化合物，如由苯合成 1,3,5-三溴苯。

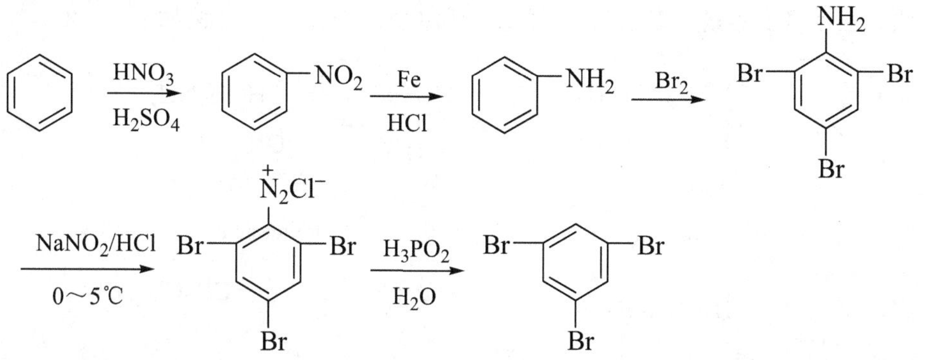

(二) 偶联反应

芳香重氮正离子是弱的亲电试剂，只能进攻酚、芳胺等活性较高的苯环，发生亲电取代反应，生成两个苯环被偶氮基—N=N—连在一起的化合物，即偶氮化合物，这种反应称为偶联反应(coupling reaction)。偶氮基—N=N—是发色基团，因此偶氮化合物大都具有鲜艳的颜色，常用作染料或指示剂。

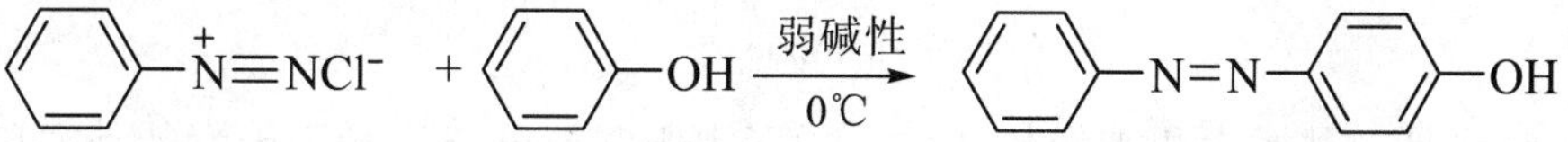

对羟基偶氮苯(橘黄色)

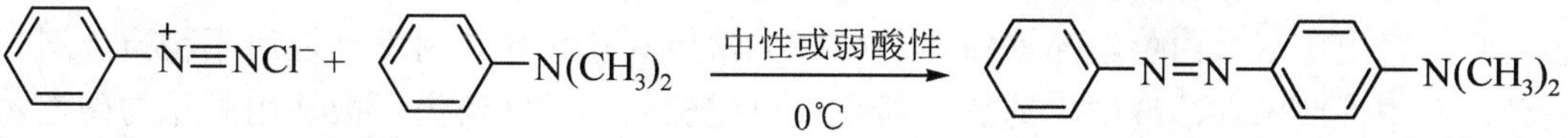

4-二甲氨基偶氮苯(黄色)

偶联反应通常发生在羟基或氨基的对位，若对位被其他基团占据时，则取代邻位。一般来说，重氮盐与酚的偶联反应在弱碱性条件下进行很快，原因是酚在弱碱性条件下以酚盐 ArO^- 形式存在，酚盐比酚的反应活性更大，有利于重氮正离子的进攻，但碱性也不能太强，在强碱性(pH>10)条件下，重氮盐转变成重氮酸或重氮酸离子，就不能进行偶联反应了。重氮盐与胺的偶联反应需要在弱酸性(pH 5~7)条件下进行，这是因为重氮正离子在酸性条件下浓度更高，有利于偶联反应，若 pH <5，芳胺会结合质子形成铵盐，使芳环上的电子云密度降低，不利于发生偶联反应。

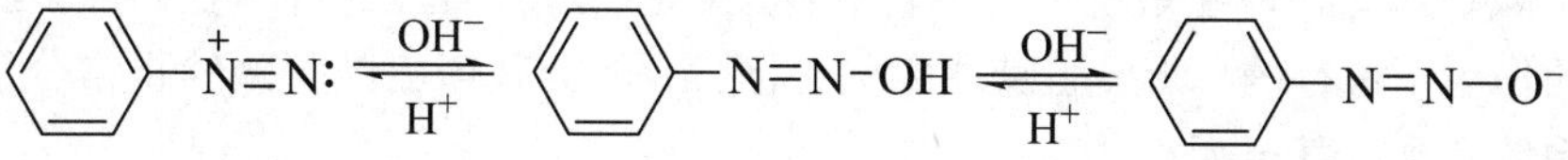

重氮酸 pH 9~11　　重氮酸离子 pH 11~13

第三节 生源胺类和苯丙胺类化合物

生源胺(biogenic amine)是指在人体中担负神经冲动传导作用的胺类化合物。主要包括肾上腺素、去甲肾上腺素、多巴胺、5-羟基色胺和乙酰胆碱。其结构如下。

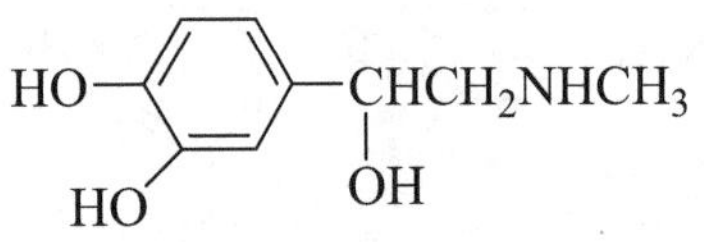

肾上腺素
adrenaline

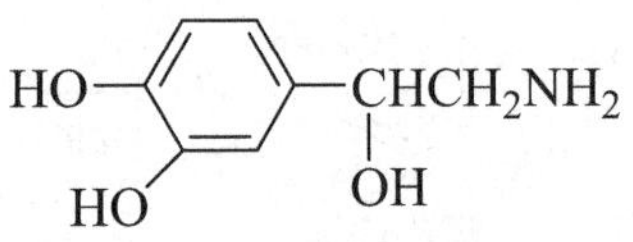

去甲肾上腺素
noradrenaline

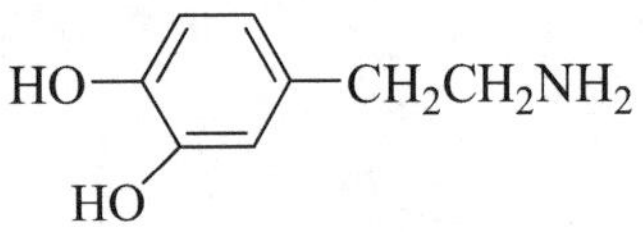

多巴胺
dopamine

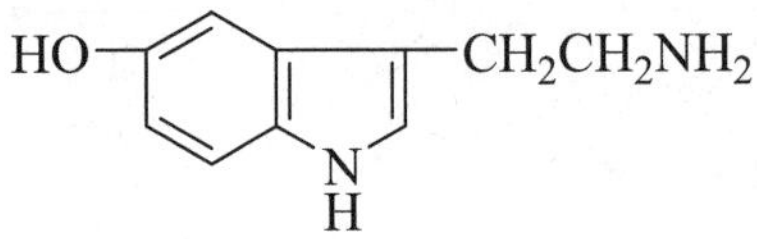

5-羟基色胺
serotonine

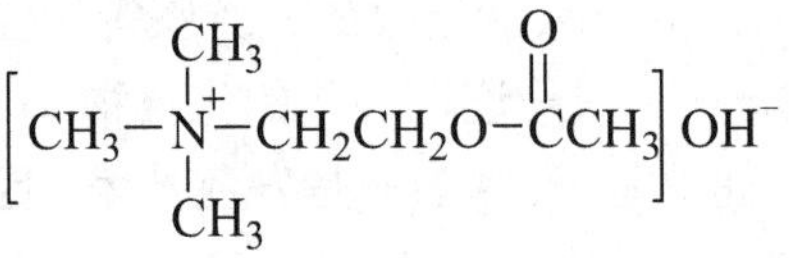

乙酰胆碱
acetylcholine

肾上腺素是一种激素和神经传送体，由肾上腺髓质分泌。肾上腺素能使心脏收缩力上升，心脏、肝和筋骨的血管扩张和皮肤、黏膜的血管收缩，是拯救濒死的人或动物的必备品。肾上腺素为白色结晶性粉末，临床上常用其盐酸盐。由于其性质不稳定，遇光失效，在中性或碱性溶液中迅速氧化而呈红色或棕色，活性消失，故使用时忌与碱性药物合用。

去甲肾上腺素是肾上腺素去掉 N-甲基后形成的物质，在化学结构上也属于儿茶酚胺。它既是一种由交感神经末梢释放的神经递质，也是一种由肾上腺髓质分泌的激素，纯品为白色固体，临床上使用其酒石酸盐，有收缩血管、升高血压等作用。

多巴胺是去甲肾上腺素生物合成的前体，又是中枢神经和传出神经的一种递质。为白色结晶，易氧化，易溶于水和甲醇等。临床上使用其盐酸盐，中、小剂量用于治疗心肌梗死、创伤、肉毒素等引起的休克。5-羟基色胺与多巴胺同为中枢神经系统的生源胺，是脑中的神经传递介质。

乙酰胆碱是副交感神经系统中传导神经冲动的生源胺，它在机体内的分解与合成是在胆碱酯酶的作用下进行的。如果胆碱酯酶失去活性，就会破坏乙酰胆碱的正常分解与合成，引起神经系统紊乱，甚至死亡。

苯异丙胺(benzedrine, amphetamine)和 N-甲基苯异丙胺都属于苯丙胺类。苯异丙胺的系统命名为 1-苯基-2-丙胺，于 1887 年首次合成，是第一个合成的兴奋剂。N-甲基苯异丙胺的系统命名为 N-甲基-1-苯基-2-丙胺，是一种无味透明晶体，形状像冰糖又似冰，故称"冰毒"，由于它的致幻性和成瘾性极强，为严禁的毒品。它对人体的损害更甚于海洛因，吸食或注射 0.2g 即可致死。另外，甲基苯丙胺(商品名"摇头丸")也是危害很大的毒品。我们要珍爱生命，远离毒品。

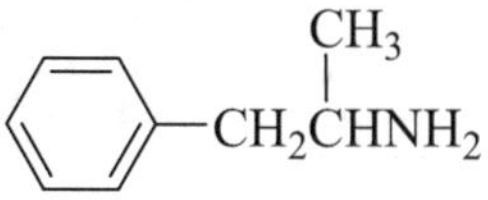

苯异丙胺 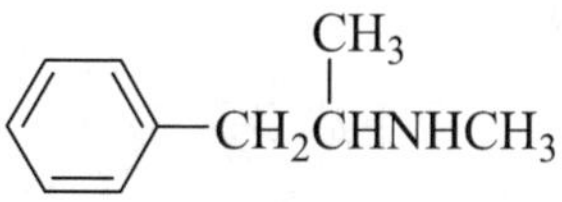　　　　　　　　　　N-甲基苯异丙胺

阅读资料

奇妙的化学分子——多巴胺

人类为什么会对一些事物有热烈的追求？为什么有人吸毒成瘾，有人沉迷于赌博无法自拔，有人嗜酒如命？所有的这些行为都和一种奇妙的化学分子——多巴胺有关。

多巴胺[dopamine, $C_6H_3(OH)_2\text{-}CH_2\text{-}CH_2\text{-}NH_2$]，化学名称为 4-(2-氨基乙基)-1,2-苯二酚[4-(2-aminoethyl)benzene-1,2-diol]。多巴胺最常被使用的形式为盐酸盐，为白色或类白色有光泽的结晶。无臭，味微苦，在水中易溶，在无水乙醇中微溶，熔点为 243～249℃。

在 50 年代以前，多巴胺一直被认为是合成去甲肾上腺素的前体。瑞典哥德堡大学教授卡尔森在 50 年代进行了一系列开拓性的研究，证实了多巴胺是脑内的一种重要的神经递质，并且还和帕金森病存在着密切的关系。卡尔森也因为这一研究成果，赢得了 2000 年的诺贝尔生理学或医学奖。

多巴胺是一种神经传导物质，用来帮助细胞传送脉冲的化学物质。这种脑内分泌物和人的情欲、感觉有关，传递兴奋及开心的信息，此外，其也与上瘾行为有关。多巴胺参与生理和病理条件下人和哺乳动物的许多活动，尤其在运动调节、学习和记忆以及药物成瘾过程中起着关键作用。产生多巴胺这一神经递质的神经元(即多巴胺能神经元)对所释放的多巴胺采取了类似于"返回式卫星"的管理方式，即根据大脑活动需要释放多巴胺，同时又利用多巴胺转运体作为多巴胺的"回收泵"，将释放出去的多巴胺适时、适量地予以回收，这样既达到调节细胞外多巴胺浓度，适应生理活动需要的目的，又能使多巴胺得到重复再利用，"节能增效"。

本 章 小 结

胺是氨分子中的氢原子被烃基取代后的衍生物。重氮和偶氮化合物分子中都含有重氮基—N_2—。重氮基只有一端与烃基相连，而另一端与其他基团相连的称为重氮化合物，两端都与烃基相连的称为偶氮化合物。重氮化合物中最重要的是芳香重氮盐。

1. 胺的化学性质

(1)胺的碱性：胺在水溶液中的碱性强弱是电子效应、空间效应和溶剂化效应共同作用的结果。碱性的强弱次序为

$$季铵碱>脂肪仲胺>脂肪\genfrac{}{}{0pt}{}{伯胺}{叔胺}>氨>芳香胺$$

(2) 与亚硝酸的反应：不同类型的胺与亚硝酸反应的产物和现象不同，因此可以用亚硝酸来鉴别不同类型的胺。

脂肪胺 { 伯胺：低温下放出氮气

仲胺：生成 N-亚硝基化合物，黄色油状液体或固体

叔胺：呈弱碱性，与亚硝酸作用生成不稳定易水解的盐

芳香胺 { 伯胺：低温下生成重氮盐，温度稍高时放出氮气

仲胺：生成 N-亚硝基化合物，黄色油状液体或固体

叔胺：生成 C-亚硝基芳胺，在强酸条件下呈橘黄色，在碱性条件下为翠绿色

(3) 酰化反应：伯胺和仲胺能与酰氯、酸酐等酰化试剂反应，结果是胺分子中氮原子上的氢原子被酰基取代生成酰胺。叔胺由于氮原子上没有氢原子，因而不发生酰化反应。

(4) 磺酰化反应：利用磺酰化反应可以鉴别三种不同类型的胺，该反应也称为兴斯堡（Hinsberg）反应。

(5) 芳香胺的亲电取代反应：氨基为强致活的邻对位定位基，苯环上的氢原子很容易被取代，可与溴水反应生成 2,4,6-三溴苯胺的白色沉淀。由于氨基易被氧化，因此发生硝化反应时，要避免氨基与硝酸直接接触。通常可将苯胺先溶于浓硫酸中再硝化，得到间位硝化产物。也可将苯胺乙酰化后再硝化，得到邻、对位硝化产物。苯胺与浓硫酸作用，生成苯胺硫酸盐，加热脱水后得到对氨基苯磺酸。

2. 重氮盐的化学性质

(1) 放氮反应：带正电荷的重氮基 $-N^+\equiv N-$ 具有很强的吸电子能力，能使 C—N 键的极性增强，容易发生断裂而放出氮气。在不同的条件下，重氮基能够被卤素、羟基、氰基和氢原子等取代，生成一系列的芳香族衍生物。

(2) 偶联反应：芳香重氮正离子是弱的亲电试剂，只能进攻酚、芳胺等活性较高的苯环，发生亲电取代反应，生成两个苯环被偶氮基 $-N=N-$ 连在一起的化合物，即偶氮化合物。

习　题

1. 命名下列化合物

(1)　$(CH_3CH_2)_3N$

(2)　$CH_3NHCH(CH_3)_2$

(3) 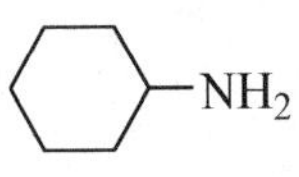　〔环己基〕$-NH_2$

(4) 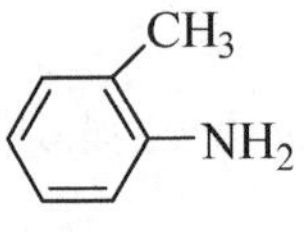　〔邻甲苯基，带 CH_3〕$-NH_2$

(5) Br—〔苯环〕—N(CH₃)₂ 　　(6) $(CH_3)_3N^+ CH_2CH_3$ Cl^-

(7) $CH_3NH_2 \cdot HCl$ 　　(8) 〔苯环〕—N=N—〔苯环〕—OH

2. 写出下列化合物的结构式

(1) 三甲胺　　　　　　　(2) 正丙异丙胺　　　　　　(3) 1,4-环己二胺
(4) N-乙基对硝基苯胺　　(5) 氢氧化四甲铵　　　　　(6) 对-甲基氯化重氮苯

3. 单项选择题

(1) 下列化合物在水溶液中碱性最强的是

A. 氨　　　　　　B. 氢氧化四乙铵　　　　C. 三甲胺　　　　D. 苯胺

(2) 在 0～5℃时，能与亚硝酸作用，生成重氮盐的是

 A.　　 B.　　 C.　　 D.

(3) 与亚硝酸反应生成黄色油状物的是

A. 乙胺　　　　　　B. 苄胺　　　　　　C. 三乙胺　　　　D. 二乙胺

(4) 不能鉴别苯胺与苯酚的试剂是

A. 溴水　　　　　　B. 金属钠　　　　　C. 三氯化铁溶液　　D. 苯磺酰氯

(5) 在有机合成中常利用下列哪个反应对氨基进行保护

A. 傅-克烷基化　　B. 酰化　　　　　C. 重氮化　　　　D. 酸化

4. 完成下列反应式(写主要产物)

(1) $CH_3CH_2NHCH_3 + HNO_2 \longrightarrow$

(2) 〔苯环〕—NHCH₂CH₃ $\xrightarrow{HNO_2}$

(3) 〔苯环〕—N(CH₃)₂ $\xrightarrow{HNO_2}$

(4) 〔苯环〕—NH₂ + $(CH_3CO)_2O \longrightarrow$

(5) 〔苯环〕—NH₂ + $HCl \longrightarrow$

5. 比较下列各组化合物碱性的强弱

(1) $CH_3CH_2NH_2$ 　 $(C_6H_5)_2NH$ 　 $[(CH_3)_3N^+ CH_2C_6H_5]OH^-$ 　 $C_6H_5NH_2$ 　 NH_3

(2) 〔苯环〕—NH₂ 　 O₂N—〔苯环〕—NH₂ 　 H₃C—〔苯环〕—NH₂

6. 写出对-甲基苯胺、对-甲基-N-甲基苯胺、对-甲基-N,N-二甲基苯胺与 HNO_2 反应的反应式。

7. 由甲苯合成间甲基苯胺。

8. 为什么重氮盐与酚的偶联反应宜在弱碱性介质中进行,而与胺的偶联反应宜在中性或弱酸性(pH＝5～7)介质中进行?

9. 如何用苯磺酰氯鉴别甲胺、二甲胺、三甲胺?

10. 化合物 A 分子式($C_6H_{15}N$),能溶于稀盐酸,与亚硝酸在室温下反应生成氮气得到化合物 B。B 能发生碘仿反应,B 与浓硫酸共热得到化合物 C(C_6H_{12}),C 能使高锰酸钾褪色生成的产物是乙酸和 2-甲基丙酸。推测 A、B、C 的结构并写出相应的反应方程式。

（王江云）

第十二章 芳香杂环化合物

学习要求

1. 掌握呋喃、噻吩、吡咯、吡啶的结构和命名，呋喃、噻吩、吡咯、吡啶的芳香性、亲电取代反应、亲核取代反应、氧化与还原反应，吡咯、吡啶的酸碱性。

2. 熟悉杂环化合物的分类以及生物碱的一般性质。

3. 了解重要的杂环化合物以及常见的生物碱。

在环状有机化合物中，构成环系的原子除碳原子外，还含有一个或多个非碳原子的化合物，叫作杂环化合物(heterocyclic compound)；环上除碳原子以外的原子称为杂原子，常见的杂原子有氧、硫、氮等。杂环化合物是有机化合物中数量最庞大的一类，约占总数的一半以上。

自然界中的绝大多数杂环化合物，都具有强烈生物活性。例如，在动、植物体内起着重要生理作用的血红素、叶绿素、核酸的碱基、生物碱等都是含氮杂环化合物。一部分维生素、抗生素、植物色素、许多人工合成的药物及合成染料也含有杂环。杂环化合物的应用范围极其广泛，涉及医药、农药、染料、生物膜材料、超导材料、分子器件、储能材料等，尤其在生物界，杂环化合物几乎随处可见。因此，杂环化合物在有机化合物(尤其是有机药物)中占有重要地位。

前面学习过的环醚、内酯、内酐和内酰胺等都含有杂原子，但它们容易开环，性质上与开链化合物相似，所以不把它们列入杂环化合物。本章将主要讨论环系比较稳定、具有一定程度芳香性的杂环化合物，即芳杂环化合物。

第一节 杂环化合物的分类和命名

一、杂环化合物的分类

杂环化合物的分类是以杂环的骨架为基础，根据杂环母体中所含环的数目，将杂环化合物分为单杂环和稠杂环两大类。最常见的单杂环有五元杂环和六元杂环。稠杂环有芳环并杂环和杂环并杂环两种(表 12-1)。

二、杂环化合物的命名

杂环化合物的命名比较复杂。现广泛应用的是按 IUPAC 命名原则规定，保留特定的45 个杂环化合物的俗名和半俗名，并以此为命名的基础。我国采用"音译法"，按照英文名称的读音，选用同音汉字加"口"旁组成音译名，其中"口"代表环的结构(表 12-1)。

表12-1 杂环母体化合物的结构、名称和编号

杂环的种类	重要的杂环				
五元杂环	呋喃 furan	噻吩 thiophene	吡咯 pyrrole	噻唑 thiazole	吡唑 pyrazole
					咪唑 imidazole
六元杂环	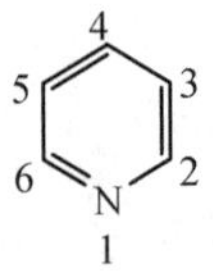 吡啶 pyridine	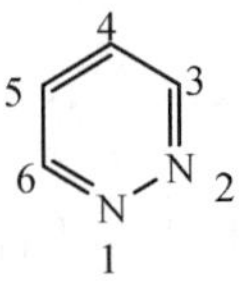 哒嗪 pyridazine	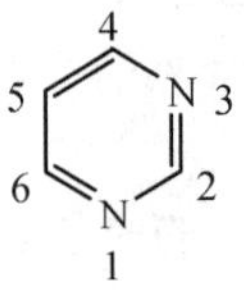 嘧啶 pyrimidine	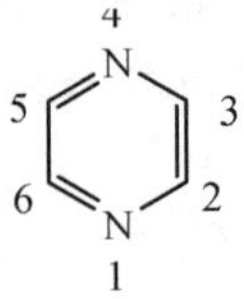 吡嗪 pyrazine	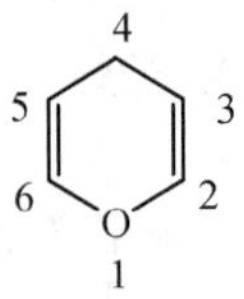 吡喃 pyran
稠杂环	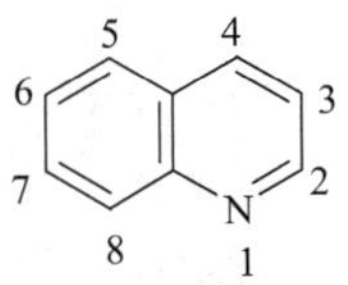 喹啉 quinoline	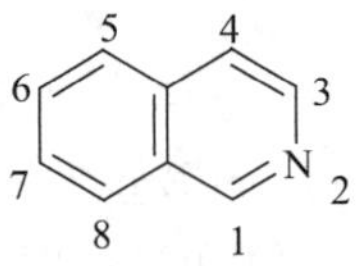 异喹啉 isoquinoline	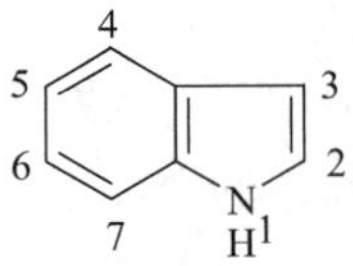 吲哚 indole		
	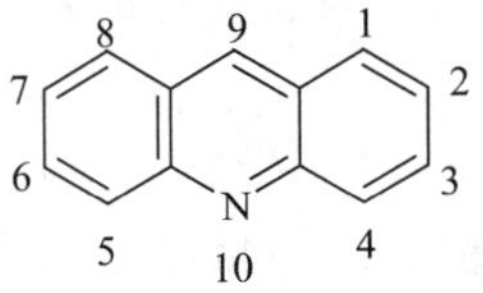 吖啶 acridine	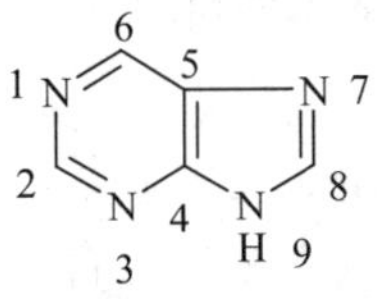 嘌呤 purine	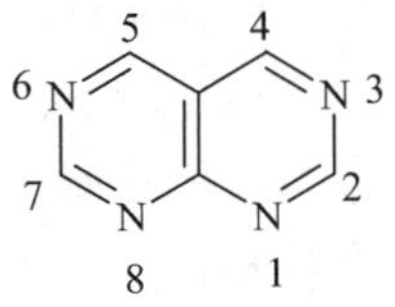 蝶啶 pteridine		

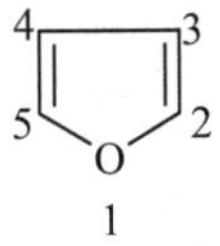

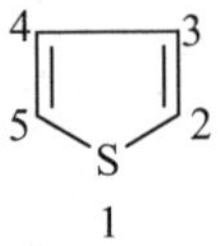

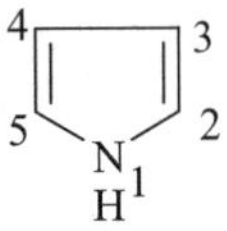

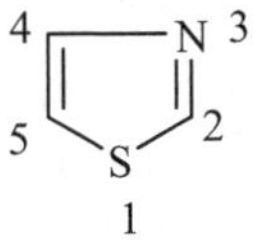

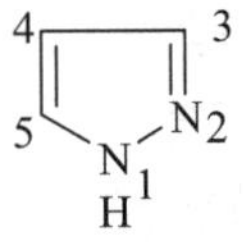

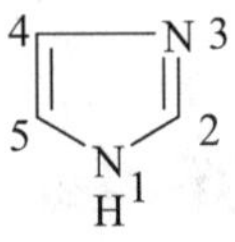

(一)杂环母环的编号规则

当杂环上连有取代基时，为了标明取代基的位置，必须将杂环母体编号。杂环母体的编号原则如下。

1. 含一个杂原子的单杂环 含一个杂原子的杂环，其编号从杂原子起依次编为 1,2,3,…，或将杂原子旁的碳原子依次编为 $\alpha,\beta,\gamma,\cdots$。见表 12-1 中吡咯、吡啶等的编号。

2. 含两个或多个杂原子的单杂环 含两个或多个杂原子的杂环编号时应使杂原子位次尽可能小，并按 O、S、NH、N 的优先顺序决定优先的杂原子，见表 12-1 中咪唑、噻唑等的编号。

3. 某些有固定编号的稠杂环有其特定的顺序 有固定编号稠杂环的编号有几种情况。有的按其相应的稠环芳烃的母环编号，见表 12-1 中喹啉、异喹啉、吖啶等的编号。还有些具有特殊规定的编号，见表 12-1 中嘌呤等的编号。

(二)取代杂环化合物的命名

当杂环上连有取代基时，先确定杂环母体的名称和编号，然后将取代基的名称连同位置编号写在母体名称前，构成取代杂环化合物的名称。例如

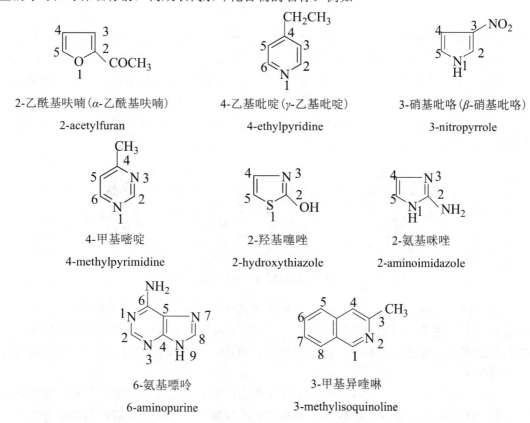

2-乙酰基呋喃(α-乙酰基呋喃)　　　4-乙基吡啶(γ-乙基吡啶)　　　3-硝基吡咯(β-硝基吡咯)

2-acetylfuran　　　　　　　　　4-ethylpyridine　　　　　　　3-nitropyrrole

4-甲基嘧啶　　　　　　　　　2-羟基噻唑　　　　　　　　2-氨基咪唑

4-methylpyrimidine　　　　　2-hydroxythiazole　　　　　2-aminoimidazole

6-氨基嘌呤　　　　　　　　　　3-甲基异喹啉

6-aminopurine　　　　　　　　　3-methylisoquinoline

当侧链为羧基、磺酸基、醛基等时，一般把杂环作为取代基。例如

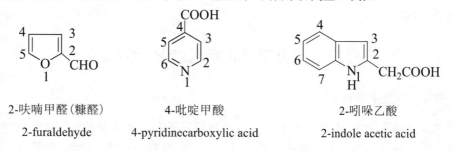

2-呋喃甲醛(糠醛)　　　　4-吡啶甲酸　　　　　　　　2-吲哚乙酸

2-furaldehyde　　　4-pyridinecarboxylic acid　　　2-indole acetic acid

第二节　五元杂环化合物

呋喃、噻吩、吡咯是最常见、最重要的五元杂环化合物，呋喃存在于木焦油中，无色液体，b.p.31.4℃，有氯仿气味，遇盐酸浸湿的松木片呈绿色(松木片反应)。噻吩与苯共存于煤焦油中，无色而有特殊气味的液体，b.p.84.2℃，噻吩与吲哚醌在硫酸作用下发生蓝色反应。吡咯存在于煤焦油和骨焦油中，无色而有特殊气味的液体，b.p.130~131℃，有弱的

苯胺气味，其蒸汽遇盐酸浸湿的松木片呈红色。吡咯的衍生物广泛分布于自然界，叶绿素、血红素、维生素 B_{12} 及许多生物碱中都含有吡咯环。

一、五元杂环化合物的结构

近代物理方法测知，吡咯、呋喃和噻吩这三个化合物都是平面型分子。碳原子与杂原子均采取 sp^2 杂化，并以 σ 键相互连接构成五元环。每个碳原子和杂原子未杂化的 p 轨道，互相平行且垂直于五元环所在的平面(图 12-1)。其中每个碳原子的 p 轨道有一个 p 电子，而杂原子的 p 轨道有两个 p 电子，这些 p 轨道相互平行侧面重叠形成环状闭合的大 π 键，大 π 键的 π 电子数是六个，符合 4n+2 规则。因此，呋喃、噻吩、吡咯都表现出与苯相似的芳香性。

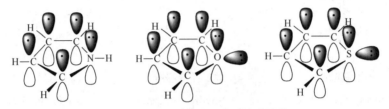

图 12-1　吡咯、呋喃、噻吩轨道结构

在呋喃、噻吩、吡咯分子中，由于杂原子的未共用电子对参与了共轭(六个 π 电子分布在由五个原子组成的分子轨道中)，使得环上的电子云密度增加，因此环中碳原子的电子云密度相对地大于苯中碳原子的电子云密度，此类杂环称为富电子芳杂环或多 π 电子芳杂环。

由于杂原子氧、硫、氮的电负性比碳原子大，使得环上电子云密度分布不如苯环那样均匀，所以呋喃、噻吩、吡咯分子中各原子间的键长并不完全相等，因此其芳香性比苯差。由于杂原子的电负性强弱顺序是：氧＞氮＞硫，所以芳香性强弱顺序为：苯＞噻吩＞吡咯＞呋喃。

二、五元杂环化合物的化学性质

(一)吡咯的酸碱性

吡咯虽然属于仲胺，但碱性很弱，其原因是氮原子上的孤对电子参与共轭形成大 π 键，不再具有给出电子对的能力，与质子难以结合。由于共轭的结果，导致氮原子电子云密度降低，N—H 键极性增加，吡咯表现出弱酸性，其 pK_a 为 17.5，能与金属钾及固体氢氧化钾共热成盐。

生成的盐不稳定，相对容易水解，在一定的条件下，能用来合成吡咯的衍生物。

(二) 亲电取代反应

在呋喃、噻吩、吡咯的分子中，由于五个原子共享六个电子，属于富电子共轭体系，其亲电取代反应活性比苯高，活性顺序为：吡咯＞呋喃＞噻吩＞苯。

杂原子的给电子共轭效应越强，环上电子云密度越大，亲电取代越容易进行。呋喃比吡咯的活性低是由于氧原子的电负性比氮原子大，氧原子的给电子共轭效应小于氮原子，所以呋喃环上的电子云密度比吡咯环低；而噻吩比呋喃或吡咯的活性低，则是由于硫原子参与共轭的轨道为 3p 轨道，3p 轨道不能更有效的与碳原子的 2p 轨道重叠，降低了硫原子的给电子共轭效应。

由于杂原子的电负性比碳原子大，所以杂环上的电子云密度分布不均，α 位的电子云密度比 β 位大，发生亲电取代反应时，取代基优先进入 α 位。

1. 卤代 不需要催化剂，在较低温度下进行。

2. 硝化 强酸及氧化剂容易破坏呋喃、噻吩、吡咯(尤其是吡咯和呋喃)的环状结构，所以其硝化反应需要在比较温和的条件下进行，常用硝酸乙酰酯 (CH_3COONO_2) 作硝化试剂，在低温下反应。

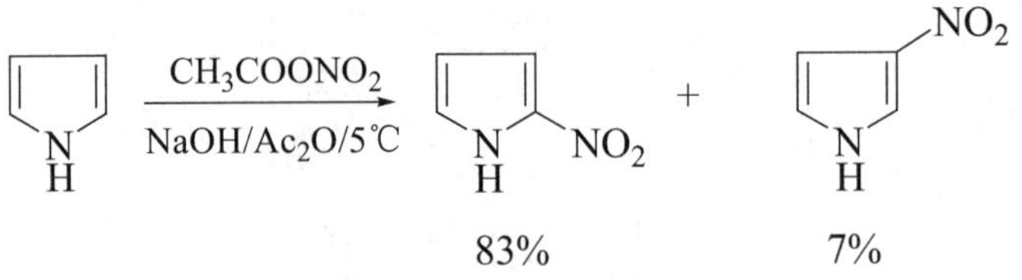

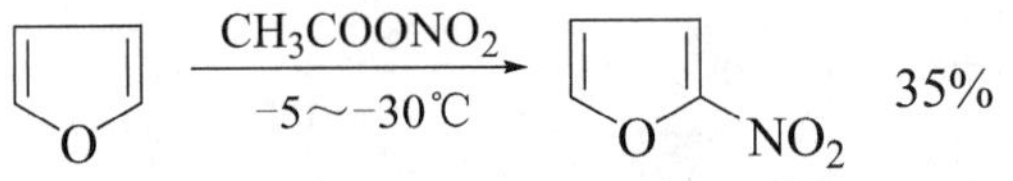

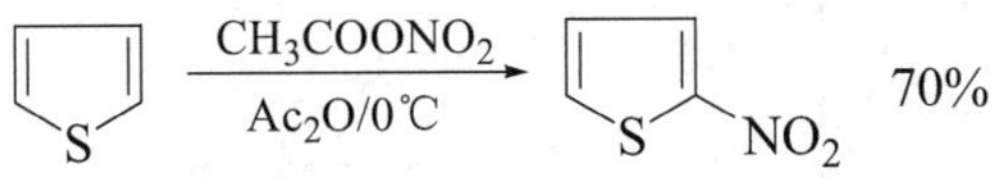

噻吩也可以用一般硝化试剂进行硝化，但反应非常猛烈。

3. 磺化 呋喃、吡咯的磺化反应也需要使用比较温和的非质子性的磺化试剂，常用吡啶三氧化硫作为磺化试剂。

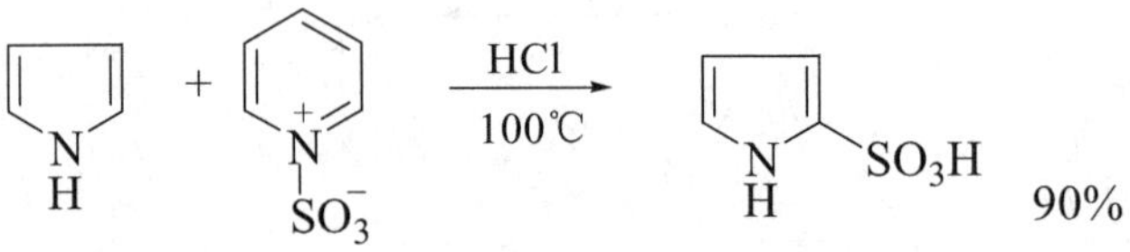

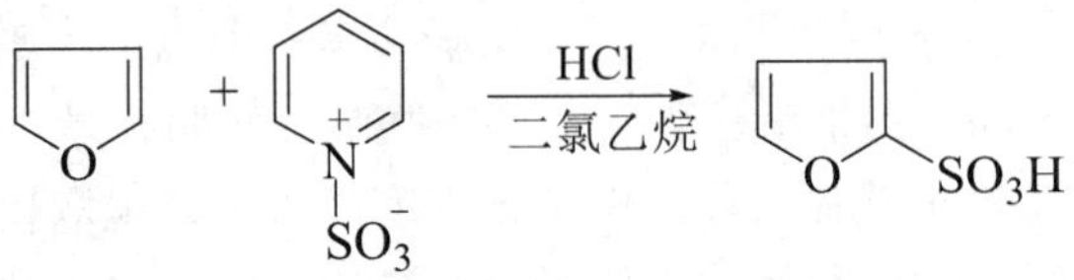

由于噻吩比较稳定，可直接用硫酸进行磺化反应。利用此反应可以把煤焦油中共存的苯和噻吩分离。

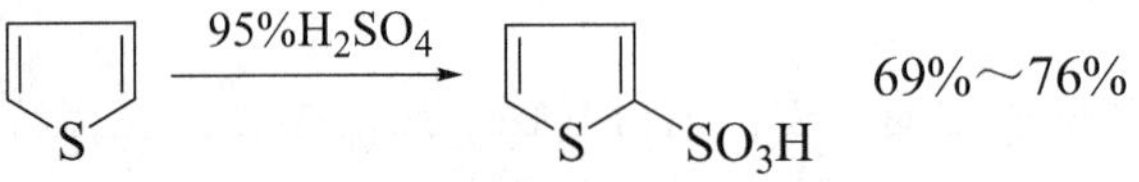

4. 傅-克酰基化反应 呋喃、吡咯和噻吩与酸酐或酰氯在催化剂作用下发生酰基化反应。

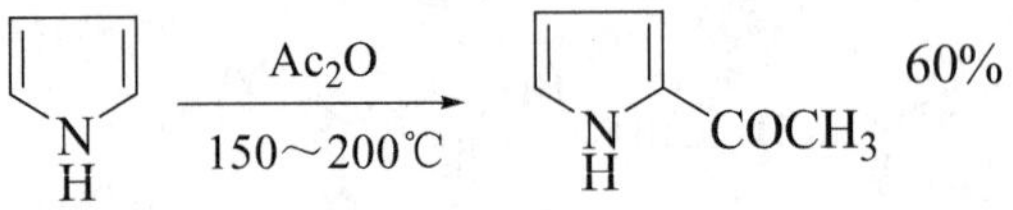

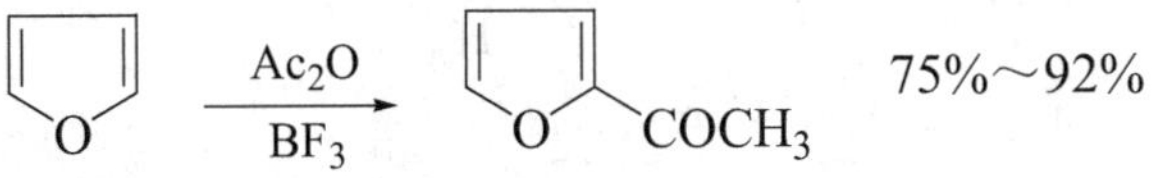

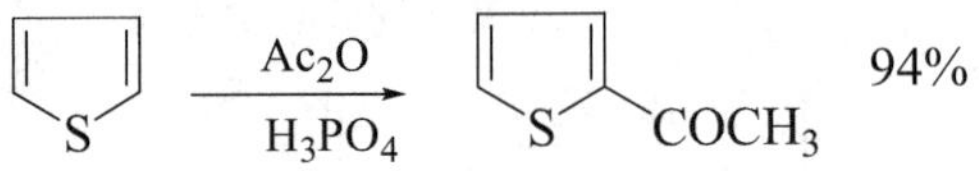

(三) 加成反应

呋喃、噻吩、吡咯均可进行催化加氢反应，产物是失去芳香性的饱和杂环化合物。呋喃、吡咯可用一般催化剂还原。而噻吩中的硫能使金属催化剂中毒，需使用特殊催化剂。

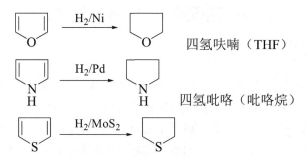

四氢呋喃(THF)是一种重要的有机合成原料和优良的溶剂，四氢吡咯(吡咯烷)有毒，主要用于制备药物、杀菌剂、杀虫剂等。

第三节　六元杂环化合物

六元杂环中最常见的是吡啶，吡啶是从煤焦油中分离出来的具有特殊臭味的无色液体，沸点为 115.3℃，比重为 0.982，是性能良好的溶剂和脱酸剂。其衍生物广泛存在于自然界中，是许多天然药物、染料和生物碱的基本组成部分。

一、六元杂环化合物的结构

吡啶的结构从形式上看与苯十分相似，可看作苯分子中的一个 CH 基团被 N 原子取代后的产物。根据杂化轨道理论，吡啶环中的五个碳原子和一个氮原子都以 sp^2 杂化，原子间以 σ 键相互连接构成六元环。每个原子未杂化的 p 轨道相互平行重叠形成一个环状闭合的大 π 键，π 电子数为 6，符合 $4n+2$ 规则，因而表现出一定的芳香性。氮原子上的一对未共用电子对占据在 sp^2 杂化轨道上，它与环共平面，未参与成键(图 12-2)。

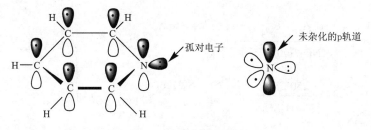

图 12-2　吡啶轨道结构

在吡啶分子中，由于氮原子的电负性大于碳原子，电子云向氮原子偏移，使得环上的电子云密度分布不均，所以其芳香性比苯差。由于氮原子的吸电子作用，吡啶环上的电子云密度相对降低，环中碳原子的电子云密度小于苯中碳原子的电子云密度，此类杂环称为缺电子芳杂环。

二、六元杂环化合物的化学性质

(一) 吡啶的碱性

吡啶氮原子上的未共用电子对可接受质子而显碱性。吡啶的 pK_a 为 5.19,比氨(pK_a9.24)和脂肪胺(pK_a10~11)的碱性都弱。原因是吡啶中氮原子上的未共用电子对处于 sp^2 杂化轨道中,其 s 轨道成分较 sp^3 杂化轨道多,离原子核近,电子受核的束缚较强,给出电子的倾向较小,与质子结合较难,碱性较弱。因此,只能与强酸成盐。

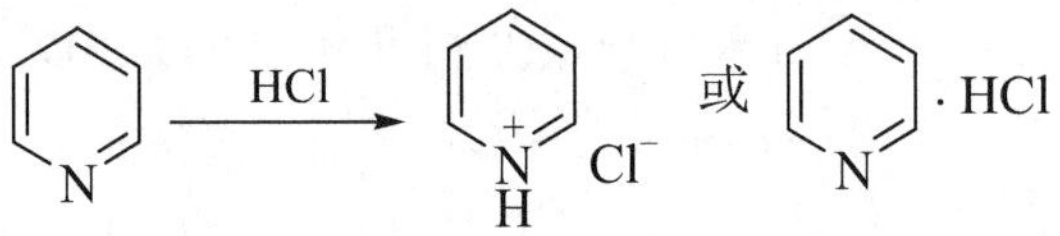

吡啶的碱性有很大的实用价值,利用其碱性可用于吡啶的分离,如从煤油中分离吡啶及其同系物,即用硫酸水溶液将其萃取出来;在化学反应中常用吡啶作为催化剂和除酸剂,由于它在水中和有机溶剂中都有良好的溶解性,其催化作用常常是无机碱无法达到的;还能与路易斯酸如三氧化硫、三氧化铬结合成盐,分别生成非质子性试剂 N-磺酸吡啶($\cdot SO_3$)和非质子性氧化剂 N-铬酸吡啶(沙瑞特试剂,$\cdot CrO_3$)。

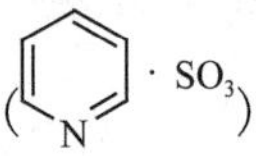

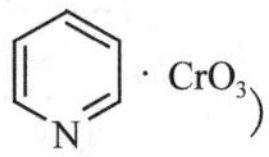

(二) 取代反应

1. 亲电取代反应 吡啶是具有芳香性的环状分子,和苯等芳香化合物一样,能够发生卤代、硝化、磺化等亲电取代反应。由于吡啶是缺电子杂环,环上电子云密度比苯低,因此其亲电取代反应的活性也比苯低,取代反应的条件比较苛刻,且产率较低,取代基主要进入 β 位。例如

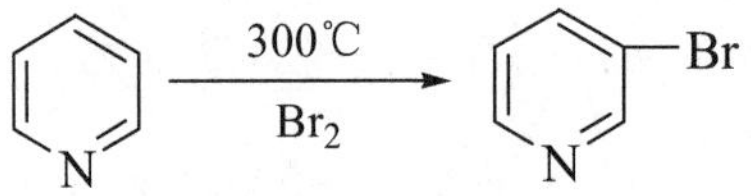

(33%) β-溴吡啶

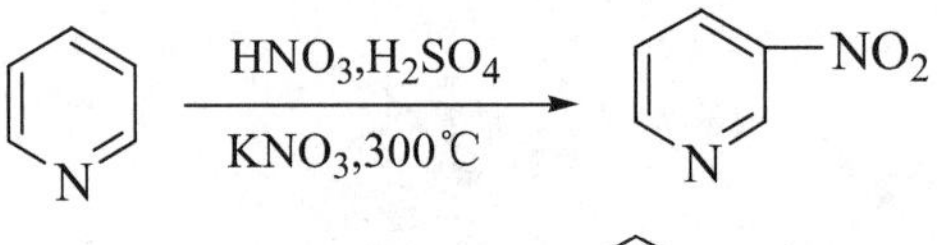

(20%) β-硝基吡啶

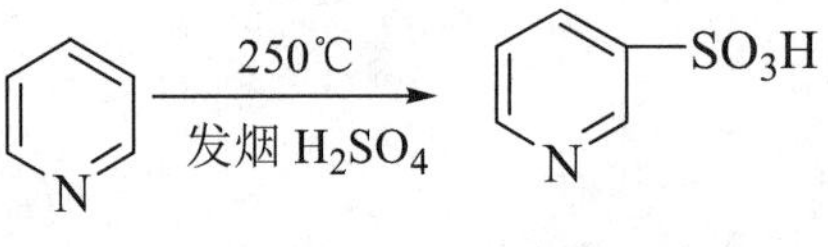

(71%) β-吡啶磺酸

2. 亲核取代反应 由于吡啶环中氮原子的吸电子作用,使得环上碳原子的电子云密度降低,尤其在 α 位和 γ 位上的电子云密度更低,因而环上的亲核取代反应容易发生,取代反应主要发生在 α 位和 γ 位上。例如

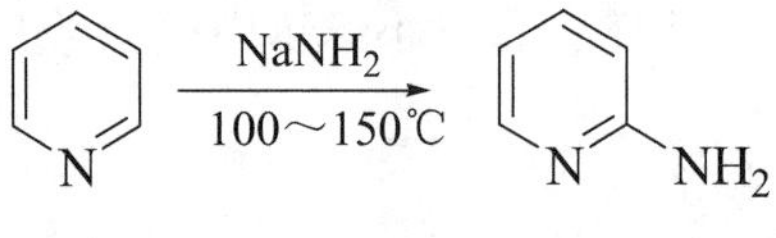

α-氨基吡啶

如果吡啶环的 α 位或 γ 位存在较好的离去基团(如卤素、硝基)，则更容易发生亲核取代反应。弱的亲核试剂如氨(或胺)、烷氧化物、水都可以与吡啶发生亲核取代反应。例如

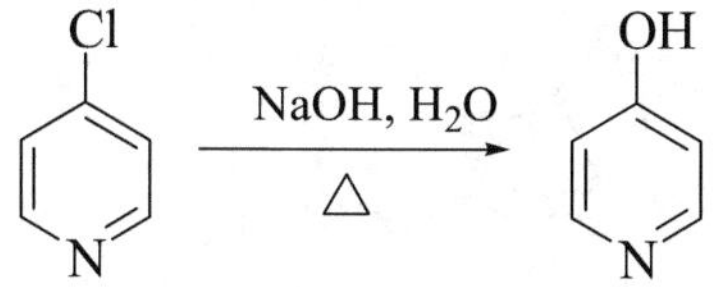

4-羟基吡啶

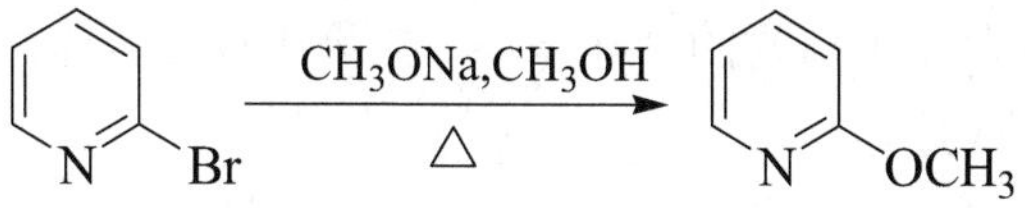

2-甲氧基吡啶

(三)氧化和还原反应

由于吡啶环上的电子云密度低，一般不易给出电子发生氧化反应，尤其在酸性条件下，吡啶成盐后氮原子上带有正电荷，使环上电子云密度更低，更增加了对氧化剂的稳定性。但当吡啶环带有侧链时，侧链容易发生氧化反应。例如

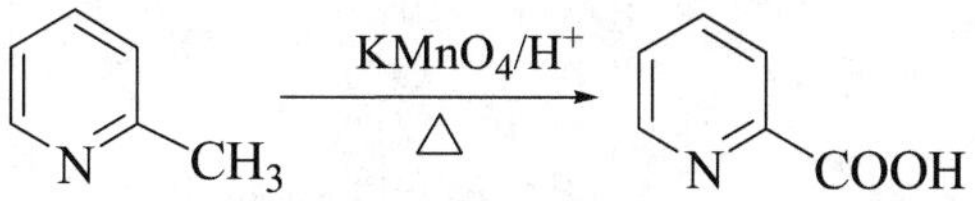

α-吡啶甲酸

与氧化反应相反，吡啶环比苯环容易发生加氢还原反应。例如

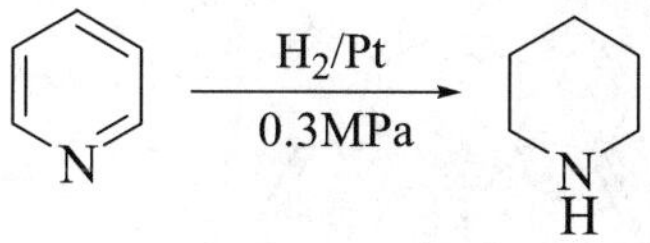

哌啶(六氢吡啶)

吡啶的还原产物为六氢吡啶(哌啶)，具有脂肪族仲胺的性质，碱性比吡啶强($pK_a11.2$)，沸点 106℃。许多天然产物具有此环系，如生物碱中的毒芹碱、颠茄碱和可卡因等。

第四节　重要的芳香杂环化合物

一、吡咯衍生物

吡咯的衍生物广泛分布于自然界，如叶绿素和血红素。这两种化合物都是生物体中维系生命现象的重要活性物质，虽然前者存在于植物体中，后者存在于动物体中，但两者在结构上却惊人地相似，都有一个卟吩(porphine)结构，环中都有一个金属离子。

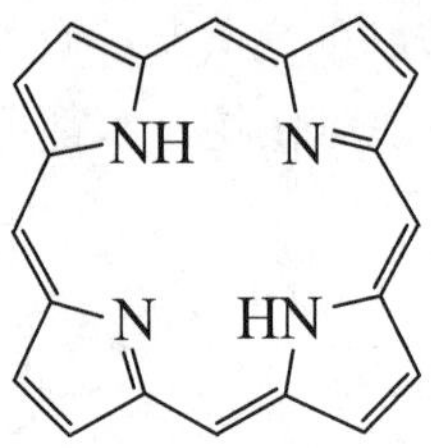

卟吩

叶绿素（chlorophyll）存在于植物的叶和茎中。植物进行光合作用时，通过叶绿素将太阳能转变为化学能储藏在植物体内。

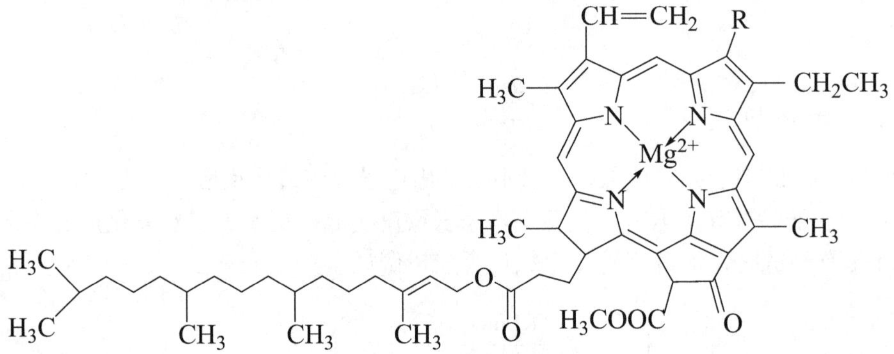

叶绿素（chlorophyll）

R=—CH₃为叶绿素a；R=—CHO为叶绿素b

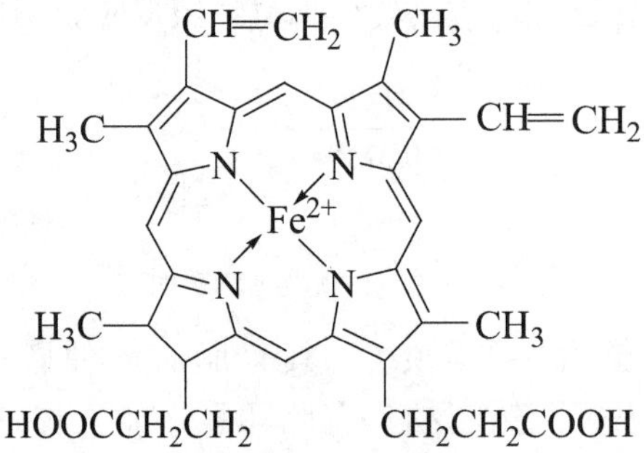

血红素（hemoglobin）

血红素（hemoglobin）存在于高等动物的体内，是重要的色素之一。它与蛋白质结合形成血红蛋白，存在于红细胞中。血红蛋白在高等动物体内起着输送 O_2 和 CO_2 的作用。

血红蛋白可与氧气结合，形成鲜红色的氧合血红蛋白，而血红蛋白与氧结合并不稳定，在缺氧的地方可以放出 O_2，由于这一特性，血液可在肺中吸收氧气，由动脉输送到体内各部分，在体内微血管中，氧的分压低而释放出氧，为组织吸收。CO 与血红蛋白配合的能力比氧大 200 倍，因此在 CO 存在时，血红蛋白失去了输送氧气的能力，这就是 CO 使人中毒的原因之一。

二、呋喃衍生物

α-呋喃甲醛又称为糠醛，主要从甘蔗渣、玉米芯、花生壳及高粱秆等农副产品中提取，糠醛是一种良好的溶剂，常用于石油产品的精制，很多糠醛衍生物具有抑菌作用。其中呋喃西林主要用于创面的消毒，呋喃唑酮主要用于菌痢、伤寒及肠道感染等，呋喃妥因主要用于敏感菌所致泌尿道感染。

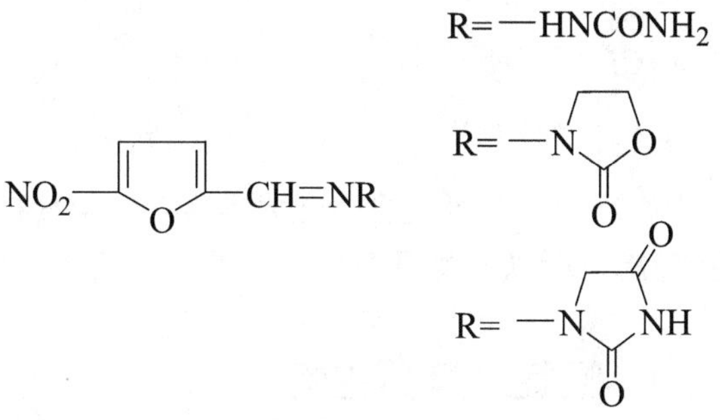

R=—HNCONH₂　　呋喃西林

R=—N　　呋喃唑酮

R=—N　　呋喃妥因

糠醛是不含α氢的醛，性质类似于苯甲醛，具有芳香醛的性质，例如

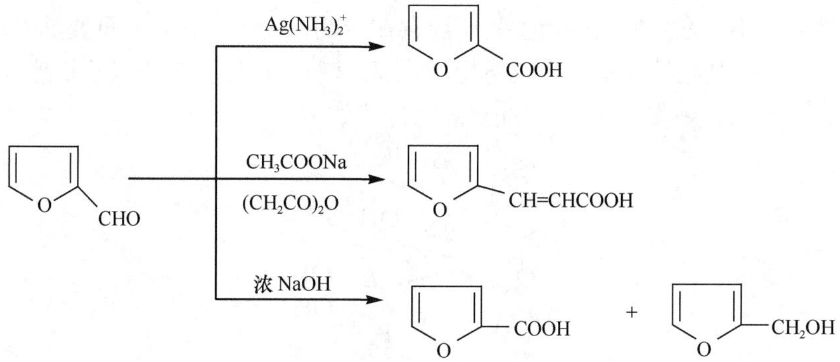

三、吡啶衍生物

(一)维生素 B₃

维生素 B₃ 又称维生素 PP，包括烟酸(nicotinic acid)和烟酰胺(niacinamide)，两者的生理作用相同，都参与生物机体的氧化还原过程，促进组织代谢，能降低血液中胆固醇的含量。维生素 PP 也叫抗癞皮维生素，因为体内缺乏它时会引起癞皮病。

维生素 PP 存在于肝、肉类、谷物、米糠、花生、酵母、蛋黄、鱼、番茄等内，现在多用合成品。

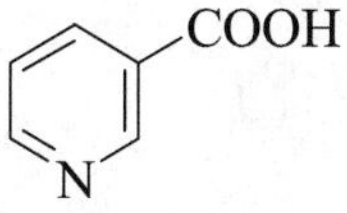

烟酸 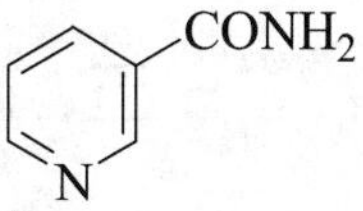　　　　　　　　　　　　烟酰胺

(二)维生素 B₆

维生素 B₆ 包括吡哆醇(pyridoxine)、吡哆醛(pyridoxal)和吡哆胺(pyridoxamine)。维生素 B₆ 为人体内某些辅酶的组成成分，参与多种代谢反应，尤其是蛋白质代谢过程中的必须物质。临床上主要用于防治周围神经炎，减轻化疗和放疗引起的不良反应如恶心、呕吐以

及白细胞减少症等。

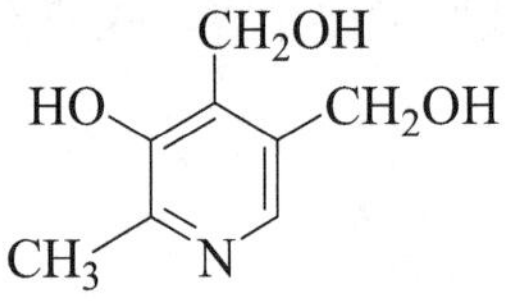

CH₂OH 结构式（吡哆醇）
吡哆醇 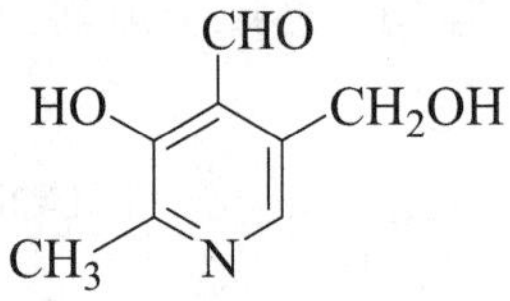

CHO 结构式（吡哆醛）
吡哆醛

CH₂NH₂ 结构式（吡哆胺）
吡哆胺

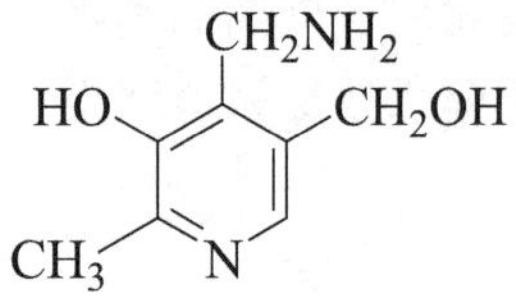

维生素 B₆ 在动植物体内分布很广，谷类外皮含量尤为丰富。由于食物中富含维生素 B₆，同时肠道细菌又可合成维生素 B₆，所以人类很少患维生素 B₆ 缺乏症。

四、嘧啶及其衍生物

嘧啶是含有两个氮原子的六元杂环化合物，无色固体，熔点 22℃，易溶于水，具有碱性。它本身在自然界并不存在，但它的衍生物广泛存在于动植物中，并有着重要的生理作用。例如，核酸中的碱基、某些维生素及合成药物(如磺胺药物、巴比妥药物以及抗癌药物等)都含有嘧啶环系。抗癌药阿糖胞苷(cytrarabine)的结构式如下。

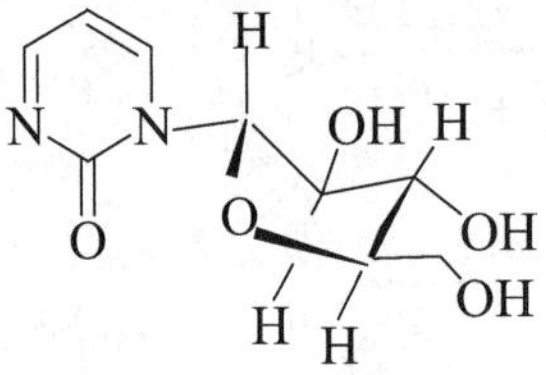

阿糖胞苷

胞嘧啶(cytosine)、胸腺嘧啶(thymine)和尿嘧啶(uracil)是核酸(DNA 和 RNA)中的碱基。其结构式如下。

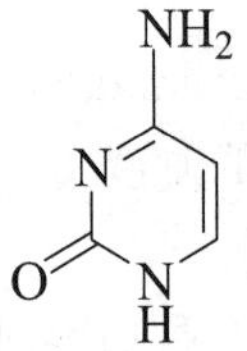

胞嘧啶（C） 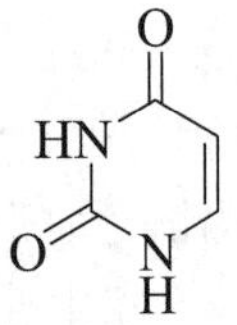   尿嘧啶（U） 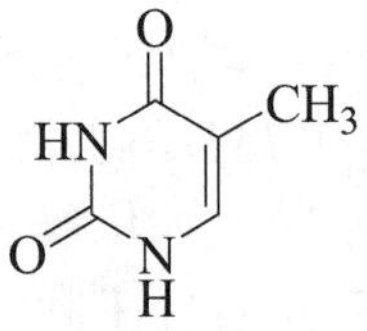   胸腺嘧啶（T）

五、喹啉及其衍生物

喹啉和异喹啉都存在于煤焦油中，1834 年首次从煤焦油中分离出喹啉，不久，用碱干馏抗疟疾药奎宁(quinine)也得到喹啉并因此而得名。

喹啉(quinoline)   异喹啉(isoquinoline)

喹啉衍生物在医药中有重要作用，许多天然或合成药物都具有喹啉的环系结构，如奎宁、喜树碱等。而天然存在的一些生物碱，如吗啡碱、罂粟碱、小檗碱等均含有异喹啉的结构。合成喹啉及其衍生物的主要方法之一是斯克劳普(Skraup)合成法。用苯胺(或其他芳胺)、甘油、硫酸和硝基苯(相应于所用的芳胺)等共热，即可得喹啉。

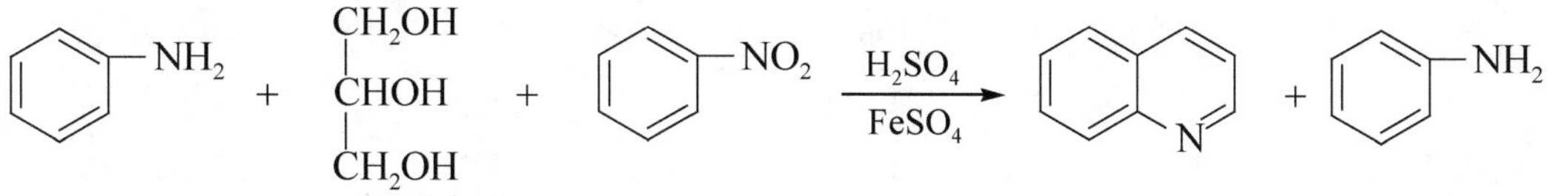

喹啉和异喹啉都是平面型分子，都含有 10 个 π 电子的共轭大 π 键，结构与萘相似。喹啉和异喹啉中氮原子上的未共用电子对位于 sp^2 杂化轨道中，未参与环上的共轭体系，具有弱碱性，pK_a 分别为 4.9 和 5.4，与吡啶接近，能与强酸作用生成盐。喹啉和异喹啉能与大多数有机溶剂混溶，难溶于冷水，易溶于热水。

由于其结构与萘和吡啶相似，因而能够发生相似的化学反应。

1. 亲电取代反应　喹啉和异喹啉的亲电取代反应比吡啶容易，但比苯和萘难些，反应主要发生在电子云密度较高的苯环上。喹啉主要发生在 5 和 8 位，异喹啉主要发生在 5 位。例如

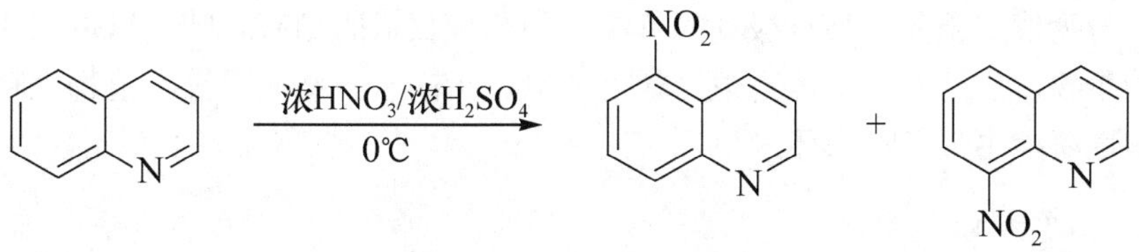

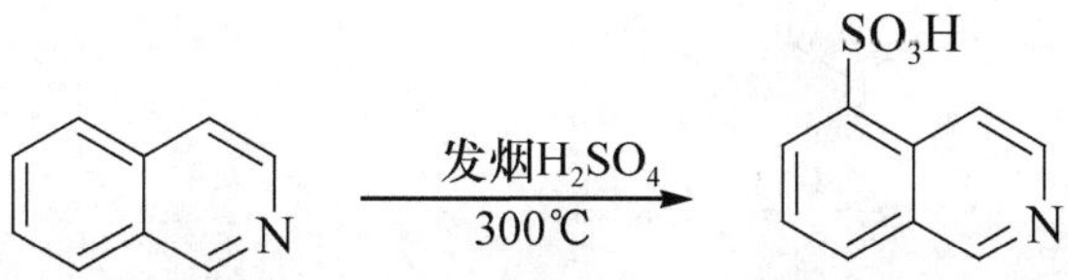

2. 亲核取代反应　喹啉和异喹啉的亲核取代反应主要发生在电子云密度较低的吡啶环上，喹啉主要发生在 2 和 4 位上，异喹啉主要发生在 1 位。例如

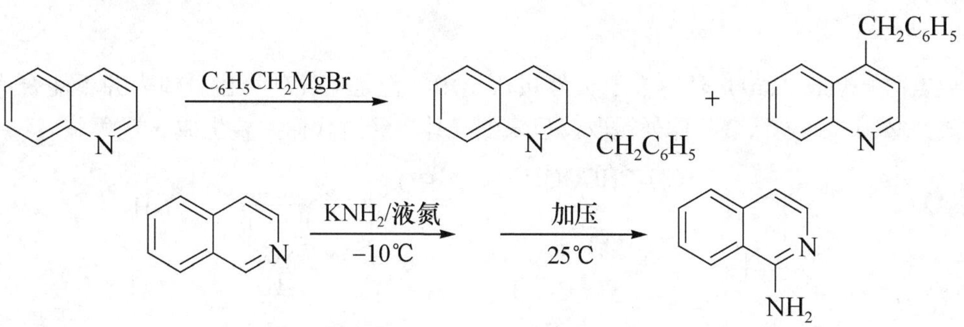

3. 氧化和还原反应　喹啉和异喹啉与大多数氧化剂不反应，但能被强氧化剂 $KMnO_4$ 氧化，电子云密度较高的苯环被破坏。

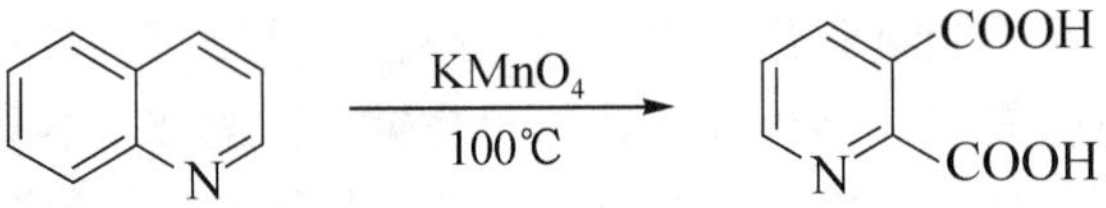

喹啉和异喹啉可在催化剂作用下加氢，或用化学还原剂还原，电子云密度较低的吡啶环优先被还原。例如

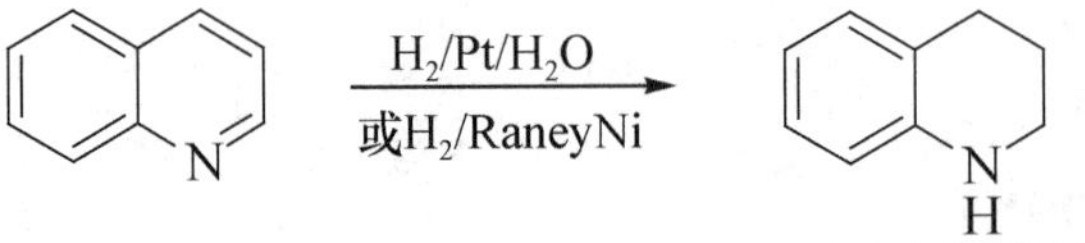

1,2,3,4-四氢喹啉

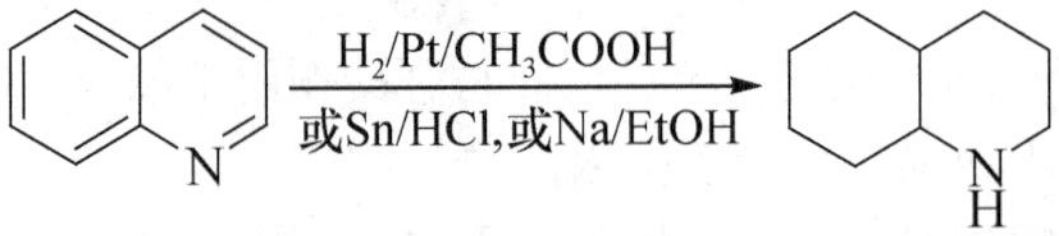

十氢喹啉

六、吲哚及其衍生物

吲哚本身为线状结晶，具有极臭的气味，但浓度极低时则有香味，可以当作香料用。含吲哚环的生物碱广泛存在于植物中，如麦角碱、士的宁、利血平等。植物染料靛蓝及蛋白质组分的色氨酸也都有吲哚环。

(一) β-吲哚乙酸

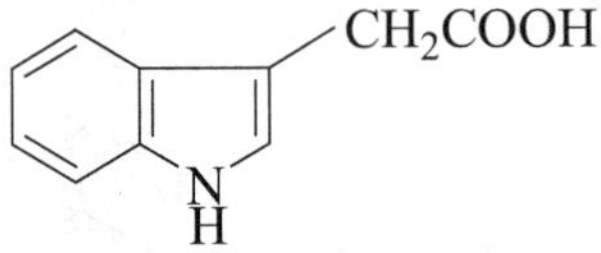

β-吲哚乙酸

β-吲哚乙酸(β-heteroauxing)是一种植物生长激素，量少能促进植物生长，量大则对植物有杀伤作用，侧链上如果再多一个 CH_2 就会失去生理活性。

(二) 色氨酸

色氨酸(tryptophan)广泛存在于天然蛋白质中，但是哺乳动物自身体内并不能合成 L-色氨酸，必须要通过饮食从体外摄取，色氨酸在体内经过代谢主要生成 5-羟色胺。

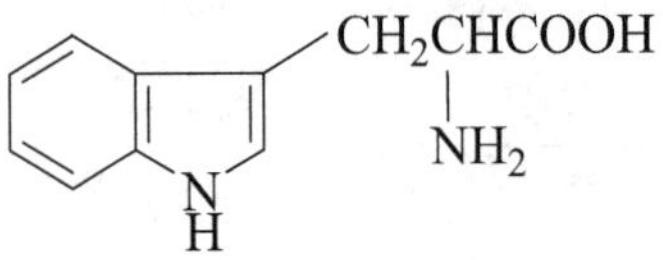

色氨酸

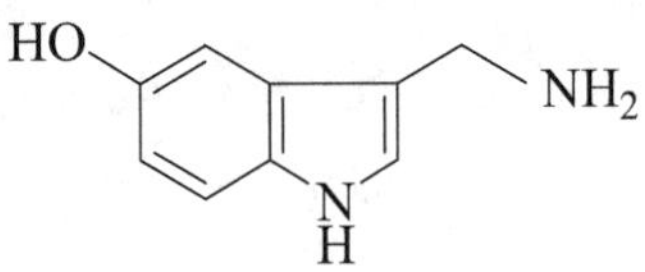

5-羟色胺

5-羟色胺在人的神经活动过程中起重大作用，是重要的神经递质，当人脑中的 5-羟色

胺含量突然改变时，人就会表现出精神失常现象。

七、嘌呤及其衍生物

嘌呤为无色晶体，易溶于水，呈两性，能与酸或碱成盐。嘌呤在自然界不存在，嘌呤的衍生物却广泛存在于动植物体内。嘌呤环类化合物有抗肿瘤、抗病毒、抗过敏、降胆固醇、利尿、强心、扩张支气管等作用。

在水溶液中，嘌呤以两种互变形式存在。药物中主要以 7H-嘌呤的形式存在，在生物体中则主要以 9H-嘌呤的形式存在。

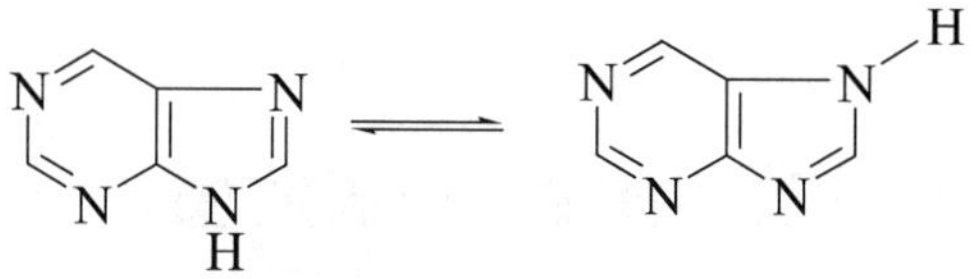

9H-嘌呤　　　　　　7H-嘌呤

(一)尿酸

尿酸(uric acid)存在于鸟类及爬虫类的排泄物中，人尿中也含少量。如果尿酸代谢失常，过量的尿酸就会以盐的形式沉积在关节和腱上，引起痛风。

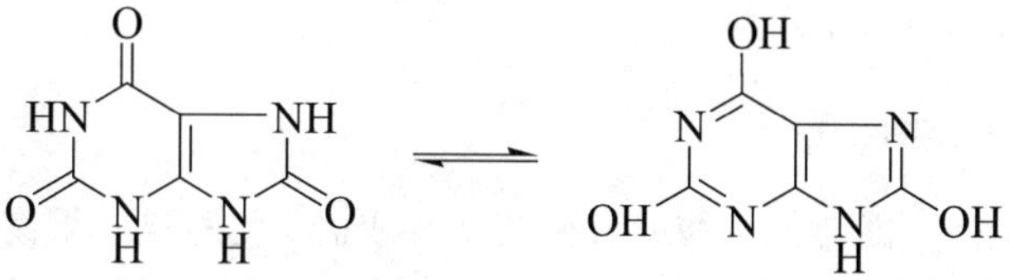

尿酸

(二)腺嘌呤和鸟嘌呤

腺嘌呤(adenine)和鸟嘌呤(guanine)是核酸(DNA 和 RNA)中的两种碱基，是决定生命的遗传及蛋白质合成的物质。

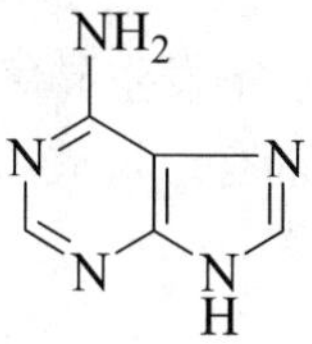

腺嘌呤(A) 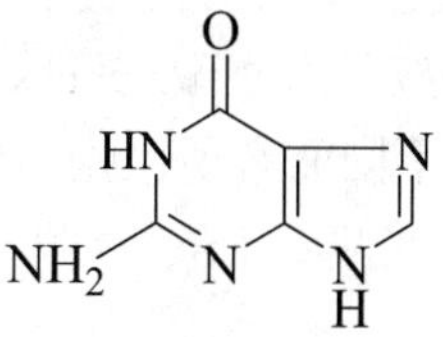　　　　　　鸟嘌呤(G)

第五节　生　物　碱

一、生物碱的概念

生物碱(alkaloid)是存在于生物体(主要是植物)内，具有显著生理活性的含氮的碱性有机化合物。它们多是含氮的杂环衍生物，但也有少数非杂环的生物碱。

生物碱在植物界分布很广，在动物体内含量却很少。不同的植物所含生物碱差异也很大。例如，双子叶植物的罂粟科、茄科、毛茛科、豆科中含量比较丰富，而裸子植物、蔷薇植物、隐花植物中的含量极少。生物碱大都与有机酸(苹果酸、枸橼酸、草酸、琥珀酸、乙酸、乳酸等)或无机酸(磷酸、硫酸、盐酸)结合成盐存在于植物体内，也有少数以游离碱、苷或酯的形式存在。

有关生物碱的研究已有约两个世纪的历史，并从各种植物中分离提取了几千个品种，且大多数生物碱的结构已经测定，并用人工合成加以证实。目前，中草药的研究和生物碱的研究正相得益彰，既促进了中药的发展，又促进了有机合成药物的发展，为生命科学开拓了广阔的前景。

二、生物碱的一般性质

(一)生物碱的物理性质

生物碱大多数是无色结晶固体，少数为非结晶体和液体。一般都有苦味，有些极苦而辛辣，还有些刺激唇舌，有焦灼感。大多数生物碱分子中含有手性碳原子，具有旋光性；不溶或难溶于水，能溶于乙醇、乙醚、丙酮、氯仿和苯等有机溶剂中。但也有例外，如麻黄碱、烟碱、咖啡因等可溶于水。

(二)生物碱的化学性质

生物碱一般呈碱性，能与无机酸或有机酸结合成盐，这种盐一般易溶于水。

1. 生物碱的沉淀反应 一般生物碱的中性或酸性水溶液可与沉淀试剂反应，生成沉淀。沉淀试剂的种类很多，大多数为重金属盐类或分子较大的复盐，如碘化汞钾(K_2HgI_4)、碘化铋钾($BiI_3 \cdot KI$)、磷钨酸($H_3PO_4 \cdot 12WO_3 \cdot 2H_2O$)、磷钼酸($Na_3PO_4 \cdot 12MoO_3$)、碘-碘化钾、硅钨酸($12WO_3 \cdot SiO_2 \cdot 4H_2O$)、鞣酸、氯化汞($HgCl_2$)、10%苦味酸、$AuCl_3$盐酸溶液、$PtCl_4$盐酸溶液等，其中最灵敏的是碘化汞钾和碘化铋钾。

利用生物碱的沉淀反应，可以检验生物碱的存在。

2. 生物碱的颜色反应 生物碱还可以与生物碱显色剂发生显色反应。显色剂的种类也很多，随生物碱的结构不同而有所区别。常用的显色剂有：钒酸-硫酸试剂、钼酸-硫酸试剂、甲醛-硫酸试剂、钼酸钾、硝酸、浓盐酸和氯化镁等。

三、常见重要生物碱及结构特点

(一)烟碱

烟碱(nicotine)又称尼古丁，是烟草所含的十二种生物碱中含量最多的一种(生烟叶含量为2%~8%)。它在烟叶中以苹果酸盐或枸橼酸盐的形式存在。烟碱由吡啶环与四氢吡咯环所组成，结构式为

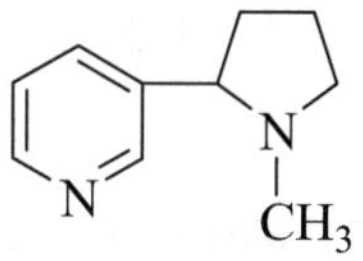

烟碱

烟碱具有成瘾性，小剂量能引起兴奋，剂量大时则会引起抑郁、恶心、呕吐，剂量更大，则具有强烈的毒性，因此烟碱的水溶液可用作杀虫剂。

(二)麻黄碱

麻黄碱(ephedrine)存在于中草药麻黄中。它是一个非杂环生物碱，是芳香族的醇胺，化学名称为 1-苯基-2-甲氨基-1-丙醇。

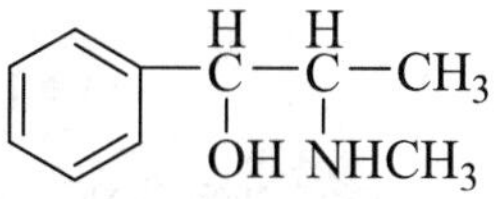

麻黄碱

分子中含有两个不同的手性碳原子，有两对对映异构体，其中左旋麻黄碱有生理作用。

麻黄碱是无色晶体，熔点 38.1℃，易溶于水、乙醇，可溶于氯仿、乙醚、苯和甲苯中。麻黄碱能兴奋交感神经，增高血压，扩张气管，常用于治疗支气管哮喘症。

(三)毒芹碱、颠茄碱和可卡因

有一些生物碱含有哌啶(六氢吡啶)环，包括毒芹碱(coniine)、颠茄碱 (atropine)和可卡因(cocaine)。

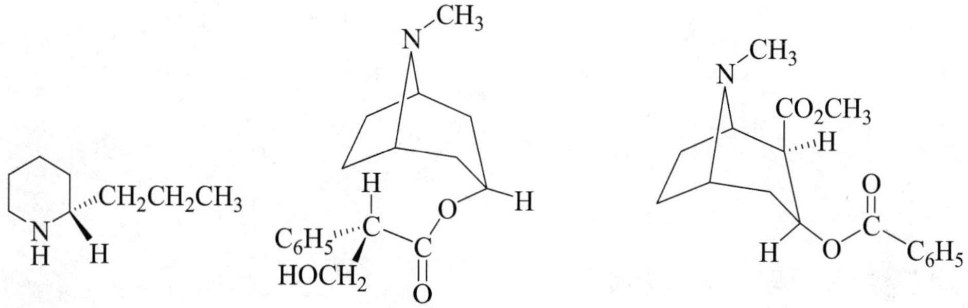

毒芹碱　　　　　　颠茄碱　　　　　　　可卡因

毒芹碱是存在于毒芹草内的一种极毒的物质。摄入毒芹碱可引起虚弱、昏昏欲睡、恶心、呼吸困难、麻痹甚至死亡。

颠茄碱，俗称"阿托品"，过去从植物(如颠茄、曼陀罗、天仙子)中提取，现在可工业合成。具有镇痛、解痉挛等作用，常用作麻醉前用药，眼科检查中瞳孔的扩大，以及解救有机磷中毒。

可卡因又名古柯碱，是南美洲产的古柯叶中的主要成分，也是人类发现的第一种具有局部麻醉作用的天然生物碱。由于其具有毒性并易于成瘾，因此药物学家合成比可卡因结构简单但更为有效的麻醉剂。1905 年，人工合成了普鲁卡因(procaine)。普鲁卡因和可卡因在结构上具有一些相同的特点：都是苯甲酸酯，都含有叔胺基团。

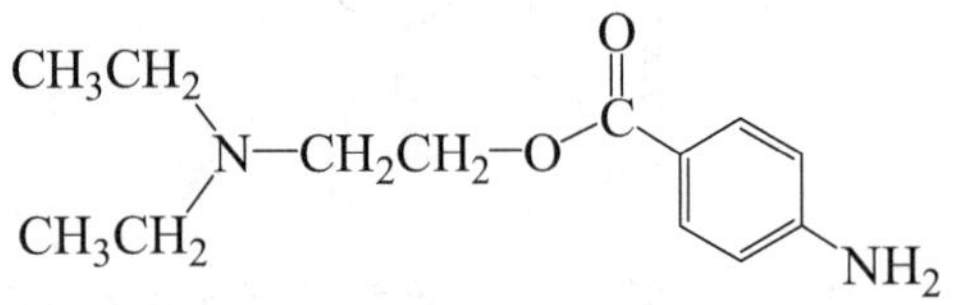

普鲁卡因

(四) 茶碱、可可碱和咖啡因

茶碱(theophylline)、可可碱(theobromine)和咖啡因(caffeine)分别存在于茶叶、可可豆和咖啡中，也可以由人工合成。

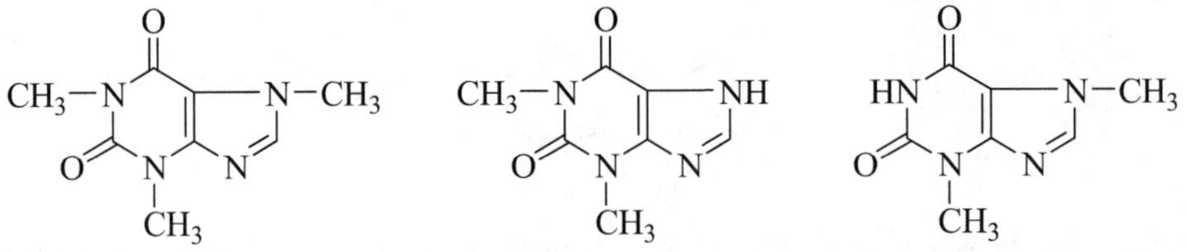

咖啡因　　　　　　　　茶碱　　　　　　　　可可碱

它们是无色针状结晶，有苦味，易溶于热水，难溶于冷水。茶碱熔点270～272℃，可可碱熔点357℃，咖啡因熔点235℃。

茶碱有利尿和松弛平滑肌作用。咖啡因又称咖啡碱，有兴奋中枢神经、止痛、利尿作用。可可碱能抑制胃小管再吸收和利尿作用。

茶碱、可可碱和咖啡因都是黄嘌呤的衍生物。黄嘌呤又称为 2,6-二羟基嘌呤，存在于动物的血液、肝和尿中。

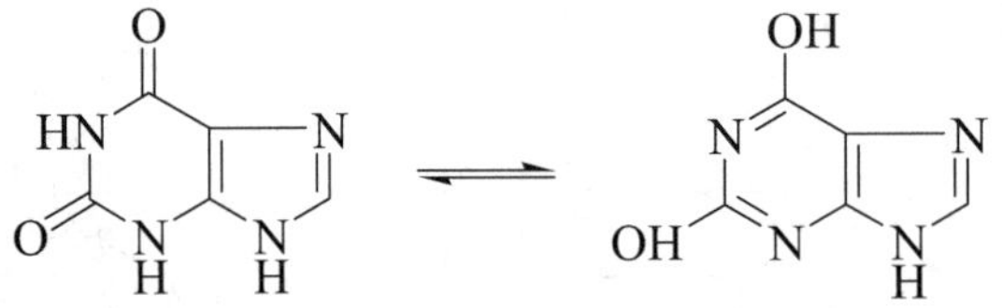

黄嘌呤

(五) 罂粟碱、吗啡和可待因

罂粟是一年生或两年生草本植物，其带籽的蒴果含有一种浆液，在空气中干燥后形成棕黑色的黏性团块，这就是中药阿片，旧称鸦片，阿片中含有 20 多种生物碱，其中最重要的是罂粟碱、吗啡和可待因，海洛因是由吗啡人工合成的。

罂粟碱(papaverine)，别名帕帕非林，对血管、心脏或其他平滑肌有直接的非特异性松弛作用，临床应用广泛。

罂粟碱

吗啡(morphine)是于 1805 年首次分离得到，1925 年确定了吗啡的结构，1952 年人工合成了吗啡。吗啡是已知效力最强的镇痛剂之一，在医学上仍然用于缓解疼痛，特别是深度的疼痛，但是吗啡有严重的不良反应，能导致成瘾、引起恶心、血压降低和抑制呼吸，这就促使人们找寻没有这些缺点但功能却类似于吗啡的化合物。

可待因(codeine)，别名甲基吗啡(methylmorphine)，其作用与吗啡相似，但程度较弱，镇痛强度只有吗啡的 1/10，镇咳强度为吗啡的 1/4。属于中枢性镇咳药，也用作镇痛药。

将吗啡分子进行修饰，得到二乙酰吗啡，即海洛因(heroin)。海洛因是一种良好的镇痛剂，对呼吸的抑制作用比吗啡较小，但是海洛因具有严重的成瘾性，它的滥用已经成为一个严重的社会问题。海洛因之所以比吗啡具有更大的成瘾性，是因为海洛因是二乙酰吗啡，比吗啡有更大的脂溶性，更容易通过脑细胞的屏障发挥作用。

阅读资料

5-氟尿嘧啶抗肿瘤药物

1957 年，Heidelberger 等首次设计并发现将尿嘧啶的第 5 位氢原子以大小相近的氟原子取代后所得到的氟化物不仅体积与原化合物相似，而且形成的 C—F 键非常稳定，在代谢过程中不易分解，能在分子水平上干扰正常代谢。自此，抗代谢类肿瘤药物 5-氟尿嘧啶(5-fluorouracil,5-FU)问世，并迅速在临床成功应用，成为现代肿瘤化疗的一个重要里程碑。5-氟尿嘧啶的结构式如下。

5-氟尿嘧啶，5-FU

5-FU 为细胞周期特异性药物，作用于细胞 S 期，其作用有时间依赖性，持续静脉滴注可提高疗效，联合亚叶酸钙有协同作用。5-FU 一直是治疗大肠癌的主要药物，其单药有效率为 20%左右。5-FU 本身并无生物学活性，其在体内首先转化为 5-氟尿嘧啶核苷一磷酸(5-fluorouracil nucleoside monophosphate,5-FUMP)和 5-氟尿嘧啶脱氧核苷一磷酸(5-fluorouracil deoxyribonucleoside monophosphate,5-FdUMP)。5-FUMP 在分子水平上伪装成肿瘤细胞核酸的重要前体——尿苷一磷酸(uridine monophosphate,UMP)，并欺骗性地掺入 RNA 中，影响核酸的功能，干扰蛋白质合成；5-FdUMP 在体内进一步磷酸化生成 5-氟尿嘧啶脱氧核苷三磷酸(5-fluorouracil deoxyribonucleoside triphosphate,5-FdUTP)。5-FdUTP 除可直接掺入 RNA 外，还可直接掺入 DNA 以抑制 DNA 链的延长，同时改变 DNA 的稳定性，继而引起 DNA 双链断裂。更为重要的是，5-FdUMP 还可与胸腺嘧啶合成酶(thymidylate synthase,TS)和甲酰四氢叶酸(分子式为 CH_2FH_4)结合，形成稳定的三联复合物，从而抑制 TS 活性，导致不能有效地合成脱氧胸苷一磷酸(deoxythymidine monophosphate,dTMP)。dTMP 作为 DNA 合成和修复的必需物质——脱氧胸苷三磷酸(deoxythymidine triphosphate,dTTP)生成的关键底物，当自身不能有效合成时，dTTP 生成缺乏，此时不仅 DNA 链不能正常进行复制，DNA 的修复功能也受到极大损伤，从而使细胞生长受到抑制，产生杀伤肿瘤细胞的作用。目前认为，5-FU 活性代谢产物对 TS 的抑制，是其发挥抗肿瘤作用的主要机制。

5-氟尿嘧啶作为一种抗肿瘤药物，对多种肿瘤有抑制作用，但缺点是服药有效剂量与中毒量相近，在杀死癌细胞的同时也使正常细胞严重受损。为此，多年来人们对 5-氟尿嘧啶进行了大量的化学修饰工作，取得了一定的效果。

本 章 小 结

构成环系的原子除碳原子外，还含有一个或多个非碳原子的化合物，叫作杂环化合物，杂环化合物广泛存在于自然界，大多具有强烈生物活性。

1. 杂环化合物的分类和命名　杂环化合物分为单杂环和稠杂环两类。单杂环主要包括五元杂环和六元杂环两类。杂环化合物一般采用音译法命名，根据其音译前面加"口"偏旁。

2. 含一个杂原子的单杂环　含有一个杂原子的五元芳香杂环化合物，如呋喃、吡咯、噻吩，属于富电子芳香体系，其亲电取代反应活性比苯高，亲电取代的位置为 α-位，但对强酸和氧化剂敏感，由于氮原子上的孤对电子参与了共轭，所以吡咯虽然是一个仲胺，但碱性很弱。

含有一个杂原子的六元芳香杂环化合物，如吡啶，属于缺电子芳香体系，其亲电取代反应活性比苯低，亲电取代的位置为 β-位，容易发生亲核取代反应，亲核取代的位置为 α-位和 γ-位，优先选择 α-位。吡啶对氧化剂的稳定性比苯高，对还原剂的稳定性比苯低，在吡啶分子中由于孤对电子没有参与共轭，所以吡啶显示一定的碱性。

3. 含两个杂原子的单杂环　含有两个杂原子的五元芳香杂环化合物称为唑，如噁唑、咪唑、噻唑等，其环的结构存在于许多天然产物和药物分子中。含有两个氮原子的六元芳香杂环化合物主要有吡嗪、哒嗪和嘧啶，最重要的为嘧啶，其衍生物胞嘧啶、尿嘧啶和胸腺嘧啶是核酸中的碱基。

4. 稠杂环　可由苯环与杂环稠合，也可由杂环与杂环稠合而成。化学性质与苯和单杂环相似。重要的稠杂环有吲哚、喹啉、异喹啉、嘌呤、蝶呤等，它们的衍生物具有重要的生理功能，如腺嘌呤、鸟嘌呤是核酸中的碱基。

5. 生物碱　生物碱(alkaloid)是存在于生物体(主要是植物)内，具有显著生理活性的含氮的碱性有机化合物。它们多是含氮杂环衍生物，但也有少数非杂环的生物碱。

习 题

1. 单项选择题

(1) 下列化合物中碱性最强的是

A.  　　B.  　　C.  　　D.

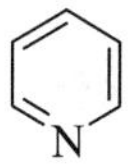

(2) 下列化合物中亲电取代反应活性最强的是

A. 　　B. 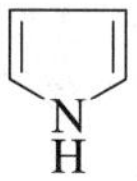 　　C. 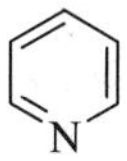 　　D.

(3) 下列说法中正确的是

A. 呋喃的亲电取代位置为 β 位

B. 吡咯为仲胺，所以其具有较强的碱性

C. 吡啶亲电取代位置为 α 位

D. 吡啶既可以发生亲电取代反应又可以发生亲核取代反应

2. 命名下列化合物

(1) 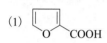　(2) 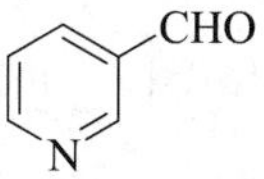 　(3)

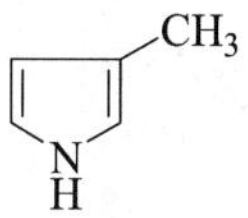

(4) 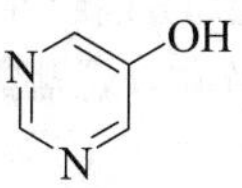 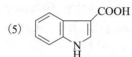　(5) 　(6)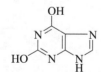

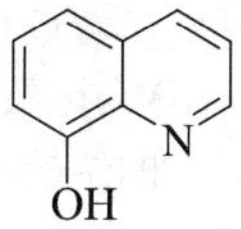

(7) 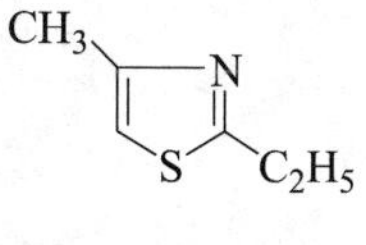 　(8)

3. 写出下列化合物的结构式

(1) 2,3-二甲基呋喃　(2) 2,5-二溴吡咯　(3) 3-甲基糠醛　(4) 烟酰胺

(5) 5-甲基噻唑　(6) 4-溴咪唑　(7) 5-甲基喹啉　(8) 四氢呋喃

4. 完成反应方程式

(1)

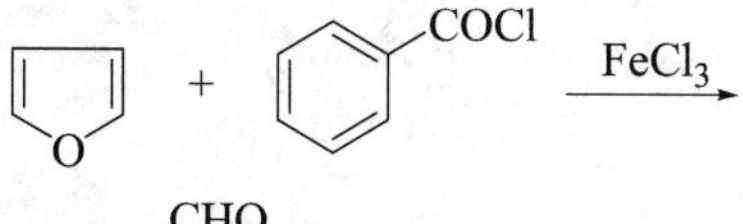

(2)

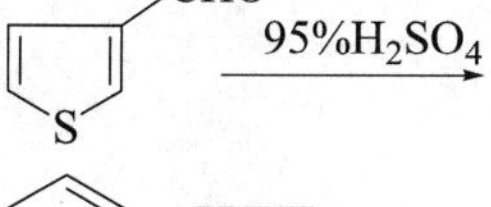

(3)

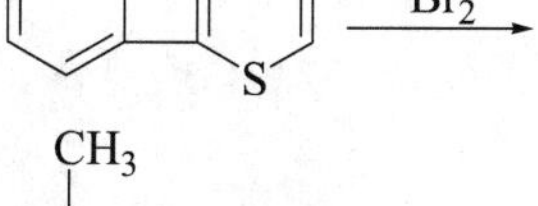

(4)

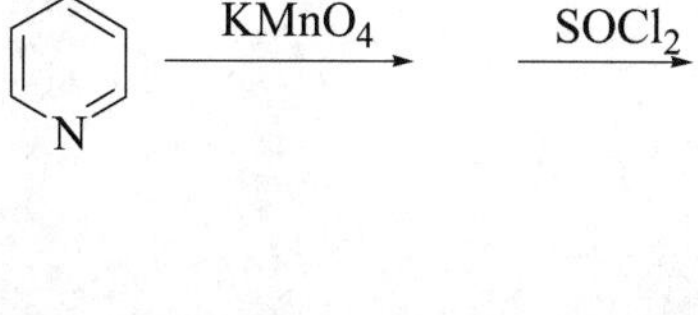

(5)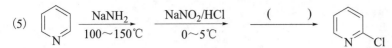

5. 比较下列各组化合物的碱性强弱，并解释之。

6. 比较下列化合物亲电取代反应的活性大小，并解释之。

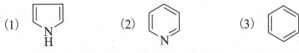

7. 下列化合物哪个可溶于酸，哪个可溶于碱？或既可溶于酸又可溶于碱？

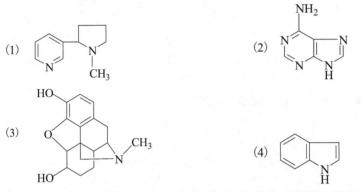

8. 某杂环化合物 A 的分子式为 $C_5H_4O_2$，在温和的条件下氧化得到分子式为 $C_5H_4O_3$ 的酸性化合物 B，B 中的羧基与杂原子相邻，将 B 与碱石灰共热可得到 C(C_4H_4O)，C 不与羰基试剂作用，遇盐酸浸过的松木片显绿色，试推测 A、B、C 的结构，并写出相关反应式。

（王晓艳）

第十三章 糖 类

学习要求

1. 掌握单糖的开链结构，环状结构(哈沃斯式)的表示方法和命名；单糖的优势构象；单糖的化学性质(脱水反应、氧化反应、成苷反应、成脒反应)。

2. 熟悉双糖的结构和性质；重要的单糖。

3. 了解多糖的结构和性质。

　　糖类(saccharide)广泛存在于自然界中，是构成动植物体并维持正常生命活动的重要物质，也是人类所需能量的主要来源。从 20 世纪 80 年代开始，糖脂和糖蛋白的研究进展迅速，研究人员不断地从分子水平揭示糖类的结构与功能的关系及糖类在生命活动中的作用。随着分子生物学的发展及分析技术的进步，糖的结构和功能再次成为生命科学的研究热点。

　　由于最初发现的糖类都是由碳、氢、氧三元素组成，而且分子中所含的氢原子数与氧原子数之比为 2：1，与水分子的组成相同，所以人们把糖类看作是碳原子与水分子的结合产物，其通式用 $C_n(H_2O)_m$ 表示，因此过去一直把糖类称为"碳水化合物"(carbohydrate)。后来研究发现，有些化合物的分子式虽然满足 $C_n(H_2O)_m$ 的通式，但却不属于糖类化合物，如甲醛($HCHO$)、乙酸($C_2H_4O_2$)；而有些化合物分子组成不满足 $C_n(H_2O)_m$ 的通式，反而属于糖，如脱氧核糖($C_5H_{10}O_4$)、鼠李糖($C_6H_{12}O_5$)。所以严格地讲，把糖类称为"碳水化合物"是不确切的。

　　从结构上来看，糖类是一类多羟基醛(酮)，以及它们的缩水产物。例如，葡萄糖、鼠李糖是多羟基醛，果糖是多羟基酮，淀粉和纤维素是单糖的缩水产物，它们都属于糖类。

　　根据水解情况，糖类分为单糖、寡糖和多糖。单糖(monosaccharide)是不能再水解的糖，如葡萄糖和果糖；寡糖(oligosaccharide)又称为低聚糖是水解生成 2～10 个单糖的糖，如麦芽糖、蔗糖、乳糖；多糖(polysaccharide)是水解生成 10 个以上单糖的糖，如淀粉和纤维素。

　　糖类的命名一般不用系统命名法，通常根据其来源使用俗名。

第一节 单 糖

一、单糖的分类

　　根据分子中所含碳原子数目，单糖可分为丙糖、丁糖、戊糖和己糖等；根据结构中所含醛基或酮基，又可分为醛糖(aldoses)和酮糖(ketose)。最简单的醛糖是甘油醛，最简单的酮糖是二羟基丙酮。

$$\begin{array}{ccc} & CHO & & CH_2OH \\ & | & & | \\ & CHOH & & C=O \\ & | & & | \\ & CH_2OH & & CH_2OH \\ & 甘油醛 & & 1,3\text{-}二羟基丙酮 \end{array}$$

二、单糖的结构

(一)单糖的开链结构和构型

单糖的构型常用 D、L 构型来标记。具体规定为：将单糖的结构以 Fischer 投影式表示，竖线表示碳链，羰基具有最小的编号；将编号最大(即离羰基最远)的手性碳原子的构型与 D-甘油醛相比较，构型相同的为 D-构型糖，反之为 L-构型糖。例如

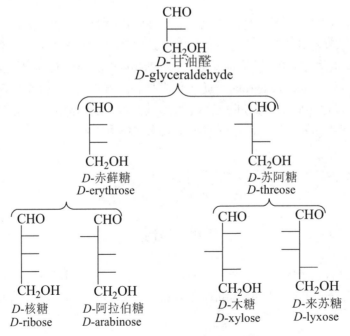

D-甘油醛 D-葡萄糖 L-甘油醛 L-葡萄糖

自然界存在的单糖大多数属于 D-型。而且绝大多数的单糖具有旋光性，旋光异构体的数目应为 2^n。例如，含三个手性碳的戊醛糖有 $8(2^3)$ 个旋光异构体(四对对映异构体)。葡萄糖是己醛糖，分子中有四个手性碳原子，所以葡萄糖有 16 个旋光异构体(八对对映异构体)。D-醛糖系列的结构式如下。

CHO
|
CH₂OH
D-甘油醛
D-glyceraldehyde

CHO
|
CH₂OH
D-赤藓糖
D-erythrose

CHO
|
CH₂OH
D-苏阿糖
D-threose

CHO
|
CH₂OH
D-核糖
D-ribose

CHO
|
CH₂OH
D-阿拉伯糖
D-arabinose

CHO
|
CH₂OH
D-木糖
D-xylose

CHO
|
CH₂OH
D-来苏糖
D-lyxose

CHO	CHO	CHO	CHO	CHO	CHO	CHO	CHO
CH₂OH	CH₂OH	CH₂OH	CH₂OH	CH₂OH	CH₂OH	CH₂OH	CH₂OH
D-阿洛糖	D-阿卓糖	D-葡萄糖	D-甘露糖	D-古罗糖	D-艾杜糖	D-半乳糖	D-塔洛糖
D-allose	D-altrose	D-glucose	D-mannose	D-gulose	D-idose	D-galactose	D-talose

(二)单糖的变旋光现象和环状结构

1. 变旋光现象 在实验过程中人们发现,单糖的开链结构与某些实验事实不相符。例如,D-葡萄糖在不同的条件下可以得到两种晶体:①从冷的乙醇中结晶出来的葡萄糖,熔点为 146℃,比旋光度为+112°;②从热的吡啶中结晶出来的葡萄糖,熔点为 150℃,比旋光度为+18.7°。上述任何一种结晶的新配置水溶液在放置过程中比旋光度都会逐渐变化,直至达到+52.5°恒定值。这种比旋光度发生变化的现象称为变旋光现象(mutarotation)。

研究表明,产生变旋光现象的原因是糖的结构发生了变化。葡萄糖是多羟基醛,其 C_5 上的羟基与 C_1 上的醛基发生亲核加成反应,生成了较为稳定的六元环状半缩醛。葡萄糖环状结构和开链结构相互转化的过程如下。

α-D-(+)-葡萄糖	D-(+)-葡萄糖	β-D-(+)-葡萄糖
36%	0.02%	64%

由于形成了环状半缩醛,原来没有手性的 C_1 变成了手性中心,生成的半缩醛就有两种构型。半缩醛羟基(也叫苷羟基)在投影式右边的构型称为 α 型;半缩醛羟基在投影式左边的构型称为 β 型。相应的葡萄糖就有 α-D-(+)-葡萄糖和 β-D-(+)-葡萄糖两种环状结构,两者在结构上的差别只是半缩醛羟基的构型不同,又称为端基异构体或异头物(anomer)。在含有多个手性碳原子的旋光异构体中,只有一个手性碳原子的构型不同、其余手性碳原子的构型完全相同的两个异构体互称为差向异构体(epimer)。端基异构体是差向异构体中的一种。

在水溶液中,α-D-葡萄糖和 β-D-葡萄糖两种环状结构之间通过开链结构进行转化,逐渐达到动态平衡。在平衡混合物中,α-D-葡萄糖约占 36%,β-D-葡萄糖约占 64%,开链醛式含量很少,约占 0.02%。由于 α-D-葡萄糖或 β-D-葡萄糖晶体溶于水后,其相对含量在平衡过程中不断变化,所以溶液的比旋光度也随之发生变化,最后达到定值,这就是葡萄糖产生变旋光现象的原因。对具有环状半缩醛结构的单糖而言，变旋光现象是它们的共性。

2. 单糖环状结构的哈沃斯式和构象式 上述葡萄糖环状结构是用费歇尔投影式表示的。哈沃斯提出用平面六元环的透视式代替费歇尔投影式，这种表达方式称为哈沃斯式（Haworth）。

以 D-葡萄糖为例说明从开链的费歇尔投影式转变为哈沃斯式的方法。首先把开链式在纸面上顺时针旋转 $90°$，将开链式结构水平放倒，然后将碳链向后弯曲成类似六元环。在成环时为了使 C_5 上的羟基与醛基接近，将 C_5 以 $C_4 - C_5\sigma$ 键为轴旋转 $120°$。这样 C_5 上的羟基与羰基处于同一平面，当 C_5 羟基上的氧原子从平面上方或下方进攻羰基碳原子得到两种端基异构体。

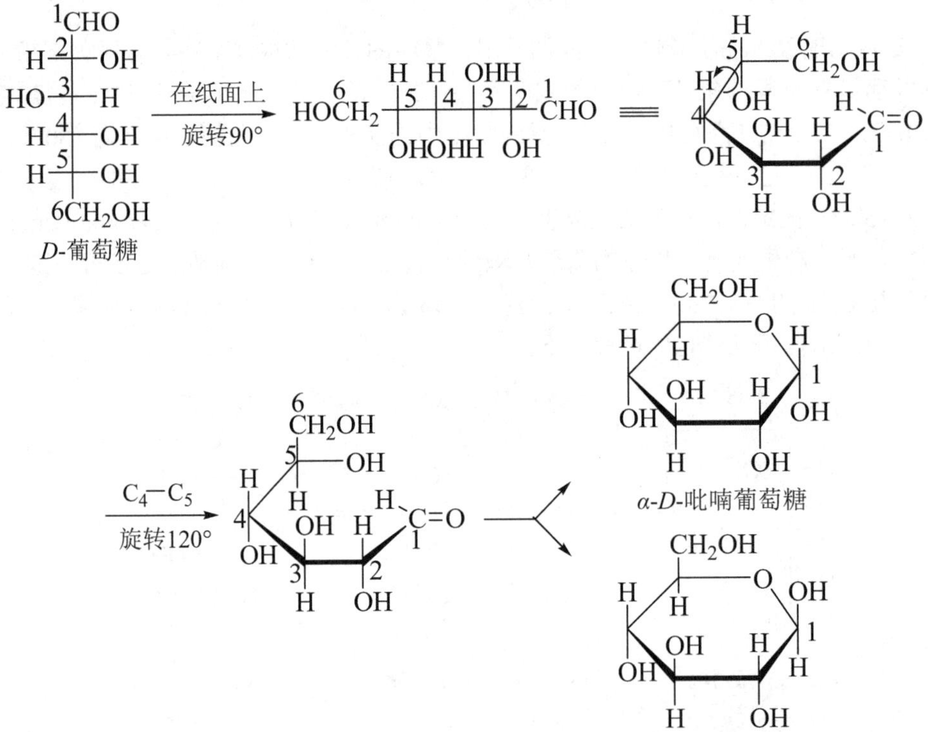

在哈沃斯式中，成环的六个原子写成平面六边形，并将环上的氧原子置于平面的右上方；环上的碳原子从最右边开始按顺时针方向编号；原费歇尔投影式中处于左边的羟基写在环的上方，右边羟基写在环的下方；D 型糖的-CH_2OH 始终处于环平面上方。其中生成的半缩醛羟基在环平面下方的为 α 型；在环平面上方的为 β 型。通常把由五个碳原子和一个氧原子组成的六元环的单糖看作杂环吡喃的衍生物，称为吡喃糖（pyranose）；把由四个碳原子和一个氧原子组成的五元环的单糖看作杂环呋喃的衍生物，称为呋喃糖（furanose）。所以 D-葡萄糖通常以吡喃糖的形式表示，分别称为 α-D-吡喃葡萄糖和 β-D-吡喃葡萄糖。

为了书写方便，哈沃斯式环中碳原子上的氢原子常常省略。

哈沃斯式是把环当作平面，原子和原子团垂直排布在环的上、下方，因此不能真实地反映出糖的立体结构，也就不能体现为什么在水溶液中 β-D-吡喃葡萄糖的含量比 α-D-吡喃葡萄糖高。实际上，吡喃糖六元环的空间排列也像环己烷一样具有稳定的构象。例如

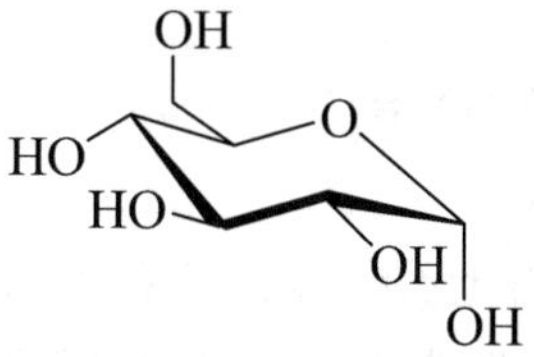

α-D-吡喃葡萄糖 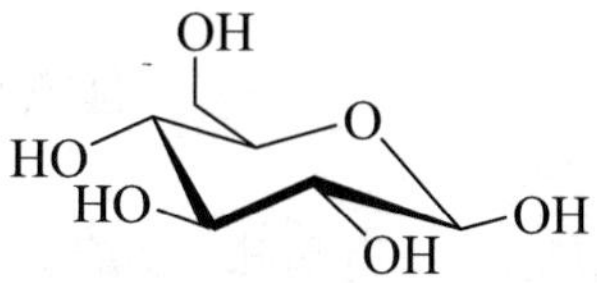　　　　　　　　β-D-吡喃葡萄糖

分析上面两种构象，α-D-吡喃葡萄糖 C_1 上的半缩醛羟基连在 a 键上，与同侧邻位羟基距离较近，空间排斥力较大；而 β-D-吡喃葡萄糖 C_1 上的半缩醛羟基连在 e 键上，其他大基团也都在 e 键上，相互之间距离较远，空间排斥力小，因而 β-型的构象是更稳定的。这符合前面所讲的，葡萄糖在溶液中互变达到平衡时，β-型占 64%，而 α-型占 36% 的事实。

3. 果糖的结构　果糖 (fructose) 的分子式为 $C_6H_{12}O_6$，属于己酮糖。果糖的开链结构含有三个手性碳原子，因此有八种旋光异构体。果糖的开链式结构如下。

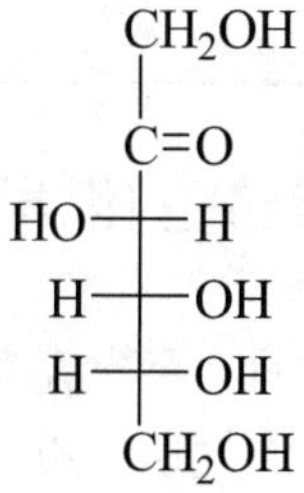

D-果糖

果糖开链式中由 C_6 上的羟基与酮基亲核加成形成六元环状半缩酮，称为吡喃果糖；由 C_5 上的羟基与酮基亲核加成生成五元环状半缩酮，称为呋喃果糖。上述两种环状结构也有 α 型和 β 型两种异构体。在水溶液中，两种环状结构都可以通过开链结构互变而形成平衡体系。因此，果糖也有变旋光现象。

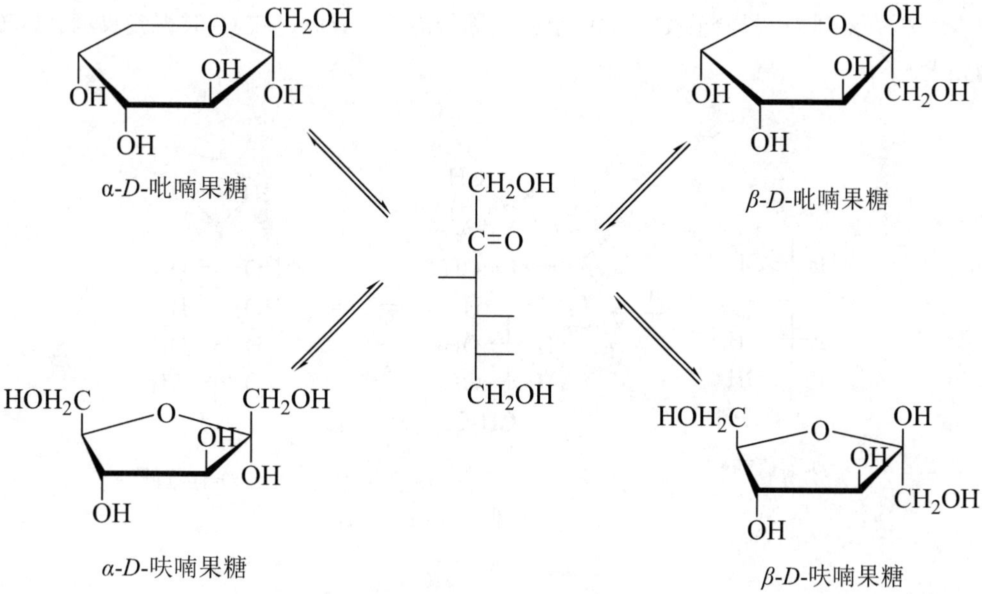

α-D-吡喃果糖　　　　　　　　　　　　　　　β-D-吡喃果糖

α-D-呋喃果糖　　　　　　　　　　　　　　　β-D-呋喃果糖

三、单糖的物理性质

单糖通常是无色晶体,有甜味,易溶于水,难溶于乙醇等有机溶剂。1,3-二羟基丙酮外,单糖都具有旋光性。具有环状结构的单糖具有变旋光现象。一些单糖的物理常数见表13-1。

表13-1 单糖的物理常数

中文名称	英文名称	熔点(℃)	比旋光度(°)
D-核糖	D-ribose	87	−27.3
D-2-去氧核糖	D-2-deoxyribose	90	−59.0
D-葡萄糖	D-glucose	146	+52.7
D-果糖	D-fructose	104	−92.4
D-半乳糖	D-galactose	167	+80.2
D-甘露糖	D-mannose	132	+14.6

四、单糖的化学性质

单糖是多羟基醛或多羟基酮,它既具有醇羟基的性质也有羰基化合物的性质;同时由于糖的环状结构,所以还表现出糖特有的性质。以葡萄糖为例讲述单糖的化学性质。

(一)单糖在稀碱溶液中的互变异构反应

在弱碱溶液中,D-葡萄糖、D-甘露糖和 D-果糖可以通过烯二醇中间体进行相互转化。与羰基相连的 α-碳上的氢原子有一定的酸性,在碱性条件下可解离出 H^+,经 1,3-重排形成烯二醇。烯二醇羟基上的氢原子也有明显的酸性,当 C_1—OH 上的氢原子发生可逆的 1,3-重排时,可以从双键两个方向进攻 C_2,沿着 a 方向进攻 C_2,得到 D-葡萄糖;如果沿着 b 方向进攻 C_2,得到 D-甘露糖;C_2—OH 上的氢原子沿着 c 方向进攻 C_1 时得到果糖。其转化过程如下。

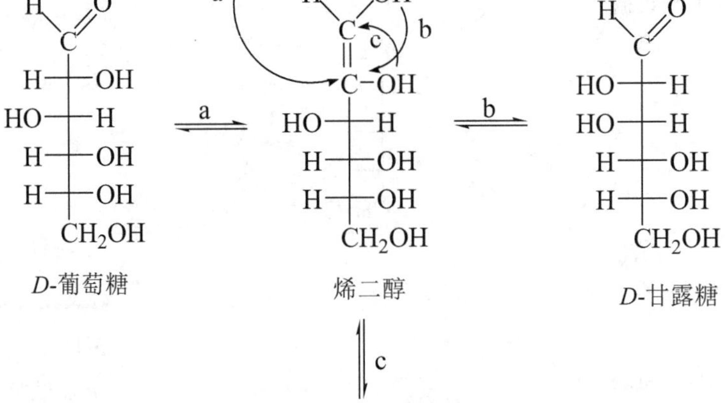

D-葡萄糖   烯二醇 D-甘露糖

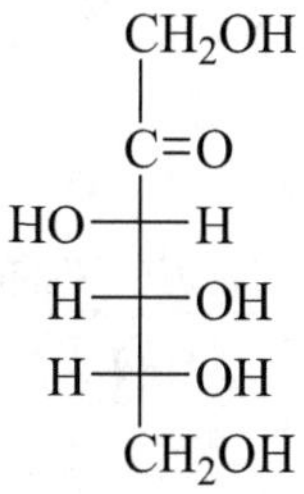

$$
\begin{array}{c}
CH_2OH \\
C=O \\
HO \!-\!\!\!-\! H \\
H \!-\!\!\!-\! OH \\
H \!-\!\!\!-\! OH \\
CH_2OH
\end{array}
$$

D-果糖

α-羟基酮类在碱性条件下都具有上述性质。开链的 D-葡萄糖和 D-甘露糖只是 C_2 构型不同，两者互称差向异构体。两者通过烯醇式的相互转化，称为差向异构化（epimerism）。

(二) 脱水反应

单糖与浓硫酸作用可发生分子内脱水反应。例如，己醛糖与浓硫酸作用生成 5-羟甲基-2-呋喃甲醛。

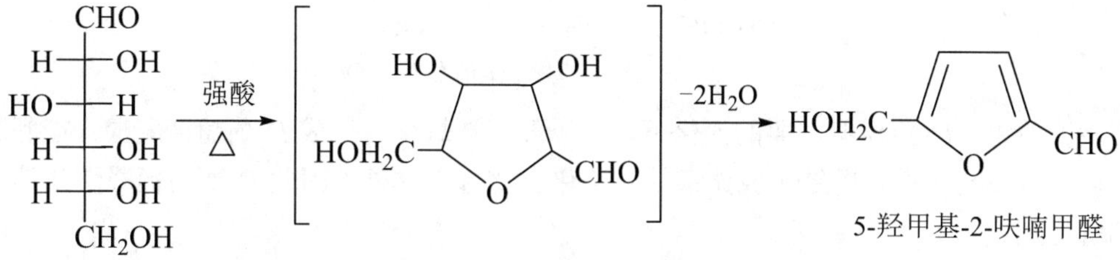

5-羟甲基-2-呋喃甲醛

戊醛糖分子内脱水得到 2-呋喃甲醛（又称糠醛）。

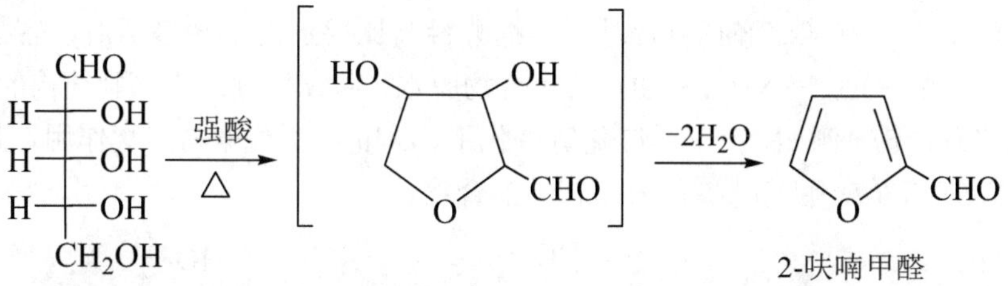

2-呋喃甲醛

糠醛及其衍生物可与酚或芳胺缩合生成有颜色的物质，利用这一性质可鉴别糖类化合物。

(三) 氧化反应

1. 与碱性弱氧化剂反应　单糖（醛糖或酮糖）都可以与碱性弱氧化剂发生氧化反应。常用的碱性弱氧化剂有 Tollens 试剂、Fehling 试剂和 Benedict 试剂。

$$单糖 + Tollens试剂 \xrightarrow{\triangle} Ag\downarrow + 复杂的氧化产物$$

$$单糖 + Fehling试剂或Benedict试剂 \xrightarrow{\triangle} Cu_2O\downarrow + 复杂的氧化产物$$

能被上述弱氧化剂氧化的糖为还原性糖。由于酮糖和醛糖在稀碱溶液中能发生互变异构反应。因此所有的单糖都是还原糖。临床上常用班氏试剂检查患者尿液中是否含有葡萄糖，并根据产生 Cu_2O 沉淀的颜色深浅及量的多少来判断尿中葡萄糖的含量。

2. 与溴水的反应　溴水氧化葡萄糖可得葡萄糖酸，同时溴水红棕色褪去。酮糖在酸性条件下，不会转化成醛糖，与溴水不反应。因此溴水可以区别醛糖和酮糖。

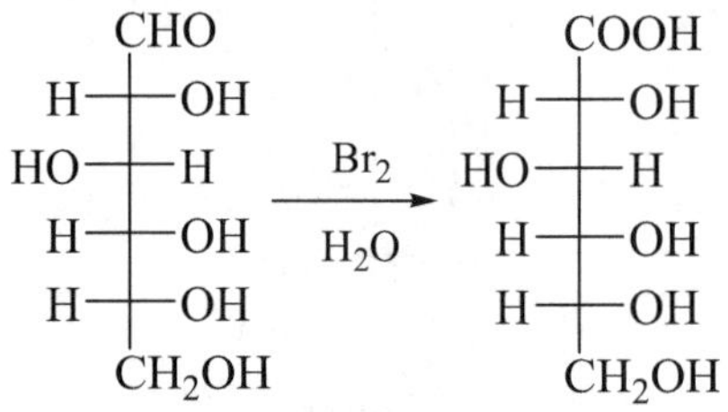

D-葡萄糖酸

3. 与稀硝酸反应　稀硝酸氧化葡萄糖得葡萄糖二酸。

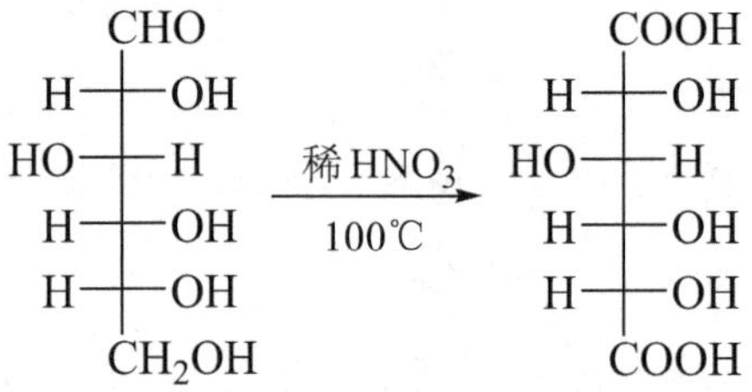

D-葡萄糖二酸

在生物体内，*D*-葡萄糖在酶的催化下，伯醇羟基被氧化，生成 *D*-葡萄糖醛酸，在肝脏中它可以和有毒物质醇、酚结合成无毒的糖苷化合物排出体外，因此 *D*-葡萄糖醛酸是体内重要的解毒剂。

(四) 成苷反应

单糖环状结构中含有半缩醛(酮)羟基，半缩醛羟基比普通的醇羟基活泼，容易与另外一分子含活泼氢(如—OH、—NH$_2$、—SH)的化合物脱水，生成具有缩醛(酮)结构的化合物。此类反应称为成苷反应。例如，在干燥氯化氢催化下，*D*-吡喃葡萄糖与甲醇作用，生成 *α*-*D*-甲基吡喃葡萄糖苷和 *β*-*D*-甲基吡喃葡萄糖苷的混合物。

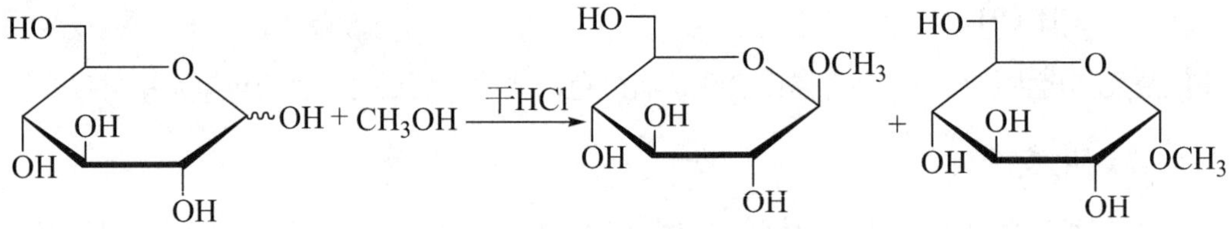

β-*D*-甲基葡萄糖苷　　　　　*α*-*D*-甲基葡萄糖苷

糖苷(glycoside)由糖和非糖部分通过苷键连接而成。糖的部分称为糖苷基，非糖部分称为配基，使糖苷基和配基相结合的键称为苷键。上述糖苷中，糖的部分来自 *α*-*D*-吡喃葡萄糖，非糖部分来自甲醇的甲基，两者通过氧原子把糖苷基和配基连接起来，因此称为氧苷键，一般所说的苷键就是指氧苷键。此外，还有氮苷键、硫苷键等。由于有 *α*-和 *β*-两种半缩醛(酮)羟基，成苷反应也就生成相应的 *α*-苷键和 *β*-苷键。糖苷的化学性质与缩醛相似。在中性或碱性条件下比较稳定。但在稀硫酸或酶作用下，苷键容易水解，得到相应的糖和配基。

（五）成脎反应

醛糖或酮糖与过量苯肼加热生成不溶于水的二苯腙黄色晶体，称为糖脎（osazone）。

$$\begin{array}{c} \text{CHO} \\ \text{H}\!-\!\!-\!\text{OH} \\ \text{HO}\!-\!\!-\!\text{H} \\ \text{H}\!-\!\!-\!\text{OH} \\ \text{H}\!-\!\!-\!\text{OH} \\ \text{CH}_2\text{OH} \end{array} \xrightarrow[\triangle]{\text{NH}_2\text{NHC}_6\text{H}_5} \begin{array}{c} \text{CH}=\text{NNHC}_6\text{H}_5 \\ \text{H}\!-\!\!-\!\text{OH} \\ \text{HO}\!-\!\!-\!\text{H} \\ \text{H}\!-\!\!-\!\text{OH} \\ \text{H}\!-\!\!-\!\text{OH} \\ \text{CH}_2\text{OH} \end{array} \xrightarrow[\triangle]{\text{NH}_2\text{NHC}_6\text{H}_5} \begin{array}{c} \text{CH}=\text{NNHC}_6\text{H}_5 \\ =\text{NNHC}_6\text{H}_5 \\ \text{HO}\!-\!\!-\!\text{H} \\ \text{H}\!-\!\!-\!\text{OH} \\ \text{H}\!-\!\!-\!\text{OH} \\ \text{CH}_2\text{OH} \end{array}$$

成脎反应只在 C_1、C_2 上发生，其他碳原子上的基团不参与反应。不同糖形成糖脎所需时间不同，熔点也不同，利用成脎反应对糖可进行定性鉴别。但是，D-葡萄糖、D-果糖、D-甘露糖与过量苯肼生成相同晶形的糖脎。

五、重要的单糖

（一）D-葡萄糖

葡萄糖是白色结晶性粉末，有甜味，易溶于水，难溶于乙醇。D-葡萄糖水溶液的旋光性是右旋的，故葡萄糖又名右旋糖。

D-葡萄糖在自然界中分布很广，在葡萄中含量较高，因而得名。人体血液中的葡萄糖称为血糖（blood sugar），正常人血糖浓度在 $3.9\sim6.1\text{mmol}\cdot\text{L}^{-1}$。糖尿病患者尿中的葡萄糖含量比正常人要高，其含量高低随病情轻重而异。

葡萄糖在医药上用作营养剂，兼有强心、利尿、解毒等作用，也可用作制备维生素 C、葡萄糖醛酸、葡萄糖酸钙等的原料，食品工业中用于制糖浆、糖果等，印染工业和制革工业用作还原剂。

（二）D-果糖

D-果糖是普通糖类中最甜的糖，广泛存在于水果和蜂蜜中。D-果糖是白色晶体，易溶于水，其水溶液的旋光性是左旋的，因此果糖又名左旋糖。

果糖在人体内形成磷酸酯，在糖的代谢过程中占有重要的地位。

（三）D-核糖和 D-2-脱氧核糖

D-核糖（ribose）和 D-2-脱氧核糖（deoxyribose）是核酸和脱氧核酸的重要部分，也存在于某些酶和维生素中，是生物体内最重要的戊醛糖。通常以 β-呋喃糖形式存在。D-核糖和 D-2-脱氧核糖的结构分别为

核糖和脱氧核糖 β-苷羟基可以与某些含氮杂环化合物氮原子上的氢脱去一分子水，以氮苷键结合成 β-糖苷，这些核苷 C_5 上的羟基经磷酸酯化所形成的酯称为核苷酸，是组成核酸的基本单位。

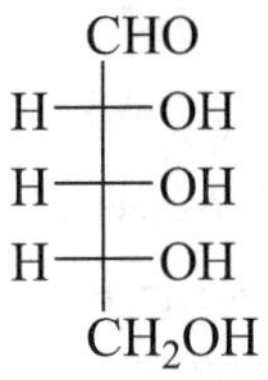

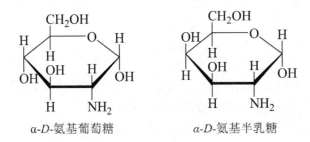

D-核糖 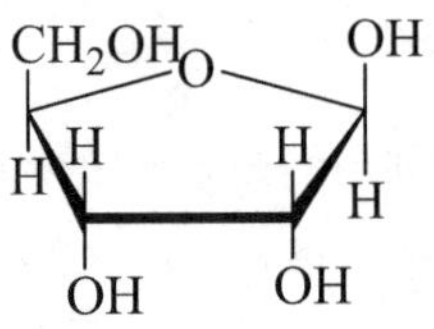 β-D-呋喃核糖 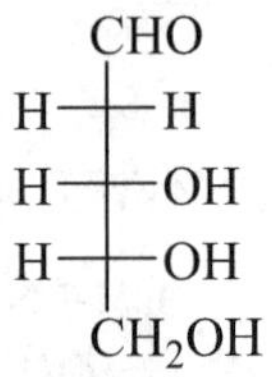 D-2-脱氧核糖 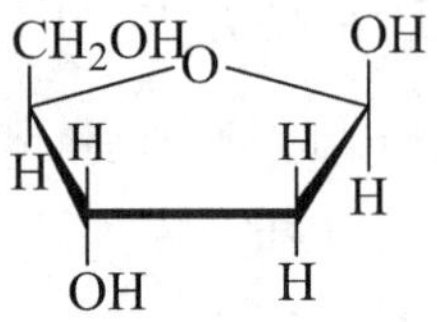 β-D-呋喃脱氧核糖

(四)D-半乳糖

半乳糖(galactose)是己醛糖，和葡萄糖是差向异构体，不同之处只是 C_4 上的－H 和－OH 的空间位置不同。D-半乳糖的结构如下。

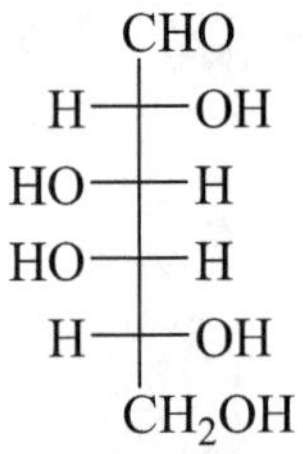

D-半乳糖 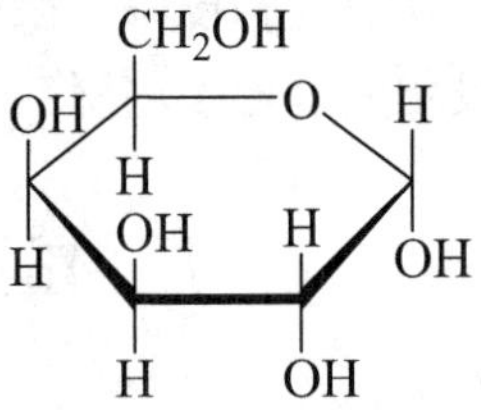   α-D-吡喃半乳糖

半乳糖为白色晶体，熔点为 165～166℃，比旋光度为+83°，具有还原性和变旋光现象。半乳糖与葡萄糖结合生成乳糖，存在于哺乳动物和人的乳汁中。

(五)D-氨基糖

氨基糖(aminosugar)是己醛糖分子中 C_2 上的羟基被氨基取代的衍生物。氨基葡萄糖和氨基半乳糖是两个典型的氨基糖。氨基糖常以结合状态存在于黏多糖和糖蛋白中。

α-D-氨基葡萄糖   α-D-氨基半乳糖

第二节 二 糖

二糖是最简单的寡糖，是可水解生成两分子单糖的糖。根据结构中是否保留苷羟基，二糖可以分为还原性二糖和非还原性二糖。

一、还原性二糖

还原性二糖是由一个单糖分子的半缩醛羟基与另一个单糖分子的醇羟基之间脱去一分

子水缩合而成的。在结构中保留了一个苷羟基，环状结构和开链式结构能相互转化，所以还原性二糖具有还原性和变旋光现象。重要的还原性二糖有麦芽糖、乳糖、纤维二糖等。

（一）麦芽糖

麦芽糖(maltose)存在于麦芽中，麦芽中的淀粉酶将淀粉水解生成麦芽糖。人体在消化食物的过程中，淀粉先经淀粉酶作用水解成麦芽糖，然后再水解成 D-葡萄糖。

麦芽糖是由一个 $α$-D-吡喃葡萄糖分子的苷羟基与另一个 $α$-D-吡喃葡萄糖分子 C_4 醇羟基脱水缩合而成。由于麦芽糖分子中仍保留一个苷羟基，环状结构与开链式结构能够互变，因此有变旋光现象和还原性，属于还原性二糖。分子中含有 $α$-1,4-苷键。麦芽糖的结构为

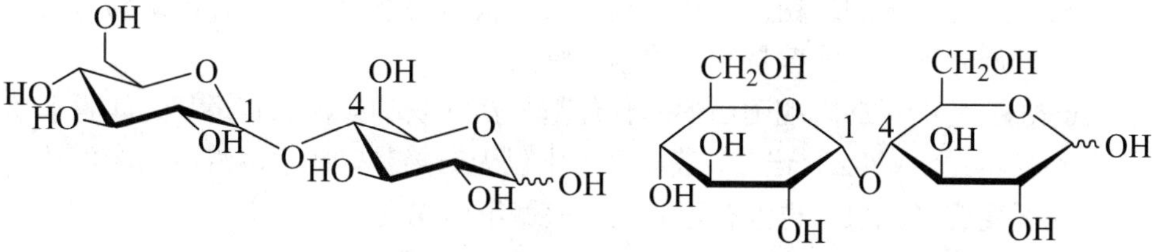

麦芽糖为白色晶体，晶体中常含一分子结晶水，熔点为 102～103℃，溶于水，有变旋光现象，比旋光度为+136°。

（二）乳糖

乳糖(lactose)是由一分子 $β$-D-吡喃半乳糖分子的苷羟基与另一分子 $α$-D-吡喃葡萄糖中的 C_4 醇羟基之间脱水而成。乳糖分子中仍保留一个苷羟基，所以环状结构与开链式结构能够互变，因此也有变旋光现象和还原性，属于还原性二糖。分子中含有 $β$-1,4-苷键。乳糖的结构为

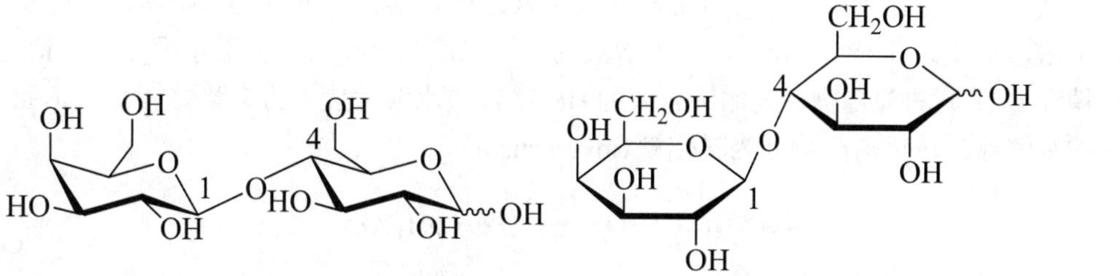

乳糖存在于哺乳动物的乳汁中，人奶中含量为 6%～8%，牛奶中含量为 4%～6%，它是婴儿发育必需的营养物质。乳糖为白色晶体，常含有一分子结晶水，溶于水，比旋光度为+53.5°。

（三）纤维二糖

纤维二糖(cellobiose)由纤维素部分水解的产物，广泛存在于各种植物中。水解后生成两分子 D-葡萄糖。它是两分子 $β$-D-吡喃葡萄糖经 $β$-1,4-苷键结合而成的，分子结构中有游离的半缩醛羟基，有还原性和变旋光现象。但是它只能由 $β$-葡萄糖苷酶水解，而人体内却缺乏 $β$-葡萄糖苷酶，所以纤维二糖不能被人体吸收。

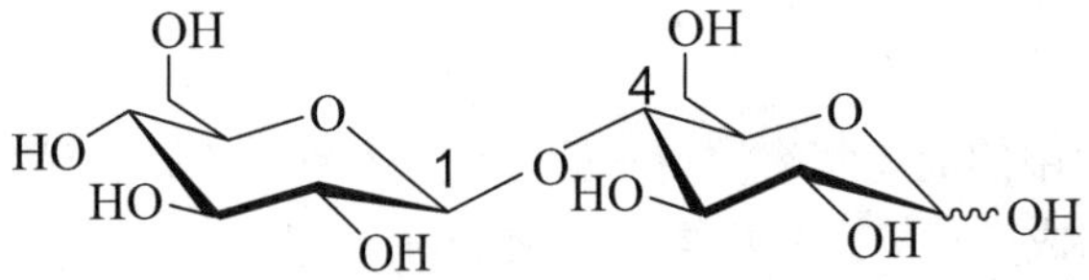

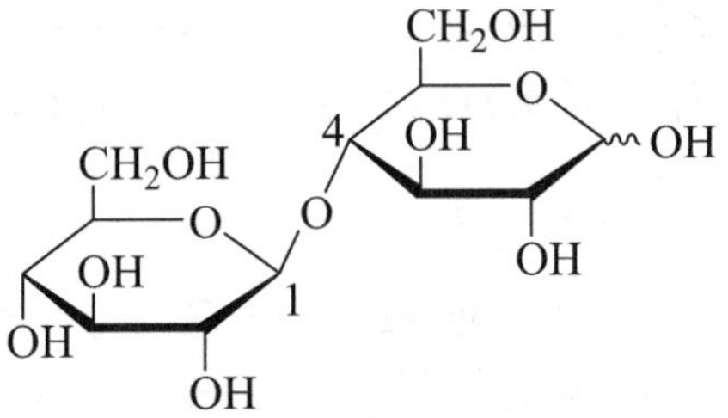

二、非还原性二糖

非还原性二糖是由一个单糖分子的苷羟基与另一个单糖分子的苷羟基之间脱掉一分子水缩合而成的。这样形成的二糖没有苷羟基，其环状结构不能转变为开链结构，因此没有还原性，没有变旋光现象。蔗糖是重要的非还原性二糖。

蔗糖(sucrose)是由 α-D-吡喃葡萄糖的苷羟基与 β-D-呋喃果糖的苷羟基之间脱水缩合而成，分子中含有 α-1,2-或 β-2,1-苷键。蔗糖分子中已无苷羟基，在水溶液中不能再转变成开链结构，因而无变旋光现象，也没有还原性。蔗糖结构式为

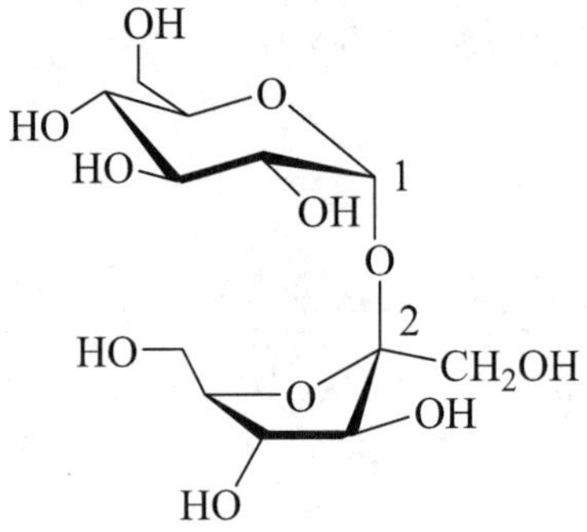

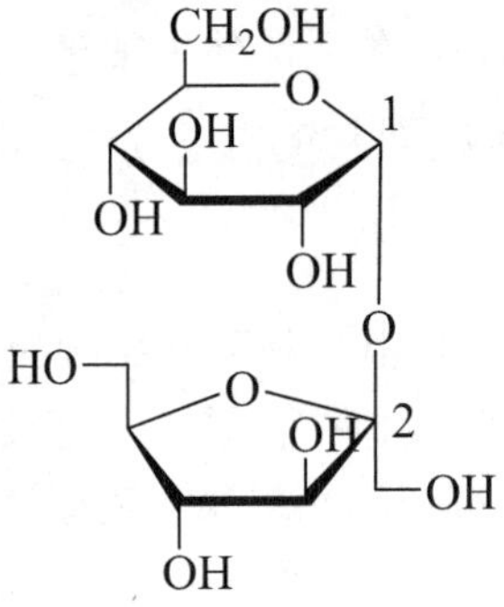

蔗糖广泛存在于植物中，甘蔗和甜菜中含量最为丰富。蔗糖为白色晶体，有甜味，易溶于水，密度为 $1.587g \cdot ml^{-1}$，其水溶液的比旋光度为+66.7°，蔗糖水解生成等量的 D-葡萄糖和 D-果糖的混合物，其比旋光度为-19.7°，与水解前旋光方向恰好相反。工业上把蔗糖的水解称为转化，产物称为转化糖(invert sugar)。

$$C_{12}H_{22}O_{11} + H_2O \xrightarrow{\text{转化酶}} C_6H_{12}O_6 + C_6H_{12}O_6$$

D-蔗糖 D-葡萄糖 D-果糖

$[\alpha]_D^t = +66.7°$ 转化糖

$[\alpha]_D^t = -19.7°$

第三节 多 糖

多糖可以看作是由许多单糖分子以苷键相连接的高分子聚合物。多糖的结构单元是单糖，结构单元之间以苷键相连接，常见的苷键有 α-1,4-苷键、α-1,6-苷键和 β-1,4-苷键。结构单元之间可以连接成直链，也可以连接成支链。多糖分子中虽然有苷羟基，但因分子量

很大，苷羟基所占的比例太小，因此它们没有还原性和变旋光现象。

多糖一般为无定型粉末，没有甜味。多糖经多步水解以后，最终水解成单糖。淀粉、糖原和纤维素是最重要的多糖。

一、淀　粉

淀粉(starch)是人类食物中的主要成分，广泛存在于植物界。淀粉是白色无定型粉末，它由直链淀粉(amylose)和支链淀粉(amylopectin)两部分组成。

(一)直链淀粉

直链淀粉在淀粉中的含量为 10%～30%，不溶于冷水，可溶于热水。直链淀粉是许多 α-D-吡喃葡萄糖以 α-1,4-苷键连接而成的线状聚合物。其结构式如下。

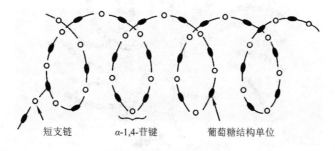

直链淀粉并不是直线型的，而是有规律地弯曲成螺旋状，如图 13-1 所示，每一螺旋圈约有 6 个葡萄糖结构单位。

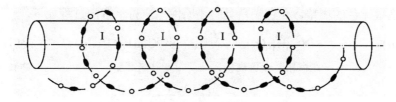

图 13-1　直链淀粉的形状

直链淀粉的螺旋状结构的空穴恰好能容纳碘分子，借助分子间力，二者可形成蓝色配合物(图 13-2)。这个反应很灵敏，常用来检验淀粉或碘的存在。

图 13-2　碘–淀粉结构

(二) 支链淀粉

支链淀粉在淀粉的含量中占 70%～90%，不溶于水，与热水作用膨胀成糊状。

支链淀粉也是由 α-D-吡喃葡萄糖组成，其连接方式与直链淀粉有所不同。支链淀粉中 α-D-吡喃葡萄糖之间以 α-1,4-苷键连接成主链，每隔 20～25 个葡萄糖单位便分支出 1 个支链，支链的连接点为 α-1,6-苷键，其结构式如下。

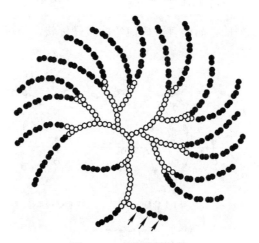

支链淀粉与碘形成紫红色的配合物。支链淀粉的结构比直链淀粉复杂(图 13-3)。

图 13-3　支链淀粉结构

上述两种淀粉在酸催化下水解，先生成糊精、麦芽糖，最后完全水解成 D-葡萄糖。糊精是分子量比淀粉小的多糖，能溶于水，有黏性。分子量较大的糊精遇碘显红色，叫红糊精，再水解变成无色的糊精，无色糊精具有还原性。淀粉水解的过程如下。

$(C_6H_{10}O_5)_n$ ⟶ $(C_6H_{10}O_5)_{n-x}$ ⟶ $C_{12}H_{22}O_{11}$ ⟶ $C_6H_{12}O_6$

淀粉　　　　　　（红糊精　无色糊精）　　　麦芽糖　　　　　　D-葡萄糖

二、糖 原

糖原(glycogen)主要存在于动物体内，在肝和肌肉中含量很大。肝中糖原含量为10%～20%，肌肉中含量约为4%。糖原是葡萄糖在体内的储藏形式，当血液中的葡萄糖含量低于正常水平时，糖原即可分解为葡萄糖，供给机体能量。

糖原是无色粉末，易溶于水，遇碘显红色。糖原的结构单位也是 α-D-吡喃葡萄糖，其结构和支链淀粉相似，但分支程度更高(图13-4)。

三、纤 维 素

纤维素(cellulose)是自然界中分布最广的一种多糖，是构成植物细胞壁的主要成分。纤维素是 β-D-吡喃葡萄糖通过 β-1,4-苷键结合而成的没有支链的链状高分子聚合物。其结构式为

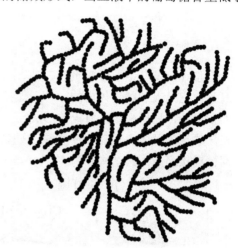

图13-4 糖原的结构

纤维素为白色丝状物，不溶于水，韧性强。纤维素在高温高压下经酸水解的最终产物是 D-葡萄糖。由于人体内缺乏水解纤维素的酶，所以不能将纤维素转化为葡萄糖供人体利用。但纤维素具有刺激胃肠蠕动，促进排便等作用，因此食物中含一定量的纤维素是有益的。而食草动物消化道中存在水解纤维素的酶，可以消化纤维素。

四、黏 多 糖

黏多糖(mucopolysaccharide)是一类由氨基己糖、己糖醛酸所组成的二糖结构单位缩合而成的直链高分子聚合物，是结缔组织、细胞间质及腺体分泌的黏液的重要成分。因大多数具有黏性，所以称为黏多糖。重要的黏多糖有透明质酸、肝素等。

(一)透明质酸

透明质酸(hyaluronic acid)存在于眼球的玻璃体、角膜和关节液中；它与水形成黏稠的凝胶，起润滑、联结和保护细胞的作用。

透明质酸是黏多糖中结构较为简单的一种，其多糖链是由 N-乙酰氨基葡萄糖和 D-葡萄糖醛酸组成的二糖单位聚合而成的直链多糖。其结构式为

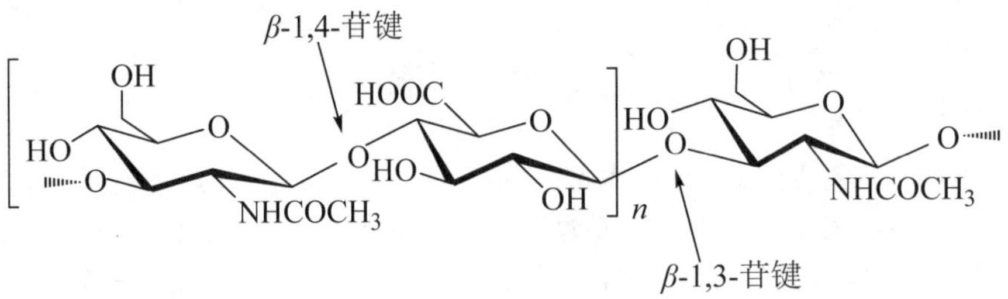

(二)肝素

肝素(heparin)主要分布于肝、肺、血管壁、肠黏膜中。最初是在肝中发现的，所以叫作肝素。它是人和动物体内的一种天然抗凝物质，是凝血酶的对抗物。临床上广泛用作输血的抗凝剂，还用来防止血栓的形成。

一般认为肝素由 L-艾杜糖醛酸-2-硫酸酯或 D-葡萄糖醛酸分别与 6-硫酸-N-磺酰-D-氨基葡萄糖连接而成。其结构式为

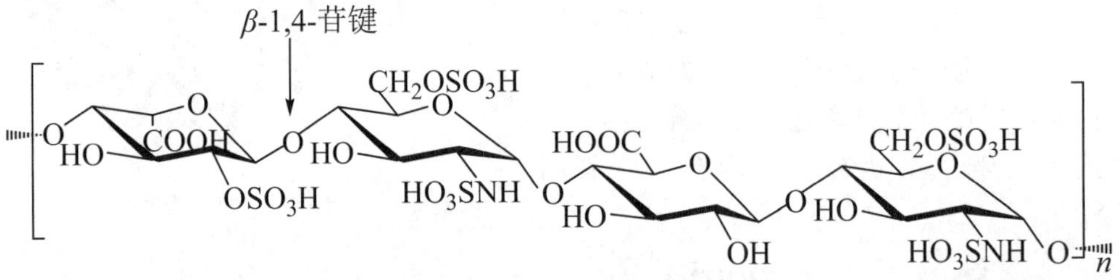

阅读资料

壳聚糖与人类健康

葡糖胺聚糖又叫壳聚糖，是自然界中唯一带有正电荷阳离子碱性氨基低聚糖，是动物性纤维素。壳聚糖具有提高免疫，抑制癌肿细胞生长，促进肝脾抗体形成，促进钙及矿物质的吸收，还具有降血脂、降血压、降血糖、调节胆固醇和预防疾病等功能，体现出独特的唯一性。因此，随着科学家的发现，壳聚糖被称为"生命第六要素"。

1. 壳聚糖与高血压 壳聚糖是唯一带有正电荷(阳离子)的动物纤维素，可吸附带有负电荷的氯离子，降低由于氯离子增多而导致的血管收缩，血压升高；同时可有效清除血管壁表面的脂肪沉积物，将血管狭窄的根本原因祛除，从根本上调治高血压。

2. 壳聚糖与高血脂及心脑血管病 壳聚糖中带正电荷碱性氨基，在负电荷脂肪周围构筑一层屏障，脂肪油滴不能被机体消化、吸收，而被排出体外；壳聚糖与胆汁酸有效结合，在肠道阻碍胆固醇的吸收；壳聚糖可利用其带有正电荷及本身的纤维性，来吸附、冲刷血管上的脂肪沉积物，起到降血脂及调理动脉硬化的作用。对由于动脉粥状硬化引起的冠心病、心脑血管有较好的治疗效果。

3. 壳聚糖与抗肿瘤 壳聚糖可清理肿瘤毒素，降低由毒性激素带来的食欲不振、贫血、乏力等症状；活化杀伤肿瘤的淋巴细胞，增强巨噬细胞的吞噬功能，刺激巨噬细胞产生淋巴因子，启动免疫系统，有效提高机体抗肿瘤免疫等功能；抑制肿瘤转移。与接着分子有效结合，降低肿瘤细胞与接着分子的结合率。

本 章 小 结

糖类是多羟基醛或多羟基酮以及它们的缩合物，根据糖分子能否水解和水解产物的数目，可将糖分为：单糖、低聚糖和多糖。天然的糖大多数为 D-构型，D-构型即以离羰基最远端的手性碳原子的构型与甘油醛的构型相比较而得。差向异构体是指在含有多个手性碳的分子中，只有一个相应手性碳的构型不同、其余手性碳的构型都相同的两个异构体。

1. 单糖

(1)单糖的结构：在水溶液中，主要以环状的吡喃型或呋喃型糖存在，可用哈沃斯式表示。环状单糖根据苷羟基(半缩醛或者半缩酮羟基)的方向不同分为 α-型和 β-型，互为端基异构体。在水溶液中，两者环状结构与开链结构处于动态平衡中，故有变旋光现象。

(2)单糖的化学性质：单糖为多官能团化合物，具有羰基和羟基的典型化学性质，在溶液存在着直链结构与环状结构的互变平衡，因此化学反应即可按直链结构又可按环状结构进行。

1)稀碱溶液中的互变异构反应：在弱碱溶液中，D-葡萄糖、D-甘露糖和 D-果糖可以通过烯二醇中间体进行相互转化。α-羟基酮类在碱性条件下都具有这一性质。开链的 D-葡萄糖和 D-甘露糖只是 C_2 构型不同，两者互称差向异构体。两者通过烯醇式的相互转化，称为差向异构化。

2)脱水反应：单糖与浓硫酸作用可发生分子内脱水反应，生成呋喃甲醛或其衍生物。

3)氧化反应：能与碱性弱氧化剂(托伦试剂、斐林试剂和班氏试剂)发生氧化还原反应的糖称为还原性糖，单糖都是还原糖。

与溴水反应可以区别醛糖和酮糖。在硝酸或酶的催化下，单糖氧化成相应的糖二酸或糖醛酸。

4)成苷反应：单糖环状结构中的半缩醛(酮)羟基与另外一分子含活泼氢(如-OH、-NH$_2$、-SH)的化合物脱水，生成具有缩醛(酮)结构的化合物。此类反应称为成苷反应。

糖苷由糖和非糖部分通过苷键连接而成。糖的部分称为糖苷基，非糖部分称为配基，使糖苷基和配基相结合的键称为苷键。苷键分为 α-苷键和 β-苷键。糖苷没有还原性和变旋光现象。

5)成脎反应：醛糖或酮糖与过量苯肼加热生成不溶于水的二苯腙黄色晶体，称为糖脎。

2. 二糖 二糖是两分子单糖失去水生成的糖苷。按结构中是否有游离的半缩醛羟基，分为还原性二糖（如麦芽糖、乳糖和纤维二糖）和非还原性二糖（蔗糖）。还原性二糖有变旋光现象、有还原性。

3. 多糖 多糖的结构单元是单糖，结构单元之间以苷键相连接，常见的苷键有 α-1,4-苷键、α-1,6-苷键和 β-1,4-苷键。结构单元之间可以连接成直链，也可以连接成支链。多糖分子中虽然有苷羟基，但因分子量很大，苷羟基所占的比例太小，因此没有还原性和变旋光现象。

多糖经多步水解以后，最终水解成单糖。多糖中最重要的是淀粉、糖原和纤维素。

习　题

1. 单项选择题

(1) 下列属于非还原性糖的是

A. 葡萄糖　　　　　　　B. 麦芽糖　　　　　　　C. 蔗糖　　　　　　　D. 果糖

(2) 选出 D-葡萄糖对应的构型异构体个数

A. 8　　　　　　　　　B. 12　　　　　　　　　C. 16　　　　　　　　D. 24

(3) D-葡萄糖和哪个化合物互为差向异构体

A. D-果糖　　　　　　　B. D-半乳糖　　　　　　C. D-古罗糖　　　　　　D. D-来苏糖

(4) 果糖和葡萄糖可用以下何物鉴别

A. 溴水　　　　　　　　B. 托伦试剂　　　　　　C. 斐林试剂　　　　　　D. 班氏试剂

(5) 下列哪个化合物具有还原性和变旋光现象

A. 葡萄糖　　　　　　　B. 葡萄糖甲苷　　　　　C. 蔗糖　　　　　　　D. 淀粉

(6) 下列糖在碱性条件下具有还原性的是

A. 果糖　　　　　　　　B. 纤维素　　　　　　　C. 蔗糖　　　　　　　D. 淀粉

2. 名词解释

(1) 单糖　　　(2) 还原糖　　　(3) 变旋光现象　　　(4) 糖苷

(5) 苷键　　　(6) 差向异构体

3. 写出下列糖的结构式

(1) D-葡萄糖　　　　(2) α-D-吡喃葡萄糖　　　(3) D-果糖　　　(4) β-D-呋喃果糖

4. 用化学方法鉴别下列化合物

(1) 葡萄糖和果糖　　　　　　　　　　　(2) 麦芽糖和蔗糖

(3) 甲基吡喃葡萄糖苷和葡萄糖　　　　　(4) 葡萄糖、果糖和淀粉

5. 请写出下列化合物中苷键的名称

(1) α-D-甲基吡喃葡萄糖苷　　　(2) 麦芽糖　　　(3) 蔗糖　　　(4) 淀粉

6. 写出 D-葡萄糖与下列试剂的反应式

(1) 托伦试剂　　　(2) 溴水　　　(3) 稀硝酸　　　(4) 甲醇 (干燥氯化氢)

7. 指出下列四个单糖哪些是对映体、哪些是非对映体?

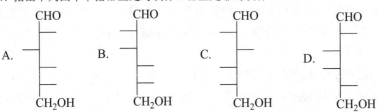

8. 某单糖衍生物 A 分子式为 $C_9H_{18}O_6$,无还原性,水解后生成 B 和 C 两种产物;B 的分子式为 $C_6H_{12}O_6$,可被溴水氧化成 D-葡萄糖酸;C 的分子式为 C_3H_8O,能发生碘仿反应。请写出 A、B、C 的结构式。

(李银涛)

第十四章　脂　类

学习要求

1. 掌握油脂的结构、命名及化学性质，油脂中常见的脂肪酸、甘油磷脂和甾族类化合物的结构。

2. 熟悉脂类的物理性质，甾体激素的生物活性。

3. 了解磷脂与细胞膜。

脂类又称脂质。不同的脂类化合物在化学组成、化学结构和生理功能上都具有很大的差异，但它们在溶解性能方面有一个共同特点，即不溶于水而易溶于非极性有机溶剂，可以用乙醚、氯仿、丙酮、苯等有机溶剂把它们从组织和细胞中提取出来。脂类化合物主要包括油脂和类脂(包括磷脂、糖脂、甾族化合物和萜类等)。

脂类物质具有重要的生理功能。动物体内油脂的氧化是机体新陈代谢重要的能量来源，油脂氧化放出的热量是相同质量糖类化合物的两倍；油脂还是脂溶性维生素 A、D、E 和 K 等许多活性物质的良好溶剂，有助于人体对这类维生素的吸收；体表和脏器周围的油脂还有维持体温和保护内脏的作用。有些脂类如磷脂、胆固醇是构成生物膜的重要物质，与细胞的正常生理及代谢活动有密切的关系。甾族化合物广泛地存在于动植物组织中，其中动物体内的胆固醇、胆汁酸、甾体激素等具有调节物质代谢、控制机体的生长发育等重要的生理功能。此外脂类作为细胞表面物质，还与细胞识别、种属特异性和组织免疫等都有密切关系。

第一节　油　脂

(一)油脂的组成和结构通式

油脂是油(oils)和脂肪(fats)的总称。习惯上把在常温下呈液态的油脂称为油，常温下呈固态或半固态的油脂称为脂肪。从化学结构来看，油脂是一分子甘油与三分子高级脂肪酸所形成的酯，称为三酰甘油(triacylglycerols)，医学上常称为甘油三酯(triglycerides)。在油脂分子中，若三个高级脂肪酸部分是相同的，称为单三酰甘油(简单甘油酯)；而天然油脂分子中的三个高级脂肪酸部分是不相同的，其分子具有手性，为 *L*-构型。它们的结构通式如下。

$$H_2C-O-\overset{\overset{\displaystyle O}{\|}}{C}-R_1$$

$$R_2-\overset{\overset{\displaystyle O}{\|}}{C}-O-CH$$

$$H_2C-O-\overset{\overset{\displaystyle O}{\|}}{C}-R_3$$

三酰甘油（甘油三酯）

天然油脂水解得到的高级脂肪酸，一般是含 12～20 的偶数碳原子的直链饱和或不饱和脂肪酸。饱和脂肪酸中以软脂酸和硬脂酸最为普遍，不饱和脂肪酸主要有油酸、亚油酸、亚麻酸和花生四烯酸等，高等植物的油脂中不饱和脂肪酸含量高于饱和脂肪酸。油脂中常见的脂肪酸见表 14-1。

表14-1　常见的脂肪酸

俗称	系统命名	结 构 式	熔点（℃）
月桂酸	十二碳酸	$CH_3(CH_2)_{10}COOH$	44
软脂酸	十六碳酸	$CH_3(CH_2)_{14}COOH$	63
硬脂酸	十八碳酸	$CH_3(CH_2)_{16}COOH$	71.2
油酸	△⁹-十八碳烯酸	$CH_3(CH_2)_7CH=CH(CH_2)_7COOH$	16.3
亚油酸*	△⁹,¹²-十八碳二烯酸	$CH_3(CH_2)_3(CH_2CH=CH)_2(CH_2)_7COOH$	−5
亚麻酸*	△⁹,¹²,¹⁵-十八碳三烯酸	$CH_3(CH_2CH=CH)_3(CH_2)_7COOH$	−11.3
花生四烯酸*	△⁵,⁸,¹¹,¹⁴-二十碳四烯酸	$CH_3(CH_2)_3(CH_2CH=CH)_4(CH_2)_3COOH$	−49.5
DHA	△⁴,⁷,¹⁰,¹³,¹⁶,¹⁹-二十二碳六烯酸	$CH_3CH_2(CH_2CH=CH)_6(CH_2)_2COOH$	−44

注："*"表示营养必需脂肪酸；"△"表示双键，其右上角数字表示从羧基开始双键所在位置，如△⁹表示双键在 C_9～C_{10} 之间

大多数天然不饱和脂肪酸中的双键是顺式构型，这种构型对于油脂的状态和生物功能都有很大的影响。人体可以合成大多数的脂肪酸，但少数不饱和脂肪酸如亚油酸和亚麻酸不能在人体内合成，花生四烯酸虽能体内合成，但数量不能完全满足生命活动的需要，这些必须从食物中摄取的不饱和脂肪酸，称为必需脂肪酸。

油脂命名时一般将脂肪酸名称放在前面，甘油的名称放在后面，叫作"某脂酰甘油"；也可将甘油的名称放在前面，脂肪酸名称放在后面，叫作"甘油某脂酸酯"。如果是混三脂酰甘油，则需用 α,β 和 γ 分别标明脂肪酸的位次。例如

$$H_2C-O-\overset{\overset{\displaystyle O}{\|}}{C}-(CH_2)_{16}CH_3$$

$$HC-O-\overset{\overset{\displaystyle O}{\|}}{C}-(CH_2)_{16}CH_3$$

$$H_2C-O-\overset{\overset{\displaystyle O}{\|}}{C}-(CH_2)_{16}CH_3$$

三硬脂酰甘油（甘油三硬脂酸酯）

tristearyl glycerol (glyceryl tristearate)

$$\begin{array}{l} \alpha\ H_2C-O-\overset{\displaystyle O}{\overset{\|}{C}}-(CH_2)_{16}CH_3 \\[1mm] \beta\ HC-O-\overset{\displaystyle O}{\overset{\|}{C}}-(CH_2)_{14}CH_3 \\[1mm] \gamma\ H_2C-O-\overset{\displaystyle O}{\overset{\|}{C}}-(CH_2)_7CH=CH(CH_2)_7CH_3 \end{array}$$

α-硬脂酰-β-软脂酰-γ-油酰甘油(甘油-α-硬脂酸-β-软脂酸-γ-油酸酯)

α-stearyl-β-palmityl-γ-oleoylglycerol(glyceryl-α-stearate-β-palmitate-γ-oleate)

(二)油脂的物理性质

纯净的油脂是无色、无臭、无味的物质。大多数天然油脂由于含有少量色素、游离脂肪酸、磷脂和维生素等物质而具有颜色和特殊的气味,如芝麻油有香味,而鱼油有令人作呕的臭味。油脂的相对密度均小于 $1g \cdot cm^{-3}$,不溶于水,易溶于乙醚、石油醚、氯仿、四氯化碳、苯及热乙醇等有机溶剂。由于天然油脂是多种成分的混合物,没有恒定的熔点和沸点,但有一定的熔点范围。油脂的熔点高低取决于所含不饱和脂肪酸的数目,含有不饱和脂肪酸多的油脂有较高的流动性和较低的熔点,是由于双键的顺式构型使脂肪酸的碳链弯曲,阻碍了分子之间的紧密靠近,且双键越多,阻碍程度越大,因此熔点越低。植物油中含不饱和脂肪酸的比例较动物脂肪的大,因此常温下植物油呈液态,动物脂肪呈固态。

(三)油脂的化学性质

1. 水解与皂化　在酸、碱或酶(如胰脂酶)的作用下,一分子油脂水解生成一分子甘油和三分子脂肪酸。油脂在碱(NaOH 或 KOH)的催化下水解,则生成甘油和高级脂肪酸的钠盐或钾盐,这些盐是常用肥皂的主要成分,因此油脂在碱性溶液中的水解又称皂化反应(saponification)。

$$\begin{array}{l} H_2C-O-\overset{\displaystyle O}{\overset{\|}{C}}-R_1 \\[1mm] HC-O-\overset{\displaystyle O}{\overset{\|}{C}}-R_2 \\[1mm] H_2C-O-\overset{\displaystyle O}{\overset{\|}{C}}-R_3 \end{array} + 3NaOH \longrightarrow \begin{array}{l} H_2C-OH \\[1mm] HC-OH \\[1mm] H_2C-OH \end{array} + \begin{array}{l} R_1COONa \\[1mm] R_2COONa \\[1mm] R_3COONa \end{array}$$

1g 油脂完全皂化时所需氢氧化钾的毫克数称为皂化值(saponification number)。根据皂化值的大小,可以判断油脂中所含三酰甘油的平均分子量。皂化值越大,油脂中三酰甘油的平均分子量越小。皂化值也可以用来检验油脂的质量,不纯的油脂皂化值低。常见油脂的皂化值见表 14-2。

2. 加成　含有不饱和脂肪酸的三酰甘油分子中的碳碳双键,可与氢、卤素等发生加成反应。

(1)加氢:油脂中的不饱和脂肪酸,在金属催化剂(如 Ni、Pt、Pd)的催化作用下可加氢转变为饱和脂肪酸。这一过程使油脂的物态发生了变化,液态的油变成固态或半固态的脂肪,所以油脂的氢化通常又称油脂的硬化。硬化后的油脂不易氧化变质,便于储藏和运输,用作制造肥皂、脂肪酸、甘油、人造奶油等的原料。

表14-2 常见油脂的皂化值

油脂名称	皂化值	碘值
猪油	195~208	46~70
牛油	190~200	30~48
奶油	216~235	26~28
豆油	189~194	127~138
棕籽油	195~197	105~115
红花油	188~195	140~155
亚麻籽油	187~195	170~185
花生油	185~195	88~98

(2)加碘：油脂中的不饱和脂肪酸还可以与碘加成。100g 油脂所能吸收碘的克数称为碘值(iodine number)。碘值与油脂的不饱和程度成正比，碘值越大，表示油脂的不饱和程度越大；反之，表示油脂的不饱和程度越小。由于碘和碳碳双键的加成反应较慢，所以测定时常用氯化碘(ICl)或溴化碘(IBr)的冰醋酸溶液做试剂，其中的氯原子或溴原子能使碘活化。一些常见油脂的碘值见表 14-2。

3. 酸败 油脂在空气中放置过久，就会变质产生难闻的气味，这种变化称为酸败(rancidity)。酸败的实质是一种复杂的化学变化过程，在空气中的氧、水分或微生物的作用下，油脂中不饱和脂肪酸的双键被氧化生成过氧化物，再经分解过程生成有臭味的小分子醛、酮和羧酸等化合物。

油脂的酸败程度可用酸值来表示。中和 1g 油脂中的游离脂肪酸所需氢氧化钾的毫克数称为油脂的酸值(acid number)。酸值大说明油脂中游离的脂肪酸的含量高，即酸败程度较严重。油脂酸败的产物有毒性和刺激性，通常酸值大于 6.0 的油脂不宜食用。为防止油脂的酸败，油脂应储存在通风、阴凉、避光和干燥处，并加入少量的抗氧化剂如维生素 E 等。

皂化值、碘值和酸值是油脂重要的理化指标，药典对药用油脂的皂化值、碘值和酸值都有严格的要求。

第二节 磷脂和糖脂

一、磷 脂

磷脂(phospholipid)是含磷的类脂化合物，构造与油脂相似，广泛地分布在动物的脑、神经组织、骨髓、心、肝及肾等器官，以及植物的种子中。磷脂可分为甘油磷脂(phosphoglyceride)和鞘磷脂(sphingomyelin)两大类。

(一)甘油磷脂

甘油磷脂可看作磷脂酸(phosphatidic acid)的衍生物。它是由一分子甘油和两分子高级脂肪酸及一分子磷酸所形成的酯类化合物。

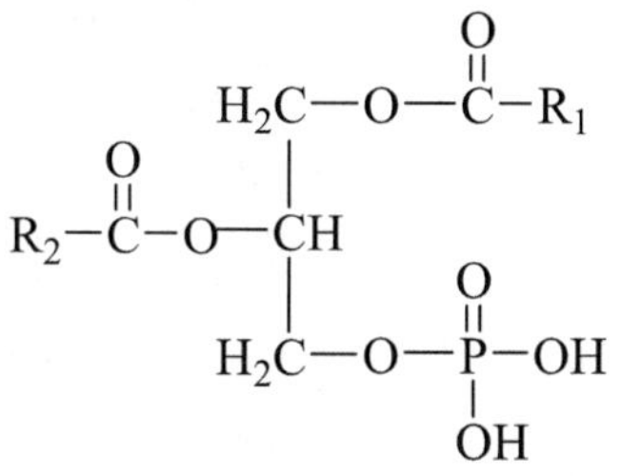

磷脂酸

天然磷脂酸中，通常 R_1 为饱和脂肪酸，R_2 为不饱和脂肪酸，C_2 是手性碳原子，磷脂酸有一对对映体，从自然界中得到的磷脂酸都属于 L 构型。

磷脂酸分子中的磷酸基再与其他化合物结合即得各种甘油磷脂。最常见的甘油磷脂有卵磷脂(lecithin)和脑磷脂(cephalin)，它们分别是胆碱(choline)、乙醇胺(ethanolamine)分子中醇羟基与磷脂酸结合而成，胆碱和乙醇胺的结构式：

$$HOCH_2CH_2N^+(CH_3)_3OH^-$$
胆碱

$$HOCH_2CH_2NH_2$$
乙醇胺

卵磷脂是由磷脂酸分子中的磷酸与胆碱中的羟基酯化而成的化合物，结构式如下。

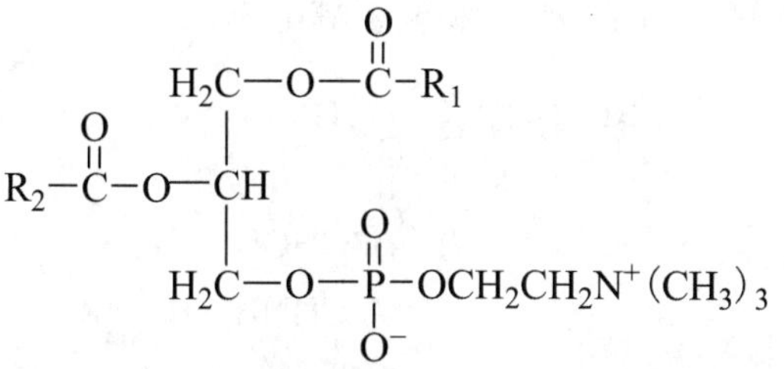

卵磷脂

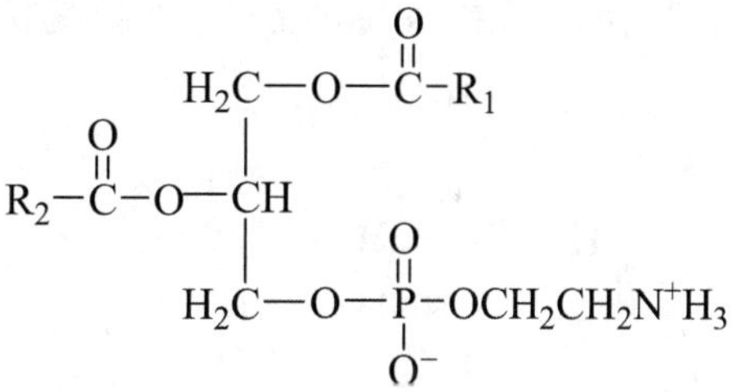

脑磷脂

卵磷脂完全水解可得到甘油、脂肪酸、磷酸和胆碱。卵磷脂中的饱和脂肪酸通常是软脂酸、硬脂酸，连在 C_1 上，C_2 上通常连油酸、亚油酸、亚麻酸及花生四烯酸等不饱和脂肪酸。自然界存在的卵磷脂是由它们所组成的各种卵磷脂的混合物。卵磷脂存在于脑组织、大豆及禽卵的卵黄中。

脑磷脂完全水解可得到甘油、脂肪酸、磷酸和胆胺。组成脑磷脂的脂肪酸常见的是软脂酸、硬脂酸、油酸和少量的花生四烯酸。脑磷脂存在于脑、神经组织和许多组织器官及大豆中，通常与卵磷脂共存。

(二) 鞘磷脂

鞘磷脂(sphingomyelin)又称神经磷脂，分子中不含甘油，而是含鞘氨醇。鞘氨醇是脂肪族长碳链的氨基不饱和二元醇，人体内以含十八碳的鞘氨醇为主。鞘磷脂是鞘氨醇 C_1 上的羟基与磷酸胆碱(或磷酸胆胺)通过磷酸酯键相连结、C_2 上的氨基与脂肪酸通过酰胺键结合而成的。鞘氨醇和鞘磷脂的结构式分别如下。

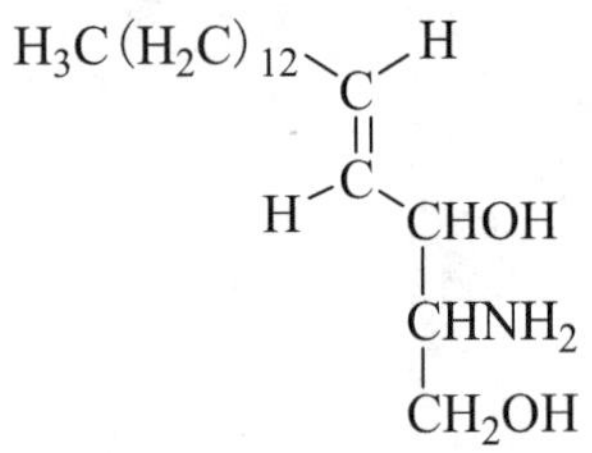

H₃C(H₂C)₁₂ — C — H
（鞘氨醇结构）

鞘氨醇

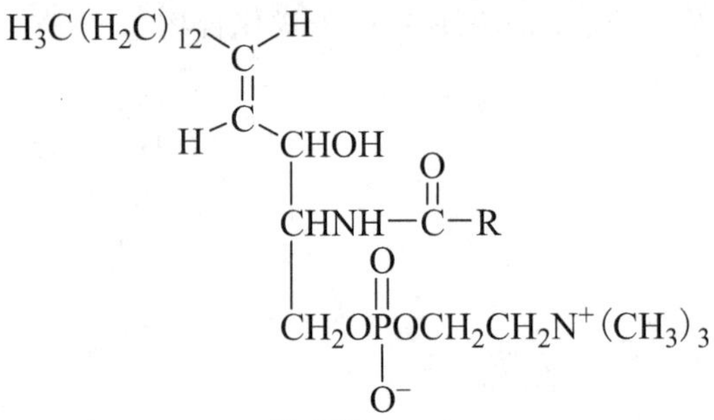

鞘磷脂

不同组织器官中，组成鞘磷脂的脂肪酸的种类有所不同，神经组织中以硬脂酸、二十四碳酸和神经酸(15-二十四碳烯酸)为主，而在脾和肺组织中则以软脂酸和二十四碳酸为主。鞘磷脂大量存在于脑和神经组织中，脾、肝及其他组织中含量较少，鞘磷脂也是细胞膜的重要成分之一。

二、糖　　脂

糖脂(glycolipid)主要存在脑和神经组织中，是动物体的细胞膜的重要成分，含量虽少，却具有非常特殊的生理功能。脑苷脂是其中之一，脑苷脂是脑细胞膜的重要组分，由 β-己糖(葡萄糖或半乳糖)、脂肪酸(最主要是 α-羟基二十四碳酸)和鞘氨醇组成。

葡萄糖脑磷脂

半乳糖脑磷脂

三、磷脂与细胞膜

细胞膜在化学组成上由脂类、蛋白质、糖类、水、无机盐和金属离子等构成，其中脂类和蛋白质是主要成分，构成膜的脂类有磷脂、胆固醇(cholesterol)和糖脂(glycolipid)，以磷脂含量最多。磷脂的分子结构因具有亲水和疏水两部分，如甘油磷脂有一亲水的偶极离子头部和两条疏水的脂肪酸长链尾部。磷脂分子在水环境中能自发自我组装，极性的亲水头部伸向水中，而非极性的疏水尾部则相互聚集，尽量避免与水接触，以双分子层形式排列，成为热力学稳定的脂双分子层。这种脂双分子层结构是构成生物膜骨架的主要结构，成为极性物质进出细胞的通透性屏障。甘油磷脂的分子模型如图 14-1 所示，脂双分子层结构如图 14-2 所示。

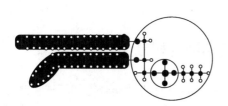

图 14-1　甘油磷脂的分子模型

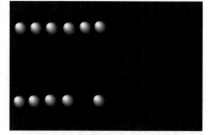

图 14-2　脂质双分子层结构

多年来科学家提出过不少细胞膜的模型，其中受到普遍认可的是液态镶嵌模型。该模型的基本内容是：生物膜是由液态的脂双分子层中镶嵌着可以移动的具有各种生理功能的蛋白质按二维排列构成的。细胞膜结构具有流动性和不对称性的特点。膜的流动性包括膜脂的流动性和膜蛋白的运动性。膜的不对称性是指组成膜的物质分子排布是不对称的。细胞膜的流体镶嵌模型如图 14-3 所示。

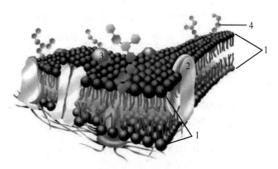

图 14-3　细胞膜的流体镶嵌模型

1. 磷脂分子；2. 蛋白质；3. 糖蛋白；4. 糖链

第三节　甾族化合物

甾族化合物(steroid)是一类广泛存在于动植物体内的天然有机化合物，具有重要的生理作用，如胆固醇、胆汁酸、维生素 D、肾上腺皮质激素及性激素等。

一、甾族化合物的基本骨架和命名

甾族化合物都含有一个环戊烷并氢化菲(cyclopentanoperhydro-phenanthrene)的基本骨架，这个骨架是甾族化合物的母核，四个环分别用字母 A、B、C 和 D 表示，环上碳原子有固定的编号顺序。大多数甾族化合物在结构的 C_{10}、C_{13} 上连有角甲基，而在 C_{17} 上有不同长度的碳链或含氧取代基。

环戊烷并氢化菲　　　　　　　甾族化合物基本骨架及编号顺序

甾族化合物的命名主要是根据其来源采用俗名。例如，胆固醇最初是由胆结石中得到的一种固体醇，麦角固醇因来源于麦角、酵母中而得名。另外也可以采用系统命名法命名。

首先确定所选用的甾体母核，然后在其前表明各取代基或官能团的名称、数量、位置及构型。

二、甾族化合物的立体结构和分类

在天然存在的甾族化合物中，A、B、C、D 四个环只有两种稠合方式，一种是 A、B 顺式稠合，B、C 及 C、D 是反式稠合；另一种是 A、B 反式稠合，B、C 及 C、D 仍是反式稠合。

根据 C_5 上氢原子取向的不同，甾族化合物分为 5β-系和 5α-系两大类。5β-系甾族化合物的特点是 C_5 上的氢原子与 C_{10} 上的角甲基在环平面的同侧（A、B 顺式稠合），用实线表示；5α-系甾族化合物的特点是 C_5 上的氢原子与 C_{10} 上的角甲基在环平面的异侧（A、B 反式稠合），用虚线表示。

环己烷最稳定的构象是椅式构象，甾族化合物中的 A、B、C 三个六元环也是采取椅式构象，D 环为五元环，它具有半椅式构象，它的构象取决于该环上的取代基及其位置。5β-系和 5α-系甾族化合物的构象式如下。

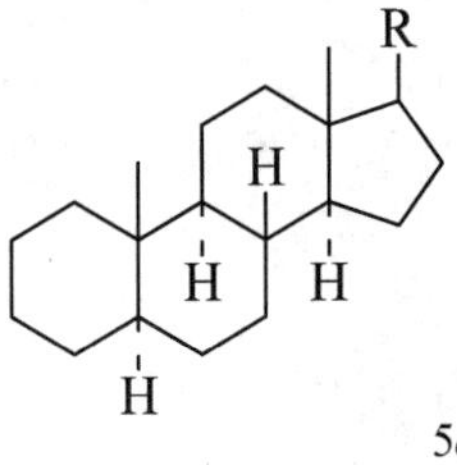

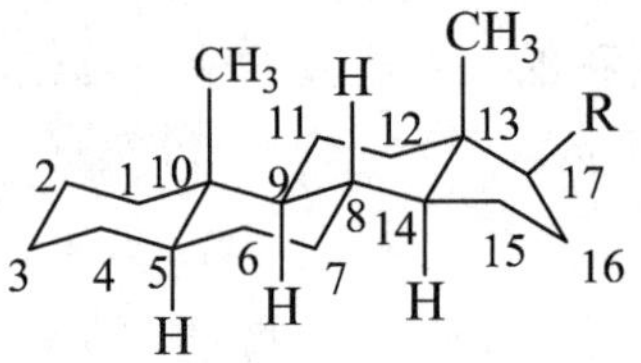

5α-系甾族化合物
A/B反（ee稠合），B/C反（ee稠合），C/D反（ee稠合）

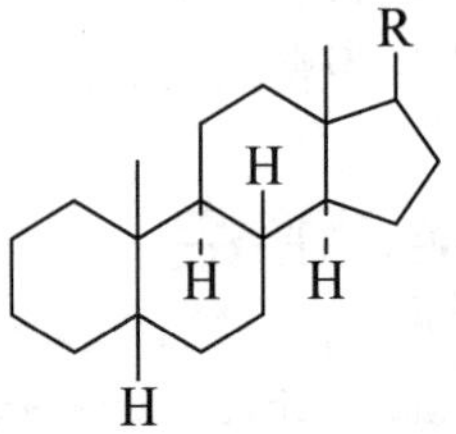

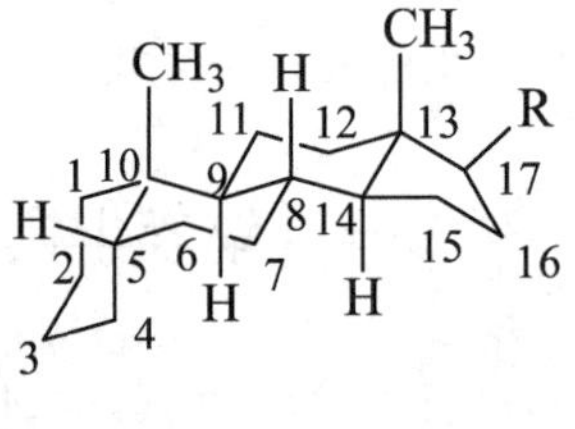

5β-系甾族化合物
A/B顺（ea稠合），B/C反（ee稠合），C/D反（ee稠合）

甾环碳架上所连的原子或基团在空间有不同的取向，其构型规定如下：凡与角甲基在环平面异侧的取代基称为 α 构型，用虚线表示；与角甲基在环平面同侧的取代基称为 β 构型，用实线表示。

三、重要的甾体化合物

(一) 甾醇

甾醇(sterol)又称为固醇，常以游离状态或高级脂肪酸酯，或以苷的形式存在于动、植物体内。天然的甾醇是甾环 C_3 上连有醇羟基(该羟基绝大多数都是 β 构型)的固态物质。

1. 胆固醇 胆固醇(cholesterol)是一种动物甾醇，最初是从胆石中发现的一种固体醇，所以叫胆固醇。胆固醇的分子式为 $C_{27}H_{46}O$，结构特点是 C_3 上有一个 β 构型的羟基，C_5 和 C_6 之间有一个双键，C_{17} 上有一个含八个碳原子的烃基侧链。

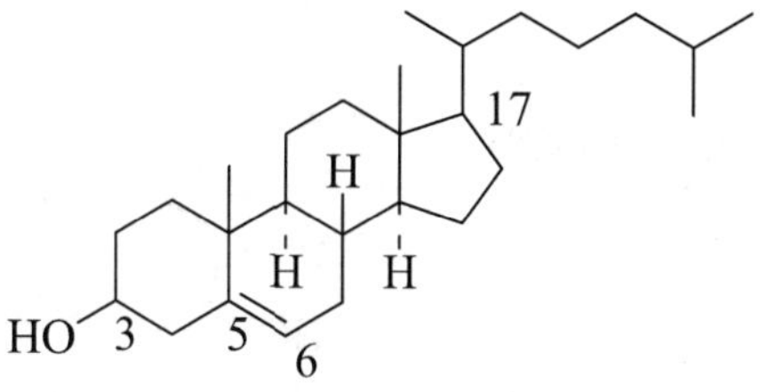

胆固醇

胆固醇为无色或略带黄色的结晶，熔点 148.5℃，难溶于水，易溶于乙醚、氯仿和热乙醇等有机溶剂。胆固醇大多数以脂肪酸酯的形式存在于动物体内，蛋黄、脑组织及动物肝等内脏中含量丰富。胆固醇是细胞膜脂质的重要组分，同时它还是生物合成胆甾酸和甾体激素等物质的前体。

2. 7-脱氢胆固醇 也是一种动物甾醇，存在于人体皮肤中。与胆固醇在结构上的差异是 C_7 和 C_8 之间多了一个碳碳双键。当受到紫外线照射时，它的 B 环打开转变为维生素 D_3。因此常做日光浴是获得维生素 D_3 最简易的方法。

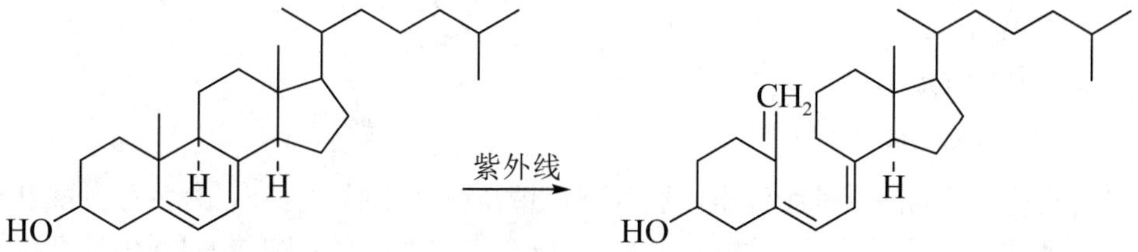

7-脱氢胆固醇　　　　　　　　　　　　维生素D_3

3. 麦角固醇 存在于酵母及某些植物中，属于植物甾醇，和 7-脱氢胆固醇比较，它在 C_{17} 的侧链上多了一个甲基和一个双键。在紫外线照射下，B 环打开生成维生素 D_2。

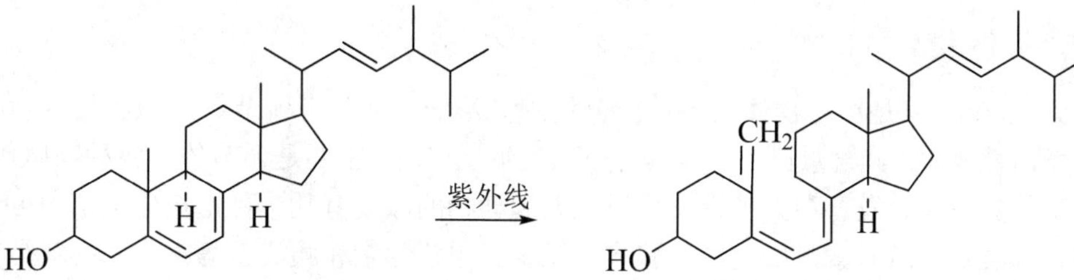

麦角甾醇　　　　　　　　　　　　维生素D_2

维生素 D 是一类抗佝偻病维生素的总称。目前已知至少有 10 种维生素 D，它们都是甾醇的衍生物，其中以维生素 D_2 和 D_3 的作用最强。维生素 D 能促进肠道对钙、磷的吸收，使血液中钙、磷的浓度增加，钙、磷易于沉着，从而促进骨骼的正常生长和发育。当维生素 D 缺乏时，儿童会患佝偻病，成人则患软骨症。

(二)胆甾酸

胆甾酸是动物胆组织分泌的一类甾族化合物，都属于 5β-系甾族化合物，其结构中含有羧基，故称为胆甾酸。胆甾酸在人体内可以以胆固醇为原料直接生物合成。人体内最重要的胆甾酸是胆酸和脱氧胆酸。

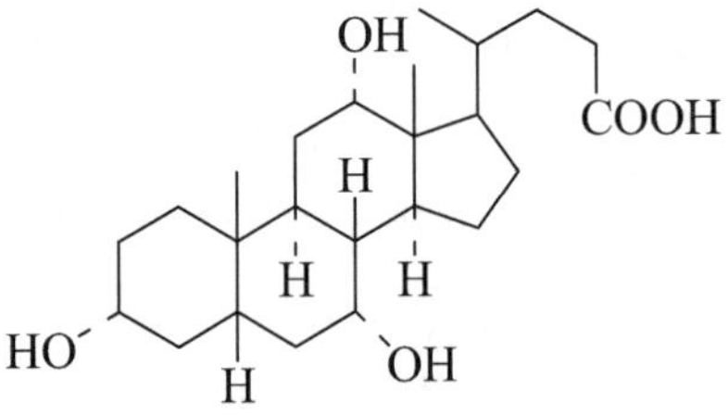

胆酸 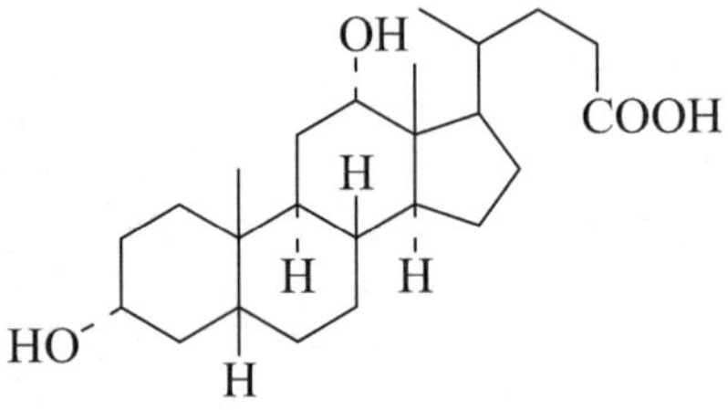   脱氧胆酸

胆甾酸在胆汁中分别与甘氨酸(H_2N-CH_2-COOH)和牛磺酸($H_2N-CH_2-CH_2-SO_3H$)以酰胺键相结合，形成各种结合胆甾酸，这些结合胆甾酸总称为胆汁酸(bile acid)。例如，胆酸与甘氨酸或牛磺酸分别生成甘氨胆酸和牛磺胆酸。

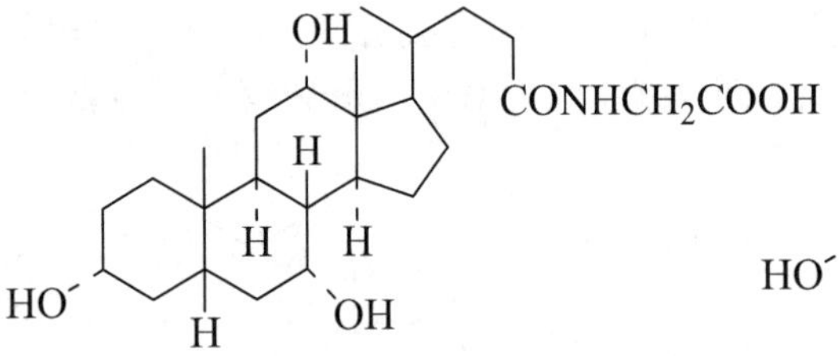

甘氨胆酸 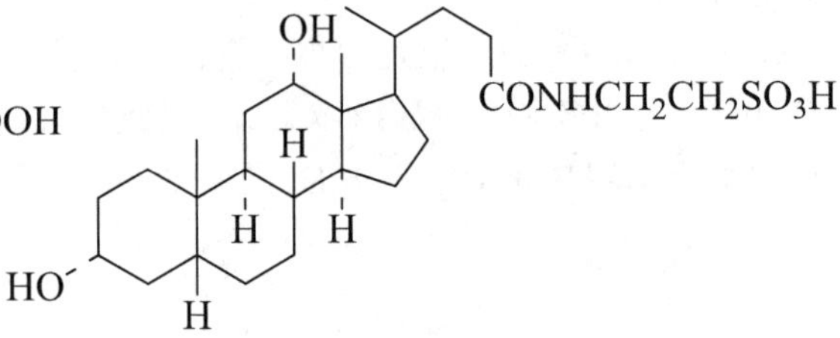   牛磺胆酸

在人及动物小肠的碱性胆汁中，胆汁酸以钠盐或钾盐形式存在，称为胆汁酸盐(bile salt)。胆汁酸盐是一种表面活性物质，分子中既有亲水性的羟基和羧基(或磺酸基)，又含有疏水性的甾环，这种结构能降低水的表面张力，使脂肪乳化为微粒并稳定地分散于消化液中，增加了脂肪与脂肪酶接触的面积，从而加速脂肪的水解，有利于机体对脂肪的消化吸收。甘氨胆酸钠和牛磺胆酸钠的混合物在临床上用于治疗胆汁分泌不足而引起的疾病。

(三)甾体激素

激素(hormone)是由动物体内各种内分泌腺分泌的一类具有调节各组织和器官功能的微量化学活性物质。其含量虽少，但具有很强的生理作用，主要是调节体内各种物质代谢、控制着机体的生长、发育和生殖等。已发现人和动物的激素有几十种，按化学结构可分为两大类，一类是含氮激素，如促肾上腺皮质激素、甲状腺素和胰岛素等；另一类就是甾体激素。甾体激素根据来源又可分为肾上腺皮质激素和性激素两类。这里仅介绍甾体激素。

1. 性激素 性激素(sex hormone)是由性腺(睾丸、卵巢、黄体)分泌的甾体激素，对动物生长、发育及维持性特征(如声音、体型等)都有决定性作用。可分为雄性激素和雌性激素两类。

雄性激素(male hormone)又称男性激素，是由雄性动物睾丸分泌的一类激素。重要的雄性激素有睾酮，雄酮和雄烯二酮，其中睾酮的活性最高。构效关系分析表明，睾酮中 C_{17} 上的羟基及其构型与生理活性有密切的联系，若羟基为 α 型则无生理活性。

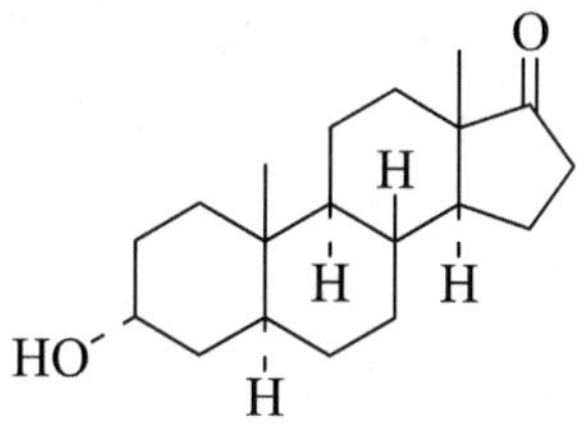

雄酮 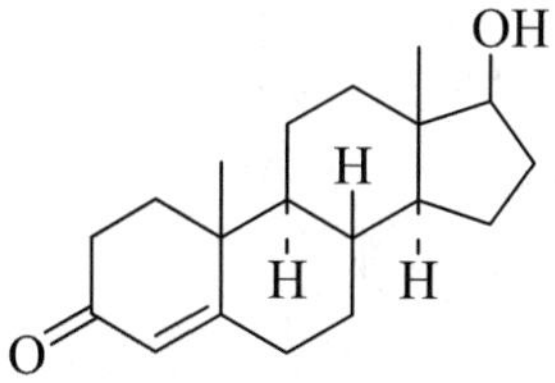   睾酮 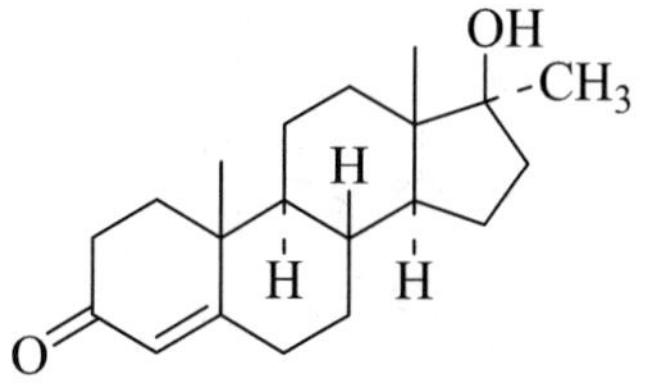   甲基睾酮

雄性激素具有促进雄性性器官和第二特征的发育、生长及维持雄性性特征的作用，并能促进蛋白质的合成、抑制蛋白质异构化，促进骨基质合成、机体组织与肌肉的增长。临床用药多采用其衍生物，如甲基睾酮、睾酮丙酸酯等。

雌性激素(female hormone)又称女性激素，主要有两类：一类由成熟的卵泡产生，称为雌激素(estrogen)，如雌二醇；另一类由卵泡排卵后形成的黄体所产生，称为孕激素(progestogen)，如黄体酮。

雌二醇 C_{17} 位羟基构型不同，其生理作用有显著差异，如 β-雌二醇的生理活性比 α-雌二醇强。因此临床上采用 β-雌二醇。雌二醇主要用于子宫发育不全、月经失调、更年期障碍等的治疗。人工合成的炔雌醇的活性比雌二醇高 7~8 倍。

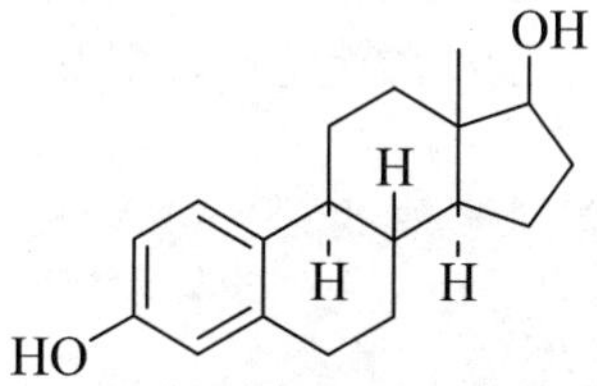

雌二醇 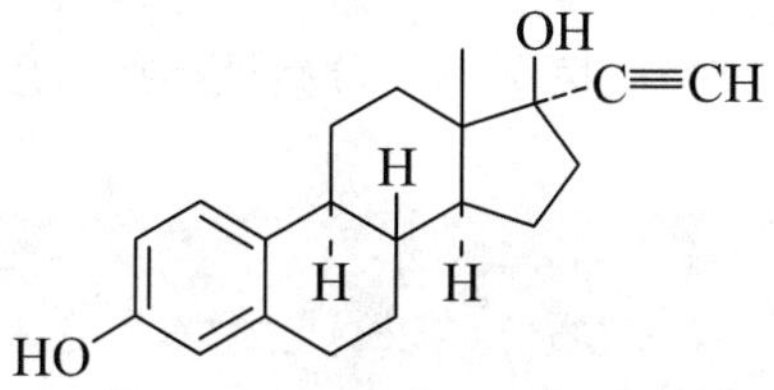   炔雌醇 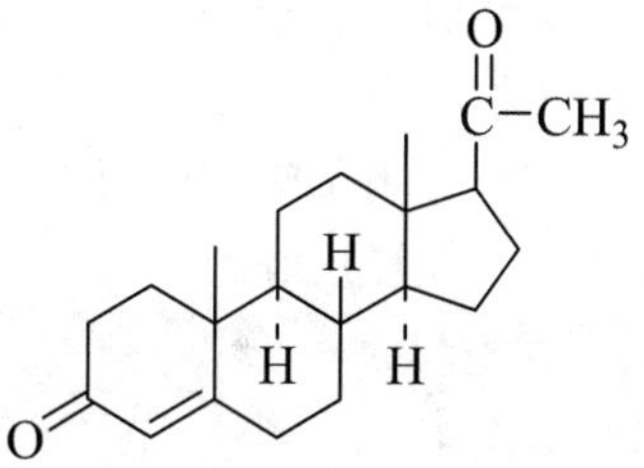   黄体酮

黄体酮的主要生理作用是抑制排卵，维持妊娠，有助于胎儿的着床发育。临床上用于治疗习惯性流产、子宫功能性出血、痛经及月经失调等。构效关系表明：C_{17} 位引入 α 羟基，孕激素活性下降，但羟基成酯后活性增强。在 C_6 位引入碳碳双键、甲基或氯原子都使活性增强。因此制药工业上，以黄体酮为先导化合物，对其结构进行修饰，先后合成了一系列具有孕激素活性的黄体酮衍生物。

2. 肾上腺皮质激素 肾上腺皮质激素(adrenal cortical hormone)是由肾上腺皮质分泌出来的一类甾体激素。从肾上腺皮质中已提出多种甾体激素，依照其在生理功能上的差别可分为两类：一类是糖皮质激素(glucocorticoid)，如皮质酮、可的松、氢化可的松；另一类是盐皮质激素(mineralocorticoid)，如 11-脱氧皮质酮、17α-羟基-11-脱氧皮质酮等。这两类皮质激素的区别在于 C_{11} 上有含氧基团的肾上腺皮质激素是糖代谢皮质激素，而 C_{11} 上无含氧基团的为盐代谢皮质激素。

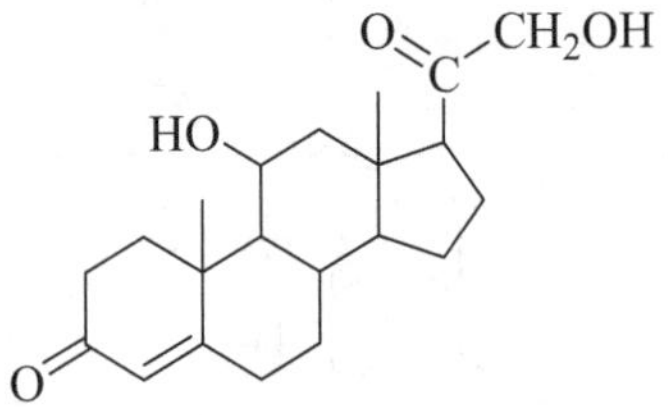

皮质酮 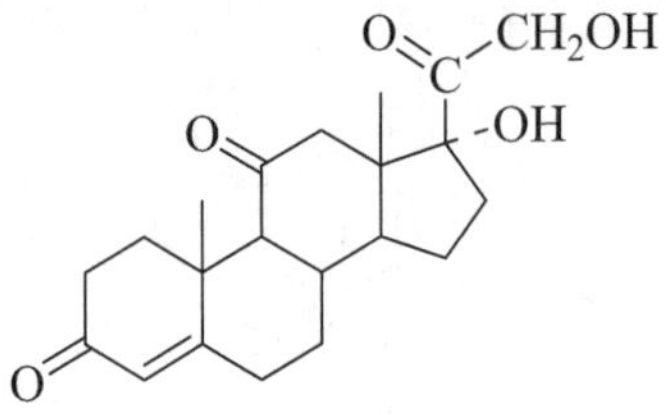　　　　　　可的松 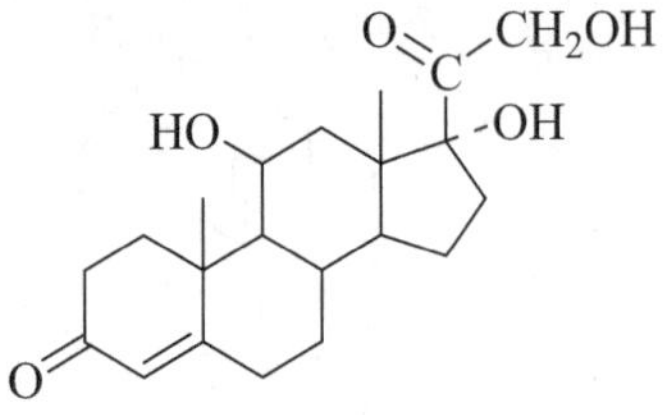　　　　　　氢化可的松

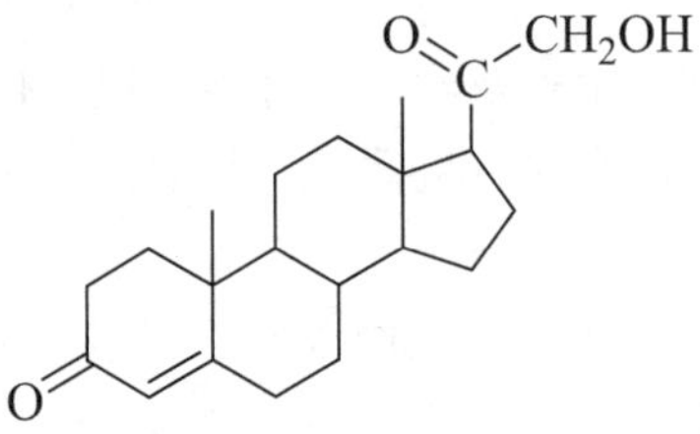

11-脱氧皮质酮 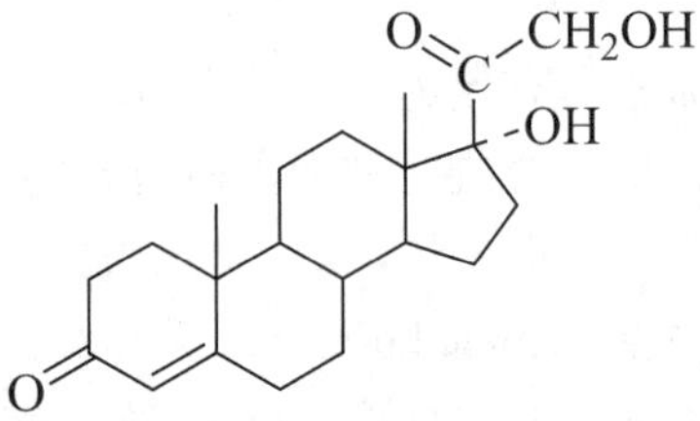　　　　　　17α-羟基-11-脱氧皮质酮

　　糖皮质激素能促进糖、脂肪、蛋白质的代谢，提高血糖浓度和糖异生作用，同时利尿。当人体缺乏此类激素时，可导致低血糖、贫血、肌无力、失眠等症状；过多又可引起四肢肌肉萎缩、骨质疏松、向心性肥胖等症状。盐皮质激素主要生理作用是调节水及无机盐代谢，保证血浆渗透平衡。

　　在临床上为了提高疗效，减少不良反应，常用的是以天然肾上腺皮质激素为原料合成的药物，如用于治疗风湿性关节炎、风湿热、过敏性疾病、皮肤病的醋酸泼尼松、醋酸地塞米松、氟轻松等。

阅读材料

脂质体纳米基因载体

1. 脂质体的组成及特点　脂质体是一种人工膜，膜壁厚度 5~7 nm，直径 25~500 nm，具有良好的生物相容性。当两性分子如磷脂和鞘脂分散于水相时，分子的疏水尾部倾向于聚集在一起，避开水相，而亲水头部暴露在水相，形成具有双分子层结构的封闭囊泡（vesicles），在囊泡内可以包裹多种不同极性的药物，进而促进极性大分子穿透细胞膜。目前，制备脂质体应用较多的磷脂是卵磷脂和胆固醇。脂质体本身具有很多的优良性质，包括良好的组织相容性和细胞亲和性等。脂质体也可被溶酶体消化使药物自然释放，同时还具有给药途径快速方便、透皮吸收效率高、降低药物毒性、提高药物稳定性等优点，是生物领域中的重要材料。

2. 脂质体纳米基因载体　脂质体纳米基因载体是一种新型有效的基因递送系统，能提高治疗基因到达靶点处的效率，减少正常器官中的非特异性扩散，并易于对其进行合理修饰。脂质体与纳米材料结合后，可以携带质粒 DNA，其原理是：分子结构中存在大量受 pH 影响产生质子化的氨基，这些氨基可以中和质粒 DNA 表面的负电荷，使 DNA 结构被压缩和包附形成相对较小的质粒 DNA，通过纳米脂质体材料将 DNA 包裹在内部，避免受到核酸酶的降解。经过长期的发展和研究，到目前为止，新型脂质体纳米基因载体的构建逐渐成熟。有许多脂质体与纳米粒子结合作为基因载体的例子，例如磁纳米脂质体基因载体、金纳米脂质体基因载体、量子点脂质体基因载体、上转换脂质体纳米基因载体、石墨烯脂质体纳米基因载体等。

脂质体与纳米材料的复合物具有功能多样、生物相容性好、易于表面修饰等优点，使其在基因载体领域中得到迅速发展。随着新型纳米材料的研发日益增多，基于脂质体纳米材料的基因递送系统必将有更加广阔的发展空间。

本 章 小 结

脂类又称脂质。不同的脂类化合物在化学组成、化学结构和生理功能上都具有很大的差异，但它们在溶解性能方面有一个共同特点，即不溶于水而易溶于非极性有机溶剂。脂类化合物主要包括油脂和类脂(包括磷脂、糖脂、甾族化合物和萜类等)。

1. 油脂 是油和脂肪的总称。从化学结构来看，油脂是一分子甘油与三分子高级脂肪酸所形成的酯，称为三酰甘油。在油脂分子中，若三个高级脂肪酸部分是相同的，称为单三酰甘油(简单甘油酯)；而天然油脂分子中的三个高级脂肪酸部分是不相同的，其分子具有手性，为 L-构型。

天然油脂水解得到的高级脂肪酸，一般是含 $12 \sim 20$ 的偶数碳原子的直链饱和或不饱和脂肪酸。大多数天然不饱和脂肪酸中的双键是顺式构型，这种构型对于油脂的状态和生物功能都要很大的影响。

油脂在碱性条件下的水解反应称为皂化。1g 油脂完全皂化时所需氢氧化钾的毫克数称为皂化值。根据皂化值的大小，可以判断油脂中所含三酰甘油的平均相对分子质量。结构中含有不饱和脂肪酸的油脂可以与氢、碘等发生加成反应。100g 油脂所能吸收碘的克数称为碘值。碘值与油脂的不饱和程度成正比。油脂中不饱和脂肪酸的双键可以被空气缓慢氧化生成过氧化物，然后再经分解等过程生成有臭味的小分子醛、酮和羧酸等化合物。中和1g 油脂中的游离脂肪酸所需氢氧化钾的毫克数称为油脂的酸值。酸值可用来判断油脂的酸败程度。

2. 类脂 包括磷脂、甾族化合物等。

(1)磷脂：是含磷的类脂化合物，构造与油脂相似，可分为甘油磷脂和鞘磷脂两大类。

(2)卵磷脂和脑磷脂：是两种重要的甘油磷脂，分别由胆碱和胆胺分子中的醇羟基与磷脂酸分子以磷酸酯键结合而成。

(3)甾族化合物：都含有一个环戊烷并氢化菲的基本骨架，这个骨架是甾族化合物的母核，广泛存在于动植物体中，在动植物的生命活动中起着十分重要的作用。其主要包括甾醇类、胆甾酸和甾体激素。

习 题

1. 写出下列化合物的结构式

(1)$\triangle^{9,12}$-十八碳二烯酸　　　　(2)甘油-α-硬脂酸-β-软脂酸-α'-油酸酯

(3)α-脑磷脂　　　　(4)胆固醇

2. 命名下列化合物

(1)

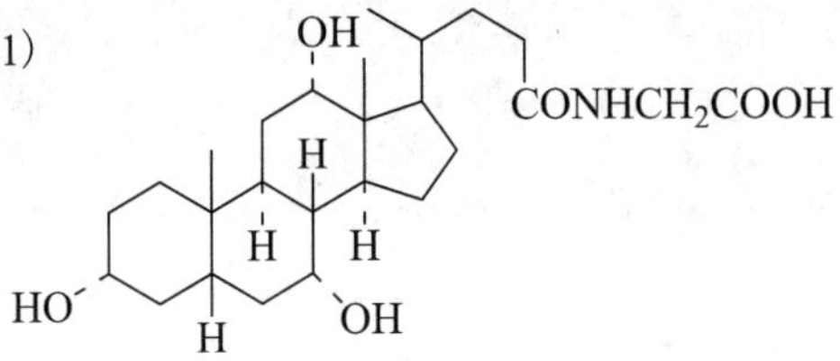

(2)

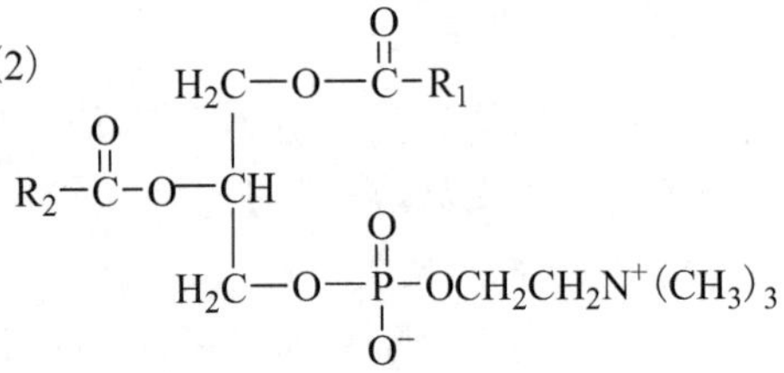

3. 解释下列化学名词

(1)皂化和皂化值　　　　(2)油脂的硬化和油脂的碘值　　　　(3)油脂的酸败和酸值

4. 组成油脂的脂肪酸有何结构特点？

5. 比较 α-亚麻酸与 γ-亚麻酸在结构上的相同点和不同点，两者在人体内是否能相互转化，为什么？

6. 写出甾体化合物的基本骨架并编号。

7. 胆甾酸与胆汁酸的含义有何不同？为什么胆盐可帮助脂类的消化吸收？

8. 依据胆酸结构回答下列问题

(1)胆酸所含碳骨架的名称

(2)A/B 环以何种方式进行稠合？属于 5α-系还是 5β-系？

(3)C_3—OH、C_7—OH、C_{12}—OH 各是什么构型？

9. 试用化学方法鉴别下列两组化合物

(1)三软脂酸甘油酯和三油酸甘油酯　　　　(2)睾酮、雌二醇、胆酸和胆甾醇

10. β-雌二醇与睾酮的结构相似，如何用简单的化学方法区别它们？若有一含有两化合物的混合物，如何分类它们？

（刘为忠）

第十五章　氨基酸、多肽和蛋白质

学习要求

1. 掌握氨基酸的结构、分类、命名和化学性质，两性电离和等电点，肽的结构、命名。
2. 熟悉常见氨基酸和必需氨基酸，蛋白质的结构和性质。
3. 了解修饰氨基酸和非蛋白氨基酸，蛋白质的分类。

蛋白质是生命体内含量最高，功能最重要的生物大分子，存在于所有细胞中，它与多糖、脂类和核酸都是构成生命的基础物质。蛋白质是由氨基酸通过肽键组成的在空间盘绕折叠的多肽链。学习和研究蛋白质及多肽的结构和功能，首先必须掌握氨基酸的结构和性质。本章主要讲述氨基酸的结构和性质，并简要介绍肽和蛋白质的基本知识。有关蛋白质的结构和功能的详细内容在生物化学及相关课程中介绍。

第一节　氨　基　酸

一、氨基酸是组成蛋白质的基本单位

氨基酸(amino acid)是分子中既有氨基，又有羧基的化合物。两分子及两分子以上的氨基酸脱水生成的酰胺称为肽(peptide)，一般来说，由 10 个以内氨基酸残基相连而成的肽称为寡肽(oligopeptide)，而更多的氨基酸残基相连而成的肽称为多肽(polypeptide)。通常将分子量在一万以上的多肽称为蛋白质(protein)。不同来源的蛋白质在酸、碱或酶的作用下，能够逐步水解成不同的氨基酸，因此氨基酸是组成蛋白质的基本单位。

二、氨基酸的分类和命名

自然界中已发现的氨基酸有 300 多种，但在生物体内作为组成蛋白质基本单位的氨基酸主要有 20 种，除脯氨酸为 α-亚氨基酸外，均属 α-氨基酸，即氨基连接在羧酸 α-碳原子上，其结构通式如下(式中 R 代表不同的侧链基团)。

$$\begin{array}{c} NH_2 \\ | \\ R-CH-COOH \end{array}$$

氨基酸的分类方法主要有以下四种：①根据所含氨基和羧基的相对数目，分为酸性、中性和碱性氨基酸；②根据 R 基团的化学结构可分为脂肪族、芳香族和杂环氨基酸；③根据氨基和羧基在分子中的相对位置分为 α、β、γ 等氨基酸；④根据在生理 pH 环境下 R 基团的极性分为非极性中性氨基酸、极性中性氨基酸、酸性氨基酸和碱性氨基酸。

氨基酸的命名可采用系统命名法。命名时以羧酸为母体，将氨基作为取代基，氨基的位置常用希腊字母 α、β、γ 等表示，称为氨基某酸。但氨基酸常用俗名，俗名多按其来源或某些性质所得。例如，丝氨酸最初从蚕丝中得到，天冬氨酸最初是从天冬的幼苗中发现的，而甘氨酸则是因为有甜味而得名。此外，组成蛋白质的 20 种氨基酸还常用中文简称、英文缩写和单字符号来表示，例如，甘氨酸的中文简称是"甘"，英文缩写是"Gly"。组成蛋白质的 20 种氨基酸的结构、命名等见表 15-1。

表15-1 蛋白质中主要的20种氨基酸

中文名	英文名	英文缩写	中文缩写	pI	结构式
甘氨酸	glycine	Gly	甘	5.97	CH_2COO^-，NH_3^+
丙氨酸	alanine	Ala	丙	6.00	CH_3CHCOO^-，NH_3^+
缬氨酸*	valine	Val	缬	5.96	$(H_3C)_2CHCHCOO^-$，NH_3^+
亮氨酸*	leucine	Leu	亮	6.02	$(H_3C)_2CHCH_2CHCOO^-$，NH_3^+
异亮氨酸*	isoleucine	Ile	异亮	5.98	$(H_3C)_2CHCHCOO^-$，NH_3^+
脯氨酸	proline	Pro	脯	6.30	吡咯烷-COO^-，NH^+
苯丙氨酸*	phenylalanine	Phe	苯丙	5.48	$C_6H_5CH_2CHCOO^-$，NH_3^+
色氨酸*	tryptophan	Trp	色	5.89	吲哚-CH_2CHCOO^-，NH_3^+
蛋氨酸*	methionine	Met	甲硫	5.74	$CH_3-S-CH_2CH_2CHCOO^-$，NH_3^+
丝氨酸	serine	Ser	丝	5.68	$HO-CH_2CHCOO^-$，NH_3^+
苏氨酸*	threonine	Thr	苏	5.60	$H_3CCHCHCOO^-$，OH，NH_3^+
半胱氨酸	cysteine	Cys	半胱	5.07	$HS-CH_2CHCOO^-$，NH_3^+

续表

中文名	英文名	英文缩写	中文缩写	pI	结构式
酪氨酸	tyrosine	Tyr	酪	5.66	HO—⬡—CH$_2$CHCOO$^-$ ，$\overset{+}{N}H_3$
天冬酰胺	asparagine	Asn	天酰	5.41	H$_2$N—C(=O)—CH$_2$CHCOO$^-$ ，$\overset{+}{N}H_3$
谷氨酰胺	glutamine	Gln	谷酰	5.65	H$_2$N—C(=O)—CH$_2$CH$_2$CHCOO$^-$ ，$\overset{+}{N}H_3$
天冬氨酸	aspartic acid	Asp	天冬	2.77	HO—C(=O)—CH$_2$CHCOO$^-$ ，$\overset{+}{N}H_3$
谷氨酸	glutamic acid	Glu	谷	3.22	HO—C(=O)—CH$_2$CH$_2$CHCOO$^-$ ，$\overset{+}{N}H_3$
精氨酸	arginine	Arg	精	10.76	H$_2$NC($\overset{+}{N}H_2$)—NH(CH$_2$)$_3$CHCOO$^-$ ，NH_2
赖氨酸*	lysine	Lys	赖	9.74	H$_3$$\overset{+}{N}$(CH$_2$)$_4$CHCOO$^-$ ，NH_2
组氨酸	histidine	His	组	7.59	(咪唑环)CH$_2$CHCOO$^-$ ，$\overset{+}{N}H_3$

有些氨基酸在人体内不能合成或合成的数量不能满足人体需要，必须由食物供给，称为营养必需氨基酸(essential amino acid)。在表 15-1 中用 * 标出。

三、氨基酸的构型

蛋白质水解得到的氨基酸几乎都是 α-氨基酸。除甘氨酸外，其他氨基酸都是手性分子，都具有旋光性。氨基酸的构型通常采用 *D/L* 命名法，即以甘油醛为参考标准，在 Fischer 投影式中，氨基酸分子中 α-NH$_3^+$的位置与 *L*-甘油醛手性碳原子上的—OH 的位置相同者为 *L*-型，相反为 *D*-型。

CHO
HO—│—H
CH$_2$OH
L-甘油醛

COO$^-$
H$_3$$\overset{+}{N}$—│—H
R
L-氨基酸

CHO
H—│—OH
CH$_2$OH
D-甘油醛

COO$^-$
H—│—$\overset{+}{N}H_3$
R
D-氨基酸

天然的氨基酸都是 *L*-构型。若用 *R*、*S* 法标记构型，组成蛋白质的氨基酸，除半胱氨酸为 *R*-构型外，其余的均为 *S*-构型。

四、氨基酸的理化性质

(一)酸碱性和等电点

氨基酸分子中羧基解离给出的 H^+,可与氨基结合,这种分子内部酸性基团和碱性基团所形成的盐称为内盐。内盐分子中含正、负离子两部分,所以又称为两性离子(zwitter-ion)。固态氨基酸以两性离子的结构形式存在。由于氨基酸分子内有酸性的$-NH_3^+$和碱性的$-COO^-$,因此氨基酸在水溶液中总是呈阳离子、阴离子和两性离子三种结构形式的平衡状态。

$$\underset{\substack{\text{阳离子}\\ \text{pH<pI}}}{R-\overset{\overset{\displaystyle NH_3^+}{|}}{CH}-COOH} \xrightleftharpoons[H^+]{OH^-} \underset{\substack{\text{两性离子}\\ \text{pH=pI}}}{R-\overset{\overset{\displaystyle NH_3^+}{|}}{CH}-COO^-} \xrightleftharpoons[H^+]{OH^-} \underset{\substack{\text{阴离子}\\ \text{pH>pI}}}{R-\overset{\overset{\displaystyle NH_2}{|}}{CH}-COO^-}$$

上述平衡移动与溶液的 pH 有关,调节溶液的 pH,使溶液中的氨基酸全部以两性离子形式存在,在直流电场中既不向阴极移动,也不向阳极移动,此时溶液的 pH 称为该氨基酸的等电点(isoelectric point),以 pI 表示。氨基酸的等电点是一个特征常数,各种氨基酸由于结构的差异,都有各自的等电点(表 15-1)。

由于各种氨基酸的等电点不同,在等电点时氨基酸的溶解度最小,可以利用调节溶液 pH 的方法分离、提纯不同的氨基酸。

(二)与亚硝酸反应

氨基酸分子中的氨基具有伯胺的性质,可以与亚硝酸反应定量地放出氮气。

$$R-\overset{\overset{\displaystyle NH_3^+}{|}}{CH}-COO^- + HNO_2 \longrightarrow R-\overset{\overset{\displaystyle OH}{|}}{CH}-COOH + N_2\uparrow$$

测定反应时产生的氮气的体积,便可计算出氨基的数目。此法常用于测定氨基酸、多肽和蛋白质中游离氨基的含量。

(三)脱羧反应

α-氨基酸与氢氧化钡共热,可发生脱羧反应,放出二氧化碳生成少一个碳原子的伯胺。

$$R-\overset{\overset{\displaystyle NH_3^+}{|}}{CH}-COO^- \xrightarrow[\triangle]{Ba(OH)_2} R-CH_2-NH_2 + CO_2\uparrow$$

生物体内的脱羧反应是在酶的作用下。例如,肌球蛋白中的组氨酸在脱羧酶的存在下,可变为组胺,机体中组胺过量易引起变态反应。

$$
\underset{\text{组氨酸}}{\text{（咪唑环）}\text{CH}_2\overset{\overset{\text{NH}_3^+}{|}}{\text{CH}}\text{-COO}^-} \xrightarrow{\text{脱羧酶}} \underset{\text{组胺}}{\text{（咪唑环）}\text{CH}_2\text{CH}_2\text{NH}_2} + \text{CO}_2\uparrow
$$

（四）显色反应

α-氨基酸与水合茚三酮在水溶液中加热时，能放出二氧化碳，并生成蓝紫色的化合物，其溶液在 570nm 有强烈吸收，其强度与参与反应的氨基酸的量成正比。该反应可用于氨基酸的定量分析。

$$
2\,\text{（茚三酮）} + \text{R-}\overset{\overset{|}{\text{NH}_3^+}}{\text{CH}}\text{COO}^- \xrightarrow{\triangle} \text{（蓝紫色产物）} + \text{RCHO} + \text{CO}_2\uparrow
$$

（五）脱水成肽

加热时两分子 α-氨基酸可以脱去一分子水生成二肽（dipeptide）。

$$
{}^+\text{NH}_3\text{-}\overset{\overset{\text{R}_1}{|}}{\text{CH}}\text{-COO}^- + {}^+\text{NH}_3\text{-}\overset{\overset{\text{R}_2}{|}}{\text{CH}}\text{-COO}^- \longrightarrow {}^+\text{NH}_3\text{-}\overset{\overset{\text{R}_1}{|}}{\text{CH}}\text{-}\underset{\text{肽键}}{\boxed{\text{C-N}}}\text{-}\overset{\overset{\text{R}_2}{|}}{\text{CH}}\text{-COO}^- + \text{H}_2\text{O}
$$

因分子中还存在游离的氨基和羧基，所以可再与更多的氨基酸脱水形成三肽、四肽及多肽。

第二节　肽

人体内存在很多具有生物活性的低分子量的肽，在代谢调节、神经传导等方面起着重要的作用，有的多肽还具有免疫调节、抗血栓、抗高血压等功能。

一、肽的结构和命名

氨基酸残基之间以肽键相互连接而形成的化合物称为肽（peptide），它也是蛋白质水解的中间产物。由两个氨基酸之间脱水缩合而成的化合物称为二肽，由三个氨基酸之间脱水缩合而成的化合物称为三肽，同理还有四肽、五肽等。十肽以下的化合物称为寡肽（oligopeptide）或低聚肽，十一肽以上的化合物称为多肽（polypeptide）。除了环状的肽外，链状肽在链的一端有一个游离的氨基，我们称为 N-端，另一端有一个游离的羧基，我们称为 C-端。习惯上 N-端写在肽链的左端，C-端写在肽链的右端。

肽的命名方法通常是以 C-端的氨基酸为母体称为某氨基酸，肽链中的其他氨基酸残基则从 N-末端开始依次称为某氨酰，置于母体名称前面。例如

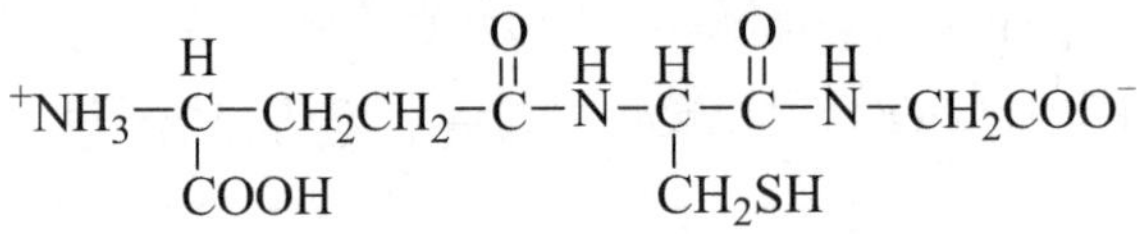

谷氨酰-半胱氨酰-甘氨酸（简称：谷-半胱-甘）

由于这种命名方法比较烦琐，在命名多肽时，习惯上用氨基酸的英文缩写或单字符号表示。例如，四肽丙氨酰丝氨酰甘氨酰苯丙氨酸可命名为：Ala-Ser-Gly-Phe，中文名为：丙-丝-甘-苯丙肽。

二、多肽中氨基酸的顺序测定

多肽的结构不仅与组成的氨基酸的种类和数目有关，还与氨基酸残基在肽链中的排列次序有关。因此，要确定多肽的结构，不仅要确定组成肽链的氨基酸的种类和数目，还要研究肽链中氨基酸的结合顺序。多肽分子中各种氨基酸的结合顺序，常用端基分析和部分水解等方法来测定。

端基分析是指分别测定肽链两端的氨基酸的方法。测定时选用一种合适的试剂，使其与 N-末端或 C-末端的氨基酸作用，然后再水解。与该试剂结合的氨基酸则必然是链端氨基酸。

1. N-端分析法 N-末端分析时常用的试剂是 2,4-二硝基氟苯。在弱碱性条件它与 N-末端的游离—NH_2 以共价键结合，生成 2,4-二硝基苯基(简写：DNP)-肽衍生物。由于 DNP 基团与 N-端结合较牢固，不易被酸水解，故将 DNP-肽彻底水解时，可得到 DNP-N-端氨基酸(黄色)，有固定的 R_f 值，由此鉴定 N-端氨基酸。

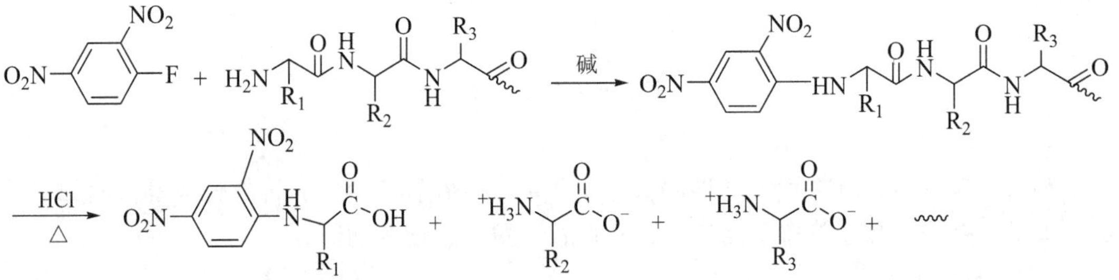

N-末端分析的试剂还有异硫氰酸苯酯，称为 Edman 降解法。该法是利用异硫氰酸苯酯与肽链的N-端氨基酸反应，形成肽的苯氨基硫甲酰衍生物(用简式 PTC-肽表示)，然后在有机溶剂中用无水 HCl 处理，一般肽键在此条件下不被水解，但被结合的 N-末端氨基酸则与肽链其他部分断开。再用乙酸乙酯提取，经纸色谱或薄层色谱与已知氨基酸进行比较，从而鉴定出 N-末端氨基酸。此法的优点是只断裂 N-末端已经与试剂结合的氨基酸，而肽链的其余部分不受影响，故可以重复连续测定。用于测定蛋白质中氨基酸顺序的自动分析仪，就是根据该反应原理制成的。

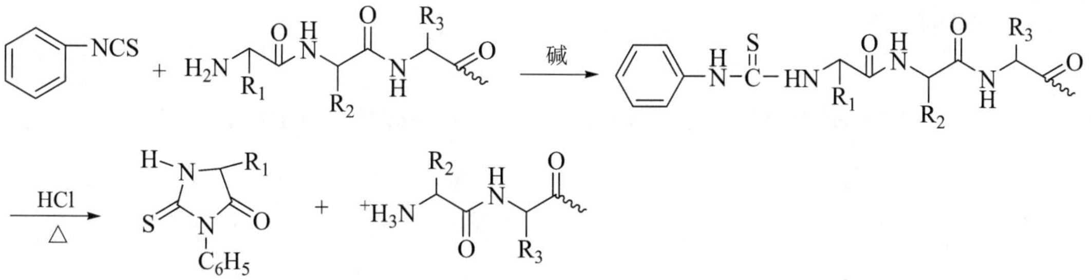

PTH-氨基酸　　　降解的肽（少一个残基）

2. C-末端分析法　C-末端分析时常用的试剂是羧肽酶。羧肽酶能选择性的水解 C-端氨基酸的肽键，其余肽键不受影响。例如，胰蛋白酶只能水解精氨酸(Arg)和赖氨酸(Lys)的羧基肽键；糜蛋白酶能水解芳香族氨基酸的羧基肽键。

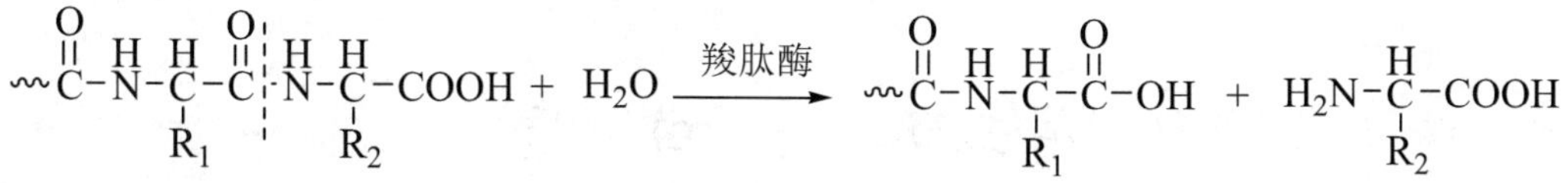

余肽　　　　　　C-端氨基酸

羧肽酶能不断地从 C-末端逐个水解肽链，跟踪测定先后释放的氨基酸，便可测定多肽链中氨基酸的结合顺序。但此法一般只可以测定 C-端前几个氨基酸的顺序。

3. 部分水解　稀酸或专一性的水解酶，可将肽链中的不同部位水解生成各种碎片(二肽、三肽等)再用端基分析法鉴定。根据各个碎片中氨基酸的结合顺序，再逐步推断它们在整个多肽链中的排列顺序。

三、多肽的合成

由于氨基酸排列顺序的不同可形成大量的多肽同分异构体，所以在合成多肽时必须对某些氨基和羧基进行保护，使肽键在指定的羧基和氨基之间形成，最后再去掉保护基团。

肽的一般合成方法是先将氨基保护，一般利用羧酸衍生物与氨基反应生成酰胺进行保护，最后催化氢化和无水酸处理去掉保护基团，常用的氨基保护有苄氧羰基、叔丁氧羰基。还可以先保护羧基，一般利用醇与羧基生成苄酯或叔丁酯进行保护，最后通过催化氢化或碱性水解去掉保护。在合成多肽时，还需要加入活化剂，使未保护的氨基和羧基容易反应，一般应用的活化剂是二环己基碳化二亚胺(简称 DCC)。下面以合成二肽为例，说明合成多肽的一般步骤。

氨基的保护：

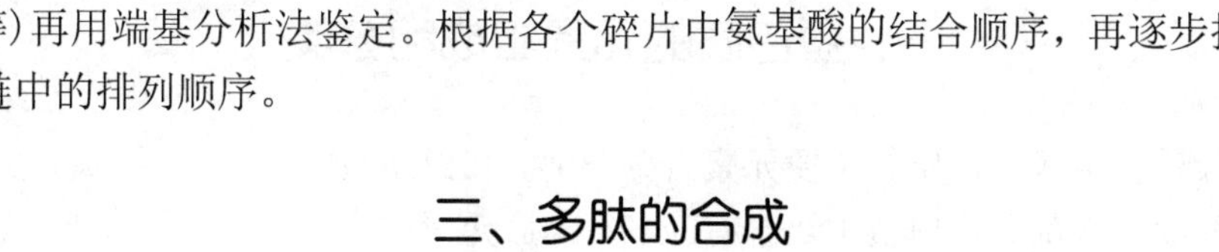

羧基的保护:

$$H_2NCHCOOH + PhCH_2OH \xrightarrow{-H_2O} PhCH_2O\overset{\displaystyle O}{\overset{\displaystyle \|}{C}}CHNH_2$$

（下方 R_2 分别连在左侧 $H_2NCHCOOH$ 和右侧产物的碳上）

合成二肽:

$$PhCH_2O\overset{O}{\overset{\|}{C}}NHCHCOOH + PhCH_2O\overset{O}{\overset{\|}{C}}CHNH_2 \xrightarrow{DCC} PhCH_2O\overset{O}{\overset{\|}{C}}NHCHC\overset{O}{\overset{\|}{}}NHCHCOCH_2Ph$$

（取代基 R_1、R_2 分别连在相应碳上）

二肽进一步与更多的氨基酸反应得到多肽。

第三节 蛋 白 质

蛋白质(protein)和多肽均是氨基酸的多聚物,它们都由各种 L-α-氨基酸残基通过肽键相连。因此在小分子蛋白质和大分子多肽之间不存在绝对严格的分界线。通常将分子量在 10kD 以上、结构复杂的多肽称为蛋白质,在 10kD 以下的称为多肽。

一、蛋白质的元素组成和分类

经元素测定,组成蛋白质的主要元素有碳(50%～55%)、氢(6%～8%)、氧(19%～24%)、氮(13%～19%);大部分蛋白质中还含有硫(0～4%)元素;此外,有些蛋白质中还含有磷元素、碘元素及微量金属元素(如铁、铜、锌、锰等)。

由于生物组织中绝大部分氮元素都来自蛋白质,其他含氮物质极少;并且生物体内各种蛋白质的含氮量都相当接近,即可以认为 1g 氮相当于 6.25g 蛋白质,通常测定生物样品中的含氮量即可推算出该样品中的蛋白质含量,即常用的定氮法。

蛋白质的种类繁多,功能各异,结构复杂。一般根据蛋白质的化学组成、形状和生理功能等进行分类。

(一)根据蛋白质的化学组成分类

1. 单纯蛋白质(simple proteins) 水解的最终产物只有 α-氨基酸,如清蛋白、组蛋白、精蛋白、球蛋白、硬蛋白、谷蛋白和醇溶蛋白等。

2. 结合蛋白质(conjugative proteins) 水解的最终产物除了 α-氨基酸外,还有非蛋白物质,非蛋白物质称为辅基(prosthetic group),如脱氧核糖核酸核蛋白、血清类黏蛋白、叶绿蛋白等。

(二)根据蛋白质的形状分类

1. 球形蛋白质(globular proteins) 分子呈球状,在水中溶解度较大,并有特异的生物活性。生物界中多数蛋白质都属于这类蛋白质,如血红蛋白、免疫球蛋白、人体内的酶和激素等都为球状蛋白质。

2. 纤维状蛋白质（fibrous proteins）　分子呈细棒状纤维，根据在水中溶解度不同分为可溶性纤维状蛋白质和不可溶性纤维状蛋白质。这类蛋白质主要为生物体组织的结构材料，如肌肉的结构蛋白和血纤蛋白等属于可溶性纤维状蛋白质，而指甲和毛发中的角蛋白、胶原蛋白等均属于不可溶性纤维状蛋白质。

（三）根据蛋白质生理功能分类

1. 活性蛋白质（active protein）　除具有一般蛋白质的营养作用外，还具有某些特殊的生理功能，如有催化作用的酶、有免疫作用的抗体。

2. 非活性蛋白（passive protein）　对生物体起保护或支持作用的蛋白质，如有构造作用的角蛋白、有储存作用的清蛋白等。

二、蛋白质的结构

各种蛋白质的特殊功能和活性不仅取决于氨基酸的种类、数量和排列顺序，还与其特定的空间构象密切相关，为了表示蛋白质分子不同层次的结构，通常将蛋白质结构分为一级结构、二级结构、三级结构和四级结构。蛋白质的一级结构又称为初级结构，其他级别的结构属于构象范畴，称为高级结构。

（一）蛋白质的一级结构

蛋白质的一级结构是指从肽链一端至另一端氨基酸残基的排列顺序，肽键是一级结构中连接氨基酸残基的主要化学键。任何特定的蛋白质都有其特定的氨基酸排列顺序。蛋白质的一级结构是空间构象和特定生物功能的基础。一级结构相似的多肽或蛋白质，其空间构象和功能也相似。例如，牛胰岛素的　级结构如图 15-1 所示。

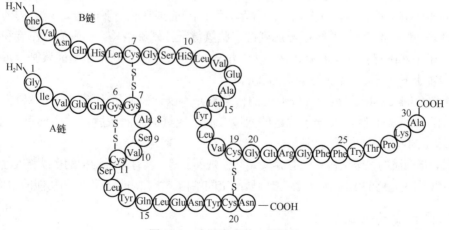

图 15-1　牛胰岛素的一级结构

牛胰岛素由 A、B 两条肽链共 51 个氨基酸残基组成。A 链有 11 种，共 21 个氨基酸残基，N-末端是甘氨酸（Gly），C-末端为天冬酰胺（Asn）；B 链有 15 种，共 30 个氨基酸残基，

N-末端是苯丙氨酸(Phe)，C-末端为丙氨酸(Ala)。其中 A7(Cys)-B(Cys)、A19(Cys)-B20(Cys)四个半胱氨酸中的巯基形成两个—S—S—键，将A、B两链连接起来。此外A链中A6(Cys)和A11(Cys)之间也存在—S—S—键。

(二)蛋白质的二级结构

具有一级结构的多肽链中各肽键平面通过 α-碳原子的旋转形成一定的构象，称为二级结构，二级结构的形成是借助一个肽键平面中的 C=O 和另一肽键平面中的—NH—之间形成的氢键，该氢键使肽键平面呈现不同的卷曲和折叠形状，主要有 α-螺旋和 β-折叠层等(图 15-2)。

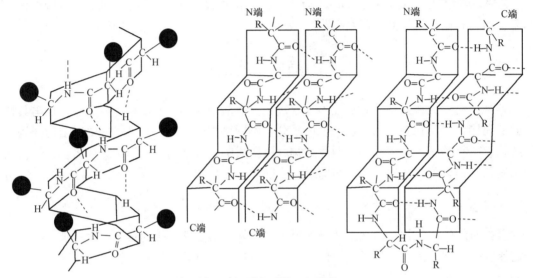

图 15-2　蛋白质的二级结构

α-螺旋(α-helix)的形成是由于肽链中各肽键平面通过 α-碳原子的旋转，围绕中心轴形成一种紧密螺旋盘曲结构，每个氨基酸残基(第 n 个)的羧基氧与多肽链C-端方向的第四个氨基酸残基(第 $n+4$ 个)的酰胺氮形成氢键，此氢键维持螺旋结构。α-螺旋有左旋和右旋，蛋白质分子中实际存在的是右旋，螺距为54pm，每一圈含有3.6个氨基酸残基，每个残基沿着螺旋轴上升15pm，螺旋的半径为23pm。

β-折叠(pleated sheet)是一种较伸展的构象单元，以 α-碳原子为旋转点，肽链折叠成锯齿状结构，在两条肽链，或一条肽链的两段之间形成氢键。两条肽链的走向可以相同(N-端到C-端是同向的)，也可以相反。

此外，蛋白质的二级结构中还有 β-转角和无规卷曲等。具有二级结构的多肽链在空间盘曲折叠进一步形成完整的蛋白质结构。蛋白质的空间结构是蛋白质特有性质和功能的结构基础。

(三)蛋白质的三级结构

蛋白质分子在二级结构的基础上进一步盘曲折叠形成的三维结构，是整条肽链中全部氨基酸残基在空间的排布。三级结构的形成和稳定主要取决于二硫键、离子键、疏水作用、范德华力和氢键等。

(四)蛋白质的四级结构

有些蛋白质分子含有两条或多条肽链，其中每一个具有三级结构的多肽链称为亚基(subunit)，各个亚基的空间排布及亚基接触部位的布局和相互作用称为蛋白质的四级结构。在亚基之间聚合时，必须在空间上满足镶嵌互补。例如，血红蛋白(hemoglobin)由四个亚基组成，有两条 α-链和两条 β-链，α-链含 141 个氨基酸残基，β-链含 146 个氨基酸残基。每条肽链都卷曲成球状，都有一个空穴容纳一个血红素分子，形成一个亚基。整个分子中四条链(四个亚基)紧密连接在一起，形成一个紧凑的多亚基结构(图15-3)。图中白色的为 α-链，带阴影的为 β-链，黑色的为血红素。

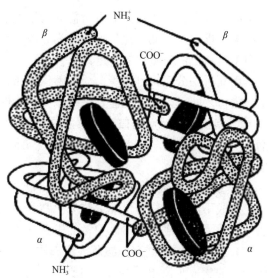

图 15-3 血红蛋白的四级结构

三、蛋白质的性质

(一)两性电离和等电点

蛋白质分子中除了末端具有游离的羧基和氨基外，组成肽链的氨基酸残基上还含有不同数量的游离的羧基或氨基，因此蛋白质分子与氨基酸分子相似，它们在水溶液中也呈两性电离。在强酸性溶液中，蛋白质以正离子形式存在，在强碱性溶液中以负离子形式存在。蛋白质的两性电离可以用下式表示。

$$^{+}H_3N-P-COOH \underset{H^+}{\overset{OH^-}{\rightleftharpoons}} {}^{+}H_3N-P-COO^- \underset{H^+}{\overset{OH^-}{\rightleftharpoons}} H_2N-P-COO^-$$

$$\text{pH}<\text{pI} \qquad\qquad \text{pH}=\text{pI} \qquad\qquad \text{pH}>\text{pI}$$

若加入适量的酸或碱，调节溶液的 pH，使蛋白质分子的酸式电离度和碱式电离度达到相等，则蛋白质分子主要以等电状态的两性离子存在，在电场中不移动。此时，该溶液的 pH 称为该蛋白质的等电点，用 pI 表示。在等电点时蛋白质的溶解度最小，因此可以通过调节溶液的 pH，使蛋白质从溶液析出，从而达到分离或提纯的目的。

(二)蛋白质的沉淀

维持蛋白质溶液稳定的主要因素是蛋白质分子表面的水化膜和所带的电荷。若用物理或者化学方法破坏这两种因素，则蛋白质分子将凝聚从而沉淀。沉淀蛋白质有以下方法。

1. 盐析　在蛋白质溶液中加入中性盐类(如硫酸铵、硫酸钠、氯化钠等)至一定浓度时，蛋白质便可沉淀析出，这种现象称为盐析(salting out)。盐析作用的实质是破坏蛋白质分子表面的水化膜和中和其所带的电荷，从而使蛋白质产生沉淀。

所有蛋白质在浓的中性盐溶液中都能沉淀出来。由于各种蛋白质的水化程度和所带电荷不同，因而蛋白质发生盐析所需盐的浓度也不同。利用这种特性可采用调节盐的浓度来分离混合蛋白质，此种盐析方法称为分段盐析。在临床检验中，常利用分段盐析来测定血清白蛋白和血清球蛋白的含量。

用盐析法分离得到的蛋白质依然保持蛋白质的生物活性，只需经过透析法或凝胶层析法除去盐，即可得到较纯净且保持原生物活性的蛋白质。

2. 有机溶剂沉淀蛋白质 在蛋白质溶液中加入甲醇、乙醇、丙酮等极性较大的有机溶剂时，由于这些有机溶剂极易溶于水，与水的亲和力大，能破坏蛋白质的水化膜，从而使蛋白质沉淀。

3. 重金属盐沉淀蛋白质 某些重金属离子如铅、汞、银、铜等，可与蛋白质负离子结合，形成不溶性蛋白质沉淀。临床上常利用蛋白质与重金属盐结合形成不溶性沉淀这一性质，抢救因误服重金属盐而中毒的患者。

4. 生物碱试剂或某些酸沉淀蛋白质 三氯乙酸、苦味酸、鞣酸、钨酸和磺基水杨酸等化合物的酸根负离子，可与蛋白质的正离子结合成不溶性的蛋白质沉淀。临床上常用这类试剂除去血液中有干扰的蛋白质。

(三) 蛋白质的颜色反应

蛋白质分子内含有许多肽键和某些带有特殊基团的氨基酸残基，可以与不同试剂显色，利用这些反应可以鉴别蛋白质。

1. 水合茚三酮反应 蛋白质溶液在 pH=5～7 时，与茚三酮丙酮溶液共热会出现蓝紫色，该反应称为茚三酮反应。茚三酮反应常用于蛋白质的定性和定量分析。

2. 蛋白质黄色反应 某些蛋白质遇到硝酸后产生白色沉淀，加热时沉淀变为黄色。这是由于蛋白质分子侧链上的芳香环发生了硝化反应，生成黄色的硝基化合物。

3. 缩二脲反应 蛋白质分子中含有许多酰胺键，能发生缩二脲反应。种类不同的蛋白质，显示的颜色也有区别。多数蛋白质显紫色，胨显粉红色，而白明胶则呈现近似的蓝色。

4. 米隆(Millon)反应 蛋白质遇到硝酸汞的硝酸溶液时变为红色，这是因为酪氨酸残基侧链上的酚羟基与汞生成红色的化合物，利用此反应可以检验蛋白质分子中是否有酪氨酸残基。

阅读资料

氨基酸在生活中的应用

氨基酸是构成蛋白质的基本单位，广泛用于食品、医药、添加剂及化妆品行业。随着生物工程技术产业逐渐成为 21 世纪全球的主要产业之一，氨基酸的需求量越来越大，品种变更越来越快，工艺改革越来越新。

1. 在食品行业的应用 谷氨酸钠是人类应用于调味料的第一个氨基酸，也是世界上应用范围最广、产销量最大的氨基酸。从 1908 年日本投入工业化生产到现在，人们已陆续发现甘氨酸、丙氨酸、脯氨酸、天冬氨酸也具有调味作用，并将其应用于食品行业。目前有 8 种氨基酸被用作食品调味剂。

2. 在医药行业的应用 氨基酸是合成人体蛋白质、激素、酶及抗体的原料，在人体内参与正常的代谢和生物活动。氨基酸及其衍生物可作为营养剂和代谢改良剂，具有抗溃疡、防辐射、抗菌、催眠、镇痛及为特殊病人配制特殊膳食的功效。

3. 在化妆品行业的应用　氨基酸及其衍生物与人体皮肤结构相似，易被皮肤吸收，使老化和硬化的表皮恢复水合性和弹性，延缓皮肤衰老。因此氨基酸在日用化工上的应用已有取代常用化工原料的趋势。

4. 在其他行业的应用　在轻工业方面，聚谷氨酸和聚丙氨酸正在被研制为具有良好保温性和透气性的人造皮革和高级人造纤维。在农业方面，以氨基酸为原料合成的除草剂、防腐剂，作为无污染环境、无公害的新型农药出现在田野上。在贵金属提取和电镀工业方面，天冬氨酸、组氨酸和丝氨酸使溶金能力提高 $100\sim200$ 倍；谷氨酸等可用于电镀工业的电解溶液，胱氨酸可用于铜矿探测，氨基酸烷基酯可用于海上流油回收等等。

本 章 小 结

1. 氨基酸

(1)氨基酸是分子中既有氨基，又有羧基的化合物。自然界中已发现的氨基酸有 300 多种，但在生物体内作为组成蛋白质基本单位的氨基酸主要有 20 种，除脯氨酸为 α-亚氨基酸外，均属 α-氨基酸。除甘氨酸外，其他氨基酸都是手性分子，因而都有旋光性，天然的氨基酸都是 L-构型。

(2)氨基酸的化学性质：氨基酸分子中的氨基和羧基既有各自典型的化学性质，同时又表现出两者相互影响的一些特殊性质。如两性电离和等电点、与亚硝酸反应、脱羧反应，与茚三酮的显色反应和脱水反应等。在医学上可以利用氨基酸的等电点分离、提纯化合物。

2. 肽

氨基酸残基之间以肽键相互连接而形成的化合物称为肽，它也是蛋白质水解的中间产物。由两个氨基酸之间脱水缩合而成的化合物称为二肽，由三个氨基酸之间脱水缩合而成的化合物称为三肽，同理还有四肽、五肽等等。十肽以下的称为寡肽或低聚肽，十一肽以上的称为多肽。除了环状的肽外，链状肽在链的一端有一个游离的氨基，我们称为 N-端，另一端有一个游离的羧基，我们称为 C-端。习惯上 N-端写在肽链的左端，C-端写在肽链的右端。

多肽的结构不仅与组成的氨基酸的种类和数目有关，还与氨基酸残基在肽链中的排列次序有关。多肽分子中各种氨基酸的结合顺序，常用端基分析和部分水解等方法来测定。

3. 蛋白质

(1)组成蛋白质的主要元素有碳、氢、氧、氮及微量金属元素(如铁、铜、锌、锰等)。

(2)蛋白质的结构：各种蛋白质的特殊功能和活性不仅取决于氨基酸的种类、数量和排列顺序，还与其特定的空间构象密切相关，为了表示蛋白质分子不同层次的结构，通常将蛋白质结构分为一级结构、二级结构、三级结构和四级结构。蛋白质的一级结构又称为初级结构，其他级别的结构属于构象范畴，称为高级结构。

(3)蛋白质的性质：蛋白质不仅具有氨基酸的一些重要理化性质，如两性电离、等电点及显色反应等，而且具有本身特殊性质，如变性和沉淀等。

习　题

1. 解释下列名词

(1)氨基酸的等电点　　　　(2)必需氨基酸　　　　(3)肽键的末端氨基酸残基的分析

(4)蛋白质的一级结构和构象　　(5)蛋白质的两性电离　　(6)蛋白质的沉淀

2. 写出化合物的结构式

(1)亮氨酸　(2)天冬氨酸　(3)精氨酸　(4)天冬氨酰天冬酰酪氨酸

3. 写出下列化合物的名称

(1)Pro-Gly-Phe　　　(2)Ser-Arg-Pro　　　(3)Tyr-Val-Gly　　　(4)Ala-His-Phe-Val

4. 单项选择题

(1)组成蛋白质的氨基酸，除甘氨酸外，构型都是

A. D-构型　　　　　B. S-构型　　　　　C. L-构型　　　　　D. R-构型

(2)某氨基酸的 pI=9.42，它在 pH=5.4 的缓冲溶液中是

A. 负离子　　　　　B. 两性离子　　　　C. 正离子　　　　　D. 中性分子

(3)某氨基酸的 pI=10.85，其水溶液呈

A. 强酸性　　　　　B. 碱性　　　　　　C. 中性　　　　　　D. 弱酸性

(4)蛋白质分子中氨基酸的主要连接方式是

A. 二硫键　　　　　B. 氢键　　　　　　C. 肽键　　　　　　D. 疏水键

(5)在 pH=7.6 的缓冲液中通直流电，在正极可能得到的是

A. 丝氨酸(pI=5.68)　B. 赖氨酸(pI=9.74)　C. 组氨酸(pI=7.59)　D. 精氨酸(pI=10.76)

(6)存在生物体内的氨基酸中，含有二硫键的是

A. 半胱氨酸　　　　B. 甲硫氨酸　　　　C. 谷氨酸　　　　　D. 胱氨酸

5. 将谷氨酸(pI=3.22)，丙氨酸(pI=6.00)，精氨酸(pI=10.76)分别溶于水中。

(1)水溶液呈酸性还是碱性？

(2)氨基酸带何种电荷？

(3)欲调节溶液 pH 至等电点，需要加酸或加碱？写出 pH=pI 时各氨基酸的结构式。

6. 预计四肽丙氨酰谷氨酰甘氨酰亮氨酸(Ala-Glu-Gly-Leu)的完全水解和部分水解的产物是什么？

7. 一个七肽是由甘氨酸、丝氨酸、两个丙氨酸、两个组氨酸和天冬氨酸构成的，它水解得到的三肽为：Gly-Ser-Asp；His-Ala-Gly；Asp-His-Ala，写出该七肽氨基酸的排列顺序。

8. 化合物 A($C_5H_9O_4N$)具有旋光性，与 $NaHCO_3$ 作用放出 CO_2；与 HNO_2 作用放出 N_2，并转化为化合物 B($C_5H_8O_5$)，B 也具有旋光性。将 B 氧化得到化合物 C($C_5H_6O_5$)，C 无旋光性，但可与 2,4-二硝基苯肼作用生成黄色沉淀。C 经加热可放出 CO_2，并生成化合物 D($C_4H_6O_3$)，D 能发生银镜反应，其氧化产物为化合物 E($C_4H_6O_4$)，1mol 的 E 在常温下与足量的 $NaHCO_3$ 反应可生成 2mol 的 CO_2，写出 A、B、C、D 和 E 的结构式。

(姜吉刚)

第十六章　核　　酸

学习要求

1. 掌握核酸的化学组成和 DNA 双螺旋结构的主要特点。

2. 熟悉核酸的一级结构及其书写方法。

3. 了解核酸的二级结构，核酸的分类和理化性质。

核酸(nucleic acids)是生物体中最重要的生物大分子，对遗传信息的储存和蛋白质的合成起着决定性的作用。核酸是 1868 年由瑞士外科医生米歇尔(J. F. Miescher)从脓细胞核中分离得到的，当时被称为"核质"(nuclein)，因其具有酸性，20 年后更名为核酸。核酸的发现为人类提供了解生命之谜的金钥匙。1944 年，Oswald Avery 经实验证实了 DNA 是遗传的物质基础。1953 年，Watson 和 Crick 提出了 DNA 的双螺旋结构理论，巧妙地解释了遗传的奥秘，并将遗传学的研究从宏观的观察进入到分子水平。在生物体内，核酸主要以核蛋白的形式存在，核蛋白是结合蛋白，核酸作为辅基与蛋白质结合在一起。生物体的生长、繁殖、遗传、变异和转化等生命现象中，核酸都起着决定性的作用。核酸的重要生理功能与核酸的化学组成和化学结构密切相关，核酸是现代生物化学、分子生物学和医学的重要基础之一。

第一节　核酸的分类和化学组成

一、核酸的分类

根据分子中所含戊糖的类型，核酸可分为脱氧核糖核酸(deoxyribonucleic acid，DNA)和核糖核酸(ribonucleic acid，RNA)。DNA 主要存在于细胞核内，它是生命遗传的物质基础，承担体内遗传信息的储存和发布。约 90% 的 RNA 存在于细胞质中，而在细胞核内的含量约占 10%，在生物体内负责遗传信息的表达，它直接参与体内蛋白质的合成。

根据在蛋白质合成过程中所起的作用，RNA 可分为三类。

(一)核糖体 RNA

核糖体 RNA(ribosomal RNA，rRNA)又称为核蛋白体 RNA，是细胞内含量最多的 RNA，占 RNA 总量的 80%~90%，它是蛋白质合成时多肽链的"装配机"。参与蛋白质合成的各种成分最终必须在核蛋白体上将氨基酸按特定顺序合成多肽链。

(二)信使 RNA

信使 RNA(messenger RNA，mRNA)占细胞 RNA 总量的 3%～5%，它是蛋白质合成的模板，在蛋白质合成时，控制氨基酸排序。

(三)转运 RNA

转运 RNA(transfer RNA，tRNA)占总 RNA 的 10%～15%，它的主要作用是将氨基酸转运到核糖体，用于合成多肽链。

二、核酸的化学组成

核酸分子中主要有碳、氢、氧、氮、磷等元素，其中含磷量为 9%～10%。由于各种核酸分子中含磷量比较恒定，故常用含磷量来表示组织中核酸的含量。

核酸的基本组成单位是核苷酸，核酸是一种多聚核苷酸(polynucleotide)，它是由许多核苷酸(nucleotide)结合而成的生物大分子。核苷酸是由核苷和磷酸组成，核苷由碱基(basic group)和戊糖组成。核酸的降解(水解)过程为

核酸 ——→ 核苷酸
- 磷酸
- 核苷
  - 戊糖（核糖或脱氧核糖）
  - 有机碱（嘌呤碱和嘧啶碱）

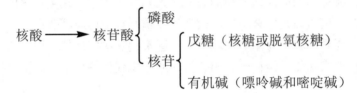

两类核酸水解产物见表 16-1。

表16-1　核酸水解的主要产物

水解产物类别	RNA	DNA
酸	磷酸	磷酸
戊糖	*D*-核糖	*D*-2-脱氧核糖
嘌呤碱	腺嘌呤　鸟嘌呤	腺嘌呤　鸟嘌呤
嘧啶碱	胞嘧啶　尿嘧啶	胞嘧啶　胸腺嘧啶

(一) 戊糖

核酸中的戊糖有 *D*-核糖和 *D*-2-脱氧核糖两类，皆为 *β*-*D*-呋喃构型。RNA 含 *β*-*D*-呋喃核糖，而 DNA 含 *β*-*D*-呋喃-2-脱氧核糖。它们的结构式如下。

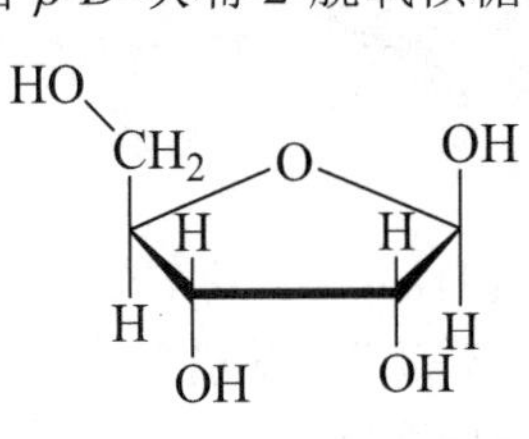

β-*D*-呋喃核糖

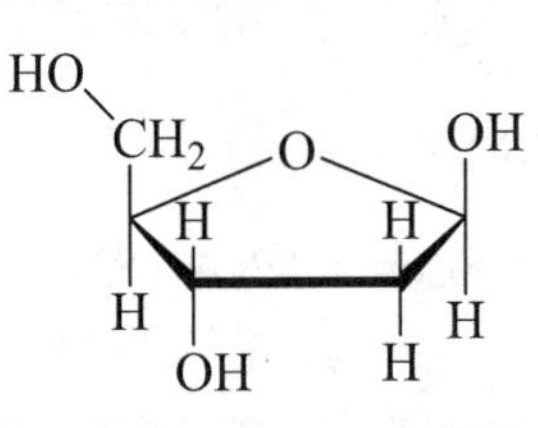

β-*D*-呋喃-2-脱氧核糖

(二)碱基

构成核苷酸的碱基主要有五种，分属嘌呤和嘧啶两类含氮杂环。嘌呤类有鸟嘌呤(guanine，G)和腺嘌呤(adenine，A)；嘧啶类有胞嘧啶(cytosine，C)、尿嘧啶(uracil，U)和胸腺嘧啶(thymine，T)。腺嘌呤、鸟嘌呤和胞嘧啶在 DNA 和 RNA 中均存在，尿嘧啶仅存在于 RNA 中，而胸腺嘧啶仅存在于 DNA 中。五种碱基的结构式如下。

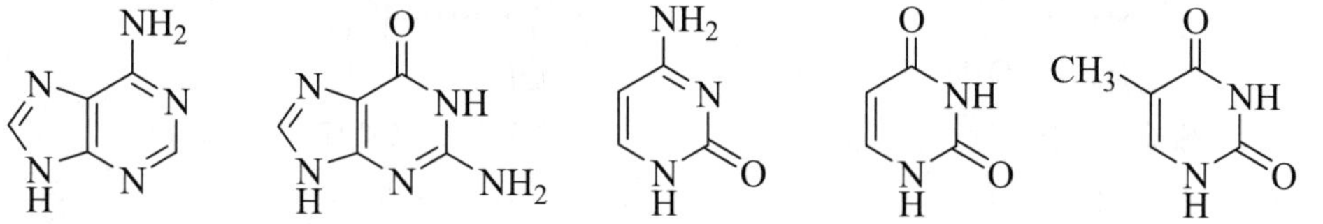

| 腺嘌呤（A） | 鸟嘌呤（G） | 胞嘧啶（C） | 尿嘧啶（U） | 胸腺嘧啶（T） |
| adenine | guanine | cytosine | uracil | thymine |

核酸分子中的嘌呤碱基和嘧啶碱基可发生酮式—烯醇式互变异构现象。

鸟嘌呤　　　　　酮式　　　　　烯醇式

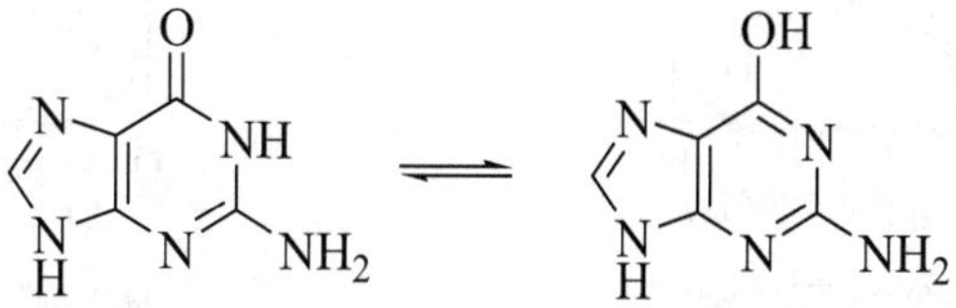

胞嘧啶　　　　　酮式　　　　　烯醇式

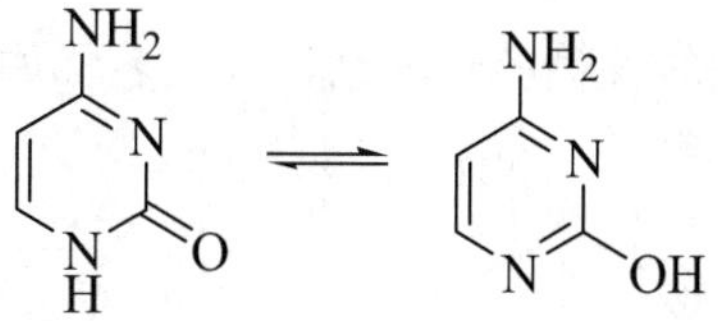

在生理条件下(pH=7.35～7.45)，嘌呤碱基和嘧啶碱基主要以酮式结构存在。

(三)磷酸

在核糖中，磷酸与戊糖结合生成磷酸酯。DNA 和 RNA 组成上的差异见表 16-2。

表16-2　DNA和RNA的基本化学成分

类别	糖	碱基	无机酸
DNA	β-D-2-脱氧核糖	鸟嘌呤、腺嘌呤、胞嘧啶、胸腺嘧啶	磷酸
RNA	β-D-核糖	鸟嘌呤、腺嘌呤、胞嘧啶、尿嘧啶	磷酸

第二节　核苷和核苷酸的结构

一、核苷的结构

核苷(nucleoside)是由核糖或脱氧核糖 C_1 位上的 β-苷羟基与嘧啶碱基中 N_1 或嘌呤碱基中 N_9 上的氢原子脱水而形成的 β-氮苷。核苷命名是"碱基名称"加词尾"核苷"；脱氧核苷命名是"碱基名称"加词尾"脱氧核苷"。在 RNA 中常见的四种核糖核苷的结构式及名称如下。

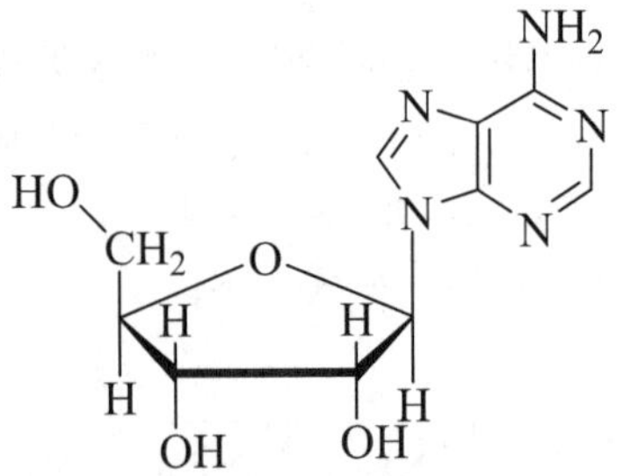

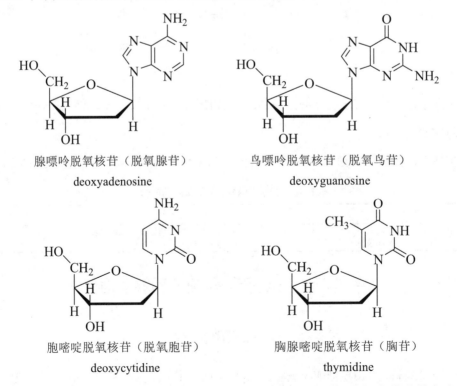

腺嘌呤核苷（腺苷）
adenosine

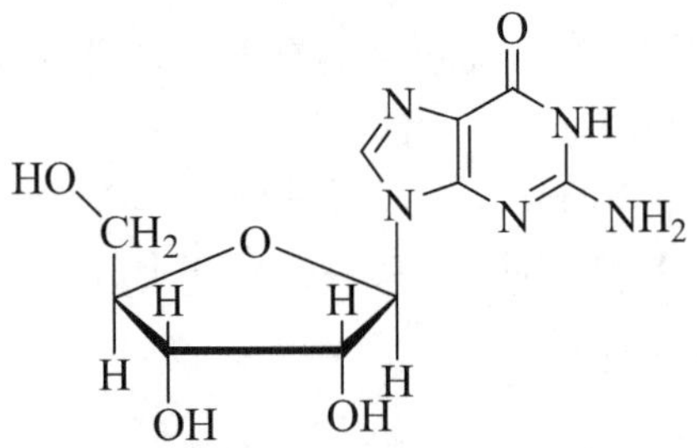

鸟嘌呤核苷（鸟苷）
guanosine

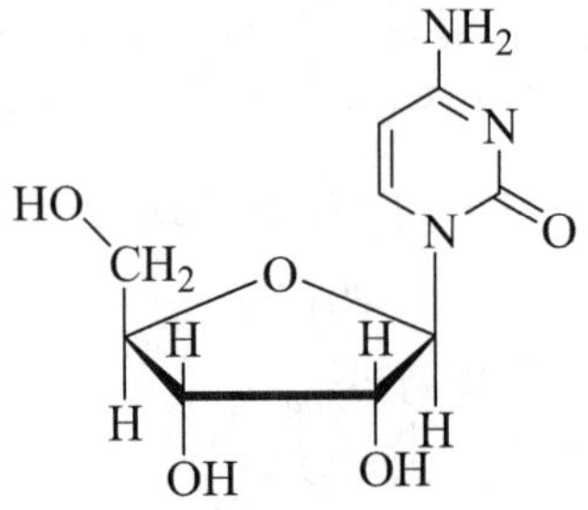

胞嘧啶核苷（胞苷）
cytidine

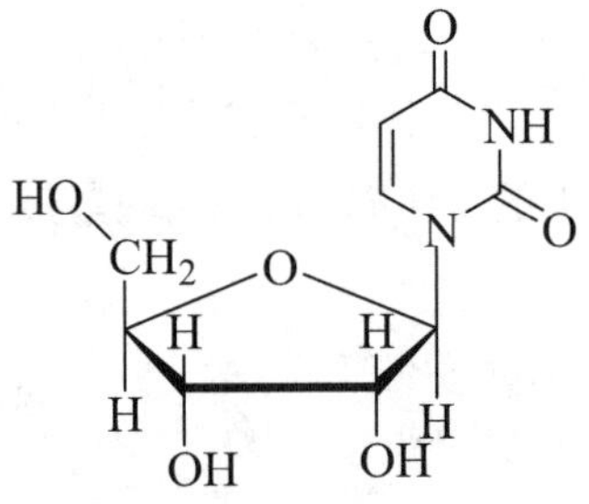

尿嘧啶核苷（尿苷）
uridine

DNA 中常见的四种脱氧核糖核苷的结构式及名称如下。

腺嘌呤脱氧核苷（脱氧腺苷）
deoxyadenosine

鸟嘌呤脱氧核苷（脱氧鸟苷）
deoxyguanosine

胞嘧啶脱氧核苷（脱氧胞苷）
deoxycytidine

胸腺嘧啶脱氧核苷（胸苷）
thymidine

氮苷和氧苷对碱稳定，但氮苷只有在强酸性溶液中才能水解成相应的碱基和戊糖。

二、核 苷 酸

核苷酸(nucleotide)是核苷分子中的核糖或脱氧核糖的 3'或 5'位碳上的羟基与磷酸所生成的酯。生物体内大多数为 5'核苷酸。核苷酸可分为核糖核苷酸与脱氧核糖核苷酸两大类。组成 DNA 和 RNA 的核苷酸见表 16-3。

表16-3　组成DNA和RNA的核苷酸

DNA 中的核苷酸	RNA 中的核苷酸
脱氧腺苷酸(Damp)	腺苷酸(AMP)
脱氧鸟苷酸(dGMP)	鸟苷酸(GMP)
脱氧胞苷酸(dCMP)	胞苷酸(CMP)
脱氧胸苷酸(dTMP)	尿苷酸(UMP)

核苷酸的命名要包括糖基和碱基的名称，同时还要标出磷酸连在戊糖上的位置。例如，腺苷酸又叫腺苷-5'-磷酸(adenosine-5'-phosphate)，或腺苷一磷酸(adenosine monophosphate，AMP)。腺苷酸和脱氧胞苷酸结构式如下。

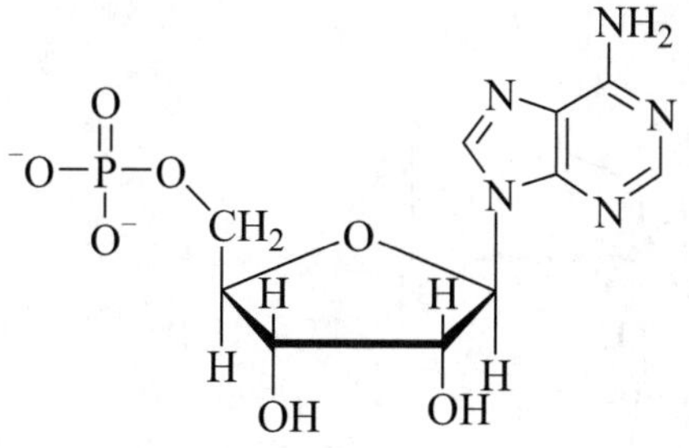

腺苷酸 adenylic acid　　脱氧胞苷酸 deoxycytidylic acid

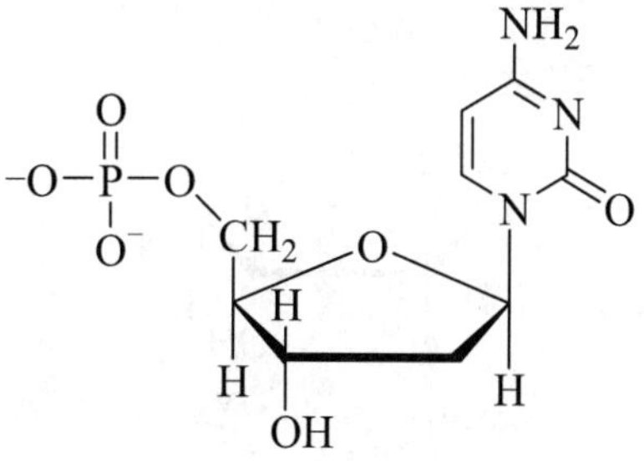

细胞核内存在一些游离的多磷酸核苷酸，它们具有重要的生理功能。例如，腺苷一磷酸(AMP)进一步磷酸化为腺苷二磷酸(adenosine diphosphate，ADP)和腺苷三磷酸(adenosine triphosphate，ATP)，它们在细胞代谢中作为高能量物质承担着重要任务。

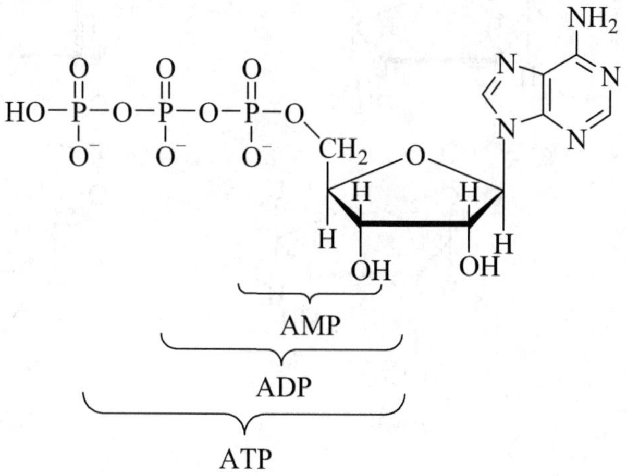

AMP / ADP / ATP

第三节　核酸的结构

核糖核酸或脱氧核糖核酸是通过磷酸在一个核苷戊糖的 3′位羟基和另一个核苷戊糖的 5′位羟基之间形成磷酸酯键结合起来的一个没有分支的线性大分子。它的结构与蛋白质一样，也分为一级结构和空间结构。

一、核酸的一级结构

核酸的一级结构是指组成核酸分子的各种核苷酸的排列顺序，又称为核苷酸序列（nucleotide sequence）。由于核苷酸之间的差别主要是碱基的差别，又称为碱基序列(base sequence)，即一个核苷酸中 3′-羟基与另一个核苷酸 5′-磷酸基形成磷脂键，这样一直延续下去，形成没有支链的核酸大分子。

RNA 和 DNA 的部分多核苷酸结构可用简式表示如下。

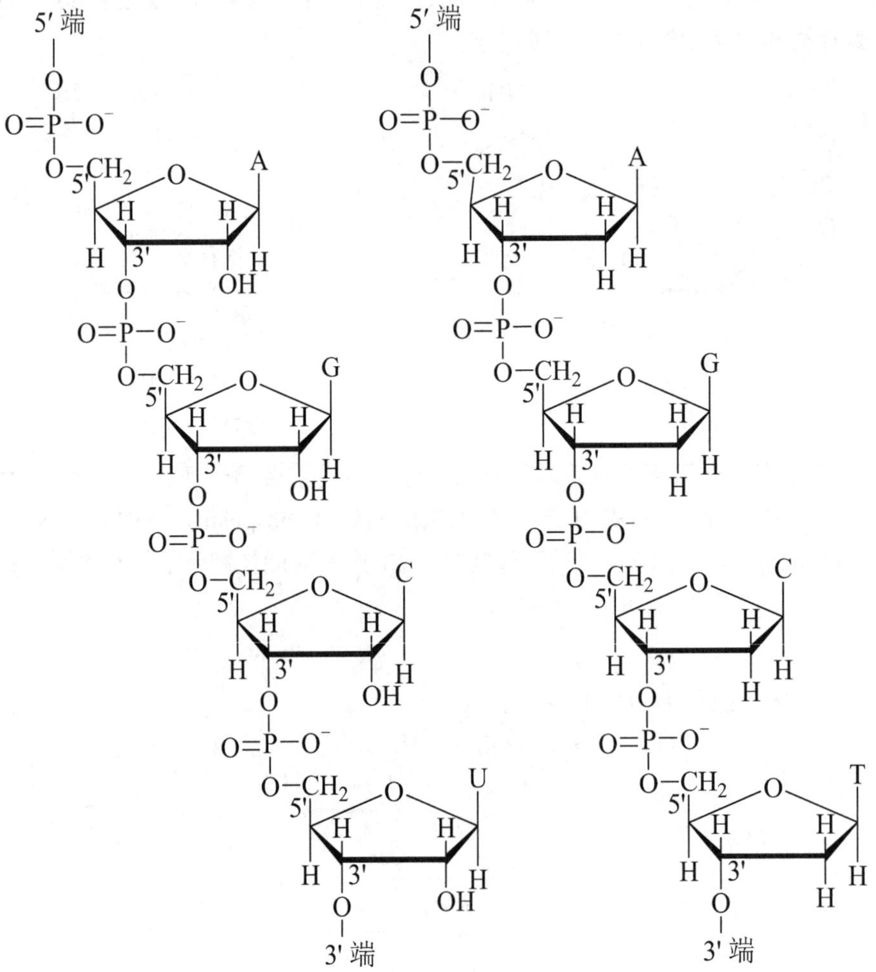

RNA　　　　　DNA

为了简化烦琐的结构式,常用 P 表示磷酸,用竖线表示戊糖基,表示碱基的相应英文字母置于竖线之上,用斜线表示磷酸和糖基酯键,以上 RNA 和 DNA 的部分结构简式可表示如下。

RNA

DNA

还可用更简单的字符表示。根据核酸的书写规则(习惯上将 5′端置于左边,3′端放在右边),如上面的 RNA 和 DNA 的片段可以简单地表示为

RNA　5′ pApGpCpU－OH 3′或 5′ AGCU 3′

DNA　5′ pApGpCpT－OH 3′或 5′ AGCT 3′

二、核酸的空间结构

(一)DNA 的双螺旋结构

DNA 分子结构的研究,早在 20 世纪 40 年代就已经开始,直到 1953 年,美国生物学家沃森和英国生物学家克里克提出了著名的 DNA 分子双螺旋结构模型。这一模型设想的 DNA 分子由两条多核苷酸链沿着一个共同的轴心以反向平行走向(一条链的走向是 5′→3′;而另一条链的走向是 3′→5′),盘绕成右手双螺旋结构(图 16-1)。

在 DNA 双螺旋结构中,每 10 个核苷酸形成螺旋的一圈,每一圈的高度为 3.4nm,一条链的碱基与另一条链的碱基在螺旋内通过氢键结合成对(碱基配对或碱基对),碱基平面与中心轴垂直。亲水的脱氧核糖基和磷酸基位于双螺旋的外侧,螺旋的平均直径为 2.0nm,沿轴方向每隔 0.34nm 有一个核苷酸单位。DNA 双螺旋结构的稳定性主要由互补碱基对之间的氢键和碱基堆积力来维持。氢键维持 DNA 双链横向稳定性,碱基堆积力维持双链纵向稳定性。配对碱基始终是腺嘌呤(A)与胸腺嘧啶(T)配对,形成两个氢键;鸟嘌呤(G)与胞嘧啶(C)配对,形成三个氢键。

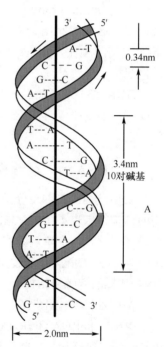

图 16-1　DNA 的双螺旋结构示意图

A＝＝＝T

G≡≡≡C

这些碱基间互相匹配的规律称为碱基互补规律(base complementary)或碱基配对规律。两个相互配对的碱基互称为"互补碱基"。如果一条链中的碱基顺序是 5′－ACGT－3′，而另一条链的碱基顺序必然是 3′－TGCA－5′。

碱基对规律是由双螺旋结构的几何形状决定的。只能由嘌呤和嘧啶配对才能使碱基对合适地安置于双螺旋内。若两个嘌呤碱配对，则体积太大无法容纳，若两个嘧啶碱配对，由于两链之间距离太远，难以形成氢键。另外，这两组碱基对的形状大小非常接近，具备适宜的键长与键角，也创造了形成氢键的条件。

由"碱基互补规律"可知，当 DNA 分子中一条多核苷酸链的碱基顺序确定后，即可推知另一条互补的多核苷酸链的碱基顺序。这就决定了 DNA 在控制遗传信息，从母代传到子代的高度保真性。在生物领域内形形色色的遗传信息都由 DNA 中的 A、T、G、C 四个碱基的顺序决定。

沿着螺旋方向观察，碱基对并不充满双螺旋的空间。由于碱基对的方向性，使得碱基对占据的空间是不对称的，因此在双螺旋的外部形成了一个大沟(major groove)和一个小沟(minor groove)。大、小沟在电势能、氢键特征、立体效应和水合方面都有很大差异。这些沟状结构对 DNA 和蛋白质的相互识别是非常重要的。因为只有沟才能觉察到碱基的顺序，而在双螺旋结构的表面，是脱氧核糖和磷酸的重复结构，不可能提供信息。

DNA 右手双螺旋结构模型是 DNA 分子在水溶液和生理条件下最稳定的结构，称为 B-DNA。此外，人们还发现了 Z-DNA 和 A-DNA，可见，自然界 DNA 的存在形式不是单一的。

(二)RNA 的二级结构

RNA 分子比 DNA 分子小得多，小的仅有数十个核苷酸。RNA 的种类比 DNA 多，它们的结构特点也不相同。总的来说，RNA 的二级结构不如 DNA 那么有规律。RNA 通常以单链形式存在，在单链的许多区域可发生自身回折，在回折区内，可以相互配对的碱基以 A－U 与 G－C 配对，通过氢键把它们连接起来，配对的多核苷酸链(占 40%～70%)构成如 DNA 那样的双螺旋结构，不能配对的碱基则形成突环，这种短的双螺旋区域伴有单链突环的结构称发夹结构(图 16-2)。

tRNA、mRNA 和 rRNA 的功能不同，二级结构各有差异，其中对 tRNA 的研究较多。tRNA 的二级结构呈三叶草形(图 16-3)。配对碱基形成局部双螺旋而构成臂，不配对的单链部分则形成环。tRNA 的三叶草型结构由四臂四环组成，一般有五个部分组成：氨基酸臂、二氢尿嘧啶环、反密码环、额外环和 TψC 环。

1. 氨基酸臂(amino acid arm) 由 7 对碱基组成，末端为 CCA(即游离的 3′-末端)，可与特定的氨基酸结合。

2. 二氢尿嘧啶环(dihydrouridine loop) 由 8～12 个核苷酸组成，因具有两个稀有碱基二氢尿嘧啶(DHU)而得名。通过由 3～4 对碱基组成的双螺旋区(也称二氢尿嘧啶臂)与 tRNA 分子的其余部分相连。

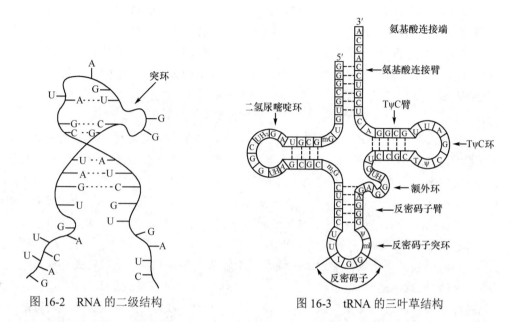

图 16-2 RNA 的二级结构　　　　图 16-3 tRNA 的三叶草结构

3. 反密码环(anticodon loop)　由 7 个核苷酸组成。环中部为反密码子，由三个碱基组成。反密码环通过由五对碱基组成的双螺旋区(反密码臂)与 tRNA 分子的其余部分相连。反密码子可识别信使 RNA 的密码子。

4. 额外环(extra loop)　由 3～18 个核苷酸组成。不同的 tRNA 具有大小不同的额外环，所以是 tRNA 分类的重要指标。

5. 假尿嘧啶核苷-胸腺嘧啶核苷环(TψC 环)　由 7 个核苷酸组成，通过由五对碱基组成的双螺旋区(TψC 臂)与 tRNA 分子的其余部分相连。除个别例外，几乎所有 tRNA 在此环中都含有 TψC。

第四节　核酸的性质

一、核酸的物理性质

　　DNA 为白色纤维状固体，RNA 为白色粉末，两者都微溶于水，易溶于稀碱，其钠盐在水中的溶解度较大。它们可溶于 2-甲氧基乙醇中，而不溶于乙醇、乙醚、氯仿等有机溶剂中。

　　核酸分子中的嘌呤碱和嘧啶碱存在共轭结构，所以它们在波长 260nm 左右有较强的紫外吸收，这常用于碱基、核苷、核苷酸和核酸的定量及定性测定。

　　DNA 为线形高分子，分子极不对称，故黏度极大，RNA 分子量较小，黏度也小得多。

二、核酸的酸碱性质

　　核酸分子中既含磷酸基，又含嘌呤碱和嘧啶碱，所以它是两性化合物，但因碱基的碱性较弱，故核酸显酸性。它能与金属离子成盐，还能与一些碱性化合物生成复合物。例如，它能与链霉素结合而从溶液中析出沉淀，它还能与一些染料结合，这种特征在组织化学研究中，可用来帮助观察细胞内核酸成分的各种细微结构。

核酸在不同的 pH 溶液中带有不同电荷，因此像蛋白质一样，在电场中可以发生迁移（电泳），迁移的方向和速率与核酸分子的电荷量、分子的大小和分子的形状有关。

阅读资料

基因与基因治疗

基因是脱氧核糖核酸（DNA）分子上具有遗传信息的特定核苷酸序列的总称，是具有遗传效应的 DNA 分子片段，是遗传物质的最小功能单位，是生命的密码，记录和传递遗传信息。它是人体健康的内在因素，与人类的健康密切相关。

遗传性疾病的发生、发展与基因密切相关。基因缺陷可引起编码蛋白功能异常而导致遗传性疾病的发生。这类疾病的传统治疗措施只能对症状进行短暂控制，无法在基因水平上根治，基因治疗作为一种遗传分子水平上的治疗策略为遗传性疾病的治愈带来了希望。

基因治疗主要指运用基因工程技术将正常基因导入细胞，以纠正或补偿因基因缺陷而引起的功能缺陷，从而治疗疾病。1990 年美国首次批准实施基因治疗临床试验方案，并成功治愈了一名患有重度联合免疫缺陷症（SCID）的病人。该试验的成功标志着基因治疗开始在临床中发挥巨大的作用。到目前为止基因治疗取得的成果已超过 2300 项。由于单基因遗传性疾病发病机制较为明确，基因治疗在此类疾病中的研究应用最为广泛。已有几十种遗传病被列为基因治疗的研究对象，主要包括血液系统单基因遗传病如血友病、珠蛋白生成障碍性贫血（又称地中海贫血）、镰刀细胞性贫血等。

如何将核酸序列成功地导入生物细胞是基因治疗过程中重要的环节，因此必须根据治疗的对象、方式、方法选择一个合适的载体作为运输工具。目前常用的基因治疗载体主要分为病毒类和非病毒类。临床试验中超过 70%的基因药物载体为病毒载体，例如逆转录病毒、慢病毒、腺病毒等。病毒载体在基因治疗的发展中起了重要的推动作用，但病毒载体的局限性在于免疫原性强、细胞毒性较大等。非病毒载体根据所用的载体材料可分为有机和无机材料基因递送体系。非病毒载体成本低、制备简单、安全性高等优点，越来越多地被用于基因治疗，但是非病毒载体的转染效率较低，还不能达到临床要求。随着材料科学及生物医药技术的发展，非病毒载体材料在临床基因治疗过程中可能发挥巨大的作用。

基因治疗在临床上具有很好的发展潜力，但也面临许多问题，例如在安全性、有效性和伦理学等方面。基因治疗的发展必须在符合社会伦理道德前提下，努力提高基因治疗的安全性和有效性。在精准医疗时代，个体化诊疗将成为未来趋势，基因治疗未来重点发展之一将是个体化治疗。可以预见，在不久的将来基因治疗将真正成为一种常规的治疗方法，为治愈疾病、维护人类健康等方面做出前所未有的贡献。

本 章 小 结

核酸是对遗传信息的储存和蛋白质的合成起着决定性作用的一种重要生物大分子。是生物体遗传的物质基础。通常与蛋白质结合成核蛋白。

1. 核酸的分类和组成

(1)分类

$$核酸分类 \begin{cases} 核糖核酸(RNA) \begin{cases} 核蛋白体-rRNA（是体内蛋白质合成的场所）\\ 信使-mRNA（是蛋白质合成时氨基酸排列顺序的模板）\\ 转运-tRNA（是合成蛋白质时氨基酸的携带者） \end{cases} \\ 脱氧核糖核酸（DNA） \end{cases}$$

(2)核酸的组成

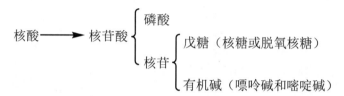

$$核酸 \longrightarrow 核苷酸 \begin{cases} 磷酸 \\ 核苷 \begin{cases} 戊糖（核糖或脱氧核糖）\\ 有机碱（嘌呤碱和嘧啶碱） \end{cases} \end{cases}$$

2. 核苷和核苷酸的结构

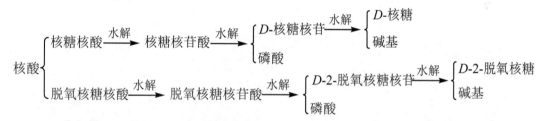

(1)核苷(nucleoside)：是戊糖和碱基之间脱水缩合的产物。

(2)核苷酸(nucleotide)：是核苷的磷酸酯。

(3)核苷酸的命名：包括糖基和碱基的名称，同时要标出磷酸连在戊糖上的位置。

(4)核酸的结构：核酸的结构可分为一级结构和空间结构。

一级结构：在核酸(DNA 和 RNA)分子中，含有不同碱基的各种核苷酸按一定的排列次序，通过 3′,5′-磷酸二酯键彼此相连而成的多核苷酸链，称为核酸的一级结构。

DNA 的二级结构：在 DNA 双螺旋结构中，两条 DNA 链之间通过碱基间形成的氢键相连，并以相反方向围绕中心轴盘旋成螺旋状结构。配对的碱基始终是腺嘌呤(A)与胸腺嘧啶(T)之间形成两个氢键，鸟嘌呤(G)与胞嘧啶(C)之间形成三个氢键，这就是碱基互补规律或碱基配对规律。

RNA 的二级结构：大多数 RNA 是由一条多核苷链(单股螺旋)构成，但在链的许多区域发生自身回折，在分子内部形成局部的双螺旋区，但规律性差。这种双螺旋结构也是通过碱基间氢键维系，形成一定的空间构型。tRNA 具有由四臂四环组成的三叶草型的二级结构。

3. 核酸的性质 酸碱性，两性化合物，在电场中可以发生迁移(电泳)。

习 题

1. 解释下列名词

(1)核苷和核苷酸 (2)多核苷酸 (3)碱基互补规律 (4)高能磷酸键

2. 写出 DNA 和 RNA 完全水解的产物名称

3. 核酸的基本组成成分、基本单位、基本结构各是什么?

4. 写出胞嘧啶(C)和鸟嘌呤(G)的酮式-烯醇式互变异构体

5. 一段 DNA 分子具有核苷酸的碱基序列 TACTGGTAC,与这段 DNA 链互补的碱基顺序是什么?

6. 维系DNA 二级结构的稳定因素是什么?

7. 某双链 DNA 样品,已知一条链中有约 20%的胸腺嘧啶(T)和 26%的胞嘧啶(C),其互补链中胸腺嘧啶(T)和胞嘧啶(C)的总量应是多少?

(张怀斌)

习题参考答案

第一章 绪 论

1. 有机化合物是指碳氢化合物及其衍生物。有机化学是研究有机化合物的组成、结构、性质、反应、合成、反应机制及有关理论与方法的科学。

2. σ键：由两个成键原子轨道沿着两个原子核间的键轴方向发生最大重叠形成的共价键叫σ键。π键：由两个相互平行的p轨道从侧面重叠形成的共价键称为π键。

3. 键的极性主要取决于成键原子的电负性，而键的极化性主要取决于成键原子的价电子云流动性。对于同一族元素来讲，成键原子的电子云流动性随原子半径增大而增大，而电负性则相反。例如，卤原子电负性 F＞Cl＞Br＞I；而成键卤原子的价电子云流动性是 F＜Cl＜Br＜I。

4. (1) D (2) B (3) A (4) C (5) C

5. (1) $\overset{sp^3 \; sp^3 \; sp^3}{CH_3CH_2OCH_3}$
  (2) $\overset{sp^3 \; sp^2 \; sp^2}{CH_3CH=CH_2}$
  (3) $\overset{sp^3 \; sp \; sp}{CH_3C\equiv CH}$

  (4) $\overset{sp^3 \; sp^2}{CH_3CHO}$
  (5) $\overset{sp^3 \; sp^2}{CH_3COOH}$

6. (1)  苯环，属于芳烃；嘧啶，属于杂环化合物

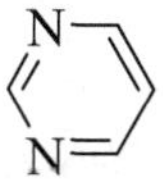

  (2) $-SO_2NH-$ 磺酰胺基；$-NH_2$，氨基

第二章 对 映 异 构

1. (1) 偏振光：只在一个平面上振动的光称为平面偏振光，简称偏振光。

  (2) 旋光性：使平面偏振光的偏振面发生旋转的性质，称为旋光性或光学活性。

  (3) 手性碳原子：连有四个不同的原子或基团的碳原子称为手性碳原子。

  (4) 手性分子：我们把互为镜像关系但不能重叠的性质称为手性，具有这种性质的分子称为手性分子。

  (5) 对映体：互为镜像关系但不能重叠的两个分子互称为对映异构体，简称对映体。

  (6) 非对映体：不具有实物与镜像关系的对映异构体称为非对映体。

  (7) 内消旋体：含有手性碳原子的非手性分子称为内消旋体。

  (8) 外消旋体：等量的左旋体和右旋体组成的混合物称为外消旋体。

2. (1) D (2) C (3) D (4) D (5) A

3. (1) √ (2) × (3) × (4) √ (5) × (6) × (7) × (8) √ (9) √ (10) ×

4. (1) [环戊烷上连 OH 和 CH₃ 的结构]　　无　　　　(2) $CH_2=CH-CH_2CH_3$　无

(3) $Cl-*$[环己烯环]$*-OH$　有　　　　(4) [环己烷上连 Cl、CH₃（两个*碳）和 CH₃ 的结构]　有

(5) [双环结构，含 OH、COOH、H₃C、H₃C-CH-CH₃，带多个*]　有　　　(6) [双环结构，含 CH₃、COCH₃、O，带*]　有

5. (1) $-OH > -NH_2 > -CHClCH_3 > -CH=CH_2 > -CH(CH_3)_2 > -CH_2CH_2CH_3$
   (2) $-Cl > -CH_2Cl > -COOH > -CONH_2 > -CHO > -CN$

6. (1) (S)-2-氯丁烷　　　　(2) (S)-2-氨基丙酸　　　　(3) (R)-2-溴-1-丁醇
   (4) (R)-2-羟基-丁醛　　(5) (2S,3R)-2,3-二氯-1-戊醇
   (6) (2R,3R)-2,3-二溴己烷

7. $c = \dfrac{m}{V} = \dfrac{260}{1000 \times 5} = 0.052\,\mathrm{g \cdot ml^{-1}}$　　　　$[\alpha]_D^{20} = \dfrac{\alpha}{c \times l} = \dfrac{-5.0}{0.052 \times 1} = -96.15°$

8. 答：可能的一氯代产物：

(1) $CH_3CHCH_2CH_3$（上接 CH_2Cl）　　　　(2) $CH_3CHCH_2CH_2Cl$（上接 CH_3）

(3) $CH_3CHCHCH_3$（上接 CH_3，下接 Cl）　　(4) $CH_3CCH_2CH_3$（上接 CH_3，下接 Cl）

其中(1)(3)具有手性，费歇尔投影式为

(1) $H-\overset{CH_3}{\underset{CH_2CH_3}{C}}-CH_2Cl$ 和 $CH_2Cl-\overset{CH_3}{\underset{CH_2CH_3}{C}}-H$　　(3) $H-\overset{CH_3}{\underset{CH(CH_3)_2}{C}}-Cl$ 和 $Cl-\overset{CH_3}{\underset{CH(CH_3)_2}{C}}-H$

(S)-2-甲基-1-氯丁烷　　(R)-2-甲基-1-氯丁烷　(S)-2-甲基-3-氯丁烷　(R)-2-甲基-3-氯丁烷

9. 答：(1)2R,3R　(2)2R,3S　(3)2R,3R　(4)2S,3S
其中(1)与(3)为相同化合物，(1)与(4)为对映体，(1)与(2)为非对映体。

10. (1) $H-\overset{CH=CH}{\underset{CH_3}{C}}-Br$　　　　(2) $HO-\overset{COOH}{\underset{CH_3}{C}}-H$

(3) 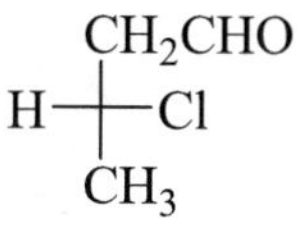
$$\begin{array}{c} CH_2CHO \\ H\!-\!\!\!\!\overset{\displaystyle |}{\underset{\displaystyle |}{C}}\!\!\!\!-\!Cl \\ CH_3 \end{array}$$

(4) 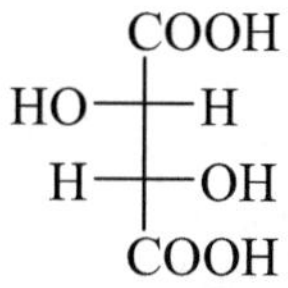
$$\begin{array}{c} COOH \\ HO\!-\!\!\!\!\overset{\displaystyle |}{\underset{\displaystyle |}{}}\!\!\!\!-\!H \\ H\!-\!\!\!\!\overset{\displaystyle |}{\underset{\displaystyle |}{}}\!\!\!\!-\!OH \\ COOH \end{array}$$

第三章　烷烃和环烷烃

1. (1) 2,4-二甲基-4-乙基己烷　　　(2) 2-甲基-3-异丙基己烷
   (3) 1-甲基-3-乙基环己烷　　　　(4) 3-甲基-1-环丙基戊烷
   (5) 6-甲基螺[3.5]壬烷　　　　　(6) 二环[2.2.1]庚烷

2. (1) 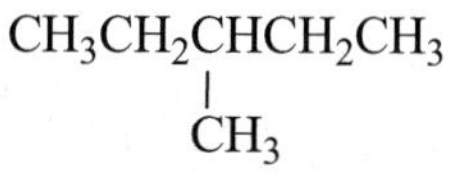 $\underset{\displaystyle CH_3}{CH_3CH_2\overset{\displaystyle |}{C}HCH_2CH_3}$

   (2) $\underset{\displaystyle CH_3\ \ CH_2CH_3}{CH_3\overset{\displaystyle \overset{CH_3}{|}}{C}CH_2\overset{\displaystyle \overset{H}{|}}{C}CH_2CH_2CH_3}$

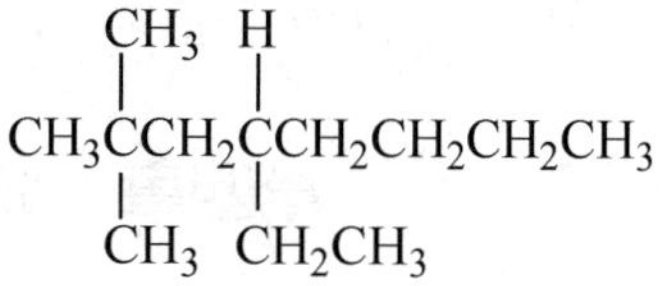

   (3)

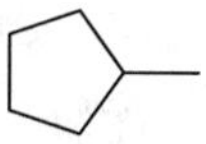

   (4)

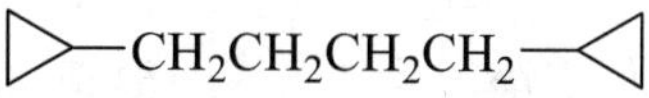

   (5)

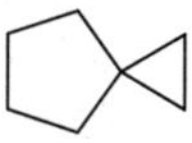

   (6)

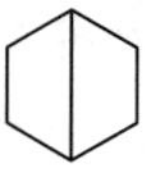

3. (1) A　(2) B　(3) D　(4) B

4. (1) 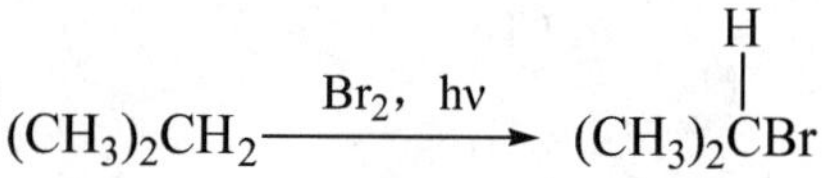 $(CH_3)_2CH_2 \xrightarrow{Br_2,\ hv} (CH_3)_2CBr$ 上方有 H

   (2)

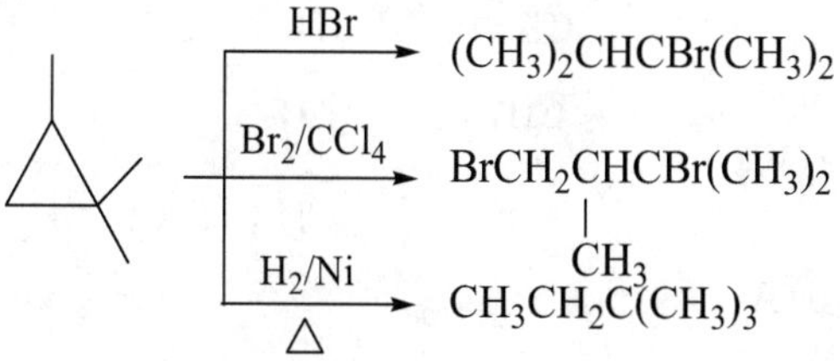

   (3)

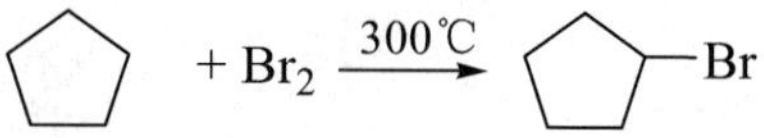

5. (1) 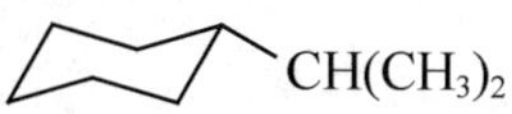
   (2) 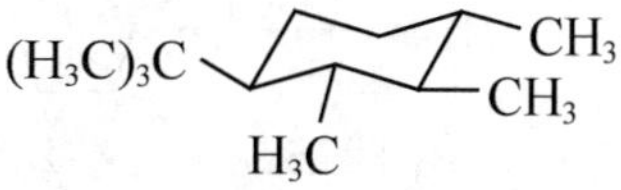
   (3) 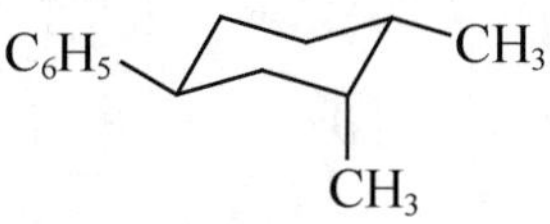
   (4)

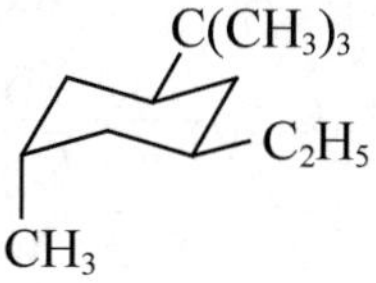

6. (1)

$$HOOC-\overset{\overset{\displaystyle C_6H_5}{|}}{\underset{|}{C}}... \quad N-CH_3$$

(2) H_2N ... Cl ... $CO-NH$ ... OCH_3 ... $N-CH_2CH_2CH_2O$ ... F ... OCH_3

7. 烷烃分子中的 C—C 键和 C—H 键都是 σ 键，键比较牢固，所以烷烃具有高度的化学稳定性。在室温下与强酸、强碱、强氧化剂和强还原剂都不反应。凡士林是 C_{18}—C_{34} 烷烃的混合物，医药上利用烷烃的化学稳定性，常用作软膏的基质。

第四章　烯烃和炔烃

1. (1) 2,5,5-三甲基-2-己烯　　(2) 4-甲基-1-戊炔　　(3) 4-乙基-2,5-辛二烯
   (4) 4-甲基-2-庚烯-5-炔　　(5) 反-4-乙基-4-辛烯或(E)-乙基-4-辛烯
   (6) (Z,E)-2,4-庚二烯或(顺,反)-2,4-庚二烯

2. (1) $CH_2=CCH_2CHCH_3$ （带 C_2H_5、CH_3 取代基）

   (2) $CH\equiv C\overset{\overset{\displaystyle CH_3}{|}}{\underset{\underset{\displaystyle CH_3}{|}}{C}}CH_2CH_2CH_3$

   (3) $CH\equiv C\overset{\overset{\displaystyle C_2H_5}{|}}{C}CH=CH_2$

   (4) $CH\equiv C\overset{\overset{\displaystyle CH_3}{|}}{C}HCH=CHCH_3$

   (5) $\overset{\displaystyle CH_3}{\underset{\displaystyle H}{}}C=C\overset{\displaystyle CH(CH_3)_2}{\underset{\displaystyle H}{}}$

   (6) $\overset{\displaystyle CH_3}{\underset{\displaystyle H}{}}C=C\overset{\displaystyle CH_3}{\underset{\displaystyle CH(CH_3)CH_2CH_3}{}}$

3. (1) B　(2) A　(3) D　(4) C　(5) A

4. (1) ⟍⟋＝⟍⟋ + HBr ⟶ ⟍⟋⟍⟋ （Br 取代）

   (2) 环戊烯 + HBr $\xrightarrow{ROOR}$ 甲基环戊烷-Br

   (3) $CH_2=CHCF_3 + HBr \longrightarrow BrCH_2CH_2CF_3$

   (4) $CH_3CH=CHCH(CH_3)_2 \xrightarrow[OH^-]{KMnO_4} CH_3\overset{\overset{\displaystyle OH}{|}}{C}H-\overset{\overset{\displaystyle OH}{|}}{C}HCH(CH_3)_2$

   (5) $CH_3CH=C(CH_3)_2 \xrightarrow[H_2O,\triangle]{H_2SO_4} CH_3CH_2\overset{\overset{\displaystyle OH}{|}}{C}(CH_3)_2$

(6) $CH_3CH=CHCH_2CH=C(CH_3)_2 \xrightarrow{1molBr_2} CH_3CH=CHCH_2CHBrCBr(CH_3)_2$

(7) $CH_2=CHCH_2CH_2C\equiv CH \xrightarrow{1molBr_2} CH_2BrCHBrCH_2CH_2C\equiv CH$

(8) $CH_2=CH-CH=CH_2 \xrightarrow[高温]{1molBr_2} CH_2BrCH=CHCH_2Br$

(9) $CH_3C\equiv CH + [Ag(NH_3)_2]^+ \longrightarrow CH_3C\equiv CAg\downarrow$

(10) $CH_3C\equiv CH + H_2O \xrightarrow[H_2SO_4]{HgSO_4} CH_3\overset{\overset{\displaystyle O}{\|}}{C}CH_3$

(11) $CH_3C\equiv CCH_3 + H_2 \xrightarrow{Lindlar\ Pd}$
$\underset{H}{\overset{CH_3}{C}}=\underset{H}{\overset{CH_3}{C}}$

5. (1)
$$\left.\begin{array}{l}丙烷\\环丙烷\\丙烯\\丙炔\end{array}\right\} \xrightarrow[H^+]{KMnO_4} \left.\begin{array}{l}\times\\\times\\褪色\\褪色\end{array}\right\} \begin{array}{c}\xrightarrow{Br_2/CCl_4}\left\{\begin{array}{l}\times\\褪色\end{array}\right.\\[2em]\xrightarrow{[Ag(NH_3)_2]^+}\left\{\begin{array}{l}\times\\白色\downarrow\end{array}\right.\end{array}$$

(2)
$$\left.\begin{array}{l}己烷\\1-己炔\\2-己炔\end{array}\right\} \xrightarrow{Br_2/CCl_4} \left.\begin{array}{l}\times\\褪色\\褪色\end{array}\right\} \xrightarrow{[Ag(NH_3)_2]^+}\left\{\begin{array}{l}白色\downarrow\\\times\end{array}\right.$$

6. (1)p-π (2)p-π (3)π-π (4)π-π (5)π-π,p-π (6)π-π,p-π (7)π-π

7. (1) $CH_2=CH\overset{+}{C}HCH_3 > (CH_3)_2\overset{+}{C}CH_2CH_3 > CH_3\overset{+}{C}HCH_2CH_3 > CH_3CH_2\overset{+}{C}H_2$

(2)

8. (1) $CH_3CH_2CH=C(CH_3)_2$ (2) $CH_2=C(CH_3)CH_2CH_3$

(3) $CH_3CH=CHCH_3$ (4) $CH_2=CHCH_2CH=CH_2$

9. (1) $CH_3CH=CHCH_2CH_2CH_3$ (2) $(CH_3)_2C=C(CH_3)_2$

(3) $CH_2=C(CH_3)CH_2CH_3$ (4)

10. A. $HC\equiv CCH_2CH_3$ B. $CH_3C\equiv CCH_3$ 或 $CH_2=CHCH=CH_2$

11. A. $HC\equiv CCH_2CH_2CH_3$ B. $CH_3C\equiv CCH_2CH_3$ C.

第五章 芳 香 烃

1. (1) 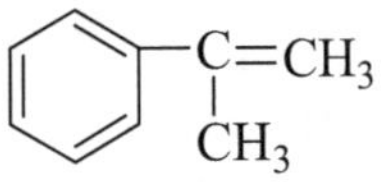 (2)

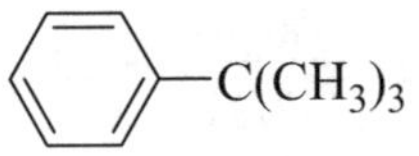

(3) 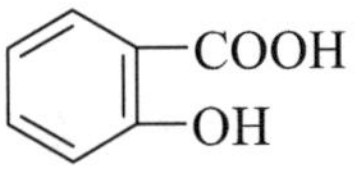 (4)

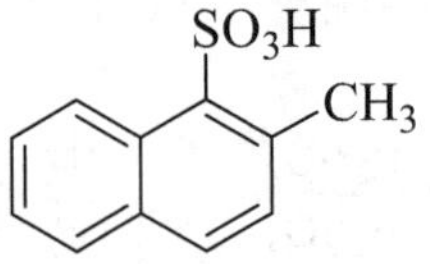

(5) 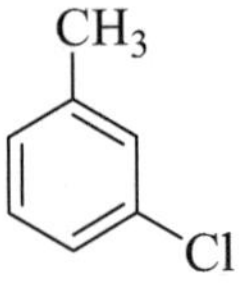 (6)

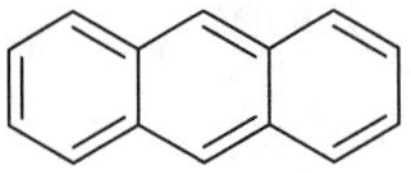

2. (1)苯乙炔　　　　(2)1-甲基-4-异丙基苯(4-异丙基甲苯)　　　(3)苄基溴

(4)2,6-二甲基萘　(5)间二硝基苯　　　(6)3,5-二硝基苯甲酸

3. (1)A　(2)A　(3)C　(4)D　(5)C

4. (1)

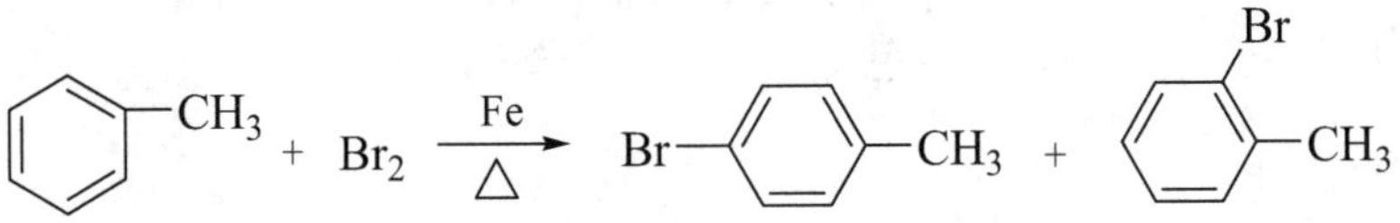

(2)

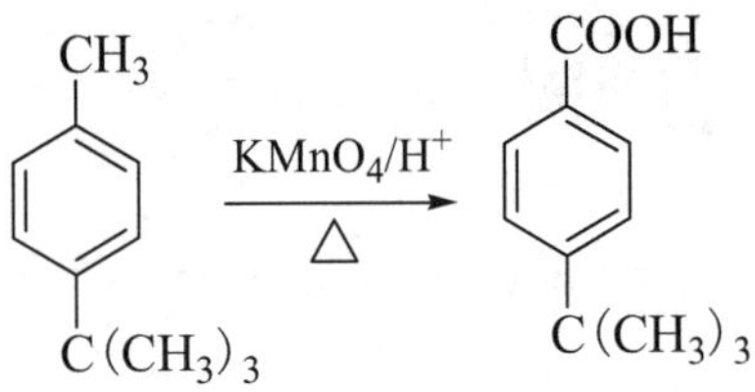

(3)

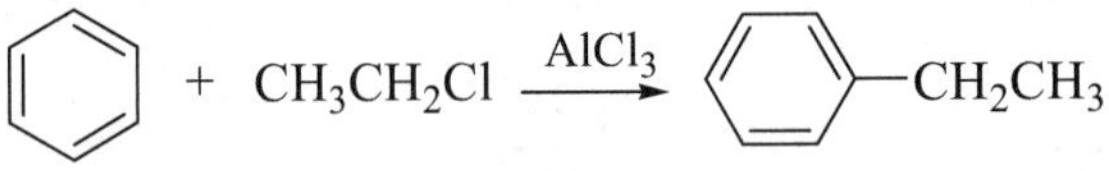

(4)

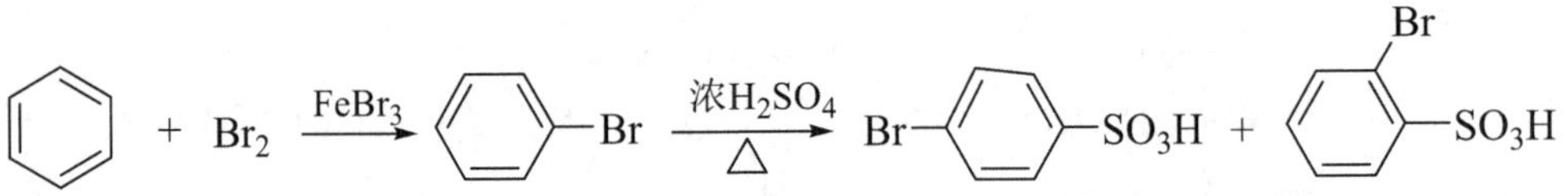

(5)

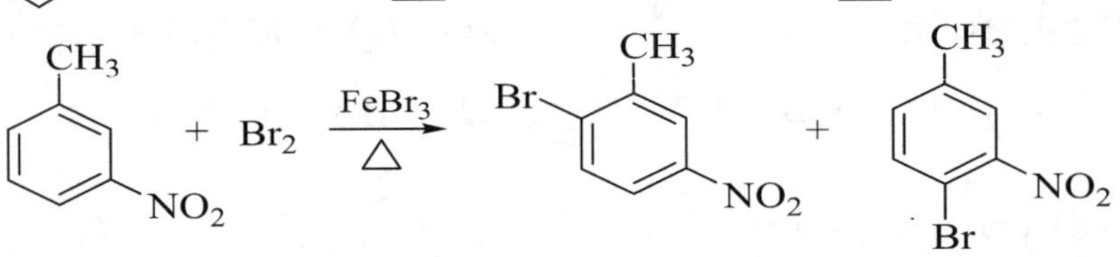

(6)

5. (1) 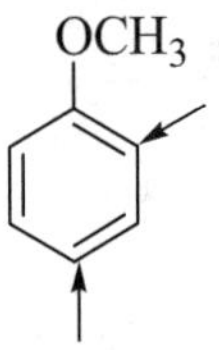 (2) 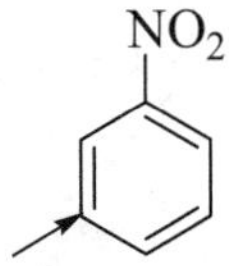 (3)

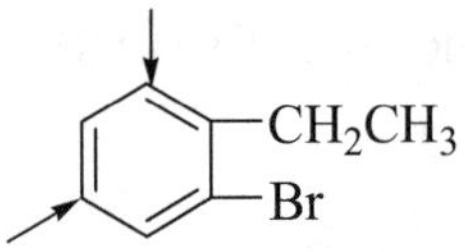

(4) 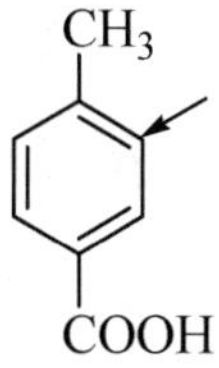 (5) 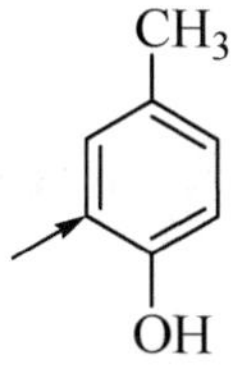 (6) 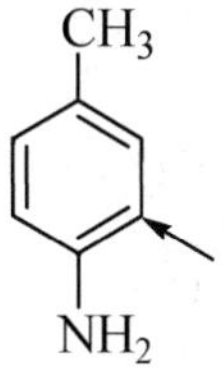

6. (1) 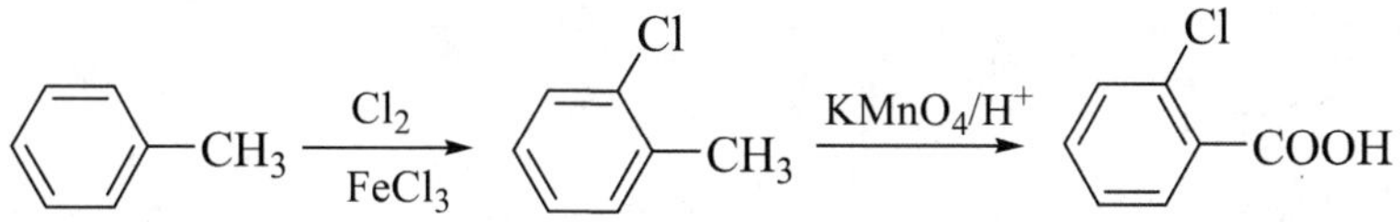

(2) 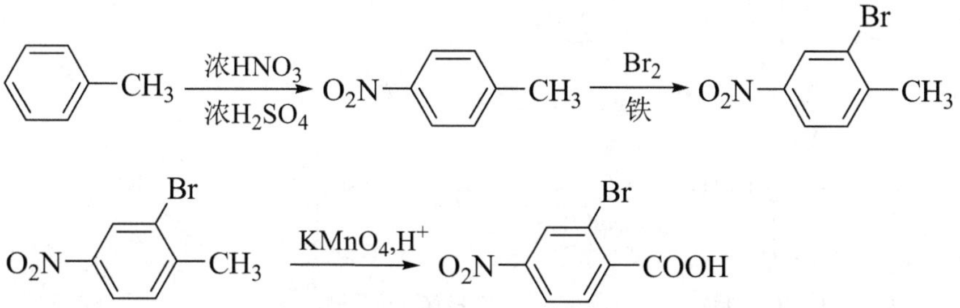

7. (1) 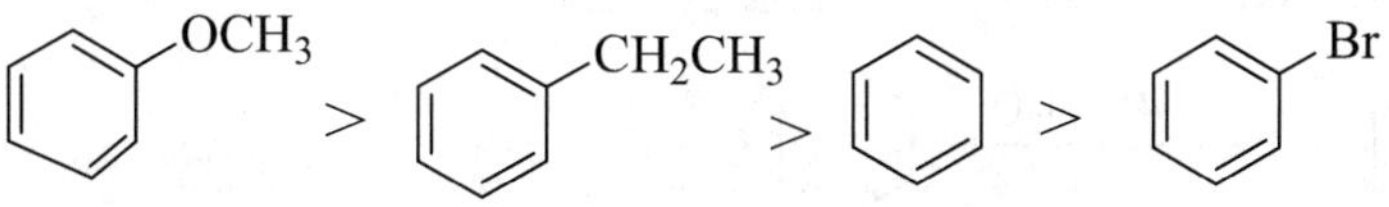

(2) 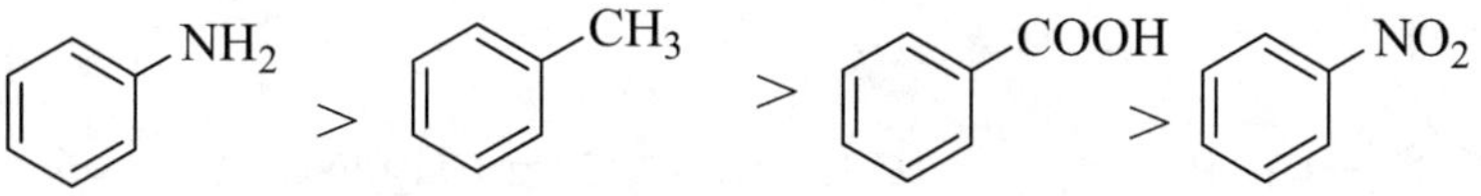

(3) 对二甲苯＞甲苯＞对甲基苯甲酸＞对苯二甲酸

8. (1) 无　(2) 无　(3) 有　(4) 有　(5) 无　(6) 无

9. (1) 苯、乙苯、苯乙烯 $\xrightarrow{Br_2/CCl_4}$ 苯 ×，乙苯 ×，苯乙烯 褪色；苯、乙苯 $\xrightarrow{KMnO_4,H^+}$ 苯 ×，乙苯 褪色

(2) 苯、苯乙炔、环己烯 $\xrightarrow{KMnO_4,H^+}$ 苯 ×，苯乙炔 褪色，环己烯 褪色；苯乙炔、环己烯 $\xrightarrow{[Ag(NH_3)_2]^+}$ 苯乙炔 白色↓，环己烯 ×

10. A. 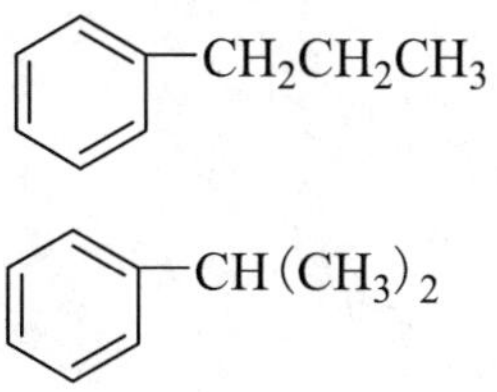 B. 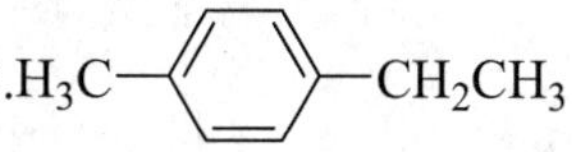 C. 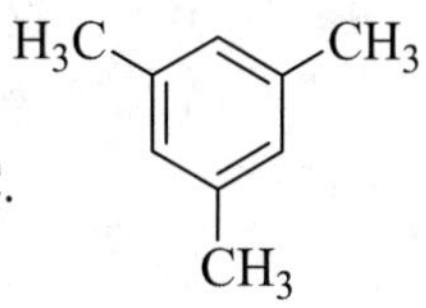

第六章　卤　代　烃

1. (1) 2-甲基-1-溴丁烷　(2) 4-甲基-5-氯-2-戊烯　(3) 2-甲基-4-溴戊烷
   (4) 3-乙基氯化苄　(5) 2-甲基-3-溴环己烯　(6) 反-1-叔丁基-4-氯环己烷

2. (1) $CH_3CH_2\overset{\overset{\displaystyle CH_3}{|}}{\underset{\underset{\displaystyle CH_3}{|}}{C}}CH_2Br$　　(2) $CH_2=\overset{\overset{\displaystyle Cl}{|}}{C}CH_2CH=CH_2$　　(3) 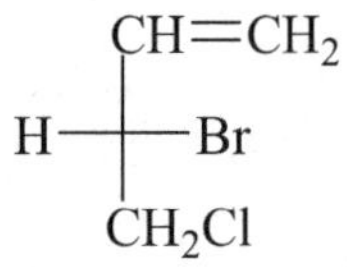 $H-\overset{\overset{\displaystyle CH=CH_2}{|}}{\underset{\underset{\displaystyle CH_2Cl}{|}}{C}}-Br$

(4) 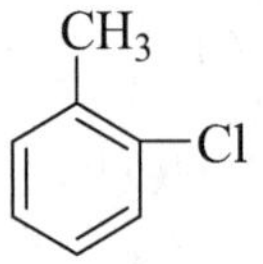 　　(5) 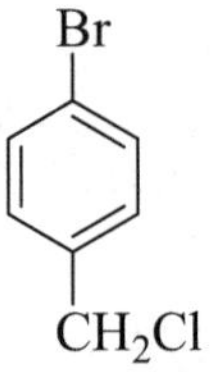 　　(6)

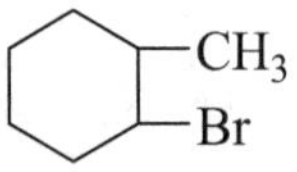

3. (1) D　(2) B　(3) B　(4) D　(5) B　(6) A

4. (1)

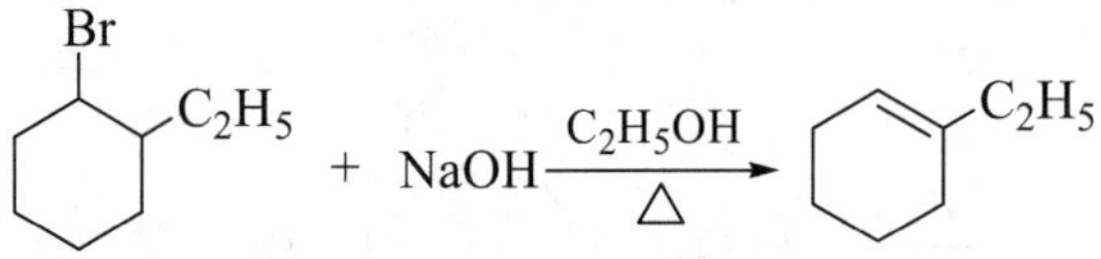

(2)

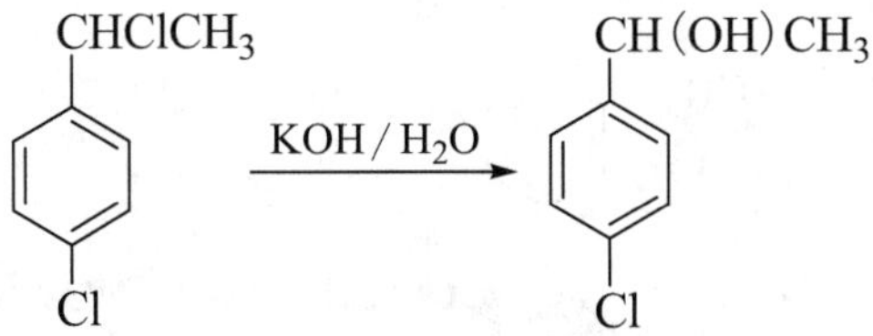

(3)

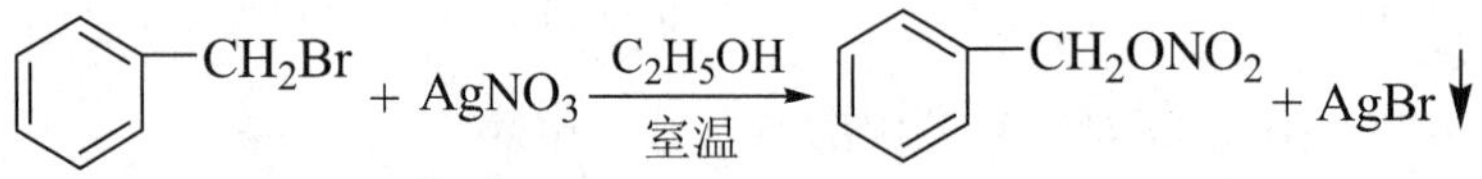

(4) $(CH_3)_2C=CH_2 \xrightarrow[\text{过氧化物}]{HBr} (CH_3)_2CHCH_2Br \xrightarrow{NaCN} (CH_3)_2CHCH_2CN$

$\xrightarrow{H_3O^+} (CH_3)_2CHCH_2COOH$

(5)

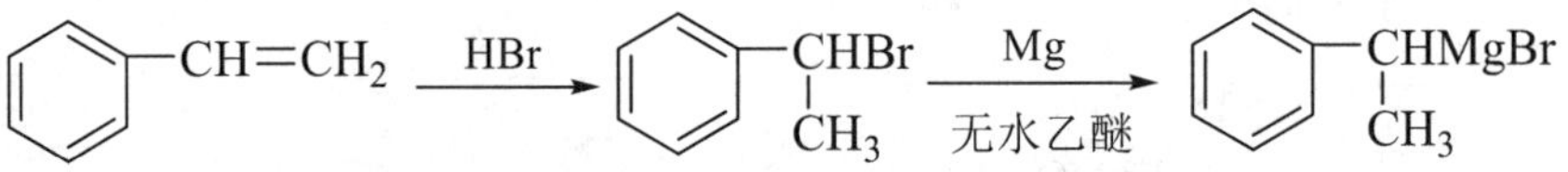

5. (1) 2-甲基-2-溴丁烷＞2-甲基-3-溴丁烷＞3-甲基-1-溴丁烷

(2) 苄基溴＞1-苯基-2-溴乙烷＞2-溴乙苯

6. (1) $\left.\begin{matrix}\text{1-溴丙烯}\\ \text{1-溴丙烷}\\ \text{3-溴丙烯}\end{matrix}\right\} \xrightarrow{AgNO_3/\text{醇}} \left\{\begin{matrix}\times\\ \text{加热后浑浊}\\ \text{室温下立即浑浊}\end{matrix}\right.$

(2) $\left.\begin{matrix}\text{氯苯}\\ \text{1-苯基-2-氯丙烷}\\ \text{苄基氯}\end{matrix}\right\} \xrightarrow{AgNO_3/\text{醇}} \left\{\begin{matrix}\times\\ \text{加热后浑浊}\\ \text{室温下立即浑浊}\end{matrix}\right.$

7. A. $(CH_3)_2CHCH_2Br$　　　B. $(CH_3)_2C=CH_2$

8. A. 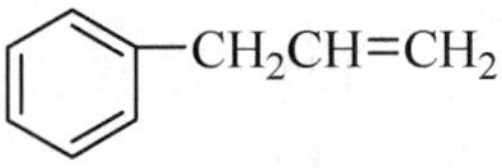 　　B. 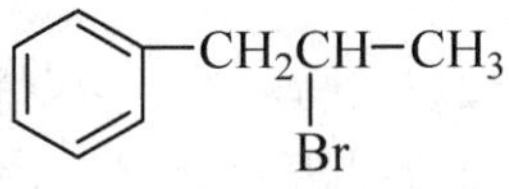 　　C.

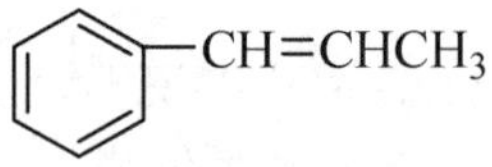

9. (1) $CH_3CH_2CH_2Br \xrightarrow[\triangle]{KOH/醇} CH_3CH=CH_2 \xrightarrow[H_2SO_4]{H_2O} CH_3\overset{OH}{\underset{}{C}}HCH_3$

(2) $CH_3CH_2CH_2Br \xrightarrow{NaCN/醇} CH_3CH_2CH_2CN \xrightarrow{H_3O^+} CH_3CH_2CH_2COOH$

第七章　醇、酚和醚

1. (1) 5-甲基-2-己醇　　(2) 3-苯基-1-丙醇　　(3) 3-丁烯-1-醇
   (4) 2,4-二硝基苯酚　　(5) 苯乙醚　　(6) 3-巯基-1-丙醇

2. (1) 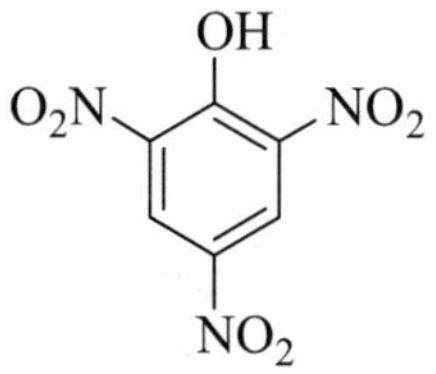 　　(2)

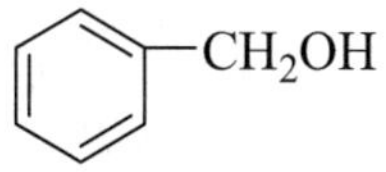

(3) $CH_3\overset{}{\underset{OCH_3}{C}}HCH_2CH_3$　　(4) $CH_3\overset{O}{\underset{}{S}}CH_3$

(5) $(CH_3)_3COCH_2CH_3$　　(6)

3. (1) $CH_3CH_2\overset{}{\underset{OH}{C}}HCH_3 \xrightarrow{浓H_2SO_4}$
   170℃ → $CH_3CH=CHCH_3$
   140℃ → $CH_3CH_2\overset{}{\underset{CH_3}{C}}HOCH\overset{}{\underset{CH_3}{}}CH_2CH_3$

(2) 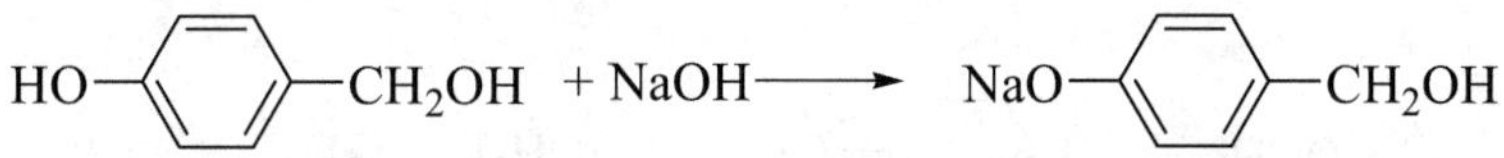 $HO-\bigcirc-CH_2OH + NaOH \longrightarrow NaO-\bigcirc-CH_2OH$

(3)

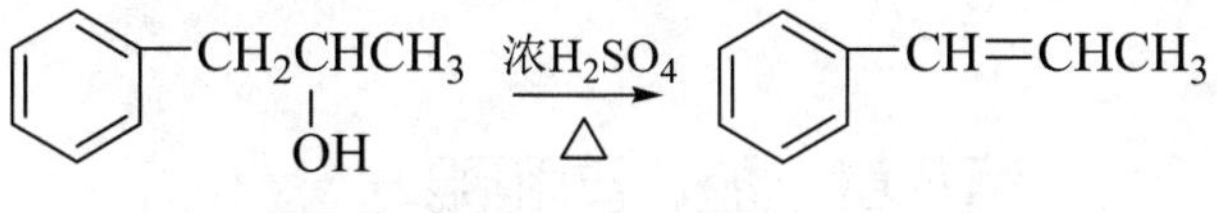

(4)

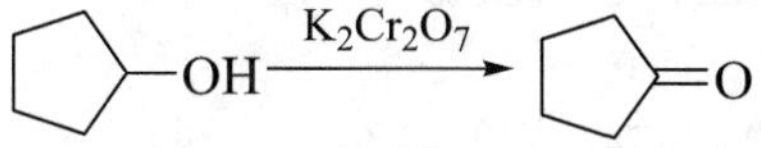

(5) $CH_2=CHCH_2CH_2OH \xrightarrow[CH_2Cl_2]{CrO_3/(C_5H_5N)_2} CH_2=CHCH_2CHO$

(6) $(CH_3)_2CHOCH_3 + HI \xrightarrow{\triangle} (CH_3)_2CHOH + CH_3I$

(7)

$$\begin{array}{c}\xrightarrow{\text{CH}_3\text{ONa/CH}_3\text{OH}} \text{CH}_3\text{OCH}_2\overset{\overset{\displaystyle\text{CH}_3}{|}}{\underset{\underset{\displaystyle\text{OH}}{|}}{\text{C}}}\text{CH}_3\\[2mm]\xrightarrow{\text{CH}_3\text{OH/H}^+} \text{HOCH}_2\overset{\overset{\displaystyle\text{CH}_3}{|}}{\underset{\underset{\displaystyle\text{OCH}_3}{|}}{\text{C}}}\text{CH}_3\end{array}$$

4. (1) B　(2) C　(3) D　(4) C

5. (3) > (2) > (4) > (1) > (5) > (6)

6. (1)

正丁醇　　　　　　　　　　　　✕
2-丁醇　$\xrightarrow{\text{Lucas试剂}}$　数分钟后浑浊
叔丁醇　　　　　　　　　　　　立即浑浊

(2)

苯酚　　　　　　紫色
苯甲醇　$\xrightarrow{\text{FeCl}_3}$　✕　$\Big\}\xrightarrow{\text{Na}}\Big\{$ H$_2$↑
苯甲醚　　　　　✕　　　　　　　　✕

7. A.
（结构图：2-环己烯醇 或 3-环己烯醇）

（结构图反应流程：环己烯醇 $\xrightarrow[\text{Ni}]{\text{H}_2}$ 环己醇 B $\xrightarrow{\text{[O]}}$ 环己酮 C；环己醇 $\xrightarrow[\triangle]{\text{浓H}_2\text{SO}_4}$ 环己烯 $\xrightarrow[\text{Ni}]{\text{H}_2}$ 环己烷）

8. A. （结构图）—OCH$_3$　　B. （结构图）—OH　　C. CH$_3$I

第八章　醛、酮和醌

1. (1) 6-甲基-3-庚酮　　　　　　　　(2) 2,2,7-三甲基-3,6-辛二酮
   (3) 2-甲基-4-苯基-3-丁烯醛　　　　(4) 4-甲氧基苯甲醛
   (5) 4-异丙基环己酮　　　　　　　　(6) 4-甲基-5-庚烯-2-酮

2. (1) CH$_3$CH$_2$CH(CH$_3$)CH(CH$_3$)CHO　　(2) CH$_3$COCH=C(CH$_3$)$_2$

   (3) （结构图：苯环，取代基 H$_3$C—、—Br、—COCH$_3$）

   (4) （结构图：3-甲基环己酮，H$_3$C—，=O）

(5) $\langle\!\!\langle\ \rangle\!\!\rangle$—CH=CHCHO

(6)

$$\underset{HO}{\overset{H_3CO}{\bigcirc}}\text{—CH}_2\text{CHO}$$

3. (1) B (2) C (3) B (4) C (5) C (6) D

4. (1)
$$\left.\begin{array}{l}\text{甲醛}\\\text{乙醛}\\\text{2-丁酮}\end{array}\right\}\xrightarrow[\triangle]{\text{Tollens试剂}}\left.\begin{array}{l}\text{Ag}\downarrow\\\text{Ag}\downarrow\\\times\end{array}\right\}\xrightarrow{I_2/NaOH}\left\{\begin{array}{l}\times\\\text{黄色}\downarrow\end{array}\right.$$

(2)
$$\left.\begin{array}{l}\text{2-戊酮}\\\text{3-戊酮}\\\text{环己酮}\end{array}\right\}\xrightarrow{I_2/NaOH}\left.\begin{array}{l}\text{黄色}\downarrow\\\times\\\times\end{array}\right\}\xrightarrow{\text{饱和NaHSO}_3}\left\{\begin{array}{l}\times\\\text{白色}\downarrow\end{array}\right.$$

(3)
$$\left.\begin{array}{l}\text{苯甲醛}\\\text{苯乙酮}\\\text{1-苯基-2-丙酮}\end{array}\right\}\xrightarrow[\triangle]{\text{Tollens试剂}}\left.\begin{array}{l}\text{Ag}\downarrow\\\times\\\times\end{array}\right\}\xrightarrow{\text{饱和NaHSO}_3}\left\{\begin{array}{l}\times\\\text{白色}\downarrow\end{array}\right.$$

5. (1) $CH_3COCH_3 + HCN \longrightarrow CH_3\underset{CN}{\overset{OH}{C}}CH_3 \xrightarrow[H^+]{H_2O} CH_3\underset{COOH}{\overset{OH}{C}}CH_3$

(2) $CH_3CHO + 2CH_3CH_2OH \xrightarrow{\text{干燥HCl}} CH_3CH(OC_2H_5)_2$

(3) $2CH_3CHO \xrightarrow[\text{加热}]{\text{稀NaOH}} CH_3CH=CHCHO \xrightarrow{NaBH_4} CH_3CH=CHCH_2OH$

(4) $\langle\!\!\langle\ \rangle\!\!\rangle$—CHO + HCHO $\xrightarrow{\text{浓NaOH}}$ $\langle\!\!\langle\ \rangle\!\!\rangle$—CH$_2$OH + HCOONa

(5) $\langle\!\!\langle\ \rangle\!\!\rangle$—CHO+H$_2$NHN—$\underset{O_2N}{\bigcirc}$—NO$_2$ $\longrightarrow$ $\langle\!\!\langle\ \rangle\!\!\rangle$—CH=NNH—$\underset{O_2N}{\bigcirc}$—NO$_2$

(6) $\langle\!\!\langle\ \rangle\!\!\rangle$—COCH$_3$ $\xrightarrow{I_2/NaOH}$ $\langle\!\!\langle\ \rangle\!\!\rangle$—COONa + CHI$_3\downarrow$

(7) $\langle\!\!\langle\ \rangle\!\!\rangle$—COCH$_2CH_3$ $\xrightarrow{\text{Zn-Hg/浓HCl}}$ $\langle\!\!\langle\ \rangle\!\!\rangle$—CH$_2CH_2CH_3$

6. (1) a. $(CH_3)_2CHCH_2CHO$，CH_3MgX; b. $(CH_3)_2CHCH_2MgX$，CH_3CHO
(2) CH_3CH_2MgX，$HCHO$
(3) a. $CH_3CH_2COCH_2CH_3$，CH_3MgX; b. $CH_3CH_2COCH_3$，CH_3CH_2MgX

7. (1) $CH_3CH_2CH_2OH \xrightarrow[CH_2Cl_2]{Collins} CH_3CH_2CHO \xrightarrow[\triangle]{\text{稀OH}^-} CH_3CH_2CH=C(CH_3)CHO$

$\xrightarrow[C_2H_5OH]{NaBH_4} CH_3CH_2CH=C(CH_3)CH_2OH$

(2)

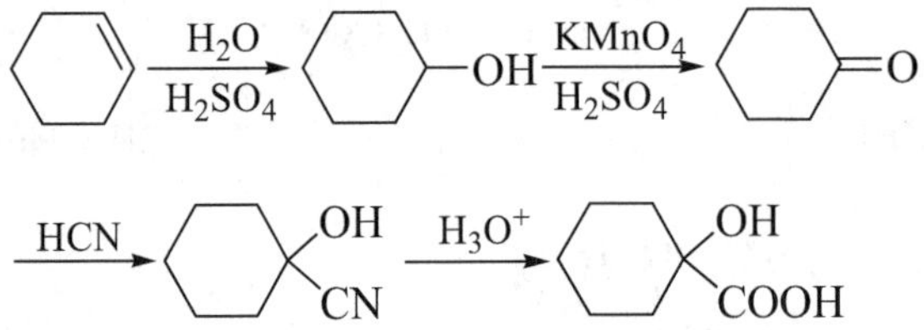

$$\text{环己烯} \xrightarrow[\text{H}_2\text{SO}_4]{\text{H}_2\text{O}} \text{环己醇} \xrightarrow[\text{H}_2\text{SO}_4]{\text{KMnO}_4} \text{环己酮}$$

$$\xrightarrow{\text{HCN}} \text{(1-羟基环己基甲腈)} \xrightarrow{\text{H}_3\text{O}^+} \text{(1-羟基环己基甲酸)}$$

8. A. $(CH_3)_2CHCHO$ B. $(CH_3)_2CHCH(OH)CH_2CH_3$ C. $(CH_3)_2C=CHCH_2CH_3$

9. A. CH_3COCH_3 B. $\overset{OH}{\underset{CN}{CH_3\overset{|}{\underset{|}{C}}CH_3}}$ C. $CH_3CH(OH)CH_3$

10. A. $CH_3CH_2CH_2CH_2CH_2CHO$ B. $CH_3COCH_2CH_2CH_2CH_3$

   C. $CH_3CH_2COCH_2CH_2CH_3$ D. 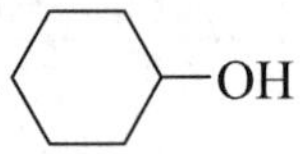 环己醇-OH

第九章 羧酸及其衍生物

1. (1) 4-甲基-3-戊烯酸 (2) 2-甲基丙酸 (3) 乙酸酐
   (4) 2-乙基苯甲酸 (5) 苯甲酰溴 (6) N-甲基-N-乙基苯甲酰胺
   (7) 乙酰苯胺 (8) 邻苯二甲酸酐 (9) 乙酸乙酯

2. (1) $H_3C-\overset{O}{\overset{\|}{C}}-Cl$ (2) $\overset{COOH}{\underset{COOH}{|}}$ (3) $H-\overset{O}{\overset{\|}{C}}-N(CH_3)_2$

   (4) 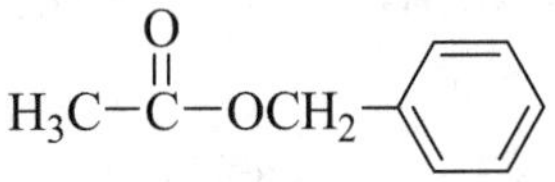 $H_3C-\overset{O}{\overset{\|}{C}}-OCH_2-\text{苯基}$ (5) 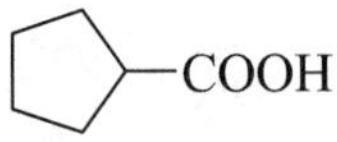 环戊基-COOH (6) $HC-O-C-C_2H_5$ (带两个O)

3. 单项选择题 (1) D (2) D (3) D (4) A (5) C

4. (1) ⑤>①>②>④>③>⑥ (2) 草酸>丙二酸>甲酸>乙酸>苯酚

5. (1) ①>②>③>④ (2) ①>③>④>②

6. (1)

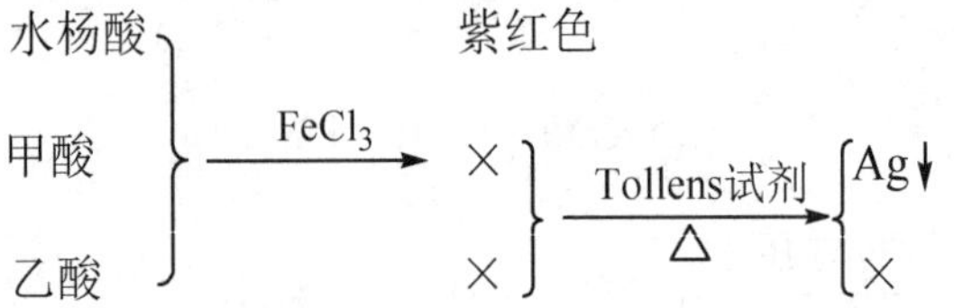

(2)

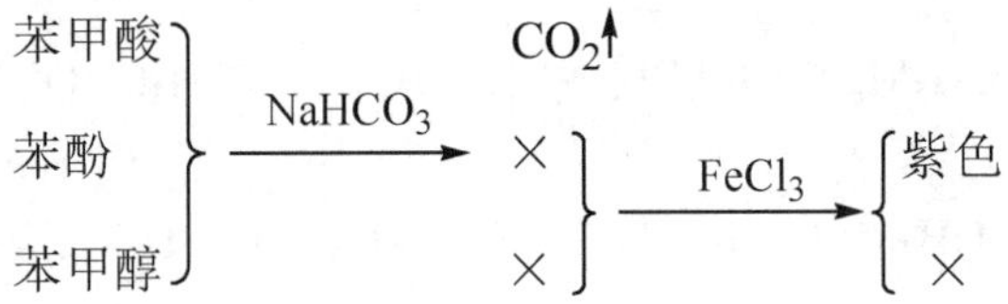

7. (1)

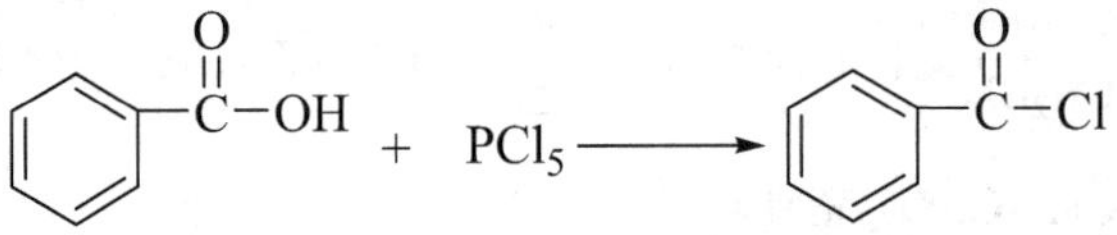

(2) 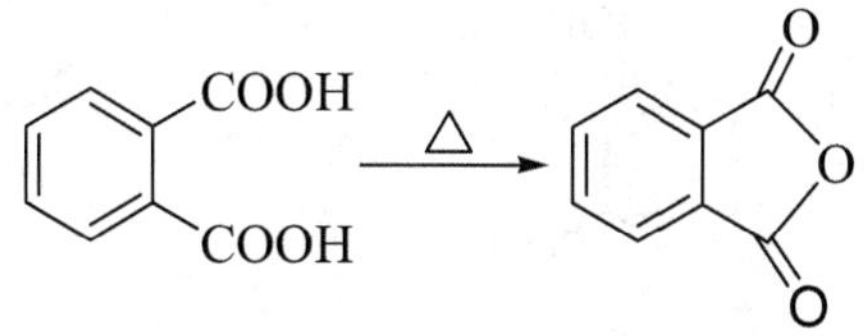 邻苯二甲酸 $\xrightarrow{\triangle}$ 邻苯二甲酸酐

(3) 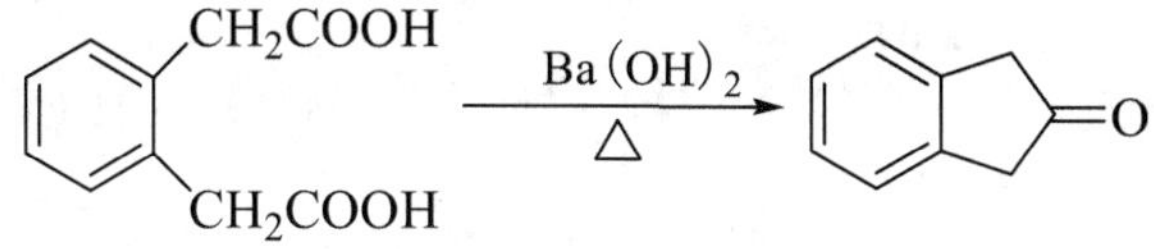 苯环-CH$_2$COOH, CH$_2$COOH $\xrightarrow[\triangle]{Ba(OH)_2}$ 2-茚酮

(4) 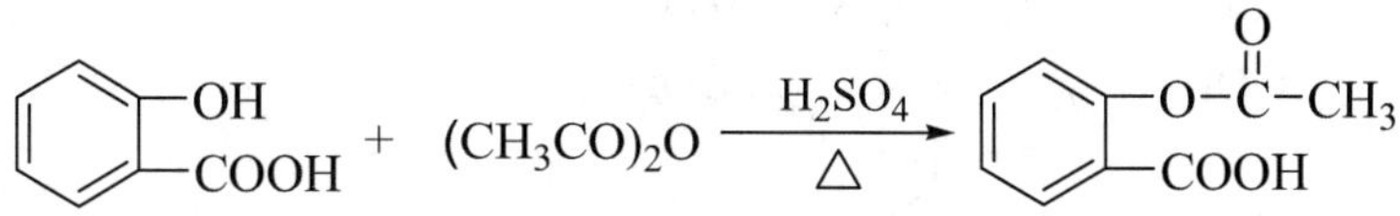 水杨酸 + $(CH_3CO)_2O$ $\xrightarrow[\triangle]{H_2SO_4}$ 乙酰水杨酸

(5) $CH_3CH_2COOH + Br_2 \xrightarrow[\triangle]{P} CH_3\overset{Br}{C}HCOOH$

(6) $H_2N-\overset{O}{C}-NH_2 + NaOH \longrightarrow Na_2CO_3 + NH_3\uparrow$

(7) 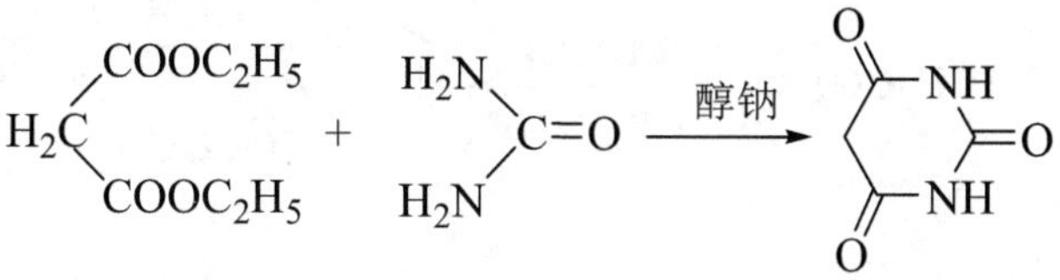 $H_2C\begin{smallmatrix}COOC_2H_5\\COOC_2H_5\end{smallmatrix} + \begin{smallmatrix}H_2N\\H_2N\end{smallmatrix}C=O \xrightarrow{醇钠}$ 巴比妥酸

(8) 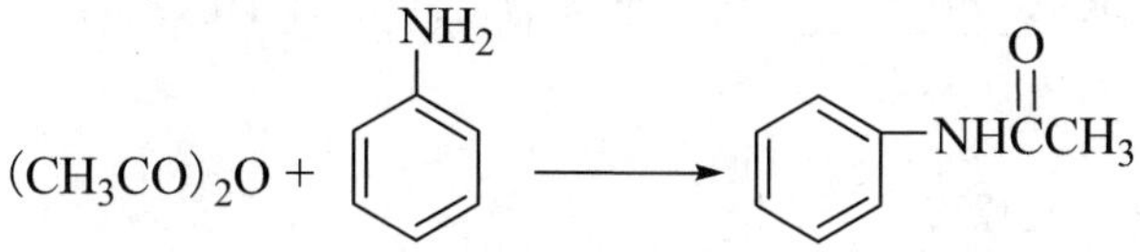 $(CH_3CO)_2O +$ 苯胺 $\longrightarrow$ 乙酰苯胺

8. A. $\begin{smallmatrix}CH_2COOH\\CH_2COOH\end{smallmatrix}$ B. $CH_3CHCOOH,\ COOH$ C. 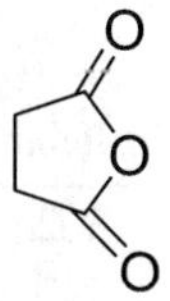 丁二酸酐   D. CH_3CH_2COOH

9. A. $CH_3-\overset{CH_3}{CH}-COONH_4$ B. $CH_3-\overset{CH_3}{CH}-CONH_2$ C. $CH_3-\overset{CH_3}{CH}-COOH$

D. $CH_3-\overset{CH_3}{C}=CH_2$ E. $H_3C-\overset{O}{C}-CH_3$ F. $HCHO$

第十章　羟基酸和酮酸

1. (1) 3-羟基戊二酸　　(2) β-戊酮二酸　　(3) 4-羟基环己甲酸
(4) S-2-羟基丁二酸　　(5) 3,4,5-三羟基苯甲酸　　(6) 2-羟基-3-氯丁酸
(7) 3-羧基-3-羟基戊二酸(柠檬酸或枸橼酸)　　(8) 3-苯基-2-羟基丙酸

2. (1)
$$\begin{array}{c} COOH \\ HO-\!\!\!\!\!-H \\ C_6H_5-\!\!\!\!\!-H \\ CH_3 \end{array}$$

(2)

(3)

(4)
$$CH_3CH_2(OH)HC-\underset{\underset{H}{|}}{C}=\underset{\underset{H}{|}}{C}-COOH$$

(5)
$$CH_3\overset{O}{\overset{\|}{C}}CH_2\overset{O}{\overset{\|}{C}}OC_2H_5$$

(6)
$$CH_3\overset{O}{\overset{\|}{C}}CH_2COOH$$

3. (1) A (2) C (3) C (4) C (5) B (6) D

4. (1)

(2)

(3)

(4)
$$\text{PhCH}_2\underset{\underset{OH}{|}}{CH}COOH \xrightarrow[\triangle]{\text{稀}H_2SO_4} PhCH_2CHO + HCOOH$$

(5)
$$CH_3\overset{O}{\overset{\|}{C}}CH_2COOH \xrightarrow{\text{还原酶}} CH_3\underset{\underset{OH}{|}}{CH}CH_2COOH$$

(6)
$$CH_3\underset{\underset{OH}{|}}{CH}COOH \xrightarrow[\triangle]{\text{Tollens试剂}} CH_3\overset{O}{\overset{\|}{C}}COOH + Ag\downarrow$$

(7)

(8)
$$HOCH_2CH_2CH(CH_3)COOH \longrightarrow \text{(lactone)} + H_2O$$

5. (1)
$$\begin{array}{l} \text{水杨酸} \\ \text{苯酚} \\ \text{苯甲醇} \end{array}\Bigg\} \xrightarrow{FeCl_3} \begin{array}{l} \text{紫红色} \\ \text{紫色} \\ \times \end{array}\Bigg\} \xrightarrow{NaHCO_3} \begin{cases} CO_2\uparrow \\ \\ \times \end{cases}$$

(2) 乙酰乙酸 乙酸乙酯 乙酰乙酸乙酯 $\}$ $\xrightarrow{NaHCO_3}$ CO$_2$↑ × × $\}$ $\xrightarrow{FeCl_3}$ $\{$ × 紫色

6. A. $CH_3CH(OH)CH(CH_3)COOH$ B. $CH_3CH=C(CH_3)COOH$

7. HO—⟨⟩—CH=CHCOOH

8. $CH_3CH_2CH_2OH$ $\xrightarrow{Collins试剂}$ CH_3CH_2CHO

CH_3CH_2CHO $\xrightarrow{HCN}$ $CH_3CH_2\overset{OH}{\underset{|}{CH}}{-}CN$

$CH_3CH_2\overset{OH}{\underset{|}{CH}}{-}CN$ $\xrightarrow{H_3O^+}$ $CH_3CH_2\overset{OH}{\underset{|}{CH}}CHCOOH$

第十一章　含氮有机化合物

1. (1) 三乙胺　　(2) 甲异丙胺　　(3) 环己胺　　(4) 2-甲基苯胺
(5) N,N-二甲基-4-溴苯胺　　(6) 氯化三甲基乙铵
(7) 甲胺盐酸盐或盐酸甲胺　　(8) 对羟基偶氮苯

2. (1) $(CH_3)_3N$　　(2) $CH_3CH_2CH_2NHCH(CH_3)_2$

(3) H_2N—⟨⟩—NH_2　　(4) O_2N—⟨⟩—$NHCH_2CH_3$

(5) $[(CH_3)_4N^+]OH^-$　　(6) H_3C—⟨⟩—$N_2^+Cl^-$

3. (1) B　(2) B　(3) D　(4) A　(5) B

4. (1) $CH_3CH_2NHCH_3 + HNO_2 \longrightarrow CH_3CH_2\overset{NO}{\underset{|}{N}}CH_3$

(2) ⟨⟩—$NHCH_2CH_3$ $\xrightarrow{HNO_2}$ ⟨⟩—$\overset{NO}{\underset{|}{N}}CH_2CH_3$

(3) ⟨⟩—$N(CH_3)_2$ $\xrightarrow{HNO_2}$ ON—⟨⟩—$N(CH_3)_2$

(4) ⟨⟩—$NH_2 + (CH_3CO)_2O \longrightarrow$ ⟨⟩—$NHCOCH_3$

(5) ⟨⟩—$NH_2 + HCl \longrightarrow$ ⟨⟩—$NH_2·HCl$

5. (1) $[(CH_3)_3N^+CH_2C_6H_5]OH^- > CH_3CH_2NH_2 > NH_3 > C_6H_5NH_2 > (C_6H_5)_2NH$

(2)

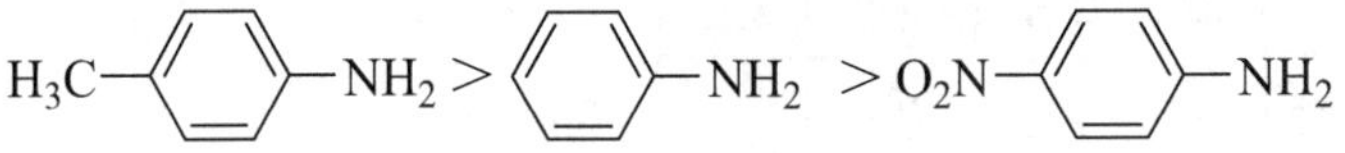

6.

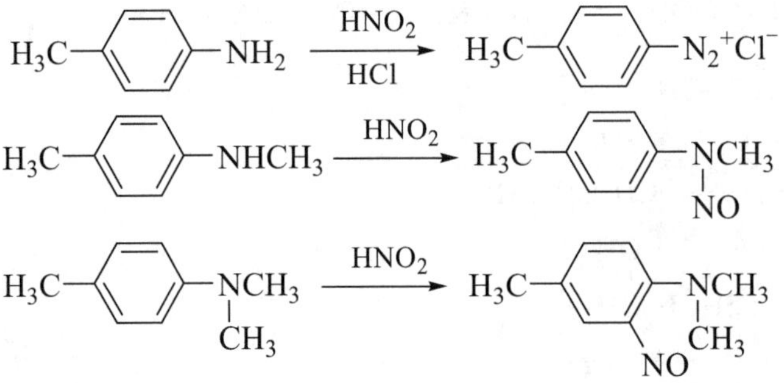

7.

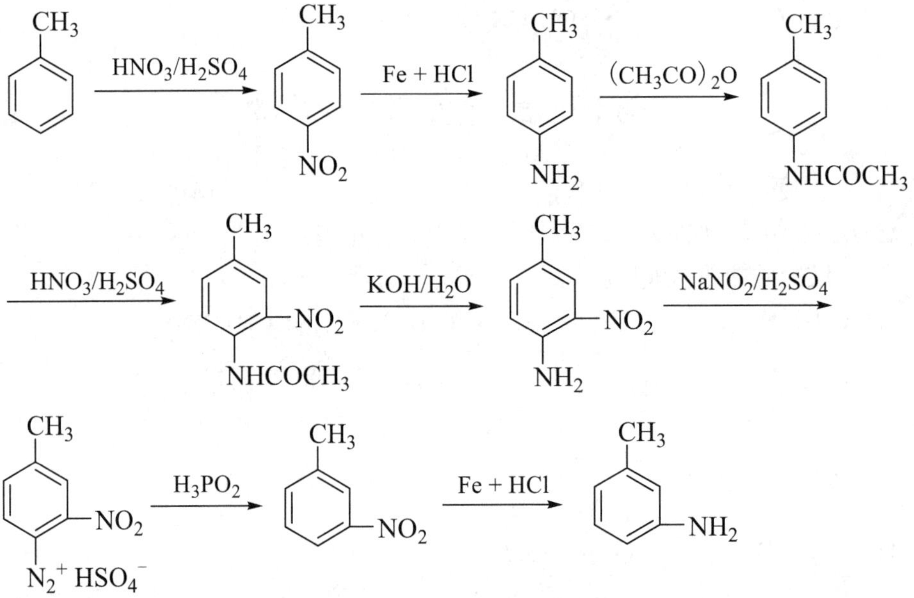

8. 一般来说，重氮盐与酚的偶联反应在弱碱性条件下进行很快，原因是酚在弱碱性条件下以酚盐 ArO^- 形式存在，酚盐比酚的反应活性更大，有利于重氮正离子的进攻，但碱性也不能太强，在强碱性(pH>10)条件下，重氮盐转变成重氮酸或重氮酸离子，就不能进行偶联反应了。重氮盐与胺的偶联反应需要在弱酸性(pH 5~7)条件下进行，这是因为重氮正离子在酸性条件下浓度更高，有利于偶联反应，若 pH<5，芳胺会结合质子形成铵盐，使芳环上的电子云密度降低，不利于发生偶联反应。

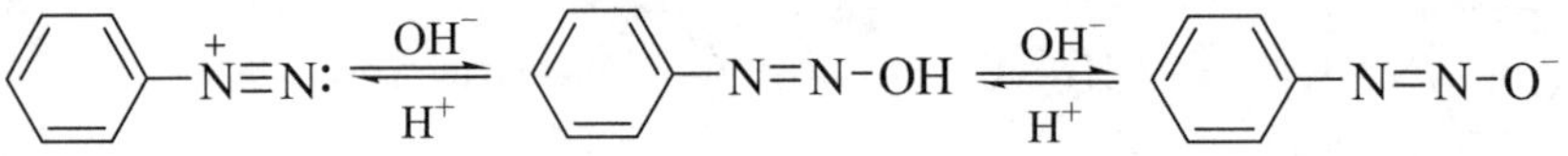

重氮酸 pH 9~11   重氮酸离子 pH 11~13

9. 甲胺和二甲胺能与苯磺酰氯反应生成苯磺酰胺。由甲胺生成的苯磺酰胺，因氮原子上的氢原子受磺酰基强的吸电子诱导效应的影响，具有弱酸性，能与 NaOH 作用生成盐而溶于水。由二甲胺生成的苯磺酰胺因氮原子上不含氢原子，不与碱作用而以固体形式析出。

三甲胺因氮原子上无氢原子，因而不发生磺酰化反应。

10. A. $\underset{\underset{\displaystyle NH_2}{|}}{CH_3CHCH_2CH(CH_3)_2}$　　B. $\underset{\underset{\displaystyle OH}{|}}{CH_3CHCH_2CH(CH_3)_2}$　　C. $CH_3CH=CHCH(CH_3)_2$

$$\underset{\underset{\displaystyle NH_2}{|}}{CH_3CHCH_2CH(CH_3)_2} \xrightarrow{HNO_2} \underset{\underset{\displaystyle OH}{|}}{CH_3CHCH_2CH(CH_3)_2} + N_2\uparrow$$

$$\underset{\underset{\displaystyle OH}{|}}{CH_3CHCH_2CH(CH_3)_2} \xrightarrow{\triangle} CH_3CH=CHCH(CH_3)_2$$

$$CH_3CH=CHCH(CH_3)_2 \xrightarrow{KMnO_4} CH_3COOH + (CH_3)_2CHCOOH$$

第十二章　芳香杂环化合物

1. (1) C　　(2) B　　(3) D
2. (1) 2-呋喃甲酸(α-呋喃甲酸)　　　　(2) 3-吡啶甲醛(β-吡啶甲醛)
   (3) 3-甲基吡咯(β-甲基吡咯)　　　　(4) 5-羟基嘧啶
   (5) 3-吲哚甲酸　　　　　　　　　　(6) 8-羟基喹啉
   (7) 4-甲基-2-乙基噻唑　　　　　　　(8) 2,6-二羟基嘌呤

3. (1) 　　(2) 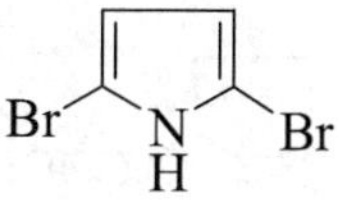 　　(3)

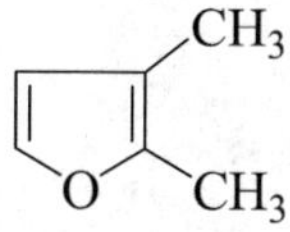

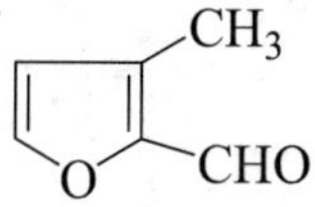

   (4) 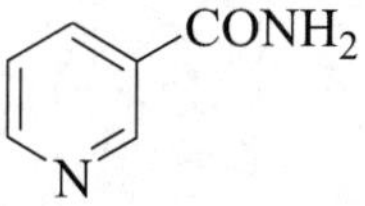 　　(5) 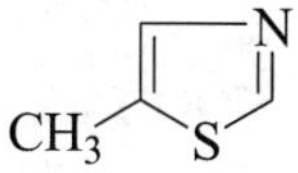 　　(6)

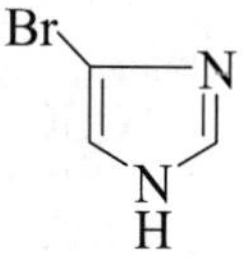

   (7) 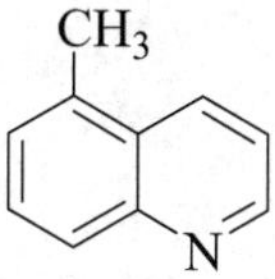 　　(8)

4. (1)

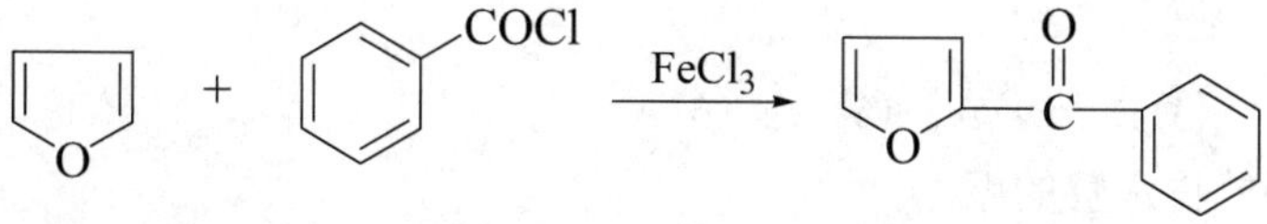

   (2)

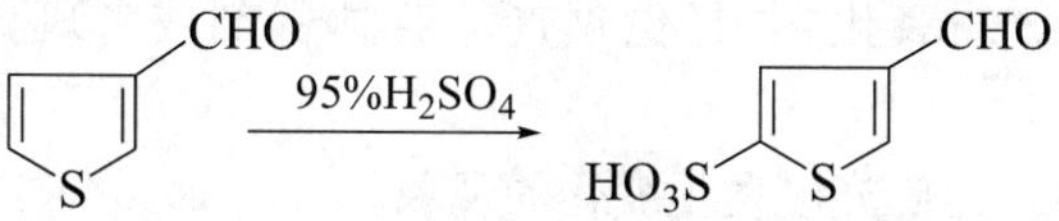

   (3)

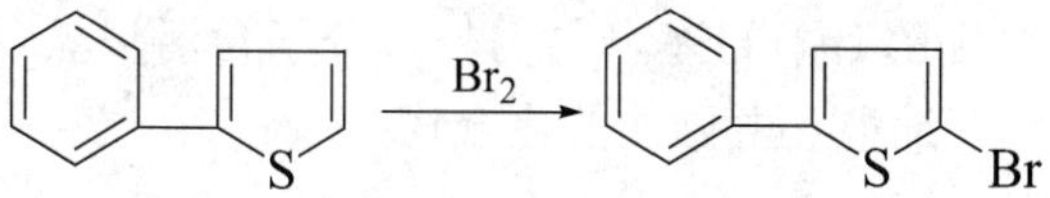

(4)

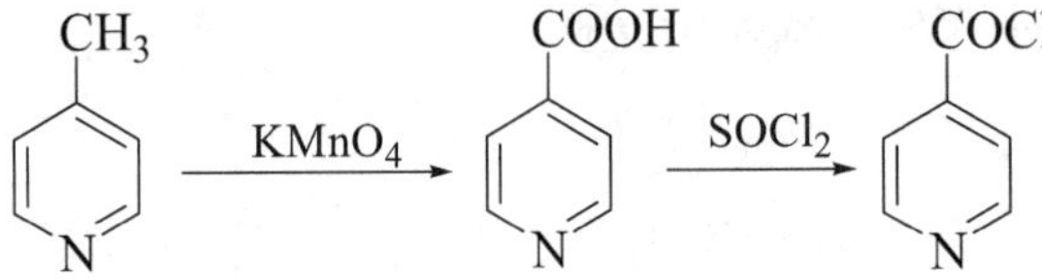

(5)

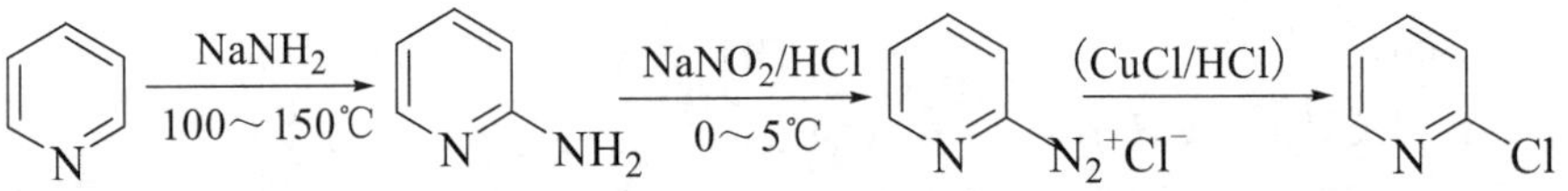

5. (1)吡咯＜四氢吡咯。原因：虽然在吡咯和四氢吡咯中的氮原子都是以仲胺的形式存在，但在吡咯中氮原子上的孤对电子参与共轭形成大 π 键，不再具有给出电子对的能力，与质子难以结合。

(2)吡啶＜氨。原因：氨中的氮原子上的孤对电子处于 sp³ 杂化轨道中，而吡啶中氮原子上的孤对电子处于 sp² 杂化轨道中，s 轨道成分较 sp³ 杂化轨道多，离原子核近，电子受核的束缚较强，给出电子的倾向较小，因而与质子结合较难，碱性较弱。

6. (1)＞(3)＞(2)。原因：这三种化合物虽然都是形成了 6π 电子共轭体系，但是在吡咯中氮原子提供了一对电子，是一个 6π 电子 5 中心的富电子体系，所以其亲电取代反应活性高于吡啶和苯，苯和吡啶虽然都是 6π 电子 6 中心的等电子共轭体系，但是在吡啶环中，由于氮原子的电负性大于碳原子，所以吡啶环的电子云密度小于苯环，其亲电取代活性也相应小于苯。

7. (1)可溶于酸　　　(2)既可溶于酸又可溶于碱　　　(3)既可溶于碱又可溶于酸
(4)可溶于碱

8. A. 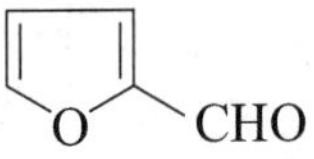 　B. 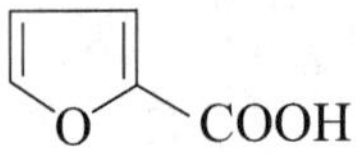 　C.

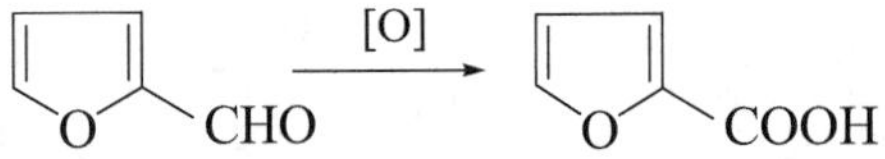

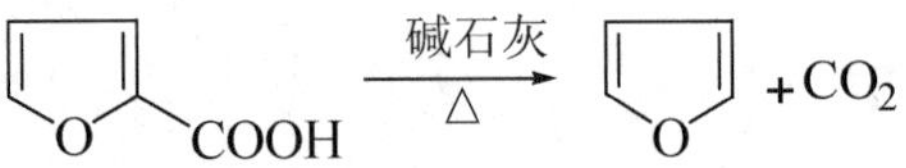

第十三章　糖　类

1. (1)C　(2)C　(3)B　(4)A　(5)A　(6)A
2. (1)单糖：不能再水解的糖。

(2)还原性糖：凡是能够被弱氧化剂(托伦试剂、斐林试剂或者班氏试剂)氧化的糖。

(3)变旋光现象：在溶液中，比旋光度发生变化的现象。

(4)糖苷：单糖环状结构中半缩醛(酮)羟基，与另外一分子含活泼氢(如—OH、—NH₂、—SH)的化合物脱水，生成具有缩醛(酮)结构的化合物。

(5)苷键：连接糖苷基和配基之间的键。

　　(6)差向异构体：只有一个手性碳原子的构型不同、其余手性碳原子的构型完全相同的两个异构体互称为差向异构体。

3.　(1)

$$
\begin{array}{c}
\text{CHO} \\
\text{H} {-\!\!-} \text{OH} \\
\text{HO} {-\!\!-} \text{H} \\
\text{H} {-\!\!-} \text{OH} \\
\text{H} {-\!\!-} \text{OH} \\
\text{CH}_2\text{OH}
\end{array}
$$

(2) [Haworth 结构式]

(3)

$$
\begin{array}{c}
\text{CH}_2\text{OH} \\
\text{C}{=}\text{O} \\
\text{HO} {-\!\!-} \text{H} \\
\text{H} {-\!\!-} \text{OH} \\
\text{H} {-\!\!-} \text{OH} \\
\text{CH}_2\text{OH}
\end{array}
$$

(4) [呋喃糖 Haworth 结构式]

4.(1)
$$
\left.\begin{array}{l}\text{葡萄糖} \\ \text{果糖}\end{array}\right\} \xrightarrow{\text{Br}_2/\text{H}_2\text{O}} \left\{\begin{array}{l}\text{褪色} \\ \times\end{array}\right.
$$

(2)
$$
\left.\begin{array}{l}\text{麦芽糖} \\ \text{蔗糖}\end{array}\right\} \xrightarrow{\text{Tollens试剂}} \left\{\begin{array}{l}\text{Ag}\downarrow \\ \times\end{array}\right.
$$

(3)
$$
\left.\begin{array}{l}\text{甲基吡喃葡萄糖苷} \\ \text{葡萄糖}\end{array}\right\} \xrightarrow{\text{Fehling试剂}} \left\{\begin{array}{l}\times \\ \text{砖红色}\downarrow\end{array}\right.
$$

(4)
$$
\left.\begin{array}{l}\text{葡萄糖} \\ \text{果糖} \\ \text{淀粉}\end{array}\right\} \xrightarrow{\text{I}_2} \left\{\begin{array}{l}\times \xrightarrow{\text{Br}_2/\text{H}_2\text{O}} \left\{\begin{array}{l}\text{褪色} \\ \times\end{array}\right. \\ \times \\ \text{蓝紫色}\end{array}\right.
$$

5. (1)氧苷键
　(2)α-1,4-氧苷键
　(3)α-1,2-氧苷键或β-2,1-氧苷键。
　(4)直链淀粉：α-1,4-氧苷键；支链淀粉：α-1,4-氧苷键和α-1,6-氧苷键。

6.(1)
$$
\begin{array}{c}
\text{COO}^- \\
\text{H} {-\!\!-} \text{OH} \\
\text{HO} {-\!\!-} \text{H} \\
\text{H} {-\!\!-} \text{OH} \\
\text{H} {-\!\!-} \text{OH} \\
\text{CH}_2\text{OH}
\end{array}
\;+\; \text{Ag}\downarrow
$$

(2)
$$
\begin{array}{c}
\text{COOH} \\
\text{H} {-\!\!-} \text{OH} \\
\text{HO} {-\!\!-} \text{H} \\
\text{H} {-\!\!-} \text{OH} \\
\text{H} {-\!\!-} \text{OH} \\
\text{CH}_2\text{OH}
\end{array}
$$

(3)
$$\begin{array}{c} COOH \\ H \longrightarrow OH \\ HO \longrightarrow H \\ H \longrightarrow OH \\ H \longrightarrow OH \\ COOH \end{array}$$

(4)

7. A 和 C 对映体；A 和 B、A 和 D、B 和 D、B 和 C、C 和 D 为非对映体。

8. A. B.
$$\begin{array}{c} CHO \\ H \longrightarrow OH \\ HO \longrightarrow H \\ H \longrightarrow OH \\ H \longrightarrow OH \\ CH_2OH \end{array}$$
C. $CH_3 - \overset{\overset{\displaystyle OH}{|}}{\underset{\underset{\displaystyle H}{|}}{C}} - CH_3$

第十四章 脂 类

1. (1) $CH_3(CH_2)_3(CH_2CH{=}CH)_2(CH_2)_7COOH$

(2)
$$\begin{array}{l} H_2C-O-\overset{\overset{\displaystyle O}{\|}}{C}-(CH_2)_{16}CH_3 \\ HC-O-\overset{\overset{\displaystyle O}{\|}}{C}-(CH_2)_{14}CH_3 \\ H_2C-O-\overset{\overset{\displaystyle O}{\|}}{C}-(CH_2)_7CH{=}CH(CH_2)_7CH_3 \end{array}$$

(3)
$$\begin{array}{l} \qquad H_2C-O-\overset{\overset{\displaystyle O}{\|}}{C}-R_1 \\ R_2-\overset{\overset{\displaystyle O}{\|}}{C}-O-CH \\ \qquad H_2C-O-\overset{\overset{\displaystyle O}{\|}}{\underset{\underset{\displaystyle O^-}{|}}{P}}-OCH_2CH_2N^+H_3 \end{array}$$

(4)

2. (1) 甘氨胆酸 (2) 卵磷脂

3. (1) 油脂在碱性溶液中水解成高级脂肪酸盐和甘油的反应称为油脂的皂化。1g 油脂完全皂化时所需氢氧化钾的毫克数称为皂化值。

(2) 在催化剂的作用下，油脂中的不饱和键氢化为饱和键的过程称为油脂的硬化。100g 油脂中不饱和键所吸收碘的克数称为油脂的碘值。

(3) 油脂中不饱和脂肪酸被空气中的氧缓慢氧化，生成小分子醛、羧酸等物质的过程称为油脂的酸败。中和 1g 油脂中的游离脂肪酸所需氢氧化钾的毫克数称为油脂的酸值。

4. 天然油脂中的脂肪酸一般都是含有偶数碳原子的直链饱和脂肪酸和非共轭的不饱和脂肪酸。绝大多数脂肪酸含 12～18 个碳原子，而且不饱和脂肪酸中的双键多数是顺式构型。

5. α-亚麻酸(9,12,15-十八碳三烯酸)与 γ-亚麻酸(6,9,12-十八碳三烯酸)在结构上的相同点是：两者都是十八碳三烯酸，在 9,12 位上都有碳碳双键。两者的区别在于：α-亚麻酸在 Δ^{15} 位上有一个双键，而 γ-亚麻酸在 6 位上有一个双键。由于不同的脂肪酸不能在体内相互转化，所以 α-亚麻酸与 γ-亚麻酸在人体内不能相互转化。

6.

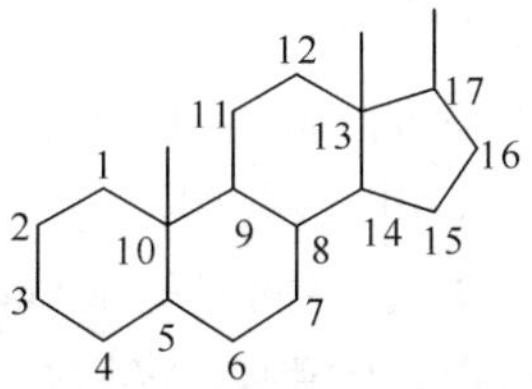

7. 胆甾酸是动物的胆组织分泌的一类 5β-系甾族化合物，其分子结构中含有羧基。而胆汁酸是结合胆甾酸，它是在胆汁中，胆甾酸的羧基与甘氨酸或牛磺酸中的氨基结合，增加消化酶对脂质的接触面积，使脂类易于消化和吸收。

8. (1)胆酸所含碳骨架的名称是 5β-胆烷。

胆酸

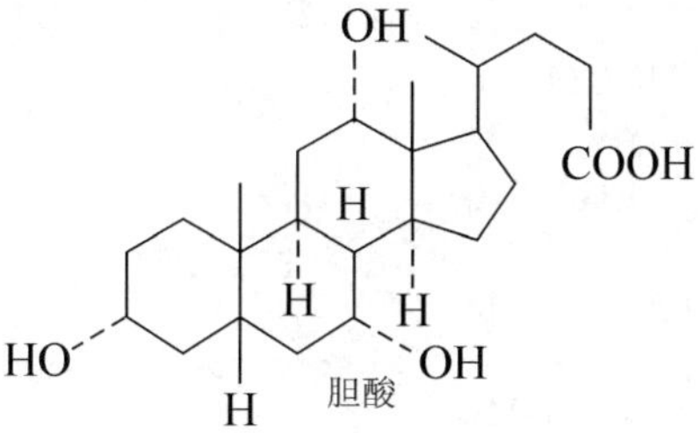

(2)A/B 环之间以顺式 ea 稠合；属于 5β-系

(3)三个的构型都是 α-构型。

9.(1) 三软脂酸甘油酯、三油酸甘油酯 $\xrightarrow{Br_2/CCl_4}$ { ×；褐色

(2) 睾丸酮、雌二醇、胆酸、胆甾醇 $\xrightarrow{2,4\text{-二硝基苯肼}}$ 黄色↓；×；×；×

×、×、× $\xrightarrow{FeCl_3}$ 茸绿色；×；×

×、× $\xrightarrow{Br_2/CCl_4}$ { ×；褐色

10. β-雌二醇与睾酮在结构上的差异在 A 环上，β-雌二醇的 A 环为取代的苯酚，而睾酮的 A 环为取代的环己烯酮。鉴别的方法有：①β-雌二醇可与三氯化铁发生显色反应，可以溶于氢氧化钠水溶液，睾酮不发生相应的化学反应；②睾酮含有酮羰基，可与 2,4-二硝基苯肼反应，而 β-雌二醇则不发生此反应。两者利用 β-雌二醇中酚羟基的弱酸性，可以将混合物溶于与水不互溶的溶剂中，用氢氧化钠水溶液萃取，在有机相得到睾酮，水相酸化后得到 β-雌二醇，从而实现分离。

第十五章　氨基酸、多肽和蛋白质

1. (1)调节溶液的 pH，使溶液中的氨基酸全部以两性离子形式存在，在直流电场中既不向阴极移动，也不向阳极移动，此时溶液的 pH 称为该氨基酸的等电点，以 pI 表示。

(2)有些氨基酸在人体内不能合成或合成的数量不能满足人体需要，必须由食物供给，称为必需氨基酸。

(3)选择一种适当的试剂作为标记物，使之与肽链的 N-端或 C-端作用，再经肽键水解，则含有此标记物的氨基酸就是链端的氨基酸。

(4)蛋白质的一级结构是指多肽链中氨基酸残基的排列顺序。蛋白质的构象是指多肽链在空间进一步盘曲折叠形成的构象，它包括二级结构、三级结构和四级结构。

(5)蛋白质分子中除了末端具有游离的羧基和氨基外，组成肽链的氨基酸残基上还含有不同数量的游离的羧基或氨基，因此蛋白质分子与氨基酸分子相似，它们在水溶液中也呈两性电离。在强酸性溶液中，蛋白质以正离子形式存在，在强碱性溶液中以负离子形式存在。

(6)蛋白质沉淀是指溶液中的蛋白质分子发生聚集，并从溶液中析出沉淀的现象。

2. (1)$\underset{H_3C}{\overset{H_3C}{>}}CH-H_2C-\overset{\overset{NH_3^+}{|}}{CH}COO^-$

(2) $HO-\overset{\overset{O}{\|}}{C}-CH_2\overset{\overset{NH_3^+}{|}}{CH}COO^-$

(3) $H_2N-\overset{\overset{NH_2^+}{\|}}{C}-NHCH_2CH_2CH_2\overset{\overset{NH_2}{|}}{CH}COO^-$

(4) $HOOCCH_2\overset{\underset{NH_2}{|}}{CH}NH\overset{\overset{O}{\|}}{C}\overset{\underset{CH_2\overset{\underset{O}{\|}}{C}-NH_2}{|}}{CH}NH\overset{\overset{O}{\|}}{C}\overset{\overset{CH_2-}{|}}{CH}COOH$ (酪氨酸侧链 —OH)

3. (1)脯氨酰甘氨酰苯丙氨酸　(2)丝氨酰精氨酰脯氨酸　(3)酪氨酰缬氨酰甘氨酸
(4)丙氨酰组氨酰苯丙氨酰缬氨酸

4. (1)C　(2)C　(3)B　(4)C　(5)A　(6)D

5. (1)酸，酸，碱；(2)负电荷，负电荷，正电荷；(3)酸，酸，碱

$HO-\overset{\overset{O}{\|}}{C}-CH_2CH_2\overset{\overset{NH_3^+}{|}}{CH}COO^-$　　$H_3C-\overset{\overset{NH_3^+}{|}}{CH}COO^-$　　$H_2N-\overset{\overset{NH_2^+}{\|}}{C}-NHCH_2CH_2CH_2\overset{\overset{NH_2}{|}}{CH}COO^-$

6. 完全水解的产物分别是：丙氨酸、谷氨酸、甘氨酸和亮氨酸。
部分水解的产物是：Ala-Glu-Gly，Ala-Glu，Glu-Gly-Leu，Gly-Leu，Ala 和 Leu。

7. 此七肽氨基酸的排列顺序为：His-Ala-Gly-Ser-Asp-His-Ala(也可以写为组-丙-半胱-

丝-天冬-组-丙)

8. A. HOOCCHCH₂CH₂COOH（上标 NH₂）　　B. HOOCCHCH₂CH₂COOH（上标 OH）

C. HOOC—C—CH₂CH₂COOH（C上为O）　D. HOOCCH₂CH₂CHO　E. HOOCCH₂CH₂COOH

第十六章　核　　酸

1.（1）由 D-核糖和 D-2-脱氧核糖与碱基脱水形成的糖苷称为核苷，核苷中糖基上的游离羟基与磷酸形成的酯称为核苷酸。

（2）多个单核苷酸之间通过磷酸二酯键连接而成的化合物称为多核苷酸。

（3）DNA 的双螺旋结构中，碱基间的氢键是有一定规律的，即腺嘌呤(A)一定与胸腺嘧啶(T)形成氢键；鸟嘌呤(G)一定与胞嘧啶(C)形成氢键。形成键的两对碱基都在同一平面上，这种规律称为碱基配对(或碱基互补)规律。

（4）高能磷酸键：核苷酸(及脱氧核苷酸)分子进一步磷酸化而生成二磷酸核苷、三磷酸核苷等，其中磷酸与磷酸结合所成的键，称为高能磷酸键。此键断裂可释放出较多的能量。许多生化反应都需要这些能量来完成。

2. DNA 水解产物为 D-2-脱氧核糖、磷酸、腺嘌呤、鸟嘌呤、胞嘧啶和 DNA 有 D-2-脱氧核糖；RNA 水解产物为 D-核糖、磷酸、腺嘌呤、鸟嘌呤、胞嘧啶和尿嘧啶。

3. 基本成分戊糖、碱基和磷酸，基本单位是单核苷酸，基本结构是多核苷酸链。

4. 鸟嘌呤

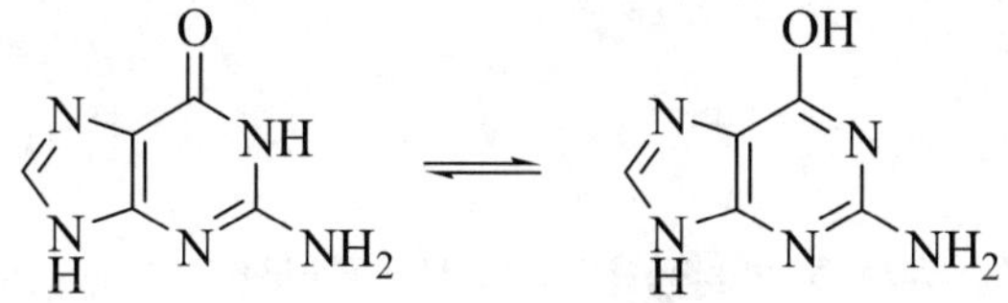

酮式　　　　烯醇式

胞嘧啶

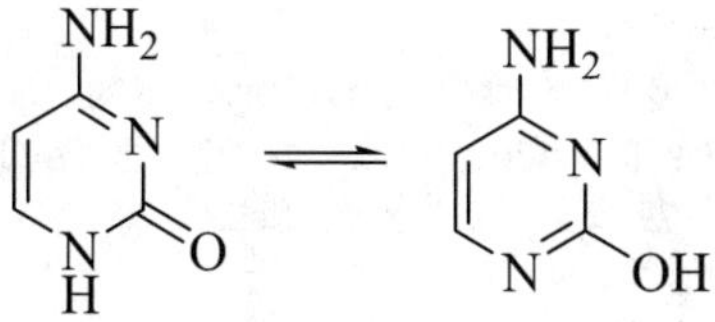

酮式　　　烯醇式

5. ATGACCATG。

6. DNA 分子的二级结构是由两条反平行的脱氧核苷酸链围绕同一个轴盘绕而成的右手双螺旋结构。脱氧核糖基和磷酸基位于双螺旋的外侧，碱基朝向内侧。两条链的碱基之间通过氢键结合成碱基对。这种碱基之间的氢键作用维持着双螺旋的横向稳定性；碱基对间的疏水作用致使碱基对堆积，这种堆积力维持这双螺旋的纵向稳定性。

7. 根据碱基配对规律，已知 DNA 链中(T)的含量为 20%，互补链中(A)(腺嘌呤)的含量也应该是 20%，同样已知 DNA 链中(C)的含量为 26%，互补链中(G)(鸟嘌呤)的含量也应为 26%。由于互补链中(A)与(G)的总量为 46%，因此互补链中(T)与(C)的总量应是 54%。

参 考 文 献

柏其亚，王丽娟，潘繁荣，等.2014. 分子构象与药物分子设计. 广州化工，42(6)：43-44.

晁艳红，杨广建，齐丽娟，等.2019. 5-氟尿嘧啶及其衍生物抗肿瘤作用的研究进展. 癌症进展，19(1)：9-12.

陈结，吴玉兰.2018. 糖尿病酮症及酮症酸中毒治疗研究. 中外医学研究，16(12)：155-156.

方影.2013. 解热镇痛抗炎药的临床应用. 中国医药指南，11(18)：393-394.

高鸿宾.2006. 有机化学. 4版. 北京：高等教育出版社.

高占先.2007. 有机化学. 2版. 北京：高等教育出版社.

郭灿城.2006. 有机化学. 2版. 北京：科学出版社.

郭书好，李毅群.2007. 有机化学. 北京：清华大学出版社.

韩旭，丁冠宇，董青，等.2018. 基于脂质体的纳米基因载体的研究进展. 应用化学，35(7)：735-744.

郝建萍，哈力达·牙森.2011. 28例成人维生素K缺乏症的临床分析. 中国现代医学杂志，21(20)：2456-2458.

吉卯祉，彭松，葛正华.2013. 有机化学. 北京：科学出版社.

贾云宏.2008. 有机化学. 北京：科学出版社.

匡海学.2003. 中药化学. 北京：中国中医药出版社，236-287.

梁俊英，朱文彬.2017. 浅谈维生素K. 医药前沿，7(9)：318-319.

林木雄，向华.2016. 稀土氨基酸配合物应用研究综述. 广东微量元素科学，23(1)：9-16.

令亚琴.2013. 壳聚糖抗肿瘤缓释药物的特征. Chinese Journal of Tissue Engineering Research，17(8)：1489-1496.

刘健，王建元.2018. 分级预防对慢性苯中毒患者医院感染控制的效果. 中国临床护理，10(3)：257-259.

刘永辉，李公春，崔娇娇.2008. 5-氟尿嘧啶类抗肿瘤药物的研究进展. 河北化工，31(9)：9-14.

刘兆荣，谢曙光，王雪松.2010. 环境化学教程. 北京：化学工业出版.

刘中海，林玲.2012. 褪黑激素、多巴胺、谷氨酸、γ-氨基丁酸与帕金森病的研究进展. 中国社区医师（医学专业），14(307)：18.

陆涛.2011. 有机化学. 7版. 北京：人民卫生出版社.

陆阳，刘俊义.2013. 有机化学. 8版. 北京：人民卫生出版社.

吕以仙.2005. 有机化学. 6版. 北京：人民卫生出版社.

倪沛洲.2005. 有机化学. 5版. 北京：人民卫生出版社.

唐玉海.2003. 有机化学. 北京：高等教育出版社.

汪小兰.2005. 有机化学. 2版. 北京：高等教育出版社.

王爱勤.2008. 甲壳素化学. 北京：科学出版社.

王丹，戴体俊.2008. 恩氟烷对小鼠学习记忆能力的影响. 徐州医学院学报，(02)：124-126.

王积涛，张宝申，王永梅.2003. 有机化学. 2版. 天津：南开大学出版社.

王嫱，张琳，陈赛娟.2017. 基因治疗：现状与展望. 中国基础科学，(4)：21-27.

王学东，付彩霞.2014. 医学有机化学. 2版. 济南：山东人民出版社.

王译，元连玉，张程璐，等.2018. 基因治疗药物递送系统研究进展. 药学进展，42(12)：884-896.

夏伦祝，汪永仲，等.2011. 人参炔三醇对氧糖剥夺神经细胞损伤的保护作用. 中国实验方剂学杂志，16(17)：180-183.

邢其毅，裴伟伟，徐瑞秋，等.2005. 基础有机化学（上、下册）. 3版. 北京：高等教育出版社.

许新，刘斌.2006. 有机化学. 北京：高等教育出版社.

姚健春.2016. 七氟烷在开颅血肿清除术中降压麻醉的临床观察. 临床医学工程，23(03)：319-320.

尹冬冬.2004. 有机化学（下册）. 北京：高等教育出版社.

尤龙，张艳玲.2016. 国内氨基酸的应用研究进展. 山东化工，45(23)：65-67.

于新蕊，周立颖.2012. 阿司匹林与癌症预防. 中国肿瘤，21(07)：515-518.

战珑，韩建阁.2015. 吸入性麻醉药和静脉麻醉药及其副作用研究新进展. 实用临床医药杂志，19(13)：200-202.

张良军，孙玉泉.2009. 有机化学. 北京：化学工业出版社.

张树桐.2018. 糖尿病酮症酸中毒急救的临床效果研究. 中国现代药物应用，12(19)：27-28.

张玉清.1985. 安氟醚、异氟醚与眼压. 国外医学. 麻醉学与复苏分册，(02)：93-94.

章烨.2011. 有机化学. 2版. 北京：科学出版社.

赵晗，艾仕云，丁葵英，等.2015. 酚类污染物的危害及其检测技术研究进展. 检验检疫学刊，(6)：66-68.

赵建庄，张金桐.2007. 有机化学. 2版. 北京：高等教育出版社.

曾衍霖.1990. 旋光异构体药物代谢研究的进展. 中国医药工业杂志，21(11)：515.

周国峰.2018. 苯中毒职业病诊断现状的调查分析. 当代医学，23(21)：163-164.

周嘉伟.2014. 多巴胺——人类认识大脑的一把钥匙. 生命的化学，34(2)：135.

Harold Hart. 1988. Organic Chemistry. A short Course. Boston.

Kupfer A et al. 1984. Clin Pharmacol Ther，35：33.

Kupfer A et al. 1984. J Pharmacol Exp Ther，230：28.

Morrison，Robert Thornton. 1998. Organic Chemistry. 6th ed. Boston：Allyn and Bacon Inc.

Notterman DA et al. 1986. Clin Pharmacol Ther，40：511.

T. W. Graham Solomons. 2000. Organic Chemistry. 7th ed. New York.